从新手到高手

中文版
AutoCAD
2015 建筑制图
从新手到高手

□ 程新宇 李敏杰 编著

清华大学出版社
北　京

内 容 简 介

本书紧紧围绕建筑制图这条主线，将 AutoCAD 2015 的基本技巧和建筑制图实际工程结合起来予以介绍。全书共 14 章，前 13 章内容包括 AutoCAD 的基础操作、绘制和编辑各类建筑施工图纸、创建和编辑建筑三维图形、打印和输出图形、建筑制图规范和技巧等，覆盖了使用 AutoCAD 软件进行建筑制图的全部过程；第 14 章为综合案例实战。本书采用"教程+综合实例+新手训练"的编写形式，兼具技术手册和应用技巧参考手册的特点，解决了用户在使用 AutoCAD 2015 软件进行建筑设计过程中所遇到的实际问题。本书配套光盘附有多媒体语音视频教程和大量的图形文件，供读者学习和参考。

本书内容丰富、结构安排合理，可以作为大中专院校建筑 CAD 制图课程的教材和广大 AutoCAD 初学者和爱好者学习 AutoCAD 的专业指导教材。

图书在版编目（CIP）数据

中文版 AutoCAD 2015 建筑制图从新手到高手/程新宇，李敏杰编著. —北京：清华大学出版社，2015
（从新手到高手）

ISBN 978-7-302-39567-6

Ⅰ. ①中…　Ⅱ. ①程… ②李…　Ⅲ. ①建筑制图 – 计算机辅助设计 – AutoCAD 软件　Ⅳ. ①TU204

中国版本图书馆 CIP 数据核字（2015）第 049928 号

责任编辑：冯志强
封面设计：吕单单
责任校对：徐俊伟
责任印制：王静怡

出版发行：清华大学出版社
　　　网　　　址：http://www.tup.com.cn，http://www.wqbook.com
　　　地　　　址：北京清华大学学研大厦 A 座　　　邮　　编：100084
　　　社　总　机：010-62770175　　　　　　　　　邮　　购：010-62786544
　　　投稿与读者服务：010-62776969，c-service@tup.tsinghua.edu.cn
　　　质　量　反　馈：010-62772015，zhiliang@tup.tsinghua.edu.cn
印　装　者：北京嘉实印刷有限公司
经　　　销：全国新华书店
开　　　本：190mm×260mm　　　印　张：22.75　　　字　　数：659 千字
　　　　　　（附光盘 1 张）
版　　　次：2015 年 5 月第 1 版　　　印　　次：2015 年 5 月第 1 次印刷
印　　　数：1～3000
定　　　价：59.80 元

产品编号：063109-01

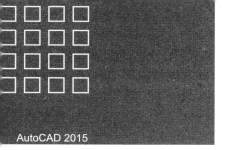

前　言

　　AutoCAD 作为一款专业绘图软件，能够满足各行各业绘图的需求，它是美国 Autodesk 公司研制开发的计算机辅助设计软件，其强大的功能和简洁易学的界面得到广大工程技术人员的欢迎。本书结合建筑绘图的需要，详细介绍了 AutoCAD 各种工具、面板以及命令的运用，并且针对知识点搭配了丰富的建筑绘图实例，使读者可以快速完成建筑设计任务。

1．本书内容介绍

　　本书完整地介绍了 AutoCAD 中的工具、面板、命令，带领读者全面学习建筑设计图、施工图和三维建筑模型的绘制方法和技巧。本书共分为 14 章，内容概括如下。

　　第 1 章　本章主要介绍 AutoCAD 2015 的基础操作，包括文件操作、视图操作、命令操作、对象操作等。

　　第 2 章　本章主要讲解绘图单位、屏幕颜色、光标状态、捕捉等绘图环境的设置。

　　第 3 章　本章主要讲解图层的管理和对象特性的编辑。

　　第 4 章　本章主要介绍点、线、几何图形的绘制和图形的填充。

　　第 5 章　本章主要讲解建筑图形的常见编辑方法以及操作技巧。

　　第 6 章　本章主要讲解块的创建、保存、属性编辑，以及动态块的创建、外部参照的使用。

　　第 7 章　本章主要介绍在绘制建筑施工图过程中添加并编辑文字注释、表格的方法。

　　第 8 章　本章主要讲解尺寸标注的方法，以及标注样式的编辑和管理。

　　第 9 章　本章主要讲解三维坐标、模型显示样式，以及三维模型的创建方法。

　　第 10 章　本章主要讲解三维对象的基本编辑、布尔运算，边、面、实体编辑。

　　第 11 章　本章主要讲解材质贴图、灯光设置、漫游动画和渲染输出。

　　第 12 章　本章主要讲解设计中心的使用、图纸布局的创建和管理、视口的编辑、图纸打印与发布。

　　第 13 章　本章主要讲解绘制建筑图的常用规范，绘制三大图的操作流程和技巧。

　　第 14 章　本章共安排了 5 个综合案例，通过实例对 AutoCAD 各种功能的使用技巧进行了讲解，帮助读者灵活掌握并运用所学知识。

2．本书特色

　　❑　全面系统，专业实用

　　本书内容完全围绕建筑图纸的绘制展开，全面介绍了运用 AutoCAD 软件绘制建筑图的命令和工具，以及绘图经验和技巧。通过本书学习，读者可以熟练地、独立地完成如平面图、立面图、剖面图、大样图等的绘制。

　　❑　虚实结合，超值实用

　　知识点根据实际应用安排，重点和难点突出，对于主要理论和技术的剖析具有足够的深度和广度，并且在每章的最后还安排了综合案例和新手训练营，每个实例都包含相应工具和功能的使用方法和技巧。在一些重点和要点处，还添加了大量的提示和技巧讲解，帮助读者理解和加深认识，从而真正掌握，以达到举一反三、灵活运用的目的。

❑ 书盘结合，相得益彰

随书配有大容量 DVD 光盘，提供多媒体语音视频讲解，以及本书主要实例最终效果图。书中内容与配套光盘紧密结合，读者可以通过交互方式，循序渐进地学习。

3．本书读者对象

本书针对 AutoCAD 用户在学习过程中遇到的问题，深入剖析了 AutoCAD 制图的方法和技巧。本书讲解详细、专业，内容丰富，可以作为建筑工程技术人员和建筑设计、制图人员的参考。无论是从事建筑设计的专业人员，还是对 AutoCAD 有浓厚兴趣的爱好者，都可以通过阅读本书迅速提高自己的 AutoCAD 应用水平。

4．本书作者

本书主要由哈尔滨理工大学程新宇老师、建筑设计师李敏杰编写。其中程新宇编写了本书第 8~14 章，李敏杰编写了本书第 1、2、3、5 章。参与本书编写的人员还有杜军、李娟、杜鹃、吴桂敏、朱丽娟、付秀新、隋晓莹、郑家祥、张伟、苏凡茹、王红梅、吕单单、郑国强、余慧枫、魏雪静等人。由于时间仓促，水平有限，疏漏之处在所难免，欢迎读者朋友登录清华大学出版社的网站 www.tup.com.cn 与我们联系，帮助我们改进提高。

编者

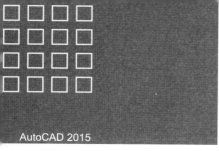

AutoCAD 2015

目 录

第 1 章

AutoCAD 基础知识

　　AutoCAD 是一款计算机辅助设计软件，它提供了远比手工绘图更方便、更精确、更高效的绘图支持。能否熟练掌握 AutoCAD 成为衡量一名设计师基础功底是否扎实的标准。利用 AutoCAD，用户既可以绘制二维建筑图，如平面、立面、剖面，也可以绘制三维建筑图，让设计思想能更直观地展示出来。

　　本章主要介绍 AutoCAD 2015 的基础操作，包括文件操作、视图操作、命令操作、对象操作等。

1.1 AutoCAD 2015 功能简介

AutoCAD 功能强大，可以用来绘制各种建筑二维、三维图。具体来说，主要功能包括图形的绘制与编辑、文字和尺寸的标注、三维模型的创建与渲染、动态视频展示等。

1. 绘制与编辑图形

在 AutoCAD 软件的"草图与注释"工作空间下，"默认"选项卡中包含有各种绘图工具和辅助编辑工具。利用这些工具可以方便地绘制各种二维建筑图形，如图 1-1 所示。

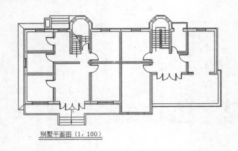

别墅平面图（1：100）

图 1-1 别墅平面图

在"三维建模"工作空间中，可以利用"常用"选项卡下各个选项板上的工具快速创建三维建筑实体模型，如图 1-2 所示。

图 1-2 三维小屋模型

2. 尺寸标注

尺寸标注是在图形中添加测量注释的过程。在 AutoCAD 的"注释"选项卡中包含了各种尺寸标注和编辑工具。使用它们可以在图形的各个方向上创建各种类型的标注，也可以以一定格式方便、快捷地创建符合行业或项目标准的标注，如图 1-3 所示。

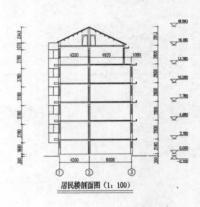

居民楼剖面图（1：100）

图 1-3 标注别墅剖面图尺寸

3. 动态观察和渲染建筑模型

在 AutoCAD 中运用光源和材质，可以将模型渲染为具有真实感的图像。如果是为了演示，可以渲染全部对象；如果时间有限，或显示设备不能提供足够的灰度等级和颜色，就不必精细渲染；如果只需要快速查看设计的整体效果，则可以简单消隐或设置视觉样式。图 1-4 就是利用 AutoCAD 渲染出来的三维效果图。

图 1-4 使用 AutoCAD 渲染图形

还可以设置路径，让相机沿着路径移动，动态观察建筑群，形成建筑漫游动画，全方位展示建筑结构和功能，图1-5是建筑漫游视频中的几个截图。

图 1-5　建筑漫游效果

1.2　AutoCAD 2015 界面与工作空间

启动 AutoCAD 2015 软件并新建图形后，系统将默认进入"草图与注释"工作空间，如图1-6所示。"草图与注释"工作空间包括命令行、快速访问工具栏、工具选项板和状态栏等。

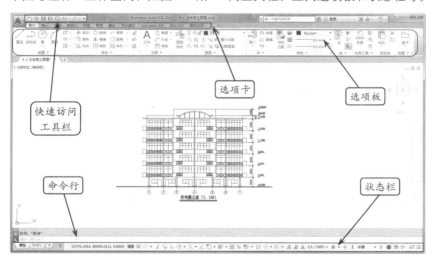

图 1-6　"草图与注释"工作空间

1.2.1　界面组成

AutoCAD 的各个工作空间都包含"菜单浏览器"按钮、快速访问工具栏、标题栏、绘图窗口、文本窗口、状态栏和选项板等元素。

1. 标题栏

屏幕的顶部是标题栏，它显示了 AutoCAD 2015 的名称及当前的文件位置、名称等信息。在标题栏中包括快速访问工具栏和通讯中心工具栏。

□ 快速访问工具栏

位于标题栏左边位置的快速访问工具栏，包含新建、打开、保存和打印等常用工具。此外，如果想在快速访问工具栏中添加或删除其他按钮，可以右击快速访问工具栏，在弹出的快捷菜单中选择"自定义快速访问工具栏"命令，即可在弹出的"自定义用户界面"对话框中进行相应的设置，如图 1-7 所示。

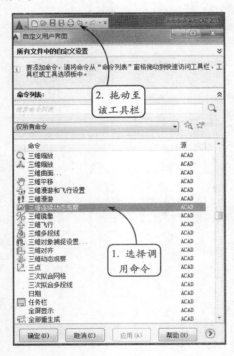

图 1-7　自定义快速访问工具栏

□ 通讯中心

在标题栏的右侧为通讯中心，是通过 Internet 与最新的软件更新、产品支持通告和其他服务的直接连接，可以快速搜索各种信息来源、访问产品更新和通告，以及在信息中心中保存主题。通讯中心提供一般产品信息、产品支持信息、订阅信息、扩展通知、文章和提示等通知。

2. 文档浏览器

单击窗口左上角按钮█，将打开文档浏览器。在该浏览器中左侧为常用的工具，右侧为最近打开的文档，并且可以指定文档名的显示方式，便于更好地分辨文档，如图 1-8 所示。

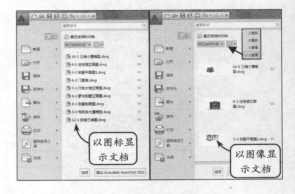

图 1-8　访问最近使用的文档

当鼠标在文档名上停留时，会自动显示一个预览图形，以及它的文档信息，如图 1-9 所示。另外，可以按顺序列表来查看最近访问的文档，也可以将文档以日期、大小或文件类型的方式显示。

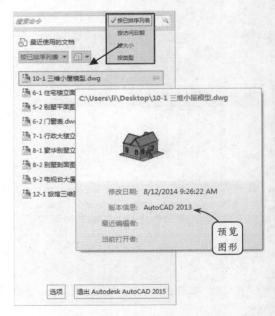

图 1-9　预览图形

3. 绘图窗口

在 AutoCAD 中，绘图窗口是绘图工作区域，所有的绘图结果都反映在这个窗口中。用户可以根据需要关闭其他窗口元素,例如工具栏、选项板等,以增大绘图空间。如果图纸比较大,需要查看未显示部分时,可以单击窗口右边与下边滚动条上的箭头,或拖动滚动条上的滑块来移动图纸。

在绘图窗口中除了显示当前的绘图结果外,还显示了当前使用的坐标系类型以及坐标原点、坐标轴向等。默认情况下,坐标系为世界坐标系(WCS)。

4．功能区

功能区位于绘图窗口的上方,用于显示与基于任务的工作空间关联的按钮和控件。默认状态下,在"草图与注释"空间中,功能区有 11 个选项卡:默认、插入、注释、参数化、视图、管理、输出、附加模块、Autodesk 360、BIM 360、精选应用。每个选项卡包含若干个选项板,每个选项板又包含许多由图标表示的命令按钮。如果某个选项板没有足够的空间显示所有的工具按钮,单击下方的三角按钮,可展开折叠区域,显示其他相关的命令按钮。如图 1-10 所示。

图 1-10　功能区

5．光标

工作界面上当前的焦点或者说当前的工作位置即为光标,针对 AutoCAD 工作的不同状态,对应的光标会显示不同的形状。

当光标位于 AutoCAD 的绘图区域时,显示为十字形状,在这种状态下可以通过单击来执行相应的绘图命令。当光标显示为小方格形状时,表示 AutoCAD 正处于等待选择状态,此时可以单击鼠标在绘图区中进行对象的选择,如图 1-11 所示。

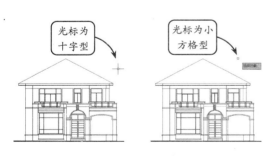

图 1-11　光标的状态

6．命令窗口

命令窗口位于绘图界面的最下方,主要用于显示提示信息和接收用户输入的数据。在 AutoCAD 中,用户可以通过按快捷键 Ctrl+9 来控制命令窗口的显示和隐藏。当按住命令行左侧的标题栏进行拖动时,将使其成为一浮动面板,如图 1-12 所示。

图 1-12　浮动命令窗口

AutoCAD 还提供了一个记录命令的文本窗口,按快捷键 F2 将显示该窗口,如图 1-13 所示。它记录了绘图操作中的所有操作命令,包括单击按钮和所执行的菜单命令。在该窗口中输入命令后,按下回车键,也同样可以执行相应的操作。

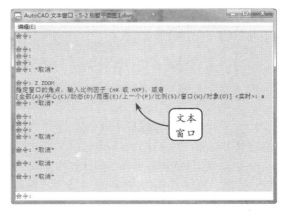

图 1-13　文本窗口

7．状态栏

状态栏位于整个界面的最底端，它的左边用于显示 AutoCAD 当前光标的状态信息，包括 X、Y、Z 三个方向上的坐标值；右边则显示一些具有特殊功能的按钮，一般包括捕捉、栅格、动态输入、正交和极轴等。如图 1-14 所示，单击"正交模式"功能按钮 ，可启用正交功能绘制直线。

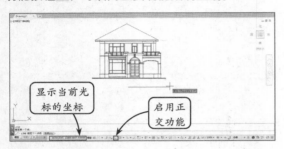

图 1-14　启用正交功能

8．坐标系

AutoCAD 提供了两个坐标系：一个称为世界坐标系（WCS）的固定坐标系和一个称为用户坐标系（UCS）的可移动坐标系。UCS 对于输入坐标、定义图形平面和设置视图非常有用。改变坐标系并不改变视点，只改变坐标系的方向和倾斜角度，如图 1-15 所示。

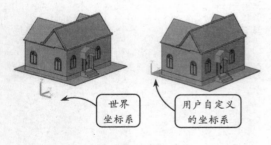

图 1-15　坐标系

1.2.2　工作空间类型

AutoCAD 2015 软件根据工作任务的不同以及操作的需要，提供了多种工作空间，如草图与注释、三维基础、三维建模等。

单击 AutoCAD 顶部的工作空间栏右边的小三角，将打开工作空间下拉列表，如图 1-16 所示。在该下拉列表中选择不同的选项，系统将切换至不同的工作空间。该列表中各选项分别介绍如下。

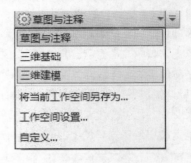

图 1-16　工作空间

❑　**草图与注释**

该类空间只能进行二维操作，绘制二维图形。

❑　**三维基础和三维建模**

这两种空间都用于创建三维模型。相比下，三维基础空间提供的功能要简单些，汇集了一些最常用的三维建模工具；三维建模空间提供更完善的建模和编辑功能，可以做更复杂的操作，可以对模型的线、面、实体分别进行编辑。

1.2.3　工作空间切换

工作空间的切换有两种方法，一种是单击 AutoCAD 顶部的工作空间栏右边的小三角，从打开的工作空间下拉列表选择需要的工作空间即可。另一种方法是在状态栏中单击"切换工作空间"按钮 ，即可在弹出的菜单中选择相应的命令进行工作空间的切换，如图 1-17 所示。

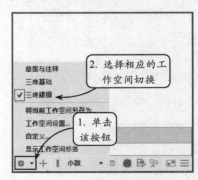

图 1-17　工作空间切换

1.3　AutoCAD 文件操作

图形文件的操作是进行高效绘图的基础,它包括创建新的图形文件、打开已有的图形文件、保存图形文件和输出图形文件。

1.3.1　新建图形文件

当启动 AutoCAD 2015 软件以后,系统将默认创建一个图形文件,并自动被命名为 Drawing1.dwg。这样在很大程度上就方便了用户的操作,只要打开 AutoCAD 即可进入工作模式。

要创建新的图形文件,可以在快速访问工具栏中单击"新建"按钮□,将打开"选择样板"对话框,如图 1-18 所示。在该对话框中可以选择一个模板来创建新的图形,日常设计中最常用的是"acad"样板和"acadiso"样板。

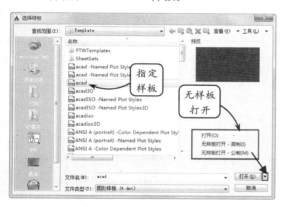

图 1-18　"选择样板"对话框

当选择了一个样板后,单击"打开"按钮,系统将打开一个基于样板的新文件。第一个新建的图形文件命名为"Drawing1.dwg"。如果再创建一个图形文件,其默认名称为"Drawing2.dwg",依次类推。

用户也可以不选择任何样板,从空白开始创建。此时需要在对话框中单击"打开"按钮旁边的黑三角打开其下拉菜单,然后选择"无样板打开-英制"或"无样板打开-公制"方式即可。

1.3.2　保存图形文件

在创建和编辑图形后,用户可以将当前图形保存到指定的文件夹。此外,为了防止一些突发情况,如电源被切断、错误编辑和一些其他故障,在使用 AutoCAD 软件绘图的过程中,应每隔 10~15 min 保存一次所绘的图形,尽可能做到防患于未然。

1．常规保存方法

要保存正在编辑或者已经编辑好的图形文件,可以直接在快速访问工具栏中单击"保存"按钮🔲(或者按快捷键 Ctrl+S),即可保存当前文件。如果所绘图形文件是第一次被保存,将打开如图 1-19 所示的"图形另存为"对话框。此时在"文件名"文本框中输入图形文件的名称,并在"文件类型"下拉列表框中选择所需要的一种文件类型选项,然后单击"保存"按钮,即可将该文件成功保存。

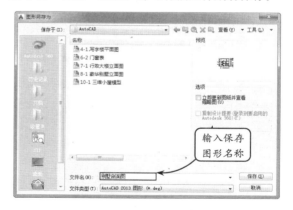

图 1-19　保存图形

2．间隔保存图形

除了上面的保存方法之外,AutoCAD 还为用户提供了另外一种保存方法,即间隔时间保存。其设置方法是:在空白处单击鼠标右键,在打开的快捷菜单中选择"选项"命令。然后在打开的对话框中切换至"打开和保存"选项卡,如图 1-20 所示。

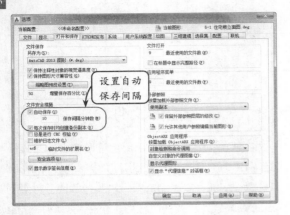

图 1-20　"打开和保存"选项卡

在该选项卡中启用"自动保存"复选框,并在"保存间隔分钟数"文本框中输入数值。这样在以后 AutoCAD 绘图过程中,系统将以该数字为间隔时间自动对文件进行存盘。

1.3.3　打开文件

要打开图形文件,可以直接在快速访问工具栏中单击"打开"按钮 📂,将打开"选择文件"对话框,如图 1-21 所示。在该对话框中单击"打开"按钮旁边的黑三角,其下拉菜单中提供了 4 种打开方式,现分别介绍如下。

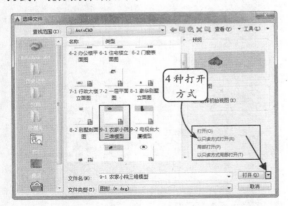

图 1-21　"选择文件"对话框

1. 打开

该方式是最常用的打开方式。用户可以在"选择文件"对话框中双击相应的文件,或者选择相应的图形文件,单击"打开"按钮即可,如图 1-22

所示。

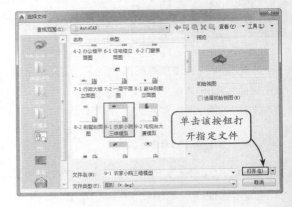

图 1-22　直接打开图形

2. 以只读方式打开

选择该方式表明文件以只读的方式打开,如图 1-23 所示。用户可以进行相应的编辑操作,但编辑后不能直接以原文件名存盘,需另存为其他名称的图形文件。

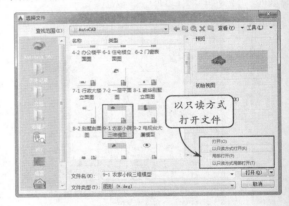

图 1-23　以只读方式打开图形

3. 局部打开

选择该方式仅打开图形的指定图层,如果图形中除了轮廓线、中心线外,还有尺寸、文字等内容分别属于不同的图层,此时采用该方式可以选择其中的某些图层进行打开。该打开方式适合图形文件较大的情况,可以提高软件的执行效率。

如果使用局部打开方式,则在打开后只显示被选图层上的对象,其余未选图层上的对象将不会被显示出来,如图 1-24 所示。

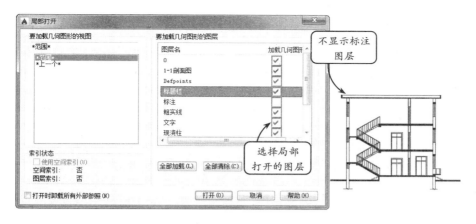

图 1-24　局部打开图形文件

在该对话框左边的列表框中列举出了打开图形文件时的可选视窗，其右边的列表框列出了用户所选图形文件中的所有图层。使用局部打开，必须选定要打开的图层，否则将出现警告对话框提示用户。

4. 以只读方式局部打开

选择该方式打开图形与局部打开文件一样需要选择相应的图层。用户可以对选定图层上的图形进行相应的编辑操作，但无法以原文件名进行保存，需另存为其他名称的图形文件。图 1-25 所示为以只读方式局部打开图形。

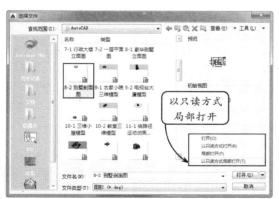

图 1-25　以只读方式局部打开

1.3.4　图形文件保密

出于对图形文件的安全性考虑，可以对相应的图形文件使用密码保护功能，即对指定图形文件执行加密操作。

要执行图形加密操作，用户可以在快速访问工具栏中单击"另存为"按钮，将打开"图形另存为"对话框，如图 1-26 所示。

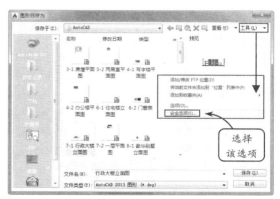

图 1-26　"图形另存为"对话框

在该对话框的"工具"下拉菜单中选择"安全选项"命令，将打开"安全选项"对话框。然后在"密码"选项卡的文本框中输入密码，并单击"确定"按钮。此时，将打开"确认密码"对话框，输入确认密码即可完成文件的加密操作，如图 1-27 所示。

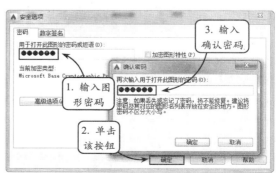

图 1-27　输入密码

为文件设置密码后，当打开加密文件时，要求用户输入正确的密码，否则将无法打开，这对于需要保密的图纸非常重要。

1.4 视图操作

视图操作指的是屏幕显示操作，包括显示平移、显示的放大缩小、全屏显示、画面重画等。

1. 平移视图

使用平移视图工具可以重新定位当前图形在窗口中的位置，以便对图形其他部分进行浏览或绘制。此命令不会改变视图中对象的实际位置，只改变当前视图在操作区域中的位置。在 AutoCAD 中，平移视图包含"实时平移"和"定点平移"两种方式，现分别介绍如下。

❑ 实时平移

利用该工具可以使视图随光标的移动而移动，从而在任意方向上调整视图的位置。切换至"视图"选项卡，在"二维导航"选项板中单击"平移"按钮🖑，此时鼠标指针将显示🖑形状，按住鼠标左键并拖动，窗口中的图形将随着光标移动的方向而移动，按 Esc 键可退出平移操作，如图 1-28 所示。

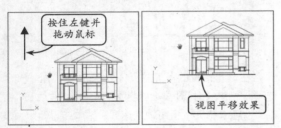

图 1-28　实时平移视图

> **提示**
>
> 在绘图过程中为提高绘图的效率，当平移视图时可以直接按住鼠标中键将视图移动到指定的位置，释放视图即可获得移动效果。

❑ 定点平移

利用"定点平移"指令可以通过指定移动基点和位移值的方式进行视图的精确平移。在命令行中输入"-PAN"指令并按下回车键，在绘图区适当位置单击左键指定基点，然后偏移光标指定视图的

移动方向。接着输入位移距离并按回车键，或直接单击左键指定目标点，即可完成视图的定点平移，如图 1-29 所示。

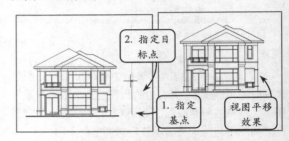

图 1-29　定点平移视图

2. 视图缩放

当绘制和浏览复杂图形的细节时，通常使用视图缩放工具对图形某一区域进行放大；而要观察图纸的整体效果时，又可以利用视图缩放工具对图形进行缩小。该操作不改变图形中对象的绝对大小，只改变视图的比例。

切换至"视图"选项卡，在"视口工具"选项板中单击"导航栏"按钮显示导航栏，然后在导航栏上单击"范围"按钮🔍下方的黑色小三角，即可打开"缩放"下拉列表。该下拉列表包括 11 种视图缩放工具，各工具的具体含义如表 1-1 所示。

表 1-1　视图缩放工具功能说明

工具名称	功能说明
范围缩放 🔍	系统能够以屏幕上所有图形的分布距离为参照，自动定义缩放比例对视图的显示进行调整，使所有图形对象显示在整个图形窗口中
窗口缩放 🔍	可以在屏幕上提取两个对角点以确定一个矩形窗口，之后系统将把矩形范围内的图形放大至整个屏幕。当使用"窗口"缩放视图时，应尽可能使矩形长宽比与当前屏幕比例一致，才能达到最佳的放大效果

续表

工具名称	功能说明
缩放上一个	单击该按钮,可以将视图返回至上次显示位置的比例
实时缩放	按住鼠标左键,通过向上或向下移动进行视图的动态放大或缩小操作。在使用"实时"缩放工具时,如果图形放大到最大程度,光标显示为 时,表示不能再进行放大;反之,如果缩小到最小程度,光标显示为 时,表示不能再进行缩小
全部缩放	可以将当前视口缩放来显示整个图形。在平面视图中,所有图形将被缩放到栅格界限和当前范围两者中较大的区域中
动态缩放	可以将当前视口缩放显示在指定的矩形视图框中。该视图框表示视口,可以改变它的大小,或在图形中移动
缩放比例	执行比例缩放操作与中心缩放操作有相似之处。当执行比例缩放操作时,只需设置比例参数即可。例如,在命令行中输入 0.5X,可以使屏幕上的每个对象显示为原大小的 1/2
中心缩放	缩放以显示由中心点及比例值或高度定义的视图。其中,设置高度值较小时,增加放大比例;反之,则减小放大比例。当需要设置比例值来相对缩放当前的图形时,可以输入带 X 的比例因子数值。例如,输入 2X 显示比当前视图放大两倍的视图
缩放对象	能够以图中现有图形对象的形状大小为缩放参照,调整视图的显示效果
放大	能够以 2X 的比例对当前图形执行放大操作
缩小	能够以 0.5X 的比例对当前图形执行缩小操作

3．全屏显示

在使用制图软件时,屏幕的大小对操作的便利性有着一定的影响,在 AutoCAD 软件的右下角,单击"全屏显示"按钮，即将显示全屏,操作界面更大。这种方式对于使用命令比较少的绘图工作来说比较实用。如果要取消全屏操作,按快捷键 Ctrl+0 即可。

4．重画图形

利用重画工具,可以将当前图形中的临时标记删除,以提高图形的清晰度和整体效果,或者对图形进行重生成更新,使某些操作对图生效,以提高图形的实时显示。

在命令行中输入 REDRAW 指令,屏幕上或当前视图区域中的原图形消失,系统快速地将原图形重画一遍,但不会更新图形的数据库。

5．重生成图形

执行重生成操作,在当前视口中以最新的设置更新整个图形,并重新计算所有对象的屏幕坐标。另外,该命令还可以重新创建图形数据库索引,从而优化显示和对象选择的性能。该操作的执行速度与重画命令相比较慢,更新屏幕花费的时间较长。

在命令行中输入 REGEN 指令,即可完成图形对象的重生成操作。在 AutoCAD 中,某些操作只有在使用"重生成"命令后才生效。例如在命令行中输入 FILL 指令后输入 OFF,关闭图案填充显示,此时只有对图形进行重生成操作,图案填充才会关闭,效果如图 1-30 所示。

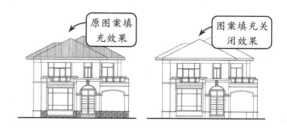

图 1-30　重生成图形显示效果

1.5　命令和输入操作

在 AutoCAD 中,通过选择菜单命令、单击工具按钮、在命令行输入等方式,都可以执行某项具体的命令操作。在命令的执行中，根据需要可以实时输入数据，可以终止或重复执行命令。

1. 命令的执行

命令的执行有多种方式，在 AutoCAD 2015 中最常用的方式包括命令行输入和单击工具按钮两种。

❏ **命令行输入**

在操作界面下方的命令行中输入命令字符，并按 Enter 键或者空格键即可执行相应操作。比如，可以在命令行输入 LINE 命令，系统即将执行绘制直线的命令操作。

❏ **单击工具按钮**

在操作界面上方的选项板中单击某个按钮，即可执行相关命令操作。比如，单击"直线"按钮，即可在屏幕中绘制直线。

2. 命令的终止

如果需要终止当前命令的执行，按 Esc 键即可。

3. 命令重复

按 Enter 键或空格键，或在绘图区域中右击，在弹出的快捷菜单中选择"重复"命令，即可重复执行最近使用的某一个命令。

要重复执行最近使用的 6 个命令中的某一个命令，可以在命令窗口或文本窗口中右击，在弹出的快捷菜单中选择"近期使用的命令"中的 6 个子命令之一即可。

要多次重复执行同一个命令，可以在命令行中输入 MULTIPLE 命令，然后在命令行"输入要重复的命令名："的提示下输入需要重复执行的命令，这样，AutoCAD 将重复执行该命令，直到按 Esc 键为止。

4. 坐标值输入

通过坐标值可以精确定位图形的起点、位置等。在 AutoCAD 中，坐标值输入有 3 种常用方式。

❏ **输入绝对坐标值**

相对于坐标系原点的坐标值即为绝对坐标值。在命令提示行里，输入（X,Y）值即可输入绝对直角坐标。如果输入（X<Y）值（这里的 Y 指的是角度），则表示输入绝对极坐标。

❏ **输入相对坐标值**

在命令行中，如果在坐标值前增加符号@，比如@（X，Y），即表示输入相对直角坐标。

在动态输入文本框中，首先输入 X 值，按键盘上逗号键后再输入 Y 值，也表示输入的是相对坐标值，如图 1-31 所示。

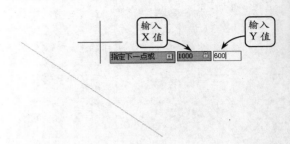

图 1-31　动态输入相对坐标

❏ **正交状态下坐标值的简化输入**

按 F8 键启用正交捕捉后，只需要输入水平或垂直方向的距离值即可完成坐标输入，如图 1-32 所示。

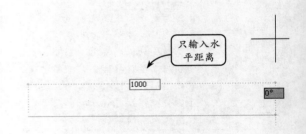

图 1-32　正交启用后的坐标输入

5. 动态输入

启用状态栏中的动态输入功能，系统便会在指针位置处显示命令提示信息、光标点的坐标值，以及线段的长度和角度等信息，可以帮助用户更加专注于绘图区域，极大地提高了设计效率。此外，这些信息会随着光标的移动而动态更新。

在状态栏中单击"动态输入"按钮 ，即可启用动态输入功能。如果右击该按钮，并选择"设置"选项，将打开"动态输入"选项卡，如图 1-33 所示。该选项卡中包含指针输入和标注输入两种动态输入方式，现分别介绍如下。

图 1-33　"动态输入"选项卡

❏　**指针输入**

当启用指针输入且有命令在执行时,十字光标的位置将在光标附近的工具栏提示中显示为坐标。此时用户可以在工具栏提示中输入参数值,而不用在命令行中输入,效果如图 1-34 所示。

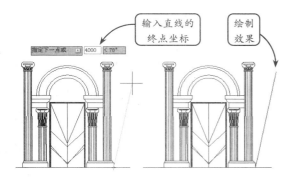

图 1-34　通过指针输入绘制直线

在使用指针输入指定坐标点时,第二个点和后续点的默认设置为相对极坐标。如果需要使用绝对极坐标,则需使用井号前缀(#)。此外,在"指针输入"选项组中单击"设置"按钮,将打开"指针输入设置"对话框。用户可以在该对话框中设置指针的格式和可见性,如图 1-35 所示。

图 1-35　"指针输入设置"对话框

❏　**标注输入**

启用标注输入功能后,当命令提示输入第二点时,工具栏提示将显示距离和角度值,且两者的值随着光标的移动而改变。此时按 Tab 键即可切换要更改的值,如图 1-36 所示。

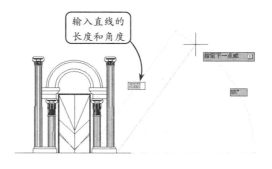

图 1-36　通过标注输入绘制直线

要进行标注输入设置,可以在"标注输入"选项组中单击"设置"按钮,在打开的"标注输入的设置"对话框中设置标注的可见性,如图 1-37所示。

图 1-37　"标注输入的设置"对话框

6．放弃与重做

在 AutoCAD 中,可以放弃或者重做一个或多个操作。

❑ 放弃

放弃指的是可以撤销前面已经执行的一个或多个操作。在命令提示行中输入 UNDO 命令，然后在命令行中输入要放弃的操作数目。例如，要放弃最近的 5 个操作，应输入 5。AutoCAD 将显示放弃的命令或系统变量设置。

执行该命令，提示行显示"输入要放弃的操作数目或 [自动(A)/控制(C)/开始(BE)/结束(E)/标记(M)/后退(B)] <1>:"的提示信息。

此时，可以使用"标记（M）"选项来标记一个操作，然后用"后退（B）"选项放弃在标记的操作之后执行的所有操作；也可以使用"开始（BE）"

选项和"结束（E）"选项来放弃一预先定义的操作。

❑ 重做

重做指的是可以恢复前一步放弃的一个或多个操作。重做操作必须在放弃操作后立即进行才有效。

在命令行中输入 REDO 并回车，可以重做一步操作；在命令行中输入 MREDO 命令，然后输入重做数目，可以重做指定步数的操作。

> **提示**
>
> 按快捷键 Ctrl+Z，每按一次就撤销一步操作；按快捷键 Ctrl+Y，每按一次可以重做一步刚撤销的操作。

1.6 对象的选择与删除操作

要编辑一个图形，必须首先选取待编辑的对象，只有这样执行的编辑操作才会有效。在 AutoCAD 中，针对图形对象的复杂程度或选取对象数量的不同，有多种选择对象的方法，下面介绍几种常用的对象选择方法。

1．鼠标选择

该方法也被称为点取对象，是最常用的对象选取方法。用户直接将光标拾取框移动到欲选取的图形对象上，单击左键即可完成对象的选取操作，如图 1-38 所示。

将光标移至该对象

单击进行选取

图 1-38　直接选取

2．窗口选取

窗口选取是以指定对角点的方式定义矩形选取范围的一种选取方法。使用该方法选取对象时，只有完全包含在矩形框中的对象才会被选取，而只有一部分进入矩形框中的对象将不会被选取。

采用窗口选取方法时，可以首先单击确定第一

个对角点。然后向右侧移动鼠标，选取区域将以实线矩形的形式显示，单击确定第二个对角点后，即可完成窗口选取。图 1-39 所示即是先确定点 A 再确定点 B 后，图形对象的选择效果.

3．交叉选取

在交叉选取模式下，用户无须将欲选择对象全

部包含在矩形框中，即可选取该对象。交叉窗口选取与窗口选取模式很相似，只是在定义选取窗口时

有所不同。

图 1-39　窗口选取

交叉选取是在确定第一点后，向左侧移动鼠标，选取区域显示为一个虚线矩形框，再单击确定第二点，即第二点在第一点的左边。此时完全或部

分包含在交叉窗口中的对象均被选中。图 1-40 所示即是先确定点 A 再确定点 B 的选择效果。

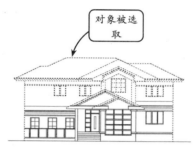

图 1-40　交叉选取

4．快速选择

快速选择是根据对象的图层、线型、颜色和图案填充等特性或类型来创建选择集，从而使用户可以准确地从复杂的图形中快速地选择满足某种特性要求的图形对象。

在命令行中输入 QSELECT 指令，并按下回车键，将打开"快速选择"对话框。在该对话框中指定对象应用的范围、类型，以及运算符和值等选项后，单击"确定"按钮，即可完成对象的选择，效果如图 1-41 所示。

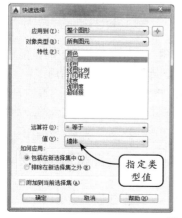

图 1-41　快速选择

5．对象删除

在"修改"选项板中单击"删除"按钮 ✐，或者在命令行中输入命令 ERASE，然后选取要删除的对象，按 Enter 键即可完成删除操作。

也可以首先用上面提到的选取方法选中需要删除的对象，然后直接按 Delete 键即可删除对象。

AutoCAD 1.7 图形信息查询

在 AutoCAD 中，当建立一个图形对象后，系统不仅绘制相应的图形，而且还建立一组相关的对象数据，并把这些数据存储在图形数据库中。因此，用户可以通过各种查询命令获取对象之间的距离、角度，以及对象的周长和面积等。

1.7.1 查询距离

在绘制、编辑和查看建筑图形时，可以通过 AutoCAD 提供的距离、半径和角度功能对指定的对象进行测量操作，以获得必要的图形信息。

测量距离是指测量选取的两点之间的距离，适用于二维和三维空间距离测量。单击"默认"选项卡"实用工具"选项板中的"距离"按钮 ▤，或直接输入快捷命令 DIST，然后依次选取图形对象的两个端点 A 和 B，即可在打开的提示框中查看该对象的距离值，如图 1-42 所示。

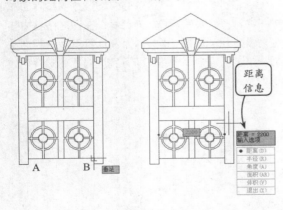

图 1-42　测量距离

提示

查询距离时，可以配合状态栏中的对象捕捉功能一起使用，以便获得更精确的测量效果。

1.7.2 半径

要获取二维建筑图形中的圆或圆弧，三维建筑模型中的圆柱体、孔对象的尺寸，可以利用"半径"工具进行查询。此时系统将显示所选图形对象的半径和直径尺寸。

在"实用工具"选项板中单击"测量"下拉按钮并选择"半径"选项，然后选取相应的弧形对象，则在打开的提示框中将显示该对象的半径和直径数值，如图 1-43 所示。

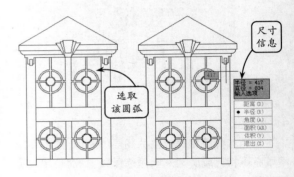

图 1-43　测量半径

1.7.3 查询角度

利用"角度"工具可以测量指定的圆弧、圆、直线或顶点的角度。在"实用工具"选项板中单击"测量"按钮并选择"角度"选项，然后分别选取图形对象的两条边，则在打开的提示框中将显示该对象的角度，效果如图 1-44 所示。

1.7.4 查询周长和面积

确定图形的面积和周长，是为了方便设计者查看图形信息。如果对象为圆、矩形和封闭的多段线等图形,可以直接选取对象测量面积和周长;如果对象为线段、圆弧等元素组成的封闭图形,则可以通过选取点来测量,且最后一点和第一点需形成封闭图形。

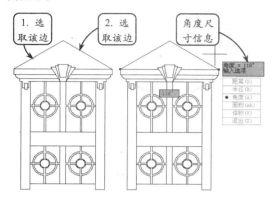

图 1-44　角度测量

在"实用工具"选项板中单击"测量"按钮并选择"面积"选项,或直接输入快捷命令 AREA,然后依次选取封闭图形的端点,按回车键结束操作,此时在打开的提示框中将显示由这些点所围成的封闭区域的面积和周长信息,如图 1-45 所示。

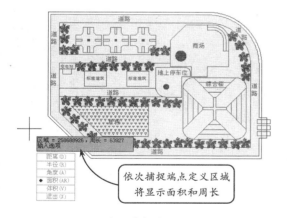

图 1-45　确定对象的面积和周长

1.7.5　查询面积累积值

在 AutoCAD 中,利用"面积"工具除了可以测量单个区域或对象的面积外,还可以使用"增加面积"或"减少面积"选项来累计面积。另外,在指定点或选择对象的过程中,包含的面积将动态高亮显示,这样可以帮助用户清晰地查看所选的内容。

选择测量中的"面积"选项,命令行将显示"指定第一个角点或[对象(O)/增加面积(A)/减少面积(S)/退出(X)]<对象(O)>:"的提示信息。如果增加面积,可以在命令行中输入字母 A,然后选取相应的点计算第一个区域的面积,并单击右键确认。接着选取相应的点再计算第二个区域面积,并单击右键,即可求得两个面积的和,如图 1-46 所示。减少面积与增加面积方法完全相同,这里不再赘述。

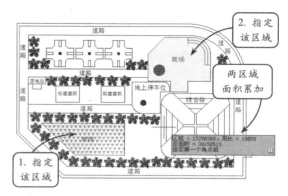

图 1-46　面积求和

提示

在选取图形对象计算面积时,可以选取圆、椭圆、二维多段线、矩形、样条曲线和面域等对象,而对于有线宽的多段线对象,面积按多段线的中心线计算。

1.7.6　查询图形时间和状态

在设计过程中如有必要,可以将当前图形状态和修改时间以文本的形式显示。这两种信息显示在 AutoCAD 文本窗口中,分别介绍如下。

1. 查询图形时间

TIME 命令用于显示绘制图形的日期和时间统计信息。利用该命令不仅可以查看图形文件的创建日期,还可以查看该文件创建所消耗的总时间。

在命令行中输入 TIME 指令,将显示如图 1-47 所示信息。该文本窗口中显示了当前时间、创建时间和上次更新时间等信息。

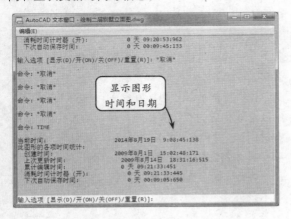

图 1-47　显示文件时间和日期

在窗口列表中显示的各时间或日期的功能，如下所示。

❏　**当前时间**

表示当前的日期和时间。

❏　**创建时间**

表示创建当前图形文件的日期和时间。

❏　**上次更新时间**

最近一次更新当前图形的日期和时间。

❏　**累计编辑时间**

自图形建立时间起，编辑当前图形所用的总时间。

❏　**消耗时间计时器**

在用户进行图形编辑时运行，该计时器可由用户任意开关或复位清零。

❏　**下次自动保存时间**

表示下一次图形自动存储时的时间。

提示

在窗口的最下方命令行中如果输入 D，则重复显示上述时间信息，并更新时间内容；如果输入 ON（或 OFF），则打开（或关闭）消耗时间计时器；如果输入 R，则使消耗时间计时器复位清零。

2．查询当前图形状态

状态显示命令 STATUS 主要用于显示图形的统计信息、模式和范围等内容。利用该命令可以详细查看图形组成元素的一些基本属性，例如线宽、线型及图层状态等。

要查看状态显示，在命令行中输入 STATUS 指令，在打开的"AutoCAD 文本窗口"对话框中将显示相应的状态信息，如图 1-48 所示。

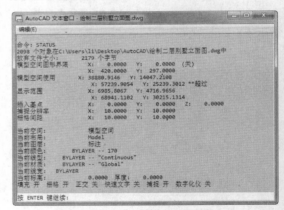

图 1-48　显示图形状态信息

第 2 章

AutoCAD 2015 绘图设置

在进行绘制之前，用户还需要做两件事：设置操作环境与掌握图层管理。本章将带领用户做好第一件事——环境设置。环境设置又叫绘图设置，是用户根据需要和个人喜好对 AutoCAD 的运行环境进行设置。设置主要影响两大方面：一是影响界面的外观和光标显示；二是影响绘制中的尺寸度量和定位。适宜的环境设置，将大大提高用户的使用体验和绘图效率。

本章主要讲解绘图单位、屏幕颜色、光标状态、捕捉等绘图环境的设置。

2.1　绘图边界设置

　　绘图边界就是 AutoCAD 的绘图区域界限，设置绘图界限是要辨明工作区域和图纸边界，让用户在设置好的区域中绘图，以避免所绘制的图形超出边界从而在布局中无法正确显示。

　　在模型空间中设置的图形界限实际是一个假定的矩形绘图区域，用于规定当前图形的边界。在命令行中输入 LIMITS 指令，然后指定绘图区中的任意一点作为空间界限的左下角点并输入相对坐标如（@420，297）以确定空间界限的右上角点。接着启用栅格显示功能，即可查看设置的图形界限效果，如图 2-1 所示。

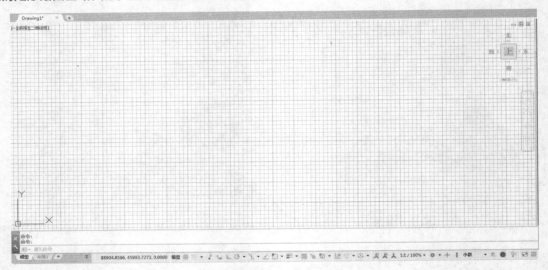

图 2-1　栅格显示的图形界限

2.2　绘图窗口颜色设置

　　在绘图区空白处单击鼠标右键，从打开的快捷菜单中选择"选项"命令打开"选项"对话框。该对话框的"显示"选项卡用于设置窗口元素、布局元素、显示精度、显示性能、十字光标大小和淡入度控制等显示属性。在该选项卡中经常执行的操作是设置图形窗口的颜色。单击"颜色"按钮，在打开的"图形窗口颜色"对话框中可设置各类背景的颜色，如图 2-2 所示。

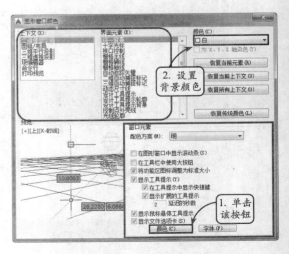

图 2-2　"图形窗口颜色"对话框

AutoCAD

2.3 图形单位设置

图形的单位和格式是建筑施工图的读图标准，也就是说确定绘图时的长度单位、角度单位及其精度和方向，是保证绘图准确的前提。

在 AutoCAD 中对于任何图形而言，总有其大小、精度和所采用的单位，屏幕上显示的仅为屏幕单位，但屏幕单位应该对应一个真实的单位，不同的单位其显示格式也不同。设置图形单位主要是设置长度和角度的类型、精度以及角度的起始方向。

单击窗口左上角按钮█，在其下拉菜单中选择"图形实用工具"|"单位"命令，便可在打开的"图形单位"对话框中设置长度、角度、插入时的缩放单位等参数，如图 2-3 所示。

图 2-3　"图形单位"对话框

1．长度设置

在"长度"选项组中，用户可以在"类型"下拉列表中选择长度的类型，并通过"精度"下拉列表设置数值的显示精度。其中默认长度类型为小数，精度为小数点后 4 位。

2．角度设置

在"角度"选项组中，用户可以在"类型"下拉列表中选择角度的类型，并通过"精度"下拉列表设置角度的显示精度。其中角度的默认方向为逆时针，如果启用"顺时针"复选框，则以顺时针方向为正方向。

3．插入时的缩放单位设置

在插入图块或外部参照时，当被插入的图形单位跟当前图形文件单位不同时，需要进行尺寸转换并对图形进行相应比例缩放，使图形的尺寸保持一致。在该选项组中，用户可以设置插入图形时所应用的缩放单位，包括英寸、码和光年等。默认的插入时的缩放单位为毫米，则插入的外部图形单位不是毫米时，图形将自动进行缩放，让图形的尺寸数值最终变成以毫米为单位的度量值。比如说将一张按英寸为单位画的图纸插入到当前按毫米画的图纸中时，这个图形单位会告诉 CAD 软件，插入的图纸需要放大 25.4 倍，转换成以毫米为单位的图纸。

4．方向设置

单击"方向"按钮，在打开的"方向控制"对话框中可以设定基准角度的 0° 方向。一般情况下，系统默认正东方向为基准角度的 0° 方向。如果要设定除东、南、西、北四个方向以外的方向为基准角度的 0° 方向，可以选择"其他"单选按钮，此时"角度"文本框将被激活。用户可以单击"拾取角度"按钮█，在绘图区通过拾取两个点来确定基准角度的 0° 方向，或者直接在该文本框中输入一个角度作为基准角度的 0° 方向，如图 2-4 所示。

图 2-4　设置基准角度的 0° 方向

2.4 光标显示设置

用户可以更改十字光标的显示大小和颜色。在"选项"对话框中的"显示"选项卡里的"十字光标大小"选项组中拖动滑块或者直接输入数值，可以更改十字光标的显示大小，图2-5和图2-6分别是大小为5和10的十字光标。

单击"窗口元素"选项组中的"颜色"按钮，在弹出的"图形窗口颜色"对话框中可以设置十字光标的颜色。在"界面元素"列表框中选中"十字光标"项，然后在"颜色"下拉列表中选择需要的颜色即可。图2-7所示为设置十字光标为暗红色的效果。

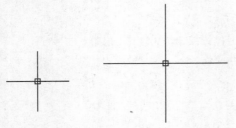

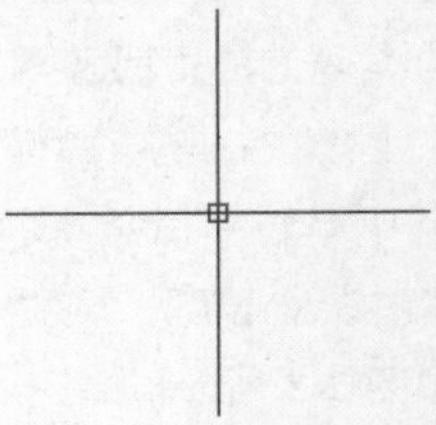

图 2-7　暗红色光标

图 2-5　光标大小为 5　　图 2-6　光标大小为 10

2.5 捕捉设置

捕捉，就是系统自动侦测符合需要的各种点、线、角度，并能将光标吸附或约束到上面，从而实现便捷、精确的定位。可捕捉的点包括端点、节点、中点、圆心、切点、垂足、交点、象限点、最近点、网格点等；可捕捉的角度默认选项有 90°、45°、30°、15°等，另外也可以捕捉自定义的任何一个角度；可捕捉的线包括平行线、网格线、延长线等。

要实现以上点、线、角度的捕捉，需要设置并启用特定的捕捉功能，如栅格捕捉、对象捕捉、极轴追踪，对象捕捉追踪等。

2.5.1 栅格捕捉

栅格是指点或线的矩阵遍布指定为栅格界限的整个区域。使用栅格类似于在图形下放置一张坐标纸，以提供直观的距离和位置参照。在绘图过程

中，栅格和捕捉功能总是同时启用，这两个辅助绘图工具之间有着很多联系。启用"捕捉模式"功能，将使光标只能停留在图形中的栅格点上，这样就可以很方便地将图形放置在特殊点上，便于以后的编辑。

单击状态栏中的"栅格显示"功能按钮 ▦，屏幕上将显示均匀分布的线，如图2-8所示。而启用状态栏中的"捕捉模式"功能，在屏幕上移动鼠标光标时，该光标将沿着栅格点或线进行移动。

1．控制栅格的显示样式和区域

栅格具有两种显示方式：点栅格和线栅格。在"栅格显示"按钮上右击，选择"设置"命令，弹出"草图设置"对话框。在该对话框的"栅格样式"选项组中启用"二维模型空间"复选框，即可在"二维线框"视图样式中显示栅格为点状，点栅格显示

效果如图 2-9 所示。

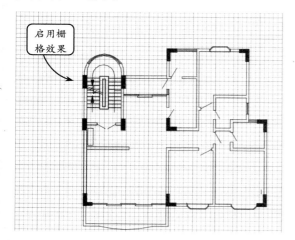

图 2-8　启用"栅格显示"功能

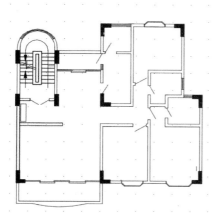

图 2-9　点栅格

要修改栅格覆盖的区域,可以在命令行中输入 LIMITS 指令,然后按照命令行提示,分别输入位于栅格界限左下角和右上角的点的坐标值即可。

2．设置主栅格线的频率

设置主栅格线的频率,可以在状态栏的"栅格显示"功能按钮上右击,并选择"设置"命令。然后在打开的对话框的"栅格 X 轴间距"和"栅格 Y 轴间距"文本框中输入间距值,从而控制主栅格线的频率,且两轴间默认为间距相等,如图 2-10 所示。

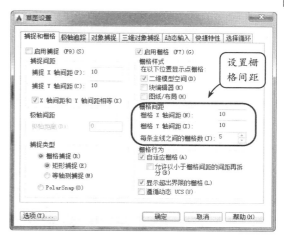

图 2-10　设置栅格间距

该对话框的"栅格行为"选项组用于设置视觉样式下栅格线的显示样式(三维线框除外),各复选框含义分别介绍如下。

❑ 自适应栅格

启用该复选框,可以限制缩放时栅格的密度。

❑ 允许以小于栅格间距的间距再拆分

启用该复选框,能够用小于指定栅格间距的间距来拆分该栅格。

❑ 显示超出界限的栅格

启用该复选框,将全屏显示栅格。

❑ 遵循动态 UCS

启用该复选框,将跟随动态 UCS 的 XY 平面而改变栅格平面。

在对话框中,"启用捕捉""启用栅格"复选框分别用于启用捕捉和栅格功能。"捕捉间距""栅格间距"选项组分别用于设置捕捉间距和栅格间距。用户还可通过此对话框进行其他捕捉设置。设置完成后后,单击"确定"按钮,关闭"草图设置"对话框。

> **提示**
>
> 在设置捕捉间距时,不需要和栅格间距相同。例如,可以设置较宽的栅格间距用做参照,但使用较小的捕捉间距以保证定位点时的精确性。

2.5.2　对象捕捉

在绘图过程中常常需要在一些特殊几何点之间连线，如通过圆心、线段的中点或端点等。虽然有些点可以通过输入坐标值来精确定位，但有些点的坐标是难以计算出来的，且通过输入坐标值的方法过于繁琐，耗费大量时间。此时便可以利用 AutoCAD 提供的对象捕捉工具来快速准确地捕捉这些特殊点。启用对象捕捉有 3 种方式，现分别介绍如下。

1．通过右键快捷菜单启用对象捕捉

使用右键快捷菜单指定捕捉类型是一种常用的捕捉设置方式。该方式与"对象捕捉"工具栏具有相同的效果，但操作更加方便。在绘图过程中，按住 Shift 键并单击右键，将打开"对象捕捉"快捷菜单，如图 2-11 所示。在该菜单中，选择指定的捕捉命令即可执行相应的对象捕捉操作。

图 2-11　"对象捕捉"快捷菜单

2．通过草图设置启用对象捕捉

上种方式仅对当前操作有效，当命令结束后，捕捉模式将自动关闭。所以用户可以通过草图设置设置捕捉模式来定位相应的点。当启用该模式时，系统将根据事先设定的捕捉类型，自动寻找几何对象上的点。

在状态栏中的"对象捕捉"功能按钮□上右击，

并选择"对象捕捉设置"选项，将打开"草图设置"对话框。在该对话框的"对象捕捉"选项卡中即可选择相应的对象捕捉点。如图 2-12 所示，要捕捉圆的圆心，可以启用"圆心"复选框，这样在绘图过程中，当光标移动到圆弧类曲线上时，系统将自动捕捉到圆心。

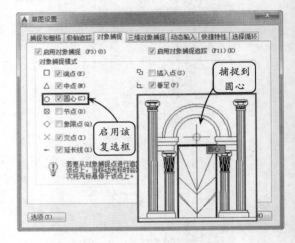

图 2-12　"对象捕捉"选项卡

3．通过命令启用对象捕捉

在绘制或编辑图形时，也可以通过在命令行中输入捕捉命令（例如中点捕捉命令为 MID、端点捕捉命令为 ENDP）来实现捕捉点的操作。如图 2-13 所示，利用"直线"工具指定一点后，可以在命令行中输入 TAN 指令，即可捕捉至圆弧的切点。

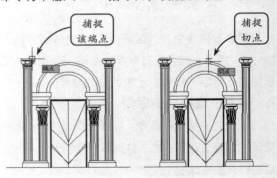

图 2-13　输入命令捕捉特殊点

各个捕捉特殊点的快捷键和具体操作方法如表 2-1 所示。

表 2-1　常用对象捕捉

对象捕捉类型	快捷键	含义	操作方法
临时追踪点	TT	创建对象捕捉所使用的临时点	用户将光标从几何对象上现有点（需要单击选取该点）开始移动时，系统沿该对象显示双侧捕捉辅助线和捕捉点的相对极坐标，输入偏移距离后，即可定位新点
捕捉自	FROM	从临时参照点偏移捕捉至另一个点	启用"捕捉自"模式后，先指定几何对象上一点作为临时参照点即基点。然后输入偏移坐标，即可确定目标点相对于基点的位置
捕捉到端点	ENDP	捕捉线段、圆弧等图形对象的端点	启用"端点"捕捉后，将光标移动到目标点附近，系统将自动捕捉该端点
捕捉到中点	MID	捕捉线段、圆弧等图形对象的中点	启用"中点"捕捉后，将光标的拾取框与线段或圆弧等几何对象相交，系统将自动捕捉中点
捕捉到交点	INT	捕捉图形对象间现有或延伸交点	启用"交点"捕捉后，将光标移动到目标点附近，系统将自动捕捉该点；如果两个对象没有直接相交，可先选取一对象，再选取另一对象，系统将自动捕捉到交点
捕捉到外观交点	APPINT	捕捉两个对象的外观交点	在二维空间中该捕捉方式与捕捉交点相同。但该捕捉方式还可在三维空间中捕捉两个对象的视图交点
捕捉到延长线	EXT	捕捉线段或圆弧的延长线	用户将光标从几何对象端点开始移动时（不需要单击选取该点），系统沿该对象显示单侧的捕捉辅助线和捕捉点的相对极坐标，输入偏移距离后，即可定位新点
捕捉到圆心	CEN	捕捉圆、圆弧或椭圆的中心	启用"圆心"捕捉后，将光标的拾取框与圆弧、椭圆等图形对象相交，系统将自动捕捉这些对象的中心点
捕捉到象限点	QUA	捕捉圆、圆弧或椭圆的0°、90°、180°、270°的点	启用"象限点"捕捉后，将光标拾取框与圆弧、椭圆等图形对象相交，系统将自动捕捉距拾取框最近的象限点
捕捉到切点	TAN	捕捉圆、圆弧或椭圆的切点	启用"切点"捕捉后，将光标的拾取框与圆弧、椭圆等图形对象相交，系统将自动捕捉这些对象的切点
捕捉到垂足	PER	捕捉线段或圆弧的垂足点	启用"垂足"捕捉后，将光标的拾取框与线段、圆弧等图形对象相交，系统将自动捕捉这些对象的垂足点
捕捉到平行线	PAR	平行捕捉，可用于绘制平行线	绘制平行线时，指定一点为起点。然后启用"平行线"捕捉，并将光标移至另一直线上，该直线上将显示平行线符号。再移动光标将显示平行线效果，此时输入长度即可
捕捉到插入点	INS	捕捉文字、块、图形的插入点	启用"插入点"捕捉后，将光标的拾取框与文字或块等对象相交，系统将自动捕捉这些对象的插入点
捕捉到节点	NOD	捕捉利用"点"工具创建的点	启用"节点"捕捉后，将光标的拾取框与点或等分点相交，系统将自动捕捉到这些点
捕捉到最近点	NEA	捕捉距离光标最近的图形对象上的点	启用"最近点"捕捉后，将光标的拾取框与线段或圆弧等图形对象相交，系统将自动捕捉这些对象上离光标最近的点

2.5.3 极轴追踪

极轴追踪是按事先设定的角度增量来追踪特征点的。该追踪功能通常是在指定一个点时，按预先设置的角度增量显示一条无限延伸的辅助线，这时就可以沿辅助线追踪获得光标点。在绘制二维图形时常利用该功能绘制倾斜的直线。

在状态栏中的"极轴追踪"功能按钮 ⊘ 上右击，并选择"正在追踪设置"选项，即可在打开的对话框的"极轴追踪"选项卡中设置极轴追踪对应的参数，如图 2-14 所示。

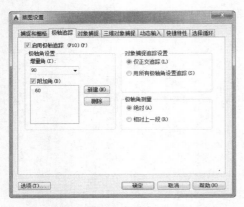

图 2-14 "极轴追踪"选项卡

在该对话框的"增量角"下拉列表中选择系统预设的角度，即可设置新的极轴角；如果该下拉列表中的角度不能满足需要，可以启用"附加角"复选框，并单击"新建"按钮，然后在文本框中输入新的角度即可。图 2-15 所示为新建附加角角度值60°，绘制角度线时将显示该附加角的极轴跟踪。

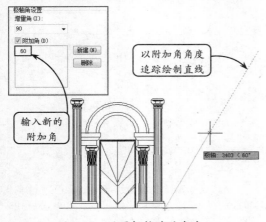

以附加角角度追踪绘制直线

输入新的附加角

图 2-15 设置极轴追踪角度

此外在"极轴角测量"选项组中可以设置极轴追踪角度的测量基准。其中，选择"绝对"单选按钮，可基于当前 UCS 坐标系确定极轴追踪角度；选择"相对上一段"单选按钮，可基于最后所绘的线段确定极轴追踪的角度。

> **提示**
>
> 极轴角是按照系统默认的逆时针方向进行测量的，而极轴追踪线的角度是根据追踪线与 X 轴的最近角度测量的，因此极轴追踪线的角度最大值为 180°。

2.5.4 对象捕捉追踪

当不知道具体角度值但知道特定的关系时，可以通过对象捕捉追踪来绘制某些图形对象。对象捕捉追踪按照对象捕捉设置，对相应的捕捉点进行追踪。因此在追踪对象捕捉到的点之前，必须先打开对象捕捉功能。

单击状态栏中的"对象捕捉追踪"按钮 ∠ ，或者在状态栏中右击"对象捕捉"功能按钮 □ ，并选择"对象捕捉设置"选项，然后在打开的对话框中启用"启用对象捕捉追踪"复选框，即可启用该功能。此时选取一个几何点作为追踪参考点，即可按水平方向、竖直方向或设定的极轴方向进行相应的追踪，如图 2-16 所示。

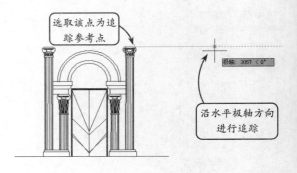

选取该点为追踪参考点

沿水平极轴方向进行追踪

图 2-16 沿水平方向进行追踪

从追踪参考点进行追踪的方向可以通过"极轴追踪"选项卡中的"对象捕捉追踪设置"选项组进行设置。该选项组中两个选项的含义介绍如下。

❑ 仅正交追踪

选择该单选按钮,将在追踪参考点处显示水平或竖直的追踪路径。

❑ **用所有极轴角设置追踪**

选择该单选按钮,将在追踪参考点处沿预先设置的极轴角方向显示追踪路径。如图 2-17 所示,利用对象捕捉追踪选取一端点为追踪参考点,然后沿极轴角方向显示的追踪路径确定第一点,并继续沿该极轴角方向显示的追踪路径确定第二点,即可绘制相应的直线。

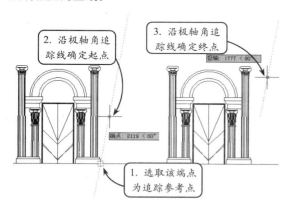

图 2-17　沿极轴角方向绘制直线

> **提示**
>
> 在实际绘图过程中常将"极轴追踪"和"对象捕捉追踪"功能结合起来使用,这样既能方便地沿极轴方向绘制线段,又能快速地沿极轴方向定位点。

2.5.5　正交捕捉

在绘图过程中使用正交功能,可以将光标限制在水平或垂直方向上移动,以便于精确地绘制和修改对象。

单击状态栏中的"正交模式"功能按钮，这样在绘制和编辑图形对象时,光标将受到水平和垂直方向限制,无法随意拖动,如图 2-18 所示。

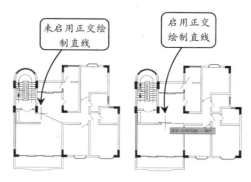

图 2-18　启用正交模式前后对比

> **提示**
>
> 按下 F3 键可以启用或禁用对象捕捉模式;按下 F7 键可以启用或禁用栅格模式;按下 F8 键可以启用或禁用正交模式;按下 F9 键可以启用或禁用捕捉模式;按下 F10 键可以启用或禁用极轴追踪模式;按下 F11 键可以启用或禁用对象捕捉追踪模式。

第 3 章

图层和图形特性

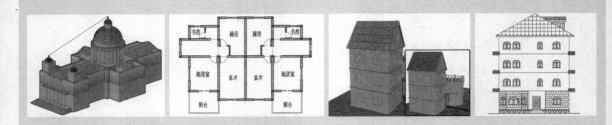

　　AutoCAD 中的所有图形、文字、标注等对象都放置在图层中。图层好比透明的纸张彼此叠放，不同的图层可以设置不同的特性用来放置不同的对象，如此可以使整张图纸中的各种对象条理清晰，便于控制。默认情况下，在某个图层创建的对象，其特性会继承图层的特性。同时，不同的对象还有自身所特有的特性，比如文字就具有字体、字高等自有特性。对象的特性可以更改和匹配。掌握图层和对象特性编辑，将从绘图之初就养成高效的绘图管理习惯。

　　本章主要讲解图层的管理和对象特性的编辑。

3.1　图层特性管理器

图层的创建、设置、删除等一般都通过图层特性管理器进行的。要掌握图层，就必须先了解图层特性管理器。

在命令行中输入 LAYER 命令，或者展开"默认"选项卡，在"图层"选项板中单击"图层特性"按钮，将打开"图层特性管理器"对话框，如图 3-1 所示。

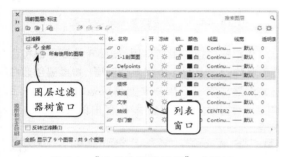

图 3-1　"图层特性管理器"对话框

该对话框左侧为图层过滤器树窗口，右侧为列表窗口。该对话框包含多个按钮选项，其含义及设置方法可以参照表 3-1。

表 3-1　"图层特性管理器"对话框各按钮选项含义及设置方法

按钮	图标	含义及设置方法
新建图层		单击该按钮，可以在图层列表窗口中新建一个图层。在建筑绘图时，可新建辅助线、轮廓线、墙体、标注等图层
新建冻结图层		单击该按钮，可以创建在所有视口中都被冻结的新图层

续表

按钮	图标	含义及设置方法
置为当前		单击该按钮，可以将选中的图层指定为当前活动图层
新建特性过滤器		单击该按钮，可以打开"图层过滤器特性"对话框。在该对话框中可以通过定义图层的特性来选择所有符合特性的图层，过滤掉所有不符合条件的图层。这样可以通过图层的特性快速地选择所需的图层
新建组过滤器		单击该按钮，可以在"图层过滤器树"窗口中添加"组过滤器"文件夹。用户可以选择相应的图层拖至该文件夹，以对图层列表中的图层进行分组，达到过滤图层的目的
图层状态管理器		单击该按钮，将打开"图层状态管理器"对话框。用户可以通过该对话框管理图层的状态
反转过滤器		启用该复选框后，在对图层进行过滤时，可以在图层列表窗口中显示所有不符合条件的图层
设置		单击该按钮，将打开"图层设置"对话框。在该对话框中，用户可以通过相关设置控制何时发出新图层通知，以及是否将图层过滤器应用到图层工具栏，还可以控制图层特性管理器中视口替代的背景色

3.2　图层的创建与删除

新建文件后，文件会自动生成一个图层 0。利用图层特性管理器，用户可以根据绘图需要自主创建和删除图层。

3.2.1　新建图层

通常在绘制新图形之前，可以首先创建并命名多个图层，或者在绘图过程中根据需要随时增加相应的图层。而当创建一个图层后，往往需要设置该图层的线型、线宽、颜色和显示状态，并且根据需要随时指定不同的图层为当前图层。

单击"图层"选项板中的"图层特性"按钮圈，在打开的对话框中单击"新建图层"按钮，将生成一个新的图层。此时可以输入该新图层的名称，设置该图层的颜色、线型和线宽等多种特性。为了便于区分各类图层，用户应取一个能表达图层上图元特性的新名字取代缺省名，使之一目了然，便于管理，如图 3-2 所示。

图 3-2　新建各种图层

如果在创建新图层前没选中任何图层，则新创建图层的特性与 0 层相同；如果在创建前选中了其他图层，则新创建的图层将与选中的图层具有相同的颜色、线型和线宽等特性，如图 3-3 所示。

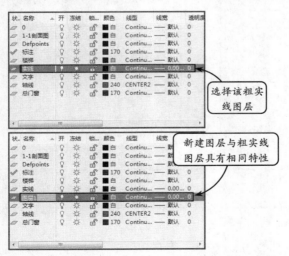

图 3-3　新建指定的图层

此外也可以用快捷菜单来新建图层，其方法

是：在"图层特性管理器"对话框中的图层列表框空白处单击右键，在打开的快捷菜单中选择"新建图层"命令，即可创建新的图层，如图 3-4 所示。

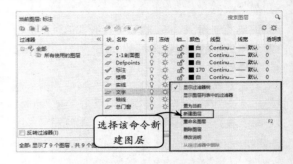

图 3-4　使用快捷菜单新建图层

为新图层指定了名称后，图层特性管理器将会按照名称的字母顺序排列各个图层。如果要创建自己的图层方案，则用户需要系统地命名图层的名称，即使用共同的前缀命名有相关图形部件的图层。

提示

> 在绘图或修改图形时，屏幕上总保留一个"当前层"。在 AutoCAD 中有且只能有一个当前层，且新绘制的对象只能位于在当前层上。但修改图形对象时，则不管对象是否在当前层，都可以进行相应地修改。

3.2.2　删除图层

用户可以删除不需要的图层。图层的删除有两种不同的方式，分别介绍如下。

1．利用图层特性管理器删除图层

选中不需要的图层，单击图层特性管理器上方的"删除图层"按钮，即可删除图层。不过采用此方法删除图层，受到很大的限制，出现以下情况则无法删除。

- ❏ 图层 0 和图层 Defpoints
- ❏ 当前图层
- ❏ 图层上包含有对象
- ❏ 依赖外部参照的图层

2．利用"图层"选项板中的"删除"按钮删除图层

利用该方法删除图层，将同时删除图层上的所

有对象，包括图块中含有的该图层的对象。当然，图层 0 和当前图层仍然无法删除。

在"图层"选项板中单击"删除"按钮，然后在图中拾取要删除的图层中的某个对象，该图

层中的所有对象这时自动被暂时隐藏，继续按空格键，并在命令行提示是否继续时，输入字母 Y，即可完成删除图层以及图层上所有对象的操作，如图 3-5 所示。

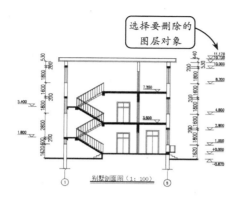

图 3-5　删除"标注"图层

3.3　设置图层特性

创建图层的目的就是为了便于创建和管理不同特性的对象。因此，图层建立后，用户应该立即设置图层的特性。常用的图层特性包括颜色、线型、线宽等。

3.3.1　设置图层颜色

对象颜色将有助于辨别图样中的相似对象，通过给图形中的各个图层设置不同的颜色，可以直观地查看图形中各部分的结构特征，同时也可以在图形中清楚地区分每个图层。

要设置图层的颜色，用户可以在"图层特性管理器"对话框中单击"颜色"列表项中的色块，将打开"选择颜色"对话框，如图 3-6 所示。该对话框中主要包括以下 3 种图层颜色设置方案。

1. 使用索引颜色

索引颜色又称为 ACI 颜色，是在 AutoCAD 中使用的标准颜色。每种颜色用一个 ACI 编号标识，即 1～255 之间的整数，例如红色为 1，黄色为 2，

绿色为 3，青色为 4，蓝色为 5，品红色为 6，白色/黑色为 7，标准颜色仅适用于 1～7 号颜色。当选择某一颜色为绘图颜色后，AutoCAD 将以该颜色绘图，不再随所在图层的颜色变化而变化。

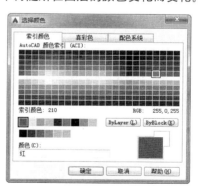

图 3-6　"选择颜色"对话框

切换至"索引颜色"选项卡后，将出现 ByLayer 和 ByBlock 两个按钮：单击 ByLayer 按钮时，所绘对象的颜色将与当前图层的绘图颜色相一致；单击

ByBlock 按钮时，所绘对象的颜色为白色。当把在该颜色设置下绘制的对象创建成块后，块成员的颜色将随着块的插入而与当前图层的颜色相一致，但前提是插入块时当前层的颜色应设置为 ByLayer 方式。

2．使用真色彩

真彩色使用 24 位颜色来定义显示 1600 万种颜色。指定真彩色时，可以使用 RGB 或 HSL 颜色模式，如图 3-7 所示。

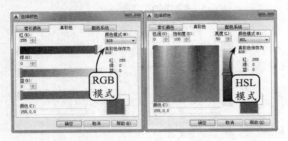

图 3-7　真彩色的两种颜色模式

这两种模式的含义分别介绍如下。

❑ RGB 颜色模式

RGB 颜色通常用于光照、视频和屏幕图像编辑，也是显示器所使用的颜色模式，分别代表着 3 种颜色：R 代表红色、G 代表绿色、B 代表蓝色。通过这三种颜色可以指定颜色的红、绿、蓝组合。

❑ HSL 颜色模式

HSL 颜色模式是描述颜色的另一种方法，它是符合人眼感知习惯的一种模式。HSL 分别代表着 3 种颜色要素：H 代表色调、S 代表饱和度、L 代表亮度。通常如果一幅图像有偏色、整体偏亮、整体偏暗或过于饱和等缺点，可以在该模式中进行调节。

3．配色系统

在该选项卡中，用户可以从所有颜色中选择程序事先配置好的专色，这些专色放置于专门的配色系统中。在该程序中主要包含 3 个配色系统，分别是 PANTONE、DIC 和 RAL，它们都是全球流行的色彩标准（国际标准）。

在该选项卡中选择颜色大致需要三步：首先在

"配色系统"下拉列表中选择一种类型，然后在右侧的选择条中选择一种颜色色调，接着在左侧的颜色列表中选择具体的颜色编号即可，如图 3-8 所示。

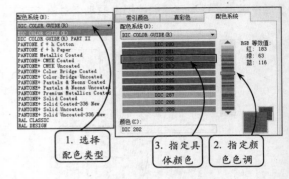

图 3-8　选择配色系统指定颜色

> **提示**
>
> 各行业均以国际色卡为基准，可以从千万色彩中明确一种特定的颜色。例如 PANTONE 色卡中包含 1900 多个色彩，各种色彩均标有统一的颜色编号，在国际上通用。

3.3.2　设置线型

线型是图形基本元素中线条的组成和显示方式，如虚线和实线等。通过设置线型可以从视觉上很轻易地区分不同的绘图元素，便于查看和修改图形。此外对于虚线等由短横线或空格构成的非连续线型，还需要设置线型比例来控制其显示效果。

1．指定或加载线型

AutoCAD 提供了丰富的线型，它们存放在线型库 ACAD.LIN 文件中。在设计过程中可以根据需要选择相应的线型，来区分不同类型的图形对象，以符合行业的标准。

要设置图层的线型，可以在"图层特性管理器"对话框中单击"线型"列表项中的线型对象，然后在打开的"选择线型"对话框中选择相应的线型即可。如果没有所需线型，可在该对话框中单击"加载"按钮，在打开的新对话框中选择需要加载的线型，并单击"确定"按钮，即可加载该新线型，如

图 3-9 所示。

图 3-9　加载新线型

2．修改线型比例

在绘制图形的过程中，经常遇到细点划线或虚线的间距太小或太大的情况，以至于无法区分点划线与实线。为解决这个问题，可以通过设置图形中的线型比例来改变线型的显示效果。

要修改线型比例，可以在命令行中输入LINETYPE 指令，将打开"线型管理器"对话框。在该对话框中单击"显示细节"按钮，将激活"详细信息"选项组。用户可以在该选项组中分别修改全局比例因子和当前对象的缩放比例，如图 3-10 所示。这两个比例因子的含义分别介绍如下。

图 3-10　"线型管理器"对话框

❑ 全局比例因子

设置该文本框的参数可以控制线型的全局比例，将影响到图形中所有非连续线型的外观。其值增加时，将使非连续线型中短横线及空格加长；反

之将使其缩短。当用户修改全局比例因子后，AutoCAD 将重新生成图形，并使所有非连续线型发生相应地变化。

❑ 当前对象缩放比例

在绘制图形的过程中，为了满足设计要求和让视图更加清晰，需要对不同对象设置不同的线型比例，此时就必须单独设置对象的比例因子，即设置当前对象的缩放比例参数。

在默认情况下，当前对象的缩放比例参数值为1。该因子与全局比例因子同时作用在新绘制的线型对象上，新绘制对象的线型最终显示缩放比例将是两者间的乘积。

3.3.3　设置线宽

线宽是指用宽度表现对象的大小和类型，设置线宽就是改变线条的宽度。通过控制图形显示和打印中的线宽，可以进一步区分图形中的对象。此外，使用线宽还可以用粗线和细线清楚地表现出部件的截面、边线、尺寸线和标记等图形对象，提高了图形的表达能力和可读性。

要设置图层的线宽，可以在"图层特性管理器"对话框中单击"线宽"列表项中的线宽对象，将打开"线宽"对话框，如图 3-11 所示。在该对话框的"线宽"列表框中可以指定所需各种尺寸的线宽。

此外，还可以根据设计的需要设置线宽的单位和显示比例。在命令行中输入 LWEIGHT 指令，将打开"线宽设置"对话框，如图 3-12 所示。

图 3-11 "线宽"对话框

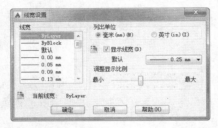

图 3-12 "线宽设置"对话框

在该对话框中,可以设置线宽单位和调整指定线宽的显示比例,各选项的含义分别介绍如下。

❑ **列出单位**

在该选项组中可以指定线宽的单位,可以是毫米或英寸。

❑ **显示线宽**

启用该复选框,线型的宽度才能显示出来。也可以单击软件状态栏上的"线宽"功能按钮 + 来显示线宽效果。

❑ **默认**

在该下拉列表中可以设置默认的线宽参数值。

❑ **调整显示比例**

在该选项区中可以通过拖动滑块来调整线宽的显示比例大小。

3.4 图层管理

当文件中存在多个图层时,为了操作的便利性,用户可以对图层进行管理。图层管理操作包括图层的打开与关闭、置为当前、冻结与解冻、锁定与解锁等。

3.4.1 图层置为当前

创建多个图层并命名和设置特性后,在绘图过程中就可以根据需求不断切换图层,将指定的图层置为当前层,以绘制相应的图形对象。一般情况下,将图层置为当前层有以下两种方式。

1．常规置为当前层

在"图层特性管理器"对话框的"状态"列中,显示图标为 ✔ 的图层表示该图层为当前层。要将指定的图层置为当前层,只需在"状态"列中双击该图层,使其显示 ✔ 图标即可,如图 3-13 所示。

2．将对象图层置为当前层

在绘图区中选取要置为当前层的图形对象,此时在"图层"选项板中将显示该图形对象所对应的图层列表项。然后单击"将对象的图层设为当前图层"按钮 ,即可将指定的对象图层置为当前层,

如图 3-14 所示。

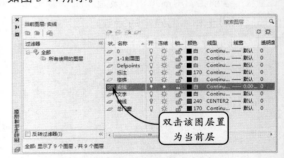

图 3-13 将指定图层置为当前层

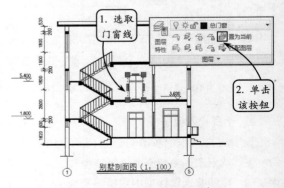

图 3-14 将对象图层置为当前层

3.4.2　打开与关闭图层

在绘制复杂图形时，由于过多的线条干扰设计者的工作，这就需要将无关的图层暂时关闭。通过这样的设置不仅便于绘制图形，而且可减少系统的内存占用，提高绘图的速度。

1．关闭图层

关闭图层是指暂时隐藏指定的一个或多个图层。打开"图层特性管理器"对话框，在图层列表窗口中选择一个图层，并单击"开"列对应的灯泡按钮 ♀。此时该灯泡的颜色将由黄色变为灰色，且该图层对应的图形对象将不显示，如图 3-15 所示。

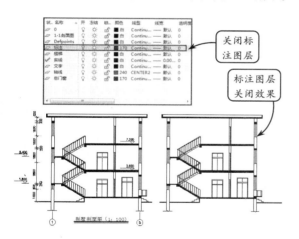

图 3-15　关闭"标注"图层

还可以通过另外两种方式关闭图层。一种是在"图层"选项板的"图层"下拉列表中，单击对应列表项的灯泡按钮 ♀，可以关闭所指定的图层；另一种是在"图层"选项板中单击"关闭"按钮 ⚡，然后选取相应的图形对象，即可关闭该图形对象对应的图层。

2．打开图层

打开图层与关闭图层的设置过程正好相反。在"图层特性管理器"对话框中选择被关闭的图层，单击"开"列对应的灰色灯泡按钮 ♀，该按钮将切换为黄色的灯泡按钮 ♀，即该图层被重新打开，且相应的图层上的图形对象可以显示，也可以打印输出。此外，单击"图层"选项板中的"打开所有图层"按钮 🗂，将显示所有隐藏的图层。

3.4.3　冻结图层与解冻

冻结图层可以使该图层不可见。当重新生成图形时，系统不再重新生成该层上的对象。因而冻结图层后，可以加快显示和重生成的速度。

1．冻结图层

利用冻结操作可以冻结长时间不用看到的图层。一般情况下，图层的默认设置为解冻状态，且"图层特性管理器"对话框的"冻结"列中显示的太阳图标 ☼ 视为解冻状态。

指定一图层，并在"冻结"列中单击太阳图标 ☼，使该图标切换为雪花图标 ❄，即表示该图层被冻结，图 3-16 所示就是冻结"标注"图层的效果。此外也可以在"图层"选项板中单击"冻结"按钮 ❄，然后在绘图区选取要冻结的图层对象，即可将该对象所在的图层冻结。

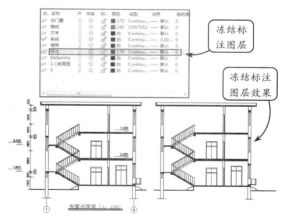

图 3-16　冻结"标注"图层

需要特别注意的是：不能冻结当前层，也不能将冻结层置为当前层，否则将会显示警告信息。冻结的图层与关闭的图层的可见性是相同的，但冻结的对象不参加处理过程的运算，而关闭的图层则要参加运算。所以在复杂图形中，通过冻结不需要的图层，可以加快系统重新生成图形的速度。

2．解冻

解冻是冻结图层的逆操作。选择被冻结的图层，单击"冻结"列的雪花图标❄，使之切换为太阳图标☀，则该图层被解冻。解冻冻结的图层时，系统将重新生成并显示该图层上的图形对象。此外，在"图层"选项板中单击"解冻所有图层"按钮，将解冻当前图形文件的所有冻结图层。

3.4.4 锁定图层与解锁

通过锁定图层可以防止指定图层上的对象被选中和修改。锁定的图层对象将以灰色显示，可以作为绘图的参照。

1．锁定图层

锁定图层就是取消指定图层的编辑功能，防止意外地编辑该图层上的图形对象。打开"图层特性管理器"对话框，在"图层列表"窗口中选择一个图层，并单击"锁定"列的解锁图标🔓，该图标将切换为锁定图标🔒，即该图层被锁定。图 3-17 所示就是被锁定的"标注"图层以灰色显示的效果。

除了上述方式外，还可以在"图层"选项板中单击"锁定"按钮，然后在绘图区选取相应的图形对象，则该对象所在的图层将被锁定，且锁定的图形对象以灰色显示。

此外，在 AutoCAD 中还可以设置图层的淡入比例来查看图层的锁定效果。在"图层"选项板中拖动"锁定的图层淡入"滑块，将调整锁定图层上对象的显示效果，如图 3-18 所示。

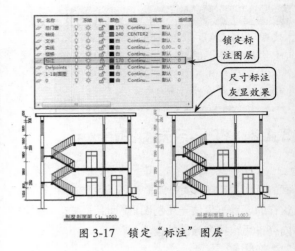

图 3-17 锁定"标注"图层

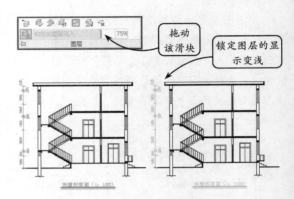

图 3-18 设置锁定图层的淡入比例

2．解锁

解锁是锁定图层的逆操作。选择被锁定的图层，单击"锁定"列的锁定图标🔒，使之切换为解锁图标🔓，则该图层被解锁。此时图形对象显示正常，并且可以进行编辑操作。此外，还可以在"图层"选项板中单击"解锁"按钮，然后选取待解锁的图形对象，则该图形对象对应的锁定图层将被解锁。

3.5 对象特性

在图层中创建的对象会继承图层的特性，如颜色、线型、线宽等，除此之外，不同类型的对象也具有自身独特的特性。用户可以通过"特性"选项板和"特性"面板更改对象的特性。

3.5.1　修改对象特性

选中对象后,如果要修改其特性,有两种方法,分别介绍如下。

1. 应用"特性"选项板修改

"特性"选项板如图 3-19 所示。选择要设置的对象,单击"特性"选项板中相应的控制按钮,然后在弹出的列表中选择需要的特性,即可修改对象的特性。图 3-20 为对象更改颜色后的效果。

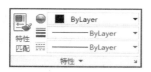

图 3-19　"特性"选项板

图 3-20　更改对象颜色

2. 应用"特性"面板修改

单击"特性"选项板右下角的"特性"按钮 ,将弹出"特性"面板,如图 3-21 所示。该面板提供了对象的完整特性。在面板的"常规"选项框中,可以设置对象的颜色、线型、线宽、透明等特性。

除开"常规"选项框外,选中不同的对象,"特性"面板中的选项设置不同。图 3-22 是选中文字后的"特性"面板,图 3-23 是选中矩形对象后的"特性"面板。

利用"特性"面板修改对象特性很方便,只需要选中对象,然后在"特性"面板中进行选择

或者直接输入数值即可。

图 3-21　"特性"面板

图 3-22　文字对象特性　　图 3-23　矩形对象特性

3.5.2　匹配对象特性

每个对象都有自己的特性,那是否能将某个对象的特性应用到另一个对象上呢?答案是肯定的,利用"特性匹配"命令,用户可以快速地将某个对象的特性应用到另外的对象上。能匹配的特性包括颜色、线型、线宽、打印样式、文字样

式、标注样式等。

　　在命令行输入 MATCHPROP（简化命令 MA）并确定，提示选择源对象，这时拾取已具有所需要特性的对象。选择源对象后，系统将提示选择目标对象，此时选择应用源对象特性的目标对象即可。图 3-24 所示为矩形对象应用直线对象特性前后的效果。

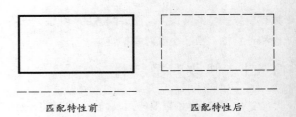

匹配特性前　　　　　　　匹配特性后

图 3-24　特性匹配前后

第 **4** 章

绘制二维图形

　　从本章开始，用户正式进入图形的绘制学习。AutoCAD 可以创建各类二维建筑图，如平面图、立面图、剖面图等。这些图分解开来，除开文字、尺寸、表格等，实际都是由一些基本的点、线、几何图形、填充内容组成的。因此，熟练地掌握基本二维图形的绘制是非常重要的。AutoCAD 提供了点、直线、射线、折线、多线、多段线、矩形、圆、多边形、圆弧、样条曲线等众多工具和命令，通过它们可以绘制出基本的建筑图形。

　　本章主要介绍点、线，以及其他几何图形的绘制和图形的填充。

4.1 绘制点

在建筑图形中,点是构成图形最简单的几何元素。在 AutoCAD 2015 中,点对象可用做捕捉和偏移对象的节点或参考点。用户可以通过单点、多点、定数等分和定距等分等 4 种方法创建点对象。

1. 设置点的样式

在建筑图纸的绘制过程中,往往需要将某个图形对象的等分点标记出来,而默认的点样式在图形中并不容易辨识。因此,为了更好地用点标记定距或定数等分位置,用户可以根据系统提供的一系列点样式,选取所需的点样式。

在"草图与注释"工作空间界面中,单击"实用工具"选项板中的"点样式"按钮,将打开"点样式"对话框,如图 4-1 所示。此时用户即可选择指定的点样式并设置相应参数。

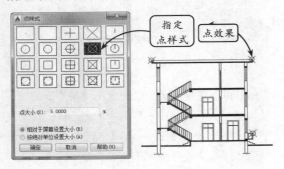

图 4-1 "点样式"对话框

该对话框中的主要选项介绍如下。

- **点大小** 该选项框用于设置点在绘图区显示的比例大小。
- **相对于屏幕设置大小** 启用该选项单选按钮,可以按屏幕尺寸的百分比设置点的大小。
- **按绝对单位设置大小** 启用该选项单选按钮,可以按指定的实际单位设置点的大小。

2. 绘制单点和多点

单点和多点是点常用的两种类型。所谓单点是在绘图区一次仅绘制一个点,主要用来指定单个的特殊点位置,如指定中点、圆心点和相切点等;而多点则是在绘图区可以连续绘制多个点,主要是用

第一点为参考点,然后依据该参考点绘制多个点。

在命令行中输入 POINT 指令,并按回车键。然后在绘图区中单击左键,即可绘制出单个点。当需要绘制多点时,可以直接单击"绘图"选项板中的"多点"按钮,然后在绘图区中连续单击,即可绘制出多个点。单点和多点的绘制如图 4-2 所示

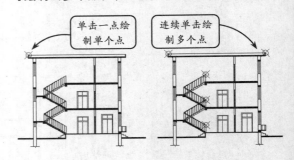

图 4-2 绘制单点和多点

3. 定数等分点

在 AutoCAD 软件中,除了可以绘制单独的点,还可以绘制等分点和等距点。各个等分点之间的间距由对象的长度和等分点的参数值决定,使用定数等分点,可以按指定分段数目等分线、圆弧、样条线、圆、椭圆和多段线等。

在"绘图"选项版中单击"定数等分"按钮,然后在绘图区中选取要被等分的单独对象,并输入等分数目,即可将该对象按照指定数目等分,如图 4-3 所示。

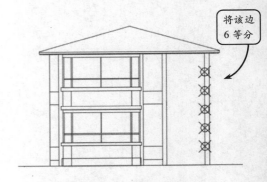

图 4-3 定数等分线段

在创建等分点时，该等分点可以与几何图元上的圆心、端点、中点、交点、顶点以及样条定义点等类型点重合，但要注意的是重合的点是两个不同类型的点。

4. 定距等分点

定距等分点是指在指定的图元上按照设置的间距放置点对象或插入块。一般情况下放置点或插入块的顺序是从起点开始的，并且起点随着选取对象的类型变化而变化。对于直线或非闭合的多段线，起点是距离选择点最近的端点。

在"绘图"选项板中单击"定距等分"按钮，然后在绘图区中选取要被等分的对象，系统将显示"指定线段长度"的提示信息和文本框。此时在文本框输入等分间距的参数值，即可将该对象按照指定的距离等分，效果如图 4-4 所示。

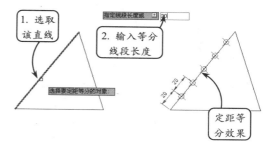

图 4-4　定距等分直线的效果

在执行等分点操作时，对于直线或非闭合的多段线，起点是距离选择点最近的端点；对于闭合的多段线，起点是多段线的起点；对于圆，起点是以圆心为起点、当前捕捉角度为方向的捕捉路径与圆的交点。

4.2　绘制线性对象

建筑绘图中最基本的线性对象包括直线、射线、构造线。直线常用来绘制建筑轮廓，射线和构造线常用做辅助线。比较特殊的多段线，可以创建由直线段、圆弧段组成的对象。利用多段线可以变化线宽的特点，它常用来创建箭头图形。

4.2.1　绘制直线

在 AutoCAD 中，直线是指两点确定的一条直线段，而不是无限长的直线。构造直线段的两点可以是图元的圆心、端点（顶点）、中点和切点等类型。根据生成直线的方式，主要分为以下 3 种类型。

1. 一般直线

一般直线是最常用的直线类型，其可以通过指定起点和长度来确定相应的直线。在"绘图"选项板中单击"直线"按钮，然后在绘图区中指定直线的起点，并设定直线的长度参数值，按回车键即可完成直线的绘制，如图 4-5 所示。

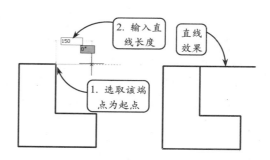

图 4-5　由直线起点和长度绘制一条直线

在绘制直线时，若启用状态栏中的动态输入功能，则在绘图区将显示动态输入的标尺和文本框。此时在文本框内直接设置直线的长度和其他参数，可以快速地绘制直线。其中按下 Tab 键可以切换文本框中参数值的输入。

2. 两点直线

两点直线是由绘图区中选取的两点确定的直

线类型,且所选两点决定了直线的长度和位置。其中,所选点可以是图元的圆心、象限点、端点(顶点)、中点、切点和最近点等类型。

单击"直线"按钮 ✍,在绘图区依次指定两点作为直线要通过的两个点,即可确定一条直线段,效果如图4-6所示。

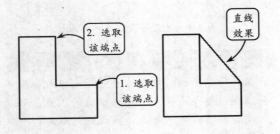

图4-6 由两点绘制一条直线

技巧

为了绘图方便,可以设置直线捕捉点的范围和类型。在状态栏中右击"对象捕捉"按钮 □,并在右键菜单中选择"对象捕捉设置"命令,即可在打开的"草图设置"对话框中设置直线捕捉的点类型和范围。

3.成角度直线

成角度直线是一种与 X 轴方向成一定角度的直线类型。如果设置的角度为正值,则直线绕起点逆时针方向倾斜;反之直线绕起点顺时针方向倾斜。

选择"直线"工具后,指定一点为起点。然后在命令行中输入"@长度<角度",并按下回车键结束该操作,即可完成相应的成角度直线的绘制。图4-7所示就是一条长150,且成30°倾斜角的直线的绘制过程。

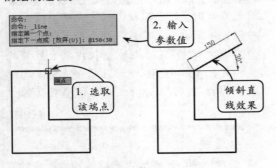

图4-7 绘制成角度直线

4.2.2 绘制射线

射线是一端固定另一端无限延伸的直线,即只有起点没有终点或终点无穷远的直线。该工具主要用于绘制标高的参考辅助线,以及角的平分线。

在"绘图"选项板中单击"射线"按钮 ✍,并在绘图区分别指定射线的起点和通过点,即可绘制一条射线,效果如图4-8所示。

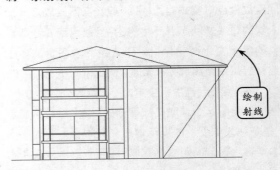

图4-8 绘制射线

4.2.3 绘制构造线

与射线相比,构造线是一条没有起点和终点的直线,即两端无限延伸的直线。其主要作用是作为绘图时的辅助线,如用于绘制墙体的轴线。利用"构造线"工具可以绘制水平线、竖直线、任意角度线、角平分线和偏移线等图形对象。

在"绘图"选项卡中单击"构造线"按钮 ✍,在命令行将显示"指定点或[水平(H)]垂直(V)/角度(A)/二等分(B)/偏移(O):"的提示信息,各选项的含义分别如下。

❑ **水平(H)**

默认辅助线为水平直线,单击一次绘制一条水平辅助线,直到用户单击鼠标右键或按下回车键时结束。

❑ **垂直(V)**

默认辅助线为垂直直线,单击一次创建一条垂直辅助线,直到用户单击鼠标右键或按下回车键时结束。

❑ **角度(A)**

创建一条用户指定角度的倾斜辅助线,单击一次创建一条倾斜辅助线，直到用户单击鼠标右键或按下回车键时结束。其中，角度设置为正值时，表示构造线通过指定点逆时针旋转一定角度。图 4-9 所示就是输入角度为 150°，并指定通过点，获得的角度构造线。

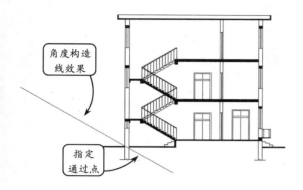

图 4-9　绘制角度构造线

❑ **二等分（B）**

创建一条通过用户指定角的顶点，并平分该角的辅助线。首先指定一个角的顶点，再分别指定该角两条边上的点即可。需要提示的是这个角不一定是实际存在的，也可以是想象中的一个不可见的角。

❑ **偏移（O）**

创建平行于另一个对象的辅助线，类似于偏移编辑命令。选择的另一个对象可以是一条辅助线、直线或复合线对象。

4.2.4　多段线

多段线是个特殊的存在，它可以在各段线之间设置不同的线宽，还可以既绘制直线又可以绘制弧线。根据多段线的组合显示样式，多段线主要包括以下 3 种类型。

1. 直线段多段线

在"绘图"选项板中单击"多段线"按钮，然后在绘图区依次拾取多段线的起点和其他通过的点即可。如果要使多段线封闭，可以在命令行中输入字母 C，并按下回车键即可。多段线绘图效果如图 4-10 所示。

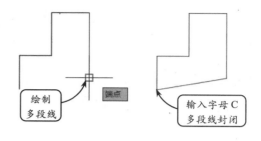

图 4-10　绘制直线段多段线

2. 直线和圆弧段组合多段线

该类多段线是由直线段和圆弧段两种图元组成的开放或封闭的组合图形，是最常用的一种类型。绘制该类多段线时，通常需要在命令行内不断切换圆弧和直线段的输入命令，效果如图 4-11 所示。

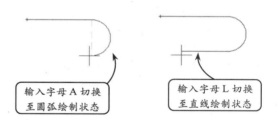

图 4-11　绘制直线和圆弧段多段线

3. 带宽度的多段线

该类多段线是一种带宽度显示的多段线样式。与直线的线宽属性不同，多段线的线宽显示不受状态栏中"显示/隐藏线宽"工具的控制，而是根据绘图需要而设置的实际宽度。在选择"多段线"工具后，在命令行中主要有以下两种设置线宽显示的方式。

❑ **半宽**

该方式是通过设置多段线的半宽值而创建带宽度显示的多段线。其中显示的宽度为设置值的 2 倍，并且在同一图元上可以显示相同或不同的线宽。

选择"多段线"工具后，在命令行中输入字母 H。然后可以通过设置起点和端点的半宽值，创建带宽度的多段线，如图 4-12 所示。

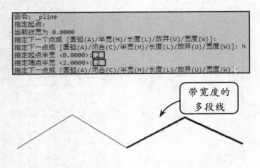

建带宽度显示的多段线，显示的宽度与设置的宽度值相等。与"半宽"方式相同，在同一图元的起点和端点位置可以显示相同或不同的线宽，其对应的命令为输入字母 W，效果如图 4-13 所示。

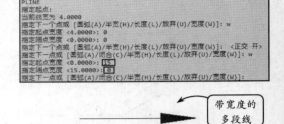

图 4-12　利用"半宽"方式绘制多段线

❏ **宽度**

该方式是通过设置多段线的实际宽度值而创

图 4-13　利用"宽度"方式绘制多段线

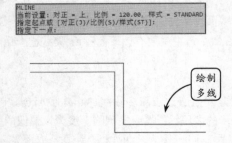 不存在

4.3　多线的绘制与编辑

多线是由多条平行线组成的一种复合型图形，平行线的数目和各线之间的间距可以调整。调整线间距的时候，是通过设置各线相对于一条不可见的中心线的偏移距离进行的。多线主要用于绘制建筑墙体，通过设置比例，可以绘制不同宽度的墙体。

4.3.1　绘制多线

在命令行中输入 MLINE 指令，并按下回车键。然后依据提示拾取多线的起点和终点，将绘制默认为 STANDARD 样式的多线，效果如图 4-14 所示。

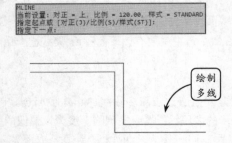

图 4-14　绘制多线

绘制多线时，为了改变多线显示的效果，可以设置多线对正、多线比例，以及多线样式。在绘制

多线时命令行中各选项的含义分别介绍如下。

1. 对正（J）

该选项设置基准对正的位置，对正方式包括以下 3 种。

❏ **上（T）**

在绘制多线过程中，多线上最顶端的线随着光标移动，即是以多线的外侧线为基准绘制多线。

❏ **无（Z）**

在绘制多线过程中，多线的中心线随着光标移动，即是以多线的中心线为基准绘制多线。

❏ **下（B）**

在绘制多线过程中，多线上最底端的线随着光标移动，以多线的内侧线为基准绘制多线。

这三种对正方式的对比效果，如图 4-15 所示。

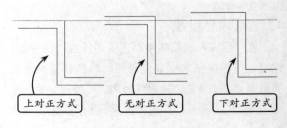

图 4-15　多线的三种对正方式

2．比例 S

该选项控制多线绘制的比例，相同的样式使用不同的比例绘制，多线之间的距离不同，如图 4-16 所示。

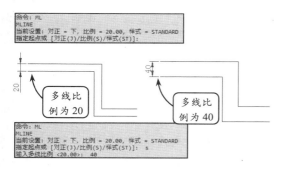

图 4-16　设置多线比例

3．样式 ST

该选项用于输入要采用的多线样式名，默认为 STANDARD。选择该选项后，可以按照命令行提示输入已定义的样式名。如果要查看当前图形中有哪些多线样式，可以在命令行中输入"？"，系统将显示图中存在的多线样式。

> **提示**
>
> 设置多段线对正，输入字母 T，表示多线位于中心线之上；输入字母 B，表示多线位于中心线之下。设置多线比例时，多线比例不影响线型比例。如果多线线型是点划线，修改多线比例时，可能需要线型比例也做相应地修改，以防止点划线的显示不正确。

4.3.2　设置多线样式

在实际的建筑绘图中，通常先设置多线样式，然后再进行绘制。通过设置多线的样式，可以设置颜色、线型、距离和多线封口样式等显示属性，以便绘制出所需要的多线效果。

在命令行中输入 MLSTYLE 指令，将打开多线样式对话框，如图 4-17 所示。在该对话框中可以根据需要设置多线样式，对话框中各主要选项的含义分别如下。

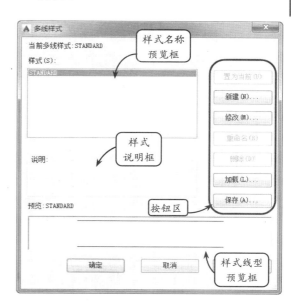

图 4-17　"多线样式"对话框

1．样式

该选项用于显示当前图形中的所有多线样式。单击"置为当前"按钮，即可将样式置为当前使用样式。

2．说明

该选项用于显示所选取样式的解释或其他相关说明和注释。

3．预览

该选项用于显示所选取样式的缩略预览效果。

4．新建

单击该按钮，将打开"创建新的多线样式"对话框，输入新样式名，并单击"继续"按钮，即可在打开的新建多线样式对话框中设置新建的多线样式，如图 4-18 所示。该对话框中主要选项的含义分别介绍如下。

❑ 说明

在该选项的文本框中可输入样式的解释或其他相关说明和注释。

❑ 封口

该选项组主要用于控制多线起点和端点处的样式。"直线"表示多线的起点或端点处以一条直线连接；"外弧"/"内弧"表示起点或端点处以外圆弧或内圆弧连接，并可以通过"角度"文本框设置圆弧包角。这几种不同封口方式的对比效果见表 4-1 所示。

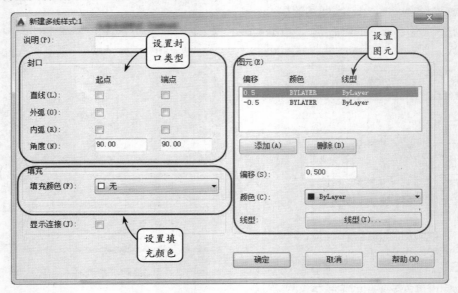

图 4-18　新建多线样式对话框

表 4-1　封口形式和显示连接

封口形式	无封口	有封口
直线		
外弧		
内弧		
角度		
显示连接		

❏ **填充**

该选项组用于设置多线之间的填充颜色，可以通过"填充颜色"列表框选取或配置颜色系统。

❏ **图元**

该选项组用于显示并设置多线的平行线数量、距离、颜色和线型等属性。单击"添加"按钮，可以向其中添加新的平行线；单击"删除"按钮，可以删除选取的平行线；"偏移"文本框用于设置平行线相对于中心线的偏移距离；"颜色"/"线型"选项组用于设置多线的颜色或线型。

5．修改

单击该按钮，可以在打开的"修改多段线样式"对话框中设置并修改所选取的多线样式。

4.3.3　编辑多线

在绘制建筑平面图时，利用"多线"工具所绘制出来的墙线不一定符合图纸的要求，这时就需要对其进行相应地编辑。使用"多线编辑"工具可以对多线对象执行闭合、结合、修剪和合并等操作，从而使绘制的多线达到预想的设计效果。

多线可以相交成十字形或 T 字形，并且十字形或 T 字形可以被闭合、打开或合并。在命令行输入 MLEDIT 命令后，将打开如图 4-19 所示的"多线编辑工具"对话框。

该对话框中包括 12 种编辑工具，其中使用第一列和第二列工具以及"角点结合"工具可以清除相交线，获得与图标相符的修剪效果。此外，利用"角点结合"工具还可以清除多线一侧的延伸线，从而形成直角。如图 4-20 所示，利用"十字合并"工具选取两条相交的多线，系统会将多线相交的部分合并。

其他几种工具同样可以对多线进行编辑。其中"单个剪切"工具用于剪切多线中的一条；"全部剪切"工具用于切断整条多线；"全部接合"工具可以重新显示所选两点间的任何切断部分。

> **提示**
>
> 当使用"删除顶点"工具编辑多线时，需要有包含 3 个或更多顶点的多线。若当前选取的多线只有两个顶点，则该工具无效。

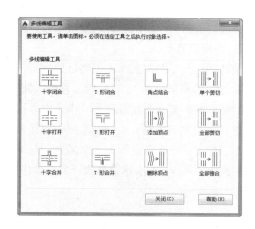

图 4-19　"多线编辑工具"对话框

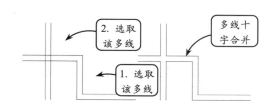

图 4-20　多线十字合并效果

4.4　简单几何对象的绘制

简单几何对象包括矩形、多边形、圆、椭圆等。它们的绘制都很简单，下面分别对其进行介绍。

4.4.1　矩形

矩形是由 4 条直线组成的一个封闭图形，并且是一个单独的整体。在建筑图形的绘制过程中，经常用它来绘制门、窗户，以及柱子等图形对象。

在"绘图"选项板中单击"矩形"按钮 □，命令行将显示"指定第一个角点或 [倒角(C)/标高(E)/圆角(F)/厚度(T)/宽度(W)]"的提示信息。其中各选项的含义如下所述。

　　❑ 指定第一个角点

在屏幕上指定一点后，然后指定矩形的另外一个角点绘制矩形。该方法是绘图过程中最常见的绘图方法。

　　❑ 倒角（C）

该选项可用于绘制倒角矩形。在当前命令提示

窗口中输入字母 C，然后按照系统提示输入第一个和第二个倒角距离，并明确第一个角点和另一个角点，即可完成矩形绘制。其中第一个倒角距离指沿 X 轴方向（长度方向）的距离，第二个倒角距离指沿 Y 轴方向（宽度方向）的距离。

　　❑ 标高（E）

该命令一般用于三维绘图中。在当前命令提示窗口中输入字母 E，并输入矩形的标高，然后明确第一个角点和另一个角点即可。

　　❑ 圆角（F）

该选项可用于绘制圆角矩形。在当前命令提示窗口中输入字母 F，并输入圆角半径参数值，然后明确第一个角点和另一个角点即可。

　　❑ 厚度（T）

该选项可用于绘制具有厚度特征的矩形。在当前命令行提示窗口中输入字母 T，并输入厚度参数

值，然后明确第一个角点和另一个角点即可。

□ 宽度（W）

该选项可用于绘制具有宽度特征的矩形。在当前命令行提示窗口中输入字母 W，并输入宽度参数值，然后明确第一个角点和另一个角点即可。

选择不同的选项则可以获得不同的矩形效果，但都必须指定第一个角点和另一个角点，从而确定矩形的大小。图 4-21 所示就是执行多种操作获得的矩形绘制效果。

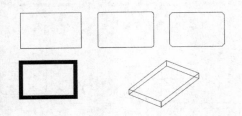

图 4-21　矩形的各种样式

4.4.2　正多边形

在建筑图形绘制过程中，该工具经常用来绘制一些装饰图案。在"绘图"选项板单击"多边形"按钮○，可按照以下 3 种方法绘制正多边形。

1．内接圆法

内接圆法，是指多边形位于一个虚构的圆内，多边形的各顶点正好在圆的边线上。

单击"多边形"按钮○，然后设置多边形的边数，并指定多边形中心。接着选择"内接于圆"选项，并设置内接圆的半径值，即可完成多边形的绘制，如图 4-22 所示。

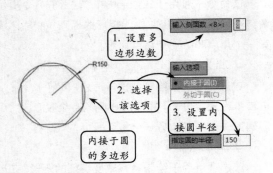

图 4-22　用内接圆法绘制正八边形

2．外切圆法

外切圆法，是指一个虚拟的圆正好内接于多边形，反过来说，就是多边形外切于圆。

单击"多边形"按钮○，然后输入多边形的边数为 8，并指定多边形的中心点。接着选择"外切于圆"选项，并设置外切圆的半径值即可，如图 4-23 所示。

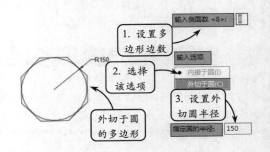

图 4-23　用外切圆法绘制正八边形

3．边长法

设定正多边形的边长和一条边的两个端点，同样可以绘制出正多边形。该方法与上述方法类似，在设置完多边形的边数后输入字母 e，可以通过直接在绘图区指定两点或指定一点后输入边长值来绘制相应的多边形。图 4-24 所示就是分别选取三角形一条边上的两个端点，绘制以该边为边长的正六边形效果。

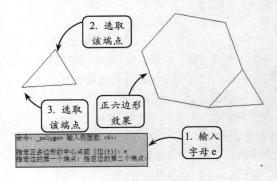

图 4-24　边长法绘制正六边形

4.4.3　圆

圆是指平面上到定点的距离等于指定长的所

有点的集合。它是一个单独的曲线封闭图形，有恒定的曲率和半径，主要用来绘制建筑图中的轴线编号。

在"绘图"选项板中单击"圆"按钮 ⊘ 或者在命令行中输入 CIRCLE 命令，都可绘制圆。AutoCAD 软件提供了指定圆心半径、指定圆心和直径、两点定义直径、三点定义圆、两点相切点，以及三点相切圆等 5 种绘制圆的方式，现分别介绍如下。

1．圆心，半径（或直径）

该方式是通过指定圆心，并设置半径或直径，确定一个圆。单击"圆心，半径"按钮 ⊘ 在绘图区指定圆心位置，并设置半径，即可绘制一个圆，如图 4-25 所示。如果在命令中输入字母 D，并按回车键确认，可以通过设置直径来确定一个圆。

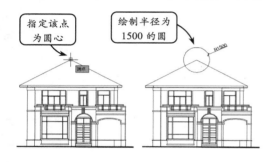

图 4-25　利用"圆心，半径"工具绘制圆

2．两点圆

该方式通过指定两个点作为直径的两个端点来绘制圆。单击"两点"按钮 ◯，然后在绘区图依次拾取两个点 A 和 B，即可确定一个圆，如图 4-26 所示。

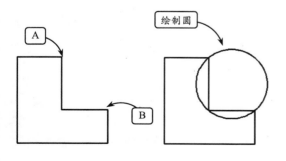

图 4-26　利用"两点"工具绘制圆

3．三点圆

该方式是通过指定圆上的三个点来确定一个圆。单击"三点"按钮 ◯，然后在绘图区中拾取圆上的三个点来绘制一个圆，如图 4-27 所示。

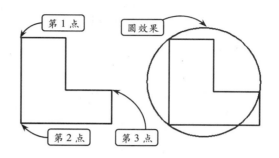

图 4-27　利用"三点"工具绘制圆

4．相切，相切，半径

该方式通过指定圆与另外两个对象的切点和设置圆的半径值来确定一个圆。单击"相切，相切，半径"按钮 ◯，在相应的图元上指定公切点，并设置圆的半径即可，如图 4-28 所示。

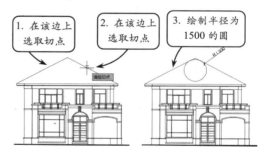

图 4-28　利用"相切，相切，半径"工具绘制圆

5．相切，相切，相切

该方式是通过指定圆的三个公切点来确定一个圆。单击"相切，相切，相切"按钮 ◯，然后分别拾取相应图元上的三个切点即可，如图 4-29 所示。

4.4.4　绘制椭圆

椭圆是指平面上到定点距离与到定直线间距离之比为常数的所有点的集合，其形状主要由长轴、短轴和椭圆中心这 3 个参数确定。在"绘图"选项板中单击"椭圆"按钮 ⊙ 右侧的黑色小三角，系统将显示以下两种绘制椭圆的方式。

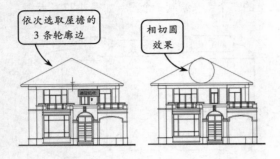

图 4-29　利用"相切，相切，相切"工具绘制圆

1．指定圆心绘制椭圆

指定圆心绘制椭圆，即通过指定椭圆圆心，主轴的半轴长度和副轴的半轴长度绘制椭圆。

单击"圆心"按钮 ⊙ ，然后指定椭圆的圆心，并依次输入长半轴和短半轴的长度值，即可完成椭圆的绘制，如图 4-30 所示。

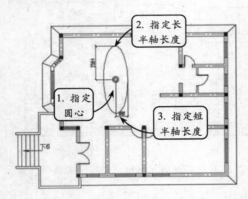

图 4-30　指定圆心绘制椭圆

2．指定端点绘制椭圆

这是在 AutoCAD 中绘制椭圆的默认方法，只需在绘图区中直接指定椭圆的 3 个端点，即可绘制出一个完整的椭圆。

单击"轴，端点"按钮 ⊙ ，然后拾取椭圆一轴的两个端点，并指定另一半轴的长度，即可绘制出完整的椭圆，如图 4-31 所示。

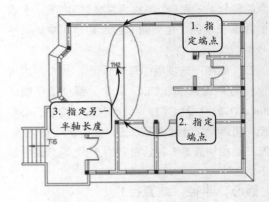

图 4-31　指定端点绘制椭圆

4.4.5　绘制圆环

圆环是由两个同心圆组成的封闭的环状区域，主要用于三维建模中创建管道的模型截面，也可以用做建筑结构的装饰性图案。其中控制圆环的主要参数是圆心、内直径和外直径。如果内直径为 0，则圆环为填充圆；如果内直径与外直径相等，则圆环为普通圆。

在"绘图"选项板中单击"圆环"按钮 ◎ ，然后依据命令行提示分别设置圆环的内径值和外径值，并按下回车键确认，即可绘制圆环，效果如图 4-32 所示。

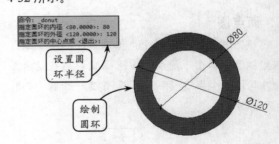

图 4-32　绘制圆环

在绘制圆环之前，如果在命令行中输入 FILL 指令，则可以通过命令行中的"开（ON）"或"关（OFF）"模式控制内部填充的显示状态。此时如果输入命令 ON，将打开填充显示；输入命令 OFF，将关闭填充显示，效果如图 4-33 所示。

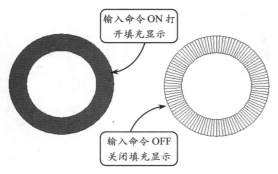

图 4-33 控制圆环内部填充显示

AutoCAD 4.5 绘制曲线对象

建筑图形中不仅包括直线、多段线、多线、矩形、多边形、圆等对象，还包括圆弧、椭圆弧、样条线等曲线。这些曲线用于绘制门窗的装饰图案或者一些建筑构件。

4.5.1 绘制圆弧

在 AutoCAD 中，经常用"圆弧"工具和"矩形"工具来绘制门窗图案。绘制圆弧的方法与圆基本类似，既要指定半径和起点，又要指出圆弧所跨的弧度大小。根据绘图顺序和已知图形要素条件的不同，圆弧的绘制方法主要分为 5 种，现介绍几种常用的类型。

1．三点

该方式通过指定圆弧上的三点确定一段圆弧。其中第一点和第三点分别是圆弧上的起点和端点，且第三点直接决定圆弧的形状和大小，第二点用来确定圆弧的位置。

单击"三点"按钮，然后在绘图区指定圆弧上的三点，即可通过这三个点绘制出圆弧，如图4-34 所示。

2．起点和圆心

该方式是通过指定圆弧的起点和圆心，再选取圆弧的端点，或者设置圆弧的包含角或弦长而确定圆弧。

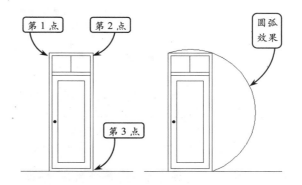

图 4-34 利用"三点"工具绘制圆弧

单击"起点，圆心，端点"按钮，然后指定三个点分别作为圆弧的起点，圆心和端点，即可绘制相应的圆弧，如图 4-35 所示。

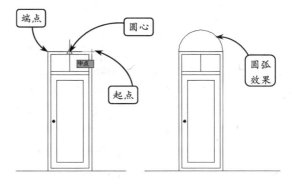

图 4-35 利用"起点，圆心，端点"工具绘制圆弧

如果单击"起点，圆心，角度"按钮，绘制

圆弧时需要指定圆心角，且当输入正角度值时，所绘圆弧从起始点绕圆心沿逆时针方向绘制；单击"起点，圆心，长度"按钮 ⌒，绘制圆弧时所给定的弦长不得超过起点到圆心距离的两倍。另外在设置弦长为负值时，则该值的绝对值将作为对应整圆的空缺部分圆弧的弦长。

3．起点和端点

该方式通过指定圆弧上的起点和端点，然后再设置圆弧的包含角、起点切向或圆弧半径，弦长和方向值确定一段圆弧。默认情况下，以逆时针方向绘制圆弧。按住 Ctrl 键的同时拖动，可以顺时针方向绘制圆弧。各种效果如图 4-36 所示。

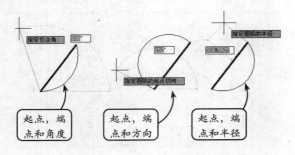

图 4-36　利用"起点和端点"相应工具绘制圆弧

4.5.2　椭圆弧

椭圆弧顾名思义就是椭圆的部分弧线，在绘制过程中只需指定圆弧的起始角和终止角即可。此外在指定椭圆弧终止角时，可以通过在命令行中输入数值，或者直接在图形中指定位置点来定义终止角，还可以通过参数来确定椭圆弧的另一端点。

单击"椭圆弧"按钮 ⬭，命令行将显示"指定椭圆的轴端点或 [圆弧（A）/中心点（C）]："的提示信息。此时便可以先按椭圆的绘制方法绘制椭圆，然后再按照命令行提示的信息分别输入起始和终止角度，即可获得椭圆弧，如图 4-37 所示。

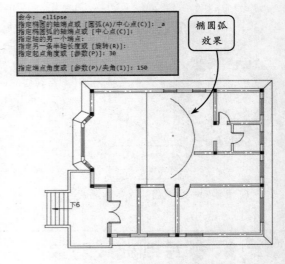

图 4-37　绘制椭圆弧

4.5.3　样条曲线

样条曲线是经过或接近一系列给定点的光滑曲线，在 AutoCAD 中一般通过指定样条曲线控制点和起点、终点的切线方向来绘制样条曲线。样条曲线在建筑图中用以表示地形地貌等图形特征。

在"绘图"选项板中单击"样条曲线拟合"按钮 ∿，然后依次指定起点、中间点和终点，即可完成样条曲线的绘制。利用该工具绘制建筑平面的地形等高轮廓线的效果如图 4-38 所示。

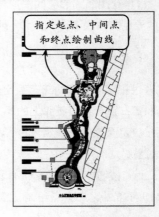

图 4-38　绘制样条线

4.5.4　修订云线

利用该工具可以绘制类似于云彩的图形对象。

在检查或用红线圈阅图形时，可以使用修订云线功能亮显标记，以提高工作效率。

在"绘图"选项板中单击"修订云线"按钮🌀，命令行将显示"指定起点或 [弧长(A)/对象(O)/样式(S)] <对象>:"的提示信息。各选项的含义及设置方法分别介绍如下。

❑ 指定起点

该方式是指从头开始绘制修订云线，即默认云线的参数设置。在绘图区中指定一点为起始点，拖动鼠标将显示云线，当移至起点时自动闭合，并退出云线操作，如图 4-39 所示。

图 4-39　绘制修订云线

❑ 弧长（A）

指定云线的最小弧长和最大弧长，默认情况下弧长的最小值为 0.5 个单位，最大值不能超过最小值的 3 倍。

❑ 对象（O）

选择该选项，可以将指定对象转换为云线。可以转换为云线的对象包括圆、椭圆、矩形、多边形等，转换效果如图 4-40 所示。

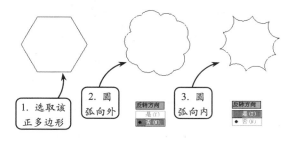

图 4-40　转换对象后的两种情况

❑ 样式（S）

该选项用于指定修行云线的外观样式，包括"普通"和"手绘"两种样式，图 4-41 所示就是两种云线样式的对比效果。

图 4-41　两种样式绘制的修订云线

4.6　创建图案填充

在 AutoCAD 中可以对封闭区域进行填充，填充的内容可以是纯色、渐变色、图案，或者用户定义图案。在建筑图中，用户常用填充来表达剖面，或者表示建筑物墙面和地面的材料等。不论填充什么内容，用户都是通过"图案填充"按钮实现的。由于图案类填充使用最多，操作也最复杂，所以下面首先介绍图案类填充是如何进行的。

在"绘图"选项板中单击"图案填充"按钮🔳，将打开图 4-42 所示的"图案填充创建"选项卡，用户可以分别设置填充图案的类型、填充比例、角度和填充边界等。

图 4-42　"图案填充创建"选项卡

4.6.1 指定填充图案的类型

创建图案填充，首先要设置填充图案的类型。用户可以使用系统预定义的图案样式进行图案填充，也可以自定义一个简单的或更加复杂的图案样式进行图案填充。

在"特性"选项板的"图案填充类型"下拉列表中，系统提供了 4 种图案填充类型，如图 4-43 所示，现分别介绍如下。

图 4-43　填充图案的 4 种类型

❑ **实体**

选择该选项，填充图案为 SOLID（纯色）图案。

❑ **渐变色**

选择该选项，可以填充渐变色图案。

❑ **图案**

选择该选项，可以使用系统提供的填充图案样式，这些图案保存在系统的 acad.pat 和 acadliso.pat 文件中。当选择该选项后，可以在"图案填充图案"下拉列表中选择系统提供的相应图案进行填充，效果如图 4-44 所示。

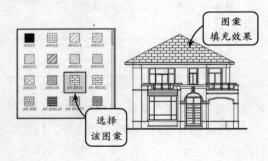

图 4-44　图案填充的效果

❑ **用户定义**

利用当前线型定义由一组平行线或者相互垂直的两组平行线组成的图案。如图 4-45 所示，选取该填充图案类型后，如果在"特性"选项板中单击"交叉线"按钮⊞，则填充图案将由平行线变为交叉线。

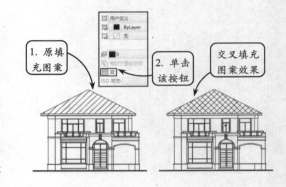

图 4-45　用户定义填充效果

4.6.2 设置填充图案的比例和角度

指定好填充图案后，还需要设置合适的比例和旋转角度，否则填充图案中的线不是过疏就是过密。AutoCAD 提供的填充图案都可以调整比例因子和角度，以便满足各种填充要求。

1. 设置图案比例

填充图案比例的设置，直接影响最终的填充效果。当处理较大的填充区域时，如果设置的比例因子太小，单位距离中有太多的图案线条，所产生的图案就像是使用实体填充的一样。这样不仅不符合设计要求，还增加了图形文件的容量。如果设置比例过大了，可能由于图案线条间距太大，而不能在区域中插入任何一个图案，从而观察不到填充效果。

在 AutoCAD 中，预定义图案的缺省缩放比例

是 30。如果要输入新的比例值，可以在"特性"选项板的"填充图案比例"文本框中输入新的比例

值，以增大或减小图案线条的间距，如图 4-46 所示。

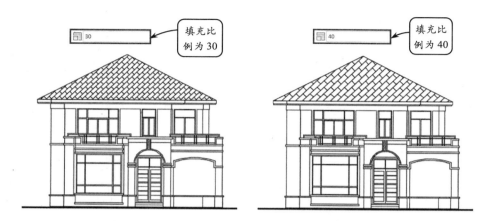

填充比例为 30

填充比例为 40

图 4-46　不同比例的填充效果

2．设置图案角度

除了图案的比例可以控制之外，图案的角度也可以进行控制。图案角度直接决定了填充区域中图案的放置方向。

在"特性"选项板的"图案填充角度"文本框中可以输入图案的角度数值，也可以拖动左侧的滑块来控制角度的大小。图 4-47 所示分别为 0°和 45°时填充图案的效果。

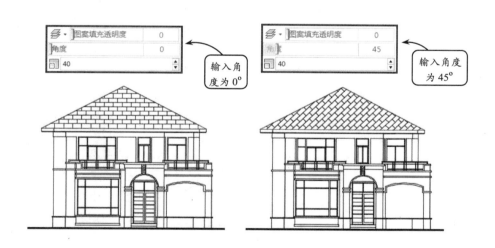

输入角度为 0°

输入角度为 45°

图 4-47　不同角度的填充效果

4.6.3　图案填充原点的设置

在创建填充图案时，图案的外观与 UCS 原点有关。用户可以通过"原点"选项板来设置图案填

充原点的位置，使相应的图案填充对齐填充边界上的某一个点，以达到预期的填充效果。

单击"指定新原点"按钮，可以从绘图区选取某一点作为图案填充原点。展开"原点"选项板，

其各按钮的功能介绍如下。

- ❑ **左下** ▤ 将图案填充原点设置在图案填充矩形范围的左下角。
- ❑ **右下** ▤ 将图案填充原点设置在图案填充矩形范围的右下角。
- ❑ **左上** ▤ 将图案填充原点设置在图案填充矩形范围的左上角。
- ❑ **右上** ▤ 将图案填充原点设置在图案填充矩形范围的右上角。
- ❑ **中心** ▣ 将图案填充原点设置在图案填充矩形范围的中心。
- ❑ **使用当前原点** ▟ 将默认使用当前 UCS 的原点（0，0）作为图案填充的原点。
- ❑ **另存为默认原点** ▤ 可以将指定的点存储为默认的图案填充原点。

图 4-48 所示就是分别单击"左下"按钮 ▤ 和"使用当前原点"按钮 ▟ 进行图案填充的对比效果。

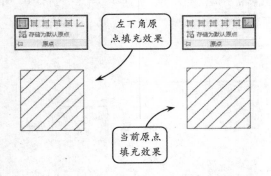

图 4-48　指定不同原点填充效果

4.6.4　边界

在 AutoCAD 中，指定填充边界主要有两种方法：一种是在闭合的区域中选取一点，系统将自动搜索闭合的边界；另一种是通过选取对象来定义边界。

1．选取闭合区域定义填充边界

在图形不复杂的情况下，经常通过在填充区域内指定一点来定义边界。此时系统将寻找包含该点的封闭区域进行填充操作。

单击"拾取点"按钮 ⊞，可以在要填充的区域内任意指定一点，系统则以虚线形式显示该填充边界，如图 4-49 所示。如果拾取点不能形成封闭边界，则会显示错误提示信息。

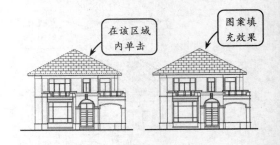

图 4-49　拾取内部点填充图案

此外在"边界"选项板中单击"删除边界对象"按钮 ▣，可以取消系统自动选取或用户所选的边界，将多余的对象排除在边界集之外，使其不参与边界计算，从而重新定义边界，以形成新的填充区域，如图 4-50 所示。

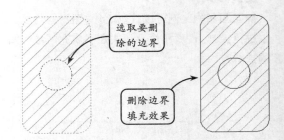

图 4-50　删除多余图形边界的填充效果

2．选取边界对象定义填充边界

该方式是通过选取填充区域的边界线来确定填充区域。该区域仅为鼠标点选的区域，且必须是封闭的区域，未被选取的边界不在填充区域内。

单击"选择边界对象"按钮 ▣，然后选取如图 4-51 所示的封闭边界对象，即可对该边界对象所围成的区域进行相应的填充操作。

4.6.5　设置填充孤岛

在填充边界中常包含一些闭合的区域，这些区域被称为孤岛。利用 AutoCAD 提供的孤岛操作可以避免在填充图案时覆盖一些重要的文本注释或标记等属性。在"图案填充创建"选项卡中，选择"选项"选项板中的孤岛检测选项，在其下拉列表中提供了以下 3 种孤岛检测方式。

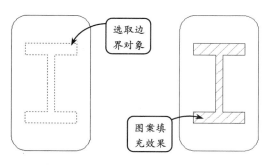

图 4-51　选取边界填充图案

1．普通孤岛检测

系统将从最外边界向里填充图案，遇到与之相交的内部边界时断开填充图案，遇到下一个内部边界时再继续填充，效果如图 4-52 所示。

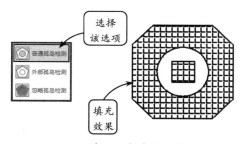

图 4-52　普通孤岛填充样式效果

2．外部孤岛检测

该选项是系统的默认选项。选择该选项后，系统将从最外边界向里填充图案，遇到与之相交的内

部边界时断开填充图案，不再继续向里填充，如图 4-53 所示。

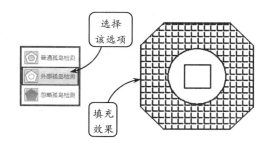

图 4-53　外部孤岛填充样式效果

3．忽略孤岛检测

选择该选项后，系统将忽略边界内的所有孤岛对象，所有内部结构都将被填充图案覆盖，效果如图 4-54 所示。

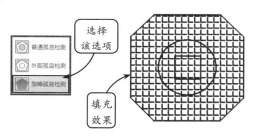

图 4-54　忽略孤岛填充样式效果

4.7　创建渐变填充

渐变色填充主要用于一些装潢、美工图案的绘制。在 AutoCAD 中，渐变色填充有两种类型，一种被称为单色渐变，实际就是某种颜色与白色的渐变；一种被称为双色渐变，可以在两种颜色之间渐变。

1．单色渐变

单色填充是指从较深色到较浅色过渡的单色填充，通过设置角度和明暗数值可以控制单色填充的效果。

在"特性"选项板的"图案填充类型"中选择"渐变色"选项，并设置"渐变色 1"的颜色。然

后单击"渐变色 2"左侧的按钮，禁用渐变色 2 的填充。接着指定渐变色角度，设置单色渐变明暗的数值，并在"原点"选项板中单击"居中"按钮。此时选取填充区域，即可完成单色居中填充，效果如图 4-55 所示。

2．双色渐变填充

双色渐变填充是指在两种颜色之间平滑过渡的渐变填充。创建双色填充，只需要分别设置"渐变色 1"和"渐变色 2"的颜色类型，并设置填充

参数，然后拾取填充区域内部的点即可，如图 4-56 所示。

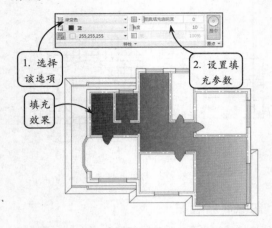

图 4-55　单色居中渐变色填充效果

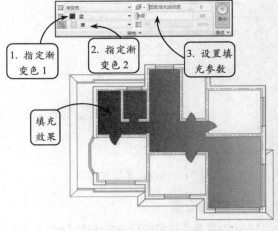

图 4-56　渐变色填充效果

4.8　编辑图案填充

　　已创建的图案填充还可以进行修改。对于图案类的填充，可以修改图案的比例、角度、填充原点位置、填充边界，可以指定新的图案取代原来的图案，也可以删除填充；对于渐变色类的填充，可以修改渐变的颜色、角度、透明度等。

　　在"修改"选项板中单击"编辑图案填充"按钮，然后在绘图区中选择要修改的图案填充，即可打开"图案填充编辑"对话框，如图 4-57 所示。

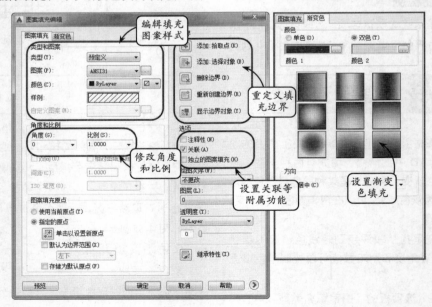

图 4-57　"图案填充编辑"对话框

在该对话框中不仅可以修改图案、比例、旋转角度和关联性等设置，还可以修改、删除以及重新创建边界。另外在"渐变色"选项卡中可以进行颜色、角度等编辑。

用户还可以选择要编辑的填充图案，在命令行中输入 CH 命令并按回车键，在打开的"特性"面板中修改填充图案的样式等属性，如图 4-58 所示。

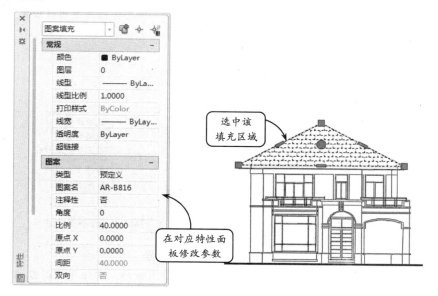

图 4-58　利用"特性"面板修改图案填充

4.9　面域

面域可以简单理解为实体的某个面，或者说是厚度为 0 的实体，通过它可以生成三维模型。在 AutoCAD 中，可以将封闭的二维图形创建为面域。面域是使用形成闭合环的对象创建的二维闭合区域。当图形边界比较复杂时，用户可以通过面域间的布尔运算高效的完成各种造型设计。

并按回车键，即可将该图形创建为面域，如图 4-59 所示

4.9.1　创建面域

创建面域的条件是必须保证二维平面内各个对象间首尾连接成封闭图形，可以通过"面域"工具或者"边界"工具来完成面域的创建。

1. 使用"面域"工具创建面域

利用"面域"工具，可以将由各类线框构成的单独封闭区域转换为面域。在"绘图"选项板中单击"面域"按钮 ⬚ ，然后框选一个二维封闭图形

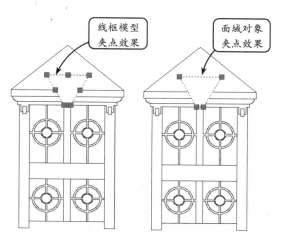

图 4-59　线框模型和面域对象

2．使用"边界"工具创建面域

当要创建为面域的对象是由内部相交的二维线框构成的封闭区域时，利用"面域"工具则无法将其转换为面域。此时，便需要利用"边界"工具来获取面域。

在"绘图"选项板中单击"边界"按钮回，将打开"边界创建"对话框。在该对话框的"对象类型"下拉列表中选择"面域"选项。然后单击"新建"按钮电，根据系统显示的提示信息，在绘图区中依次拾取构成封闭区域的线段。接着按下回车键，单击"拾取点"按钮图，并指定封闭区域内部一点，即可创建相应的面域，如图4-60所示。

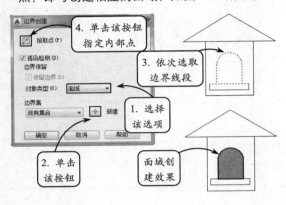

图 4-60　利用"边界"工具创建面域

> **提示**
>
> 如果在"边界创建"对话框的"对象类型"下拉列表中选择"多段线"选项，并选取封闭的区域，则可以将该封闭区域的边界转化为多段线。

4.9.2　面域的布尔运算

在运用 AutoCAD 绘制较为复杂的图形时，线条间的修剪、删除等操作比较烦琐，此时如果将封闭的线条创建为面域，通过面域间的布尔运算来绘制各图形，将大大降低绘图难度，提高绘图效率。

1．面域求和

面域的并集运算是指将两个或多个面域合并为一个独立的面域，且运算后的面域与合并前的面域位置没有任何关系。

要执行并集操作，可以首先将绘图区中的相应图形对象分别创建为面域。然后在命令行中输入 UNION 指令，并分别选取相应的面域对象。接着按下回车键，即可获得并集运算效果，如图 4-61 所示。

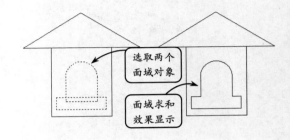

图 4-61　两个面域求和

2．面域求差

差集运算是从一个面域中减去一个或多个面域，从而获得一个新的面域。当所指定去除的面域和被去除的面域不同时，所获得的差集效果也不同。

在命令行中输入 SUBTRACT 指令，然后选取多边形面域为源面域，并单击右键，接着选取要去除的面域，并单击右键，即可获得差集运算的效果，如图 4-62 所示。

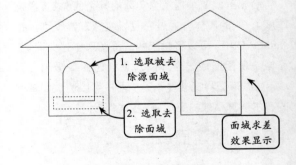

图 4-62　两个面域求差

3．面域求交

通过交集运算可以获得各个相交面域的公共部分。要注意的是只有两个面域相交，两者间才会有公共部分，这样才能进行交集运算。

在命令行中输入 INTERSECT 指令，然后依次选取两个相交面域，并单击右键，即可获得面域求交效果，如图 4-63 所示。

> **提示**
>
> 对执行布尔运算的各面域，完成布尔操作后仍保留面域属性，即是一个平面整体，可以将其进行移动、复制等操作。

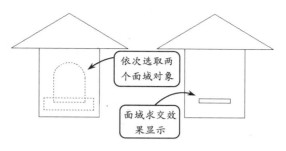

图 4-63　两个面域求交

AutoCAD 4.10　综合案例 1：农村小别墅平面图

本案例绘制农村小别墅平面图,效果如图 4-64 所示。农村由于地势比较宽阔,不像城市那般建筑密集度很高,所以可以建造比较宽大的房间。另外从建筑的用途来说,农村的房屋除了居住以外,还需提供更多的空间用来储存收购的粮食,以及大量的农用器具。因此该建筑设计了两个比较大的储藏室,用来存放这些物品。

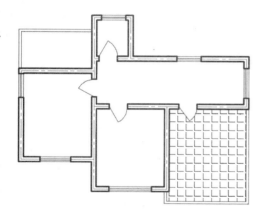

图 4-64　农村小别墅平面图

在绘制该平面图时，首先绘制整个房间的轴线，然后在轴线的基础上绘制墙体，并修剪出门洞和窗洞。接着将创建的门图块和窗图块依次插入到墙体上的相应位置。最后利用"多线"和"偏移"工具绘制房屋两个对角处的阳台，并利用"图案填充"工具对阳台进行填充。

操作步骤 ▶▶▶▶

STEP|01 新建图形文件，并创建"轴线""标注""墙线""门""窗户""阳台"和"柱子"等图层，然后切换"轴线"图层为当前图层，如图 4-65 所示。

图 4-65　新建图层

STEP|02 单击"矩形"按钮□，绘制尺寸为 7500×8700 的矩形。然后单击"分解"按钮，选取所绘制的矩形，按 Enter 键确定，进行分解操作。接着单击"偏移"按钮，指定要偏移的对象，然后输入要偏移的尺寸，按 Enter 键确定。将轴线如图 4-66 所示尺寸进行偏移。

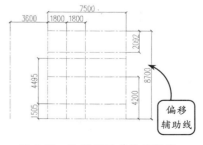

图 4-66　绘制矩形并偏移轴线

STEP|03 切换"墙线"图层为当前层，利用"多线"工具并设置比例为 240，多线样式为STANDARD，绘制如图 4-67 所示的墙线。

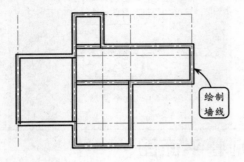

图 4-67　绘制墙线

STEP|04 输入 MLEDIT 命令，在打开的"多线编辑工具"对话框中依次利用"角点结合"工具 ∟ 和"T 形合并"工具 ╤ 对墙体进行修整。然后将墙线全部分解，单击"修剪"按钮 ⊬ ，选择要修剪的对象，按 Enter 键确定修剪多余部分。整理后的墙线效果如图 4-68 所示。

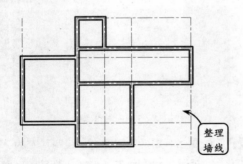

图 4-68　整理墙线

STEP|05 切换"露台"图层为当前层。输入"多线"命令 ML，并设置比例为 120，多线样式为STANDARD，对正方式为"下"，以 A 为起点按照图 4-69 所示尺寸绘制露台轮廓。接着切换"阳台"图层为当前层，输入"多线"命令 ML，以 B 为起点绘制阳台轮廓。

STEP|06 修剪出门洞。按照如图 4-70 所示尺寸偏移轴线，并再次利用"修剪"工具以偏移的轴线为修剪边界对墙线进行修剪。接着删除偏移的轴线，单击"直线"按钮 ╱ ，对所有墙体进行封口。

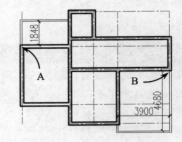

图 4-69　绘制露台和阳台

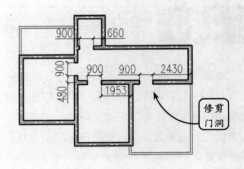

图 4-70　修剪门洞并封口墙体

STEP|07 切换"门"图层为当前层，然后利用"直线"工具和"圆弧"工具 ╱ 分别绘制门 1、门 2和门 3。接着利用"移动"工具将这三个绘制好的门依次移动到图形中的指定位置，并复制一扇门 2，效果如图 4-71 所示。

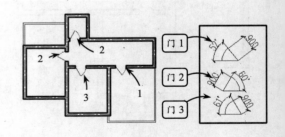

图 4-71　绘制门并插入门洞中

STEP|08 按照如图 4-72 所示尺寸偏移轴线。然后切换"墙线"图层为当前层，利用"直线"工具以偏移的轴线为辅助线绘制窗户边界线。接着删除偏移的轴线，利用"修剪"工具以窗户边界线为界线对墙线进行修剪。

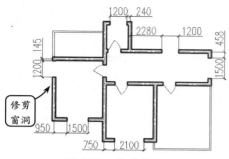

图 4-72　修剪窗洞

STEP|09 切换"窗户"图层为当前层。利用"矩形"和"偏移"工具绘制窗户 1、窗户 2 和窗户 3，接着利用"移动"工具将这三个绘制的窗户依次移动复制到图形的相应位置，效果如图 4-73 所示。

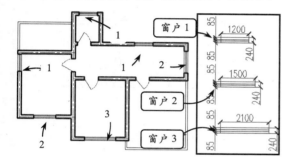

图 4-73　绘制窗户

STEP|10 切换"阳台"为当前图层，然后单击"图案填充"按钮，设置填充图案为 NET，填充比例为 60，指定相应的区域对阳台进行填充，效果如图 4-74 所示。

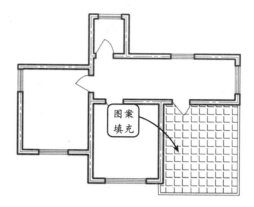

图 4-74　填充图案

4.11　综合案例 2：绘制三室一厅平面图

AutoCAD

本案例绘制三室一厅平面图，效果如图 4-75 所示。该平面为三室一厅，整个房间主要分为起居室、主卧室、次卧室、卫生间、客厅和餐厅等。

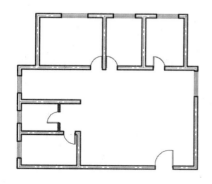

图 4-75　三室一厅平面图

在绘制该三室一厅平面图时，首先利用"矩形"和"偏移"工具绘制整个房间的轴线。然后在轴线的基础上利用"多线"工具绘制墙线。在墙线上挖出门洞和窗洞，并把绘制好的门窗移动到相应位置即可。

操作步骤 ▶▶▶▶

STEP|01 新建图形文件，并创建"轴线""墙线""门""窗户"等图层。切换"轴线"图层为当前层，单击"矩形"按钮，绘制尺寸为 12000×7000 的矩形，并单击"分解"按钮将该矩形分解。接着单击"偏移"按钮，指定要偏移的对象，然后输入要偏移的尺寸，按 Enter 键确定，将各轴线进行相应地偏移。单击"修剪"工具修剪多余的轴

线，效果如图 4-76 所示。

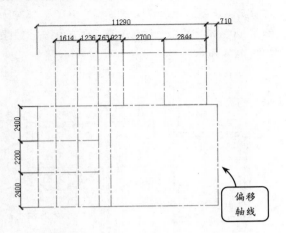

图 4-76　编辑轴线

STEP|02 切换"墙线"图层为当前层，然后单击"多线"工具，采用 STANDARD 多线样式，分别设置比例为 240 和 120，绘制不同宽度的墙线，效果如图 4-77 所示。

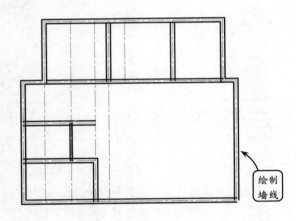

图 4-77　绘制墙线

STEP|03 输入 MLEDIT 命令，在打开的"多线编辑工具"对话框中分别单击"T 形合并"按钮和"角点结合"按钮，然后在图中单击多线相交位置对墙线进行整理。单击"修剪"工具，选择要修剪的对象，按 Enter 键确定，修剪多余的轴线，效果如图 4-78 所示。

STEP|04 按照如图 4-79 所示尺寸偏移轴线，并利用"修剪"工具以偏移的轴线为修剪边界对墙线进

行修剪。然后删除偏移的轴线，并利用"直线"工具对所有墙体进行封口，完成门洞的创建。

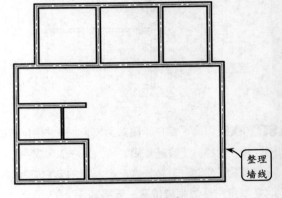

图 4-78　整理墙线

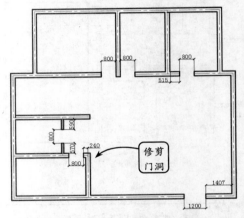

图 4-79　绘制门洞

STEP|05 切换"门"图层为当前层，然后利用"直线"工具和"圆弧"工具分别绘制门 1 和门 2。把绘制好的门，利用"移动"工具复制并移动到图中相应的位置，效果如图 4-80 所示。

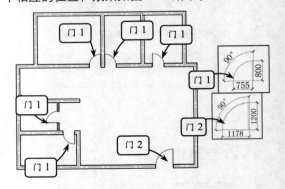

图 4-80　绘制门

STEP|06 按照如图 4-81 所示尺寸偏移轴线，并利用"修剪"工具以偏移的轴线为修剪边界对墙线进行修剪，修剪出窗洞。然后删除偏移的轴线，并利用"直线"工具对所有墙体进行封口。

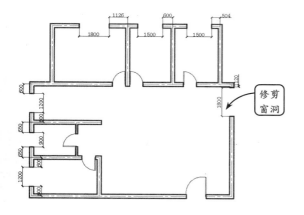

图 4-81　修剪窗洞并封口墙体

STEP|07 切换"窗户"图层为当前层，然后利用"矩形"和"偏移"工具绘制如图 4-82 所示 4 种不同尺寸的窗户。最后，利用"移动"工具把绘制的窗户，分别复制并移动到相应的位置即可。

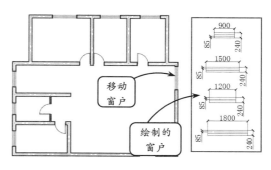

图 4-82　绘制窗户

4.11　新手训练营

练习 1. 绘制房屋平面图

　　本练习绘制房屋平面图，效果如图 4-83 所示。墙体是建筑中最基本、最重要的构件，它主要由砖石以及混凝土等砌成，其主要作用是承架房顶或隔开建筑物整体空间。在绘制墙体图形时，无论所绘制墙体的种类是否相同，都需要先绘制出用于定义墙体具体位置的轴线。然后以该轴线为参照对象，绘制出满足设计要求的墙体轮廓线。

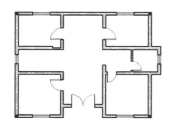

图 4-83　房屋平面图

　　在绘制该房屋平面图时，首先利用"直线"和"偏移"工具绘制整个房间的轴线。然后在轴线的基础上利用"多线"工具绘制主墙线。

练习 2. 绘制两居室平面图

　　本练习绘制两居室结构平面图，效果如图 4-84 所示。两居室实际上即为两个卧室，从该平面图即可看出该户型为两室两厅，包括两个卧室、一个客厅和一个餐厅，以及独立的卫生间，还有两个阳台。

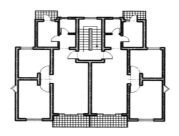

图 4-84　两居室平面图

　　在绘制该平面图时，首先绘制整个房间的轴线，并在轴线的基础上绘制主墙线。然后修剪出门洞和窗洞，并将门窗插入到指定的位置。接着利用"直线""矩形阵列"和"矩形"等工具绘制楼梯，并利用"多段线"工具绘制楼梯起跑方向线。最后利用"图案填充"工具对相应的区域进行填充。

第 5 章

建筑图形的编辑

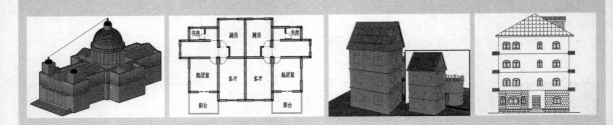

　　在建筑图的绘制过程中，因为图形的复杂多样，不是所有图形都能直接通过前一章的基本图形工具绘制完毕，所以需要对绘制出的基本图形进行修改、编辑，以到达最终的图形效果。常见的编辑修改，包括移动、复制、镜像、修剪、倒角、延伸等。在具体的编辑操作中，AutoCAD 为一些常见编辑提供了多种方式，用户可以直接采用命令或工具操作，也可以采用夹点操作。

　　本章主要讲解建筑图形的常见编辑方法以及操作技巧。

5.1 调整对象位置

调整图形的位置、角度，以及多个图形之间的对齐关系是对图形的最基本的编辑。这类编辑不改变图形的形状。

5.1.1 移动

在绘制图形时，如果图形的位置不满足要求，可以利用"移动"工具将图形对象移动到适当的位置。该操作可以在指定的方向上按指定距离移动对象，且在指定移动基点、目标点时，不仅可以在图中拾取现有点作为移动参照，还可以利用输入坐标值的方法定义出参照点的具体位置。移动对象操作仅仅是图形对象位置的平移，不改变对象的大小和方向。

单击"移动"按钮 ⊕，选取要移动的对象并指定基点，然后根据命令行提示指定第二个点或输入相对坐标来确定目标点，即可完成移动操作，如图 5-1 所示。

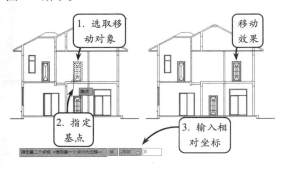

图 5-1　移动门

5.1.2 对齐

利用"对齐"工具可以将选定的对象移动、旋转或倾斜，使其与另一个对象对齐。该操作可以通过一对点对齐两对象，也可以通过两对点对齐两对象。

在"修改"选项板中单击"对齐"按钮 ⊟，然后选取要对齐的对象，并依次指定该对象上的源点和另一个对象上的目标点，即可将这两个对象对齐。

如图 5-2 所示，选取阁楼为要对齐的对象，并指定阁楼底端点为源点，然后指定房屋顶点为目标点，按下回车键即可将二者对齐。

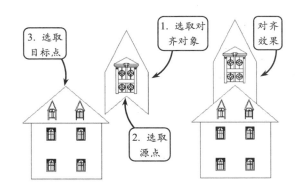

图 5-2　一对点对齐两对象

此外还可以通过依次指定一个对象上的两个源点和另一对象上的两个目标点来对齐这两个对象，且该方式可以以两个目标点间的距离作为缩放对象的参考长度，使选定的对象进行缩放。

如图 5-3 所示，依次指定第一源点 A_1、第一目标点 A_2，第二源点 B_1、第二目标点 B_2，按下回车键即可完成对齐操作。

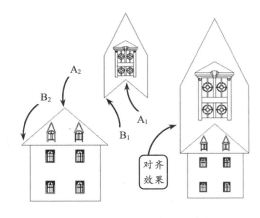

图 5-3　两对点对齐两对象

5.1.3　旋转

　　旋转是指将图形对象绕指定点旋转任意角度，从而以旋转点到旋转对象之间的距离和指定的旋转角度为参照，调整图形的放置方向和位置。利用"旋转"工具除了将对象调整一定角度之外，还可以在旋转得到新对象的同时保留原对象，可以说是集旋转和复制操作于一体。

1.　一般旋转

　　该方法在旋转图形对象时，原对象将按指定的旋转中心和旋转角度旋转至新位置，并且不保留对象的原始副本。

　　单击"旋转"按钮 ○ ，选取旋转对象并指定旋转基点，然后根据命令行提示输入旋转角度，按下回车键，即可完成旋转对象操作，如图 5-4 所示。

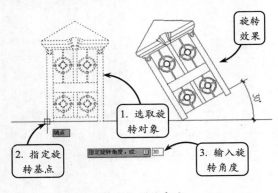

图 5-4　旋转窗户

2.　复制旋转

　　使用该旋转方法进行对象的旋转操作时，不仅可以将对象的放置方向调整一定的角度，还可以在旋转出新对象的同时保留原对象图形。

　　按照上述相同的旋转操作方法指定旋转基点后，在命令行中输入字母 C。然后指定旋转角度，并按下回车键，即可完成复制旋转操作，如图 5-5 所示。

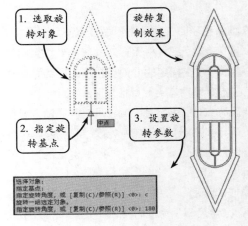

图 5-5　复制旋转

> **提示**
>
> 在系统默认的情况下，输入角度为正数时，对象的旋转方式为逆时针旋转；输入角度为负数时，对象的旋转方式为顺时针旋转。

5.2　复制对象

　　在建筑图绘制中，总有很多相同对象、对称对象，比如一栋楼的门窗、楼梯，大多数都是同一样式同一尺寸；又比如整体对称布局的楼体、楼层；再比如按一定距离、角度均匀排列的设备、座椅等。这些对象没有必要一一绘制，都只需要绘制一个或者一半，然后通过复制、镜像、阵列的方式来完成。如此，既避免了重复工作，又提高了绘图效率和绘图精度。

　　本节所指的复制，不仅包括常规所指的复制，还包括镜像、阵列、偏移——这三种操作都能在保留原对象的同时生成与原对象相同或相似的对象。

5.2.1　复制

　　在"修改"选项板中单击"复制"按钮 ○，选取需要复制的对象后指定复制的基点。然后指定新的位置点，即可完成复制操作，如图 5-6 所示。

　　此外还可以单击"复制"按钮 ○，选取复制对象并指定复制基点后，在命令行中输入新位置点相对于移动基点之间的相对坐标值，来确定复制目标点，如图 5-7 所示。

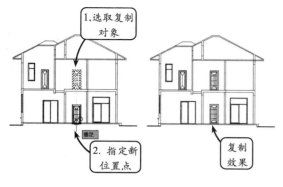

图 5-6　复制门

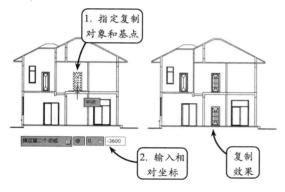

图 5-7　输入相对坐标复制对象

5.2.2　镜像

在绘制门窗和联排别墅等具有对称性质的图形时，可以先绘制出处于对称中线一侧的图形轮廓线。然后单击"镜像"按钮 ▲，选取绘制的图形轮廓线并单击右键。接着指定对称中心线上的两点以确定镜像中心线，按下回车键即可完成镜像操作，如图 5-8 所示。

默认情况下，对图形执行镜像操作后，系统仍然保留原对象。如果对图形进行镜像操作后需要将

原对象删除，只需在选取原对象并指定镜像中心线后，在命令行中输入字母 Y，然后按下回车键，即可完成删除原对象的镜像操作，如图 5-9 所示。

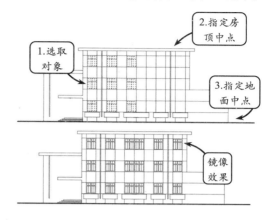

图 5-8　镜像窗户

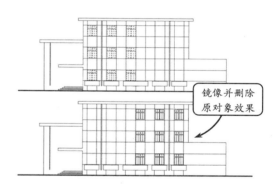

图 5-9　删除原对象的镜像效果

5.2.3　偏移

利用"偏移"工具可在指定的距离创建与原对象形状相同或相似的新对象。对于直线来说，可以绘制出与其平行的多个形同副本的对象；对于圆、椭圆、矩形以及由多段线围成的封闭图形，可以绘制出一定偏移距离的同心近似图形。

1. 定距离偏移

该偏移方式是系统默认的偏移类型。它根据输入的偏移距离数值为偏移参照，以指定的方向为偏移方向，偏移复制出对象的副本。

单击"偏移"按钮，根据命令行提示输入偏移的距离，并按回车键。然后选取图中的对象，在对象的偏移侧单击，即可完成定距离偏移操作，如图 5-10 所示。

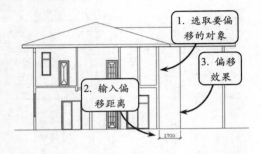

图 5-10 定距偏移效果

提示

"偏移"命令是一个单对象的编辑命令，在使用过程中，只能以直接选取的方式选择图形对象。另外以给定偏移距离的方式偏移对象时，距离值必须大于零。

2. 通过点偏移

这是指通过指定现有的端点、节点、切点等对象为原对象的偏移参照对图形执行的偏移操作。

单击"偏移"按钮，并在命令行中输入字母 T，然后选取图中的偏移对象，并指定通过点，即可完成该偏移操作，效果如图 5-11 所示。

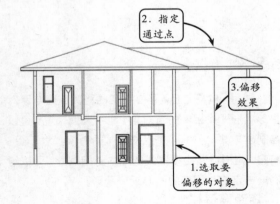

图 5-11 通过点偏移效果

3. 删除原对象偏移

系统默认的偏移操作是在保留原对象的基础上偏移出新对象，但如果仅以原图形对象为偏移参照，则偏移出新图形对象后需要将原对象删除，这时可利用删除原对象偏移的方法。

单击"偏移"按钮，在命令行中输入字母 E，并根据命令行提示输入字母 Y 按回车键。然后按上述偏移操作方式进行偏移，即可在偏移后将原对象删除，如图 5-12 所示。

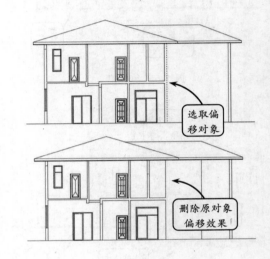

图 5-12 删除原对象偏移

5.2.4 矩形阵列

使用前面介绍的几种图形操作方法复制规则分布的多个图形会比较繁琐，此时可以利用"阵列"工具按照矩形、路径或环形的方式，以定义的距离或角度复制出原对象的多个对象副本。如，在绘制办公楼或居民楼立面图中整齐排列的各个窗户时，利用该工具可以大量减少重复性的绘图步骤，提高绘图效率和准确性。

矩形阵列是以控制行数、列数，以及行和列之间的距离，或添加倾斜角度的方式，使选取的对象进行阵列复制，从而创建出对象的多个副本。

在"修改"选项板中单击"矩形阵列"按钮，并在绘图区中选取对象后按回车键，然后根据命令行的提示，输入字母 C，并依次设置矩形阵列的行数和列数，行间距和列间距，即可完成矩形阵列特征的创建，如图 5-13 所示。

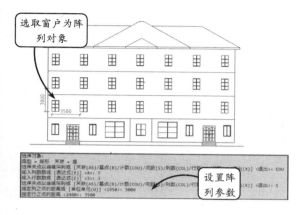

图 5-13　矩形阵列效果

5.2.5　路径阵列

在路径阵列中，阵列的对象将均匀的沿路径排列。在路径阵列中，路径可以是直线、多段线、三维多段线、样条曲线、圆弧、圆或椭圆等。

在"修改"选项板中单击"路径阵列"按钮 ，并选取绘图中的对象和路径曲线，系统会打开相应的"阵列创建"选项卡，如图 5-14 所示。在选项卡中设置参数后，阵列效果如图 5-15 所示。

图 5-14　路径阵列选项卡

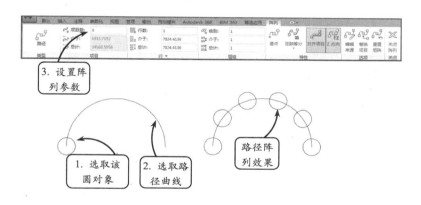

图 5-15　路径阵列效果

5.2.6　环形阵列

环形阵列能够以任一点为阵列中心点，将阵列对象按圆周或扇形的方向，以指定的阵列填充角度、项目数目或项目之间夹角为阵列值，进行图形的阵列复制。该阵列方式在绘制餐桌椅等具有圆周分布特征的图形时经常使用。

在"修改"选项板中单击"环形阵列"按钮 ，并依次选取绘图区中的对象和阵列中心点，系统自动打开"阵列创建"选项卡，如图 5-16 所示。

在选项卡的"项目"选项板中，用户可以通过设置环形的项目数、项目间角度和填充角度 3 种参数中的任意两种来完成环形阵列的操作。

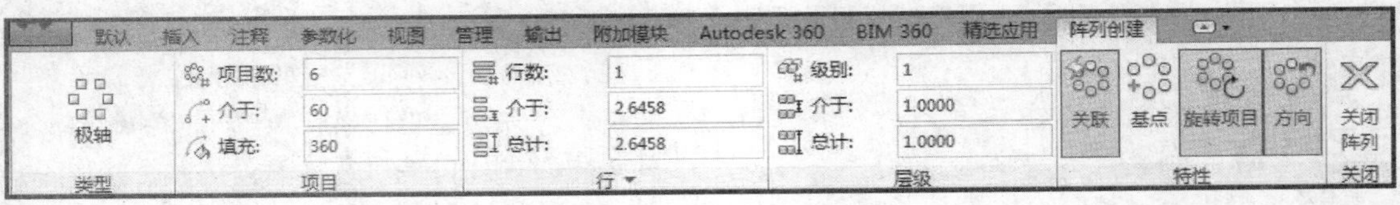

图 5-16　环形阵列选项卡

同样，用户也可以在快捷菜单中设置环形阵列的项目数、项目间角度和填充角度来完成环形阵列的操作，现分别介绍如下。

❑　**项目数和填充角度**

在已知图形中阵列项目的个数，以及所有项目所分布的弧形区域的总角度时，可以通过设置这两个参数来进行环形阵列的操作。

选取对象和阵列中心点后，在快捷菜单中分别指定阵列项目的数目以及总的阵列填充角度，即可完成环形阵列操作，效果如图 5-17 所示。

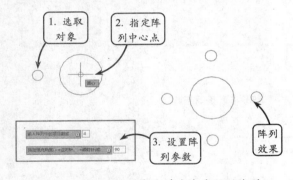

图 5-17　指定项目总数和填充角度环形阵列

❑　**项目总数和项目间角度**

该方式可以精确快捷地绘制出已知各项目间具体夹角和数目的图形对象。选取对象和阵列中心点后，在快捷菜单中分别指定阵列项目的数目以及项目间角度，即可完成阵列复制操作，效果如图 5-18 所示。

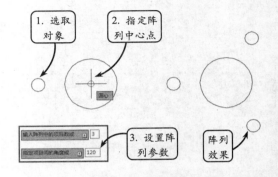

图 5-18　指定项目总数和项目间角度环形阵列

❑　**填充角度和项目间的角度**

该方式是以指定总填充角度和相邻项目间夹角的方式，定义出阵列项目的具体数量，进行对象的环形阵列操作。其操作方法同前面介绍的环形阵列操作方法相同，阵列效果如图 5-19 所示。

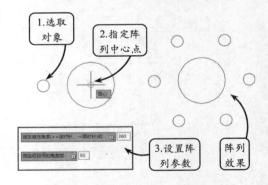

图 5-19　指定填充角度和项目间角度环形阵列

5.3　调整对象形状

除了对图形进行位置调整和复制外，有时还需要对图形的形状和大小进行改变。本节将介绍利用"拉长""拉伸""缩放"工具修改图形形状的方法。这 3 种工具在修改图形时，保持了图形修改前后的相似性。

5.3.1　缩放

利用"缩放"工具可以将图形对象以指定的缩放基点为缩放参照，放大或缩小一定比例，创建出与原对象成一定比例且形状相同的新图形对象。在 AutoCAD 中，缩放可以分为以下 3 种类型。

1. 参数缩放

该缩放类型可以通过指定缩放比例因子的方式，对图形对象进行放大或缩小。当输入的比例因子大于 1 时将放大对象；比例因子介于 0 和 1 之间时将缩小对象。

单击"缩放"按钮，选择缩放对象并指定缩放基点，然后在命令行中输入比例因子，按下回车键即可，如图 5-20 所示。

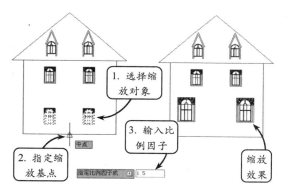

图 5-20　参数缩放图形

2. 参照缩放

该缩放方式是以指定参照长度和新长度的方式，由系统自动计算出两长度之间的比例数值，从而定义出图形的缩放因子，对图形进行缩放操作。当参照长度大于新长度时，图形将被缩小；反之将对图形执行放大操作。

选择对象指定缩放基点后，在命令行中输入字母 R，并按下回车键。然后根据命令行提示依次定义出参照长度和新长度，按下回车键即可完成参照缩放操作，如图 5-21 所示。

3. 复制缩放

该缩放类型可以在保留原图形对象不变的情况下，创建出满足缩放要求的新图形对象。利用该方法进行图形的缩放操作时，在指定缩放对象和缩放基点后，需要在命令行中输入字母 C，然后利用设置缩放参数或参照的方法定义图形的缩放因子，即可完成复制缩放操作，如图 5-22 所示。

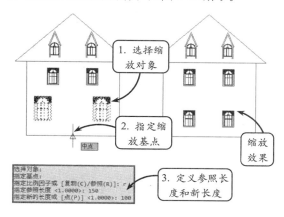

图 5-21　参照缩放图形

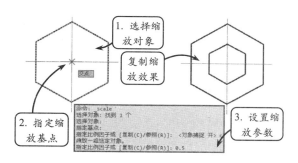

图 5-22　复制缩放效果

5.3.2　拉伸

拉伸操作能够将图形中的一部分拉伸、移动或变形，而其余部分保持不变，是一种十分灵活的调整图形大小的工具。选取拉伸对象时，可以使用"交叉窗口"的方式选取对象，其中全部处于窗口中的图形不作变形而只作移动，与选择窗口边界相交的对象将按移动的方向进行拉伸变形。

单击"拉伸"按钮，命令行将提示选取对象，用户便可以使用上面介绍的方式选取对象，并按下回车键。此时命令行将显示"指定基点或 [位移(D)] <位移>:"的提示信息，这两种拉伸方式分别介绍如下。

❏ **指定基点拉伸对象**

该拉伸方式是系统默认的拉伸方式,按照命令行提示指定一点作为拉伸基点,命令行将显示"指定第二个点或 <使用第一个点作为位移>:"的提示信息。此时在绘图区指定第二点,系统将按照这两点间的距离执行拉伸操作,如图 5-23 所示。

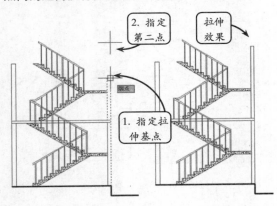

图 5-23 指定基点拉伸对象

❏ **指定位移量拉伸对象**

该拉伸方式是指将对象按照指定的位移量进行拉伸,而其余部分并不改变。选取拉伸对象后,输入字母 D,然后输入位移量并按下回车键,系统将按照指定的位移量进行拉伸操作,如图 5-24 所示。

5.3.3 拉长

在 AutoCAD 中,拉伸和拉长工具都可以改变对象的大小,所不同的是拉伸操作可以一次框选多个对象,不仅改变对象的大小,同时改变对象的形状;而拉长操作只改变对象的长度,且不受边界的局限。该工具经常用于调整墙体中轴线的长度。

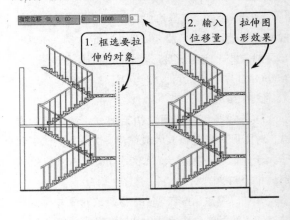

图 5-24 输入位移量拉伸对象

单击"拉长"按钮,命令行将显示"选择要测量的对象或[增量(DE)/百分比(P)/总计(T)/动态(DY)]:"的提示信息。此时指定一种拉长方式,并选取要拉长的对象,即可以该方式进行相应的拉长操作。各种拉长方式的设置方法分别介绍如下。

❏ **增量**

这是指以指定的增量修改对象的长度,且该增量从距离选择点最近的端点处开始测量。在命令行中输入字母 DE,命令行将显示"输入长度增量或[角度(A)] <0.0000>:"的提示信息。此时输入长度值,并选取对象,系统将以指定的增量修改对象的长度,效果如图 5-25 所示。

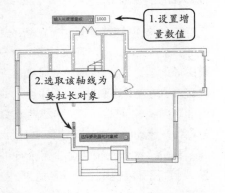

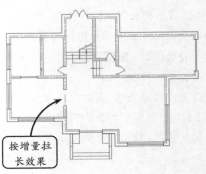

图 5-25 设置增量拉长对象

□ **百分数**

这是指以相对于原长度的百分比来修改直线或圆弧的长度。在命令行中输入字母 P，命令行将

显示"输入长度百分数 <100.0000>:"的提示信息。此时如果输入的参数值小于 100 则缩短对象，大于100 则拉长对象，效果如图 5-26 所示。

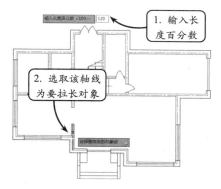
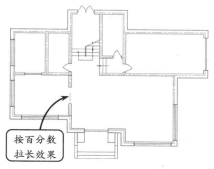

图 5-26　以百分数形式拉长对象

□ **全部**

这是指通过指定总长度来修改选定对象的长度。在命令行中输入字母 T，然后输入对象的总长

度，并选取要修改的对象。此时，选取的对象将按照设置的总长度相应地缩短或拉长，如图 5-27所示。

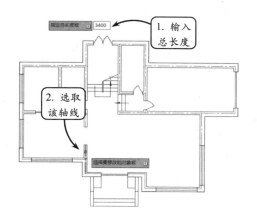
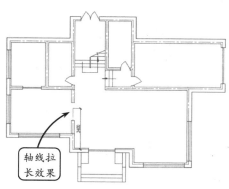

图 5-27　按输入的总长度拉长对象

□ **动态**

该选项允许动态地改变直线或圆弧的长度。该方式通过拖动选定对象的端点之一来改变其长度，且其他端点保持不变。在命令行中输入字母 DY，

并选取对象。然后拖动光标，对象将随之拉长或缩短，如图 5-28 所示。

5.3.4　延伸

利用"延伸"工具可以将指定的对象延伸到选定的边界，被延伸的对象包括圆弧、椭圆弧、直线、开放的二维多段线、三维多段线和射线等。

单击"延伸"按钮，选取延伸边界后单击

右键，然后选取需要延伸的对象，系统将自动将选取对象延伸到所指定的边界上，如图 5-29 所示。

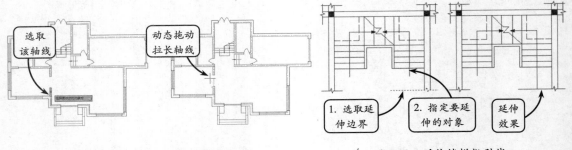

图 5-28　动态拉长轴线

图 5-29　延伸楼梯指引线

5.4　应用夹点调整对象

当选取一图形对象时，对象特征点上出现的蓝色方框即为夹点。夹点是一种集成编辑模式，选中某个夹点，然后不断按回车键，可以看到程序允许用户对选中的图形执行移动、旋转、缩放、镜像、拉伸等操作。

1．使用夹点拉伸对象

在拉伸编辑模式下，当选取的夹点是线条端点时，可以拉长或缩短对象。如果选取的夹点是线条的中点、圆或圆弧的圆心，或者块、文字、尺寸数字等对象时，则只能移动对象。

如图 5-30 所示，选取一指引线将显示其夹点，然后选取底部夹点，并打开正交功能，向下拖动即可改变该指引线的长度。

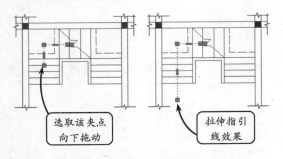

图 5-30　拖动夹点拉伸指引线长度

2．使用夹点移动对象

夹点移动模式可以编辑单一对象或一组对象，

利用该模式可以改变对象的放置位置，而不改变其大小和方向。在夹点编辑模式下选取基点后，输入 MO 进入移动模式。然后输入移动距离或者指定目标点的位置，系统将会以基点为起点将对象移动到指定的位置，效果如图 5-31 所示。

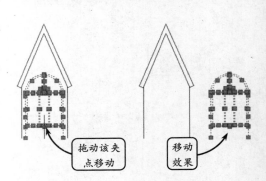

图 5-31　利用夹点移动窗户

3．使用夹点旋转对象

运用夹点旋转功能可以使对象绕基点旋转，并且可以编辑对象的旋转方向。在夹点编辑模式下指定基点后，输入字母 RO 即可进入旋转模式，旋转的角度可以通过输入角度值精确定位，也可以通过指定点位置来实现，如图 5-32 所示。

4．使用夹点缩放对象

在夹点编辑模式下指定基点后，输入字母 SC

进入缩放模式。此时可以通过定义比例因子或缩放参照的方式缩放对象，且当比例因子大于 1 时放大对象，当比例因子大于 0 而小于 1 时缩小对象，如图 5-33 所示。

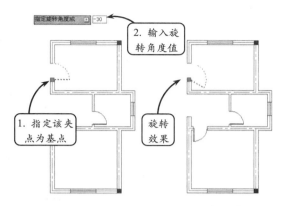

图 5-32　利用夹点旋转门

5．使用夹点镜像对象

夹点镜像编辑方式是以指定两点的方式定义出镜像中心线，进行图形的镜像操作。利用夹点镜像图形，镜像后既可以删除原对象，也可以保留原对象。

进入夹点编辑模式后指定一基点，并输入字母 MI，进入镜像模式。此时系统将会以刚选择的基点作为镜像第一点，然后输入字母 C，并指定第二

镜像点。接着按下回车键即可在保留原对象的情况下镜像复制新对象，效果如图 5-34 所示。

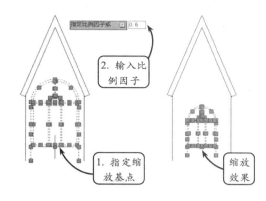

图 5-33　利用夹点缩放图形

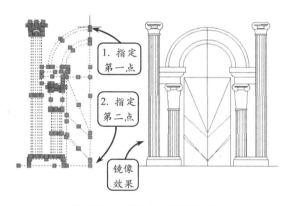

图 5-34　利用夹点镜像图形

5.5　对象的其他编辑

在上方的各种编辑中，图形在编辑前后保持了形状的相同或者相似。在实际的绘图中，除开这种保持形状的编辑外，还有很多编辑是要修改、破坏图形的原有形状或属性以便达到预想设计效果。这类编辑包括修剪、倒角、打断、分解等。

5.5.1　修剪

利用"修剪"工具可以以某些图元为边界，删除边界内的指定图元。利用该工具编辑图形对象时，首先需要选择用以定义修剪边界的对象，且修

剪边可以同时作为被修剪边进行修剪操作。执行修剪操作的前提条件是：修剪对象必须与修剪边界相交。

单击"修剪"按钮 ，选取边界曲线并单击右键，然后选取图形中要去除的部分，即可将多余的图形对象去除，如图 5-35 所示。

在进行修剪操作时，首先选取的可以是修剪边界，也可以是要被修剪的对象。如图 5-36 所示，首先框选所有窗户棱边，然后右击鼠标并选取多余图元，即可删除多余图元。

多段线进行倒角操作，效果如图 5-37 所示。

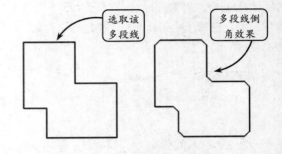

图 5-37　多段线倒角

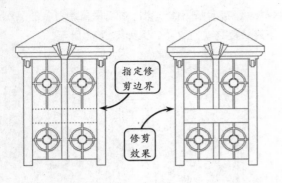

图 5-35　修剪窗户

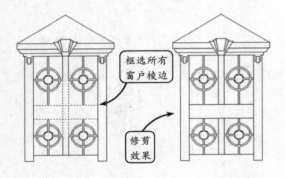

图 5-36　修剪对象

5.5.2　倒角

用"倒角"或"圆角"工具能够以平角或圆角的连接方式，修改图形相接处的具体形状。其不同之处在于：倒角工具只能应用在图形对象间具有相交性的情况下，而圆角工具可以应用于任何位置关系的图形对象之间。

在 AutoCAD 中利用"倒角"工具可以连接两个不平行的对象，这些对象包括直线、多段线、参考线和射线等线性图形。单击"倒角"按钮 ，命令行将显示"选择第一条直线或 [放弃(U)/多段线(P)/距离(D)/角度(A)/修剪(T)/方式(E)/多个(M)]："的提示信息。现分别介绍常用倒角方式的设置方法。

❏ 多段线倒角

如果选择的对象是多段线，那么就可以方便地对整条多段线进行倒角。在命令行中输入字母 P，然后选择多段线，系统将以当前设定的倒角参数对

❏ 指定距离绘制倒角

该方式指通过输入直线与倒角线之间的距离定义倒角。如果两个倒角距离都为零，那么倒角操作将修剪或延伸这两个对象，直到它们相接，但不创建倒角线。

在命令行中输入字母 D，然后依次输入两倒角距离，并分别选取两倒角边，即可获得倒角效果。如图 5-38 所示，依次指定两倒角距离均为 1500，然后选取两倒角边，将显示相应的倒角效果。

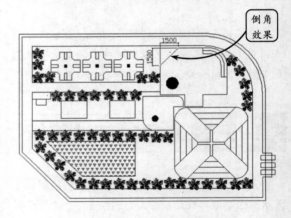

图 5-38　指定距离绘制倒角

❏ 指定角度绘制倒角

该方式通过指定倒角的长度以及它与第一条直线形成的角度来创建倒角。在命令行中输入字母 A，然后分别指定第一条直线的倒角长度为 1500 和倒角角度为 45°，并依次选取两直线对象，即可获得倒角效果，如图 5-39 所示。

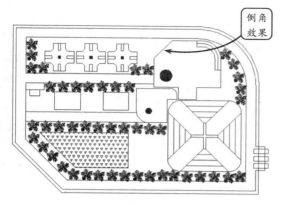

图 5-39　指定角度绘制倒角

❑　指定是否修剪倒角

在默认情况下，对象在倒角时需要修剪，但也可以设置为保持不修剪的状态。在命令行中输入字母 T 后，选择"不修剪"选项，然后按照上述方法设置倒角参数即可，效果如图 5-40 所示。

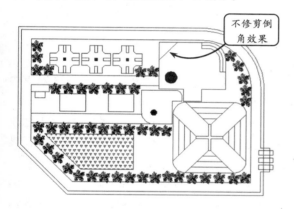

图 5-40　不修剪倒角

注意

如果正在倒角的两个对象都在同一图层上，则倒角线将位于该图层；如果两个对象在图形界限内没有交点，且图形界限检查处于打开状态，AutoCAD 将拒绝倒角。

5.5.3　圆角

在 AutoCAD 中，利用"圆角"工具可以通过一指定半径的圆弧光滑地连接两个图形对象，其中可以执行圆角操作的对象有圆弧、圆、椭圆、椭圆弧、直线和射线等。此外，直线、构造线和射线在相互平行时也可以进行圆角操作，且此时圆角半径由系统自动计算，设为平行直线距离的一半。

单击"圆角"按钮，命令行将显示"选择第一个对象或 [放弃(U)/多段线(P)/半径(R)/修剪(T)/多个(M)]:"的提示信息。现分别介绍常用圆角方式的设置方法。

❑　指定半径绘制圆角

该方式是绘图中最常用的创建圆角方式。选择"圆角"工具后，输入字母 R，并设置圆角半径值为 5100。然后依次选取两操作对象，即可获得圆角效果，如图 5-41 所示。

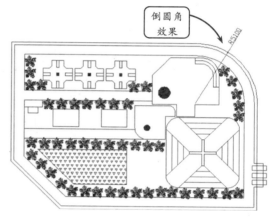

图 5-41　指定半径绘制圆角

❑　不修剪圆角

选择"圆角"工具后，输入字母 T 就可以指定相应的圆角类型，即设置倒圆角后是否保留原对象，可以选择"不修剪"选项，获得不修剪的圆角效果，如图 5-42 所示。

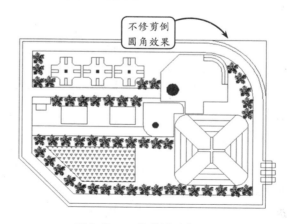

图 5-42　不修剪倒圆角效果

5.5.4 打断

打断是删除部分图形对象或将对象分解成两部分，且对象之间可以有间隙，也可以没有间隙。在 AutoCAD 中，可以打断的对象包括直线、圆、圆弧、椭圆和参照线等。在绘制建筑墙体之前，经常利用该工具打断轴线以预留出门窗洞。

单击"打断"按钮，命令行将提示选取要打断的对象。当在对象上单击时，系统将默认选取对象时所选点作为断点 1。然后指定另一点作为断点 2，系统将删除这两点之间的对象，效果如图 5-43 所示。

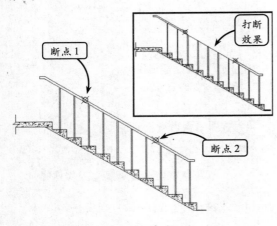

图 5-43 打断

如果在命令行中输入字母 F，则可以重新定位第一点。在确定第二个打断点时，如果在命令行中输入@，可以使第一个和第二个打断点重合，此时该操作相当于打断于点。

另外，在默认情况下，系统总是删除从第一个打断点到第二个打断点之间的部分，且在对圆和椭圆等封闭图形进行打断时，系统将按照逆时针方向删除从第一打断点到第二打断点之间的圆弧等对象。

5.5.5 打断于点

打断于点是"打断"命令的后续命令，它是将对象在一点处断开生成两个图形对象。一个对象在执行过打断于点命令后，从外观上看不出什么差别。但当选取该对象时，可以发现该对象已经被打断为两部分。另外，该工具不能应用于圆，否则系统将提示圆弧不能是 360º。

单击"打断于点"按钮，然后选取一对象，并在该对象上单击指定打断点的位置，即可将该图形对象分割为两个对象，效果如图 5-44 所示。

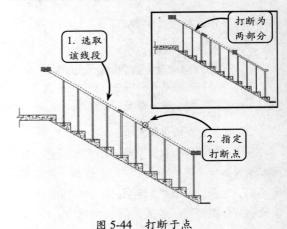

图 5-44 打断于点

5.5.6 合并

合并是指将相似的对象合并为一个对象。其中可以执行合并操作的对象包括圆弧、椭圆弧、直线、多段线和样条曲线等。利用该工具可以将被打断为两部分的线段合并为一个整体，也可以利用该工具将圆弧或椭圆弧创建为完整的圆和椭圆。

单击"合并"按钮，然后按照命令行提示选取原对象。如果选取的对象是圆弧，命令行将显示"选择圆弧，以合并到源或进行 [闭合(L)]:"的提示信息。此时选取需要合并的另一部分对象，按下回车键即可。如果在命令行中输入字母 L，系统将创建完整的对象，效果如图 5-45 所示。

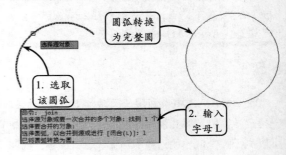

图 5-45 合并圆弧

5.5.7　分解

对于矩形、块、多边形和各类尺寸标注等对象，以及由多个图形对象组成的组合对象，如果需要对单个对象进行编辑操作，就需要先利用"分解"工具将这些对象拆分为单个的图形对象，然后再利用相应的编辑工具进行进一步地编辑。其中可以分解的对象包括三维网格、三维实体、块、矩形、标注、多线、多面网格、多段线和面域等。

单击"分解"按钮，然后选取要分解的对象，单击右键或者按下回车键即可完成分解操作，效果如图 5-46 所示。

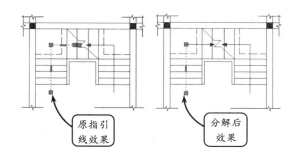

图 5-46　分解楼梯指引线效果

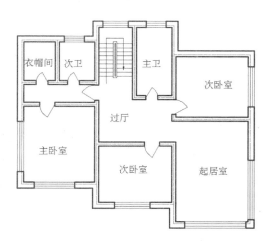不在此处

5.6　综合案例 1：绘制豪华别墅二层平面图

本案例绘制豪华别墅二层平面图，效果如图 5-47 所示。该平面图为某豪华别墅的二层平面图，整个布局主要包括起居室、主卧室、次卧室、过厅、衣帽间，以及两个卫生间。

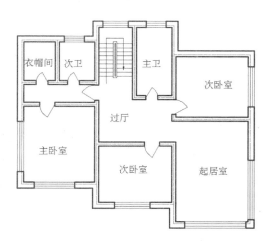

图 5-47　豪华别墅二层平面图

在绘制该平面图时，首先绘制整个房间的轴线，接着在轴线的基础上绘制墙线和门窗。然后利用"直线"和"阵列"工具绘制楼梯线，并利用"多段线"工具绘制楼梯起跑方向线。最后利用"多行文字"工具，为图形添加各房间的功能文字说明。

操作步骤 ▶▶▶▶

STEP|01 新建图形文件，并创建"轴线""标注""墙线""门""窗户"和"楼梯"等图层。然后切换"轴线"图层为当前层，效果如图 5-48 所示。

图 5-48　图层设置

STEP|02 单击"矩形"按钮，绘制一个尺寸为 13500×12000 的矩形。接着单击"分解"按钮将该矩形分解，并单击"偏移"按钮，将轴线按照图 5-49 所示尺寸进行偏移。最后利用"修剪"工具修剪偏移后的轴线。

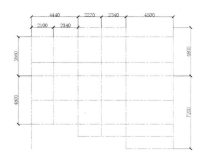

图 5-49　绘制轴线

STEP|03 切换"墙线"图层为当前层,利用"多线"工具,设置样式为 STANDARD,分别绘制宽度为 370 和 240 的墙线,如图 5-50 所示。

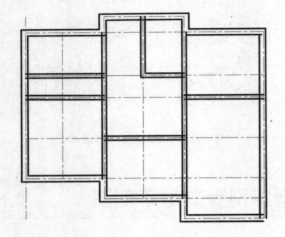

图 5-50 多线绘制墙体

STEP|04 输入 MLEDIT 命令,在打开的"多线编辑工具"对话框中分别单击"角点结合"按钮 ⌐ 和"T 形合并"按钮 ⊤,对墙线进行整理。然后将墙线全部分解,并利用"修剪"工具修剪多余的轴线,效果如图 5-51 所示。

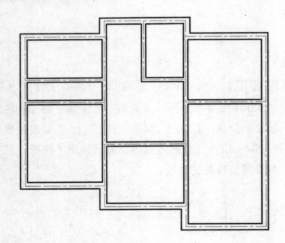

图 5-51 整理墙线

STEP|05 按照图 5-52 所示尺寸偏移轴线,并利用"修剪"工具以偏移的轴线为修剪边界对墙线进行修剪。接着删除偏移的轴线,然后单击"直线"按钮 ⟋,对相应的墙体进行封口。

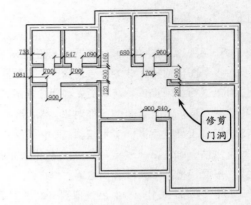

图 5-52 修剪墙体

STEP|06 利用"直线"工具和"圆弧"工具,分别绘制门 1、门 2,并把绘制好的门复制到图形中的指定位置,如图 5-53 所示。

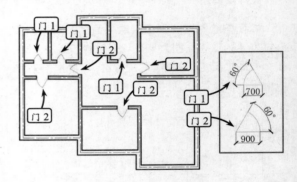

图 5-53 绘制门并复制

STEP|07 按照图 5-54 所示尺寸偏移轴线。然后切换"墙线"图层为当前层,利用"直线"工具以偏移的轴线为辅助线绘制窗户边界线。接着删除偏移的轴线,利用"修剪"工具以窗户边界线为界线对墙线进行修剪。

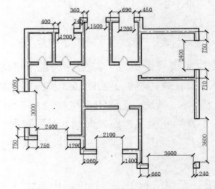

图 5-54 修剪窗洞

STEP|08 切换"窗户"图层为当前层。然后利用"矩形"和"偏移"工具绘制窗户 1～5，并把绘制好的窗户复制到图形的相应位置，如图 5-55 所示

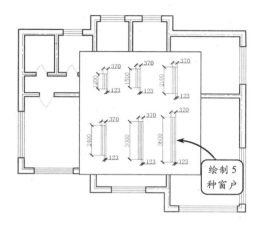

图 5-55　绘制窗户并复制

STEP|09 切换"楼梯"为当前图层，利用"直线"工具以点 B 为基点，依次输入相对坐标（@0，784）和（@880，0），绘制直线。然后单击"矩形阵列"按钮，设置行数为 8，列数为 2，行偏移为 250，列偏移为 1090，将该直线进行矩形阵列，效果如图 5-56 所示。

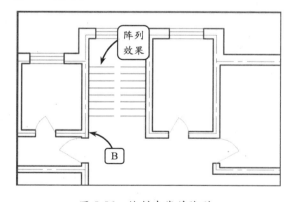

图 5-56　绘制直线并阵列

STEP|10 利用"矩形"工具指定直线左端点 C 为基点，依次输入相对坐标（@0，-80）和（@-220，2200），绘制矩形。然后利用"偏移"工具将矩形向内偏移 80，并利用"直线"工具选取最外侧矩形左下端点为起点，向左绘制一条水平楼梯线，效果如图 5-57 所示。

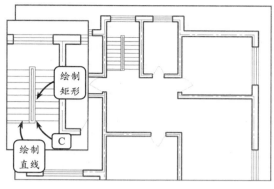

图 5-57　绘制扶手

STEP|11 利用"多段线"工具，指定图 5-58 所示楼梯线中点 F 为基点，输入偏移坐标（@0，-455）确定起点。然后依次输入相对坐标（@0，2811）、（@1026，0）和（@0，-1765），确定三个点。接着输入 W 指令，并设置起点宽度为 65，端点宽度为 0，输入相对坐标（@0，-200），完成楼梯起跑线绘制。

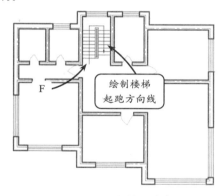

图 5-58　绘制楼梯起跑线

STEP|12 利用"多行文字"工具为各个房间添加说明文字，即可完成该别墅二层平面图的绘制，如图 5-59 所示。

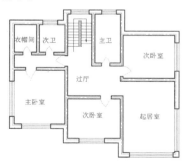

图 5-59　添加文字说明

AutoCAD

5.7 综合案例2：绘制写字楼平面图

本例绘制写字楼平面图，效果如图5-60所示。写字楼是指企业、事业、机关、团体、学校、医院等单位办公用的建筑物。写字楼的使用面积一般要求是70%，而办公室、储藏室、会议室和楼梯等是这种建筑最基本的元素。

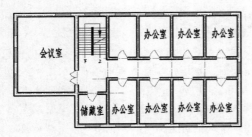

图 5-60　写字楼平面图

在绘制该平面图时，首先绘制整个房间的轴线，并在轴线的基础上绘制主墙线。然后绘制办公室的内墙线。由于各个办公室成一定规律排列，因此可以绘制其中的一个办公室内墙线，通过矩形阵列完成其他所有办公室墙线的绘制。接着利用"直线""矩形"和"阵列"工具绘制楼梯线，并利用"多段线"工具绘制楼梯起跑方向线。最后利用"多行文字"工具添加各房间的功能文字说明。

操作步骤 ▷▷▷▷

STEP|01 新建图形文件，并创建"轴线""墙线""门""窗户"和"楼梯"等图层。然后切换"轴线"图层为当前层，单击"矩形"按钮 □，绘制尺寸为 21900×11400 的矩形，并单击"分解"按钮 将该矩形分解。接着单击"偏移"按钮，将各轴线进行相应的偏移并修剪，效果如图5-61所示。

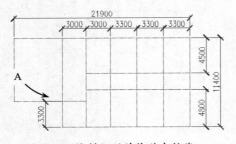

图 5-61　绘制矩形并偏移出轴线

STEP|02 输入 MLSTYLE 命令，新建多线样式 36WALL，并设置其图元偏移参数分别为 240 和 120。然后切换"墙线"图层为当前层，输入多线命令 ML，以上图交点 A 为起点，按图5-62所示路径绘制多线。输入 MLEDIT 命令，在打开的"多线编辑工具"对话框中单击单击"T 形闭合"按钮 ，整理相应的多线。

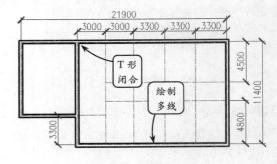

图 5-62　绘制多线并编辑

STEP|03 继续输入多线命令 ML，选择多线样式 STANDARD，设置比例为 240，对正方式为"无"，绘制内墙线，效果如图5-63所示。

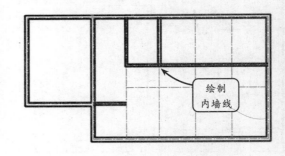

图 5-63　绘制内墙线

STEP|04 单击"矩形阵列"按钮 ，选取如图5-64所示的内墙线。然后根据命令行的提示，输入字母 C，并依次设置矩形阵列的行数为 1、列数为 3。接着输入字母 S，并设置列间距为3300，创建矩形阵列。

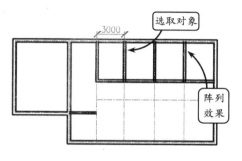

图 5-64　阵列内墙线

STEP|05 利用"偏移"工具按照图 5-65 所示尺寸偏移轴线，并利用"修剪"工具以偏移的轴线为修剪边界对墙线进行修剪。然后删除偏移的轴线，并单击"直线"按钮，对所有墙体进行封口。

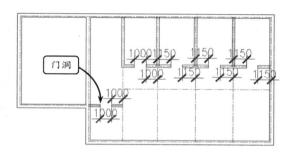

图 5-65　修剪门洞并封口墙体

STEP|06 切换"门"图层为当前层，利用"直线"和"圆弧"工具绘制门 1。然后将其复制到图中相应位置，效果如图 5-66 所示。

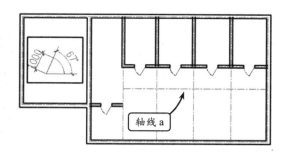

图 5-66　绘制门

STEP|07 利用"偏移"工具将上图的轴线 a 按照图 5-67 所示尺寸向上进行偏移。然后单击"镜像"按钮，选取图中的内墙线和门轮廓，并指定偏移后的轴线为镜像中心线，进行镜像操作。

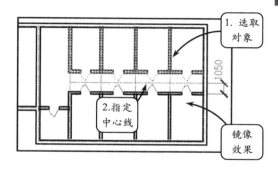

图 5-67　镜像图形

STEP|08 利用"分解"工具将内墙线阵列分解。然后输入命令 MLEDIT，利用"T 形合并"工具对墙体进行修整，效果如图 5-68 所示。

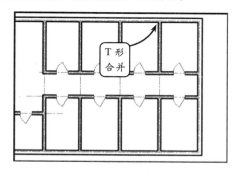

图 5-68　整理墙线

STEP|09 利用"偏移"工具按照图 5-69 所示尺寸偏移轴线。然后利用"修剪"工具并指定偏移后的两条轴线为修剪边界，对相应的墙线进行修剪。接着删除偏移后的轴线，并切换"墙线"图层为当前层，利用"直线"工具对墙体进行封口。

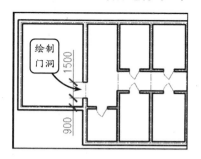

图 5-69　修剪门洞并封口墙体

STEP|10 利用"直线""圆弧"和"镜像"工具绘制门 2，并把绘制好的门移动到图形中的指定位置，如图 5-70 所示。

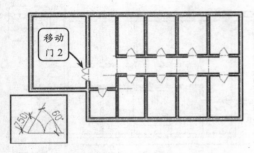

图 5-70　移动门

STEP|11 利用"偏移"和"修剪"工具按照图 5-71 所示尺寸偏移轴线并修剪墙线，绘制窗洞。然后删除偏移的轴线并封口窗洞。接着利用"矩形"和"复制" 🔄 工具绘制窗户 1，最后利用"移动"工具，把绘制好的窗户移动到相应的窗洞中。

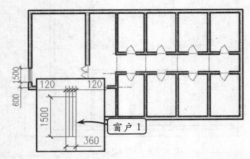

图 5-71　绘制窗户 1

STEP|12 按照上步方法，绘制其他窗洞，并绘制窗户 2 和窗户 3，接着把绘制好的窗户，分别复制到相应的窗洞中，如图 5-72 所示。

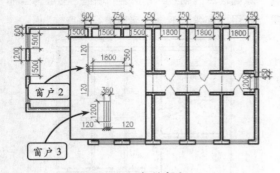

图 5-72　复制窗户

STEP|13 单击"直线"工具，在命令行中输入 FROM 指令，指定点 B 为基点，并依次输入相对坐标（@0，1630）和（@2760，0），绘制直线。然后利用"矩形阵列"工具设置行数为 12，列数为 1，行偏移距离为 250，将该直线阵列，效果如图 5-73 所示。

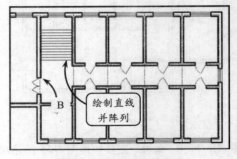

图 5-73　绘制直线并阵列

STEP|14 单击"矩形"工具，指定上图所绘直线的中点为基点，依次输入相对坐标（@-20，0）和（@40，2750），绘制矩形。然后将该矩形依次向外偏移 40 和 80，并利用"修剪"工具指定偏移后的矩形为修剪边界，对分解后的楼梯线进行修剪，效果如图 5-74 所示。

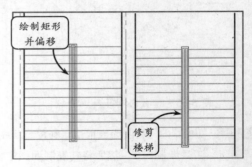

图 5-74　绘制扶手

STEP|15 单击"多段线"按钮 ⌐，指定点 C 为基点，输入相对坐标（@0，1785）确定起点。然后依次输入相对坐标（@-633，-352）、（@7，-58）、（@-112，66）、（@13，-59）和（@-634，-353），绘制折断线，效果如图 5-75 所示。

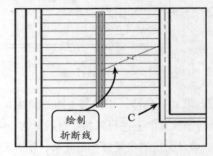

图 5-75　绘制折断线

STEP|16 继续利用"多段线"工具绘图，指定图 5-76 所示楼梯线中点为基点，输入偏移坐标（@0，-324）确定起点。然后依次输入相对坐标（@0，3507）、（@1480，0）和（@0，-1132），接着输入指令 W，设置起点宽度为 100，端点宽度为 0，并输入相对坐标（@0，-300），绘制方向线。

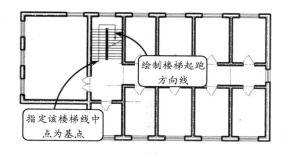

图 5-76　绘制下楼梯起跑方向线

STEP|17 单击"多段线"工具，指定如图 5-77 所示楼梯线中点为基点，输入相对坐标（@0，-324）确定起点。然后输入相对坐标（@0，1000），并输入指令 W，设置起点宽度为 100，端点宽度为 0。接着输入相对坐标（@0，300），即可完成另一方向线的绘制。

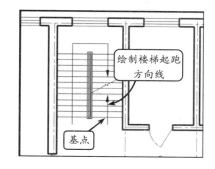

图 5-77　绘制上楼梯起跑方向线

STEP|18 利用"多行文字"工具为各房间添加说明文字，即可完成该写字楼的平面图绘制，如图 5-78 所示。

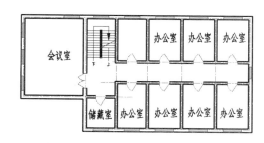

图 5-78　添加文字说明

5.8　新手训练营

练习 1：绘制别墅平面图

本练习绘制别墅平面图，效果如图 5-79 所示。房屋的户型正在逐步走向多样化，其户型结构也越来越合理。通常情况下成套住宅由卧室、起居室、厨房、卫生间、室内走道或客厅等组成。

在绘制该平面图时，首先绘制整个房间的轴线，并在轴线的基础上绘制墙体。然后绘制门和窗户，并把绘制好的窗移动到图形中。接着利用"直线""阵列"和"镜像"工具绘制楼梯台阶，并利用多段线绘制楼梯起跑方向线。最后为图形添加文字说明，即可完成该平面图的绘制。

图 5-79　别墅平面图

练习 2：绘制办公楼平面图

本练习绘制办公楼平面图，效果如图 5-80 所示。

该办公楼属于小型内走廊式的集中办公楼，其内部左右两侧各有一个进出楼层的拐角楼梯，在宽度方向上并排对称分布着 12 个办公房间。

在绘制该平面图时，首先绘制轴线和墙体，并利用"矩形"和"图案填充"工具绘制柱子。然后利用"直线""阵列"和"修剪"工具绘制楼梯台阶和扶手，并利用"多段线"工具绘制折断线和楼梯方向线。接着利用"矩形"工具绘制窗户，并把绘制好的窗户，利用"移动"工具移动复制到窗洞中。最后利用"镜像"工具进行镜像即可完成该平面图的绘制。

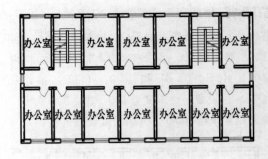

图 5-80　办公楼平面图

第 **6** 章

块与外部参照

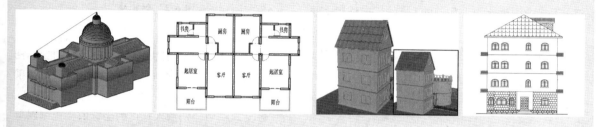

　　在建筑绘图过程中，常常需要用到同样的图形，例如建筑图中的门窗、标高符号等。如果每次都重新绘制，不但浪费大量的时间，同时也降低工作效率。因此，AutoCAD 提供了块的功能，用户可以将一些经常使用的图形对象定义为图块。当需要重复利用到这些图形时，只需要按合适的比例插入相应的图块到指定的位置即可。灵活使用图块可以避免大量的重复性绘图工作，提高 AutoCAD 绘图效率。

　　本章主要讲解创建块、定义块的属性、动态块的动作参数，以及外部参照的使用方法。

6.1 创建块

块是多个对象组成的对象集合,常用于绘制复杂、重复的图形。通过建立图块,就可以根据作图需要将这组对象插入到图中任意指定位置,而且还可以按不同的比例和旋转角度插入。

利用块"创建"工具创建的图块称为内部图块,即所创建的图块保存在包含该图块的图形中,且只能在当前图形中应用,而不能插入到其他图形中。

在"块"选项板中单击"创建"按钮,将打开"块定义"对话框,如图 6-1 所示。在该对话框中输入新建块的名称,并设置块组成对象的保留方式。然后在"方式"选项组中定义块的显示方式。

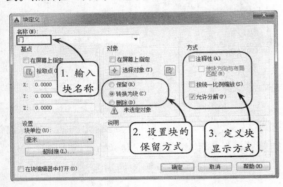

图 6-1 "块定义"对话框

完成上述设置后,在"基点"选项组中单击"拾取点"按钮,选取基点。然后在"对象"选项组中单击"选择对象"按钮,选取组成块的对象。接着单击"确定"按钮,即可完成图块创建,如图6-2 所示。

"块定义"对话框中各选项组中所包含选项的含义分别介绍如下。

❑ **名称**

在该文本框中输入要创建的内部图块的名称。该名称应尽量反映图块的特征,从而和定义的其他图块有所区别,同时也方便调用。

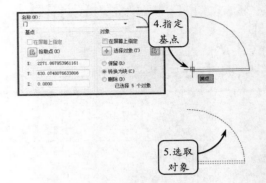

图 6-2 创建块

❑ **基点**

该选项组用于确定块插入时所用的基准点,相当于移动、复制对象时所指定的基点。该基点关系到块插入操作的方便性,用户可以在其下方的 X、Y、Z 文本框中分别输入基点的坐标值,也可以单击"拾取点"按钮,在绘图区中选取一点作为图块的基点。

❑ **对象**

该选项组用于选取组成块的几何图形对象。单击"选择对象"按钮,可以在绘图区中选取要定义为图块的对象。该选项组中所包含的 3 个单选按钮的含义如下所述。

➢ **保留** 选择该单选按钮,表示在定义好内部图块后,被定义为图块的原对象仍然保留在绘图区中,并且没有被转换为图块。

➢ **转换为块** 选择该单选按钮,表示定义好内部图块后,在绘图区中被定义为图块的原对象也被转换为图块。

➢ **删除** 选择该单选按钮,表示在定义好内部图块后,将删除绘图区中被定义为图块的原对象。

❑ **方式**

在该选项组中可以设置图块的注释性、图块的缩放和图块是否能够进行分解等操作。该选项组中所包含的3个复选框的含义如下所述。

> **注释性** 启用该复选框，可以使当前所创建的块具有注释性功能。同时再启用"使块方向与布局匹配"复选框，使得插入块时，可以使其与布局方向相匹配。即使布局视口中的视图被扭曲或者是非平面，这些对象的方向仍将与该布局方向相匹配。

> **按统一比例缩放** 启用该复选框，组成块的对象可以按比例统一进行缩放。

> **允许分解** 启用该复选框，将允许组成块的对象被分解。

❑ 设置

该选项用于指定块参照插入单位。

❑ 说明

在该文本框中可以输入图块的说明文字。

6.2 插入块

创建完块之后，即可根据用户需要任意插入块，在插入图块的同时还可以改变图块的缩放比例和旋转角度。

6.2.1 直接插入单个图块

直接插入图块的方法是工程绘图中最常用的调用块方式，即利用"插入"工具将内部或外部图块插入到当前图形之中。

在"块"选项板中单击"插入"按钮🗗，将打开"插入"对话框，如图6-3所示。该对话框中各选项的含义分别介绍如下。

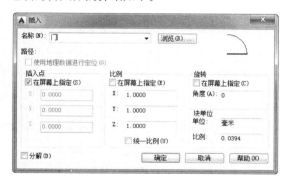

图6-3 "插入"对话框

❑ 名称

在该文本框中可以指定需要插入块的名称，或指定作为块插入的图形文件名。单击该文本框右侧的按钮，可以在打开的下拉列表中指定当前图形文件中可供用户选择的块名；单击"浏览"按钮，

可以选择作为块插入的图形文件名。

❑ 插入点

该选项组用于确定插入点的位置。一般情况下有两种方法指定插入点：在屏幕上使用鼠标单击指定或直接输入插入点的坐标来指定。如图6-4所示，启用"在屏幕上指定"复选框，并单击"确定"按钮，即可在绘图区指定插入点将图块插入当前图形中。

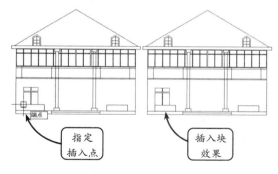

图6-4 指定点插入图块

❑ 比例

该选项组用于设置块在 X、Y 和 Z 这3个方向上的比例，同样有两种方法决定块的缩放比例：在屏幕上使用鼠标单击指定或直接输入缩放比例因子。其中启用"统一比例"复选框，表示在 X、Y 和 Z 这3个方向上的比例因子完全相同。

❑ 旋转

该选项组用于设置插入块时的旋转角度，同样也有两种方法确定块的旋转角度：在屏幕上指定块的旋转角度或直接输入块的旋转角度。

❑ **分解**

该复选框用于控制图块插入后是否允许被分解。如果启用该复选框，则图块插入到当前图形中时，组成图块的各个对象将自动分解成各自独立的状态。

6.2.2　阵列插入图块

在命令行中输入 MINSERT 指令即可阵列插入图块。该命令实际上是将阵列和块插入命令合二为一，当用户需要插入多个具有规律的图块时，即可输入 MINSERT 指令来进行相关操作。这样不仅能节省绘图时间，而且可以减少占用的磁盘空间。

输入 MINSERT 指令后，输入要插入的图块名称。然后指定插入点，并设置缩放比例因子和旋转角度。接着依次设置行数、列数、行间距和列间距参数，即可阵列插入所选择的图块，效果如图 6-5 所示。

6.2.3　以定数等分方式插入图块

在前面的章节中介绍了以定数等分方式插入点的操作方法，用户可以在命令行中输入 DIVIDE 指令，然后按照类似的方法以定数等分方式插入图块。

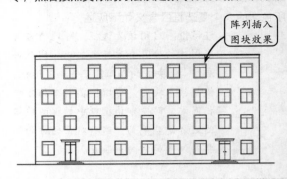

阵列插入图块效果

图 6-5　阵列插入图块

> **注意**
>
> 利用 MINSERT 指令插入的所有图块组成的是一个整体，不能用"分解"命令分解，但可以通过 DDMODIFY 指令改变插入块时所设的特性，如插入点、比例因子、旋转角度、行数、列数、行距和列距等参数。

6.2.4　以定距等分方式插入图块

以定距等分方式插入图块与以定距等分方式插入点的方法类似，在命令行中输入 MEASURE 指令，然后按照前面的章节来进行相关的操作即可，这里不再赘述。

6.3　存储块

在 6.1 小节中定义的块只能在当前文件中使用。如果需要在其他文件中也能使用定义的块，则需要将块保存。被保存的块作为一个独立的块文件，可以在任何其他文件中使用。这样的块又被称为外部图块。

在命令行中输入 WBLOCK 指令，并按下回车键，将打开"写块"对话框。在该对话框的"源"选项组中选择"块"单选按钮，表示新图形文件将由块创建，并在右侧下拉列表框中指定块。接着在"目标"选项组中输入图形名称，并指定具体存储位置即可，如图 6-6 所示。

在指定文件名称时，只需输入文件名称而不用带扩展名，系统一般将扩展名定义为.dwg。如果在"目标"选项组中未指定路径，系统将在默认保存位置保存该文件。"源"选项组中另外两种存储块的方式分别介绍如下。

❑ **整个图形**

选择该单选按钮，表示系统将使用当前的全部图形创建一个新的图形文件。此时只需单击"确定"按钮，即可将全部图形文件保存。

图 6-6　利用块创建新图形文件

❑　**对象**

选择该单选按钮，系统将使用当前图形中的部分对象创建一个新图形。此时必须选择一个或多个对象，以输出到新的图形中，其操作方法同创建块操作方法类似，这里不再赘述。

> **注意**
>
> 如果将其他图形文件作为一个块插入到当前文件中时，系统默认的是将坐标原点作为插入点，这样对于有些图形绘制来说，很难精确控制插入位置。因此在实际应用中，应先打开该文件，再通过输入 BASE 指令执行插入操作。

AutoCAD 6.4　编辑块

根据需要，用户还可以对插入的块进行编辑，使其满足实际要求。块的编辑一般包括块的分解，在位编辑和清理块操作。

6.4.1　块分解

在图形中无论是插入内部图块还是外部图块，由于这些图块属于一个整体，无法进行必要地修改，给实际操作带来极大不便。这就需要将图块在插入后转化为定义前各自独立的状态，即分解图块。常用的分解方法有以下两种。

1．插入时分解图块

插入图块时，在打开的"插入"对话框中启用"分解"复选框，则插入图块后整个图块将被分解为单个的线条；禁用该复选框，则插入后的图块仍以整体对象存在。

如图 6-7 所示，启用"分解"复选框，并指定插入点将图块插入到当前图形中，则插入后的图块将转换为单独的线条。

2．插入后分解图块

插入图块后，分解图块可以利用"分解"工具实现。该工具可以分解块参照、填充图案和关联性尺寸标注等对象，也可以使多段线或多段弧线及多

线分解为独立的直线和圆弧对象。

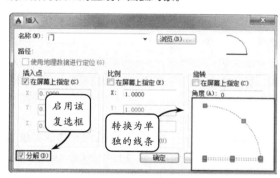

图 6-7　分解图块

在"修改"选项板中单击"分解"按钮，然后选取要分解的图块对象，并按下回车键即可完成分解，效果如图 6-8 所示。

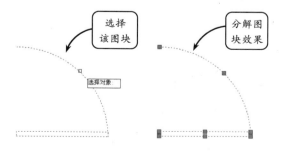

图 6-8　利用"分解"工具分解图块

注意

在插入块时，如果 X 轴、Y 轴和 Z 轴方向设置的比例值相等，则块参照在被分解时，将分解为组成块参照时的原始对象；而当 X 轴、Y 轴和 Z 轴方向比例值不相等（比例值不一致）的块参照被分解时，有可能会出现意想不到的效果。

6.4.2 在位编辑

在绘图过程中，我们常常将已经绘制好的图块插入到当前图形中，但当插入的图块需要进行修改或所绘图形较为复杂时，如将图块分解后再进行修改很不方便，且容易发生人为的误操作。此时，可以利用块的在位编辑功能，使其他对象作为背景或参照，只允许对要编辑的图块进行相应的修改操作。

利用块的在位编辑功能可以修改当前图形中的外部参照，或者重新定义当前图形中的块。在该过程中，块和外部参照都被视为参照，使用该功能进行块的编辑时，提取的块对象以正常方式显示，而图形中的其他对象，包括当前图形和其他参照对象，都淡入显示，使需要编辑的块对象一目了然、清晰直观。在位编辑块功能一般用在对已有块图形进行较小修改的情况下。

切换至"插入"选项卡，在绘图区选取要编辑的块对象，并在"参照"选项板中单击"编辑参照"按钮，将打开"参照编辑"对话框。在该对话框中单击"确定"按钮，即可对该块对象进行在位编辑，效果如图 6-9 所示。

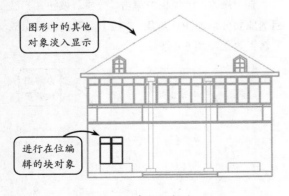

图 6-9　在位编辑块

另外，在绘图区选取要编辑的块对象并单击鼠标右键，在打开的快捷菜单中选择"在位编辑块"命令，也可以进行相应的块的在位编辑操作。

块的在位编辑功能使块的运用功能进一步升华，在保持块不被打散的情况下，像编辑其他普通对象一样，在原来块图形的位置直接进行编辑。且选取的块对象被在位编辑修改后，其他同名的块对象将自动同步更新。

6.4.3 清理块

在建筑图纸的绘制过程中，往往需要对创建的没有必要的图块进行删除操作，使块的下拉列表框更加清晰、一目了然。

在命令行中输入 PURGE 指令，并单击回车键，此时系统将打开"清理"对话框，该对话框显示了可以清理的各类对象的树状图，如图 6-10 所示。

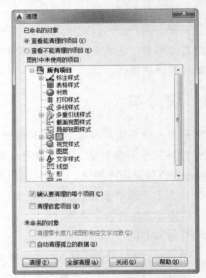

图 6-10　"清理"对话框

如果要清理所有未参照的块对象，在该对话框中直接选择"块"选项即可；如果在当前图形中使用了要清理的块，需要将该块对象从图形中删除后，才可以在该对话框中将相应的图块名称清理掉；如果要清理特定的图块，在"块"选项上双击，并在展开的块的树状图上选择相应的图块名称即可；如果清理的对象包含嵌套块，需在该对话框中启用"清理嵌套项目"复选框。

6.5　块属性

AutoCAD

块属性是附属于块的非图形信息,是块的组成部分,是特定的可包含在块定义中的文字对象。如建筑设计中的粗糙度数值,这些文字信息是在插入块的过程中由用户根据具体情况自行输入。

6.5.1　创建带属性块

在 AutoCAD 中,为图块指定属性,并将属性与图块重新定义为一个新的图块后,该图块将成为属性块。只有这样才可以将定义好的带属性的块执行插入、修改以及编辑等操作。属性必须依赖于块而存在,没有块就没有属性,且通常属性必须预先定义。

创建图块后,在"块"选项板中单击"定义属性"按钮,将打开"属性定义"对话框,如图 6-11 所示。该对话框中各选项组所包含的选项含义分别介绍如下。

图 6-11　"属性定义"对话框

❏ **模式**

该选项组用于设置属性模式,如设置块属性值为一常量或者默认的数值。该选项组中各选项的含义如下所述。

➢ **不可见**　启用该复选框,表示插入图块并输入图块的属性值后,该属性值将不在图形中显示出来。

➢ **固定**　启用该复选框,表示定义的属性值为一常量,在插入图块时,将保持不变。

➢ **验证**　启用该复选框,表示在插入图块时,系统将对用户输入的属性值再次给出校验提示,以确认输入的属性值是否正确。

➢ **预设**　启用该复选框,表示在插入图块时将直接以图块默认的属性值插入。

➢ **锁定位置**　启用该复选框,表示在插入图块时将锁定块参照中属性的位置。

➢ **多行**　启用该复选框,可以使用多段文字来标注块的属性值。

❏ **属性**

该选项组用于设置属性参数,其中包括标记、提示和默认值。在"标记"文本框中设置属性的显示标记;在"提示"文本框中设置属性的提示信息,以提醒用户指定属性值;在"默认"文本框中设置图块默认的属性值。

❏ **插入点**

该选项组用于指定图块属性的显示位置。启用"在屏幕上指定"复选框,可以用鼠标在图形上指定属性值的位置;若禁用该复选框,可以在下面的坐标轴文本框中输入相应的坐标值来指定属性值在图块上的位置。

❏ **在上一个属性定义下对齐**

启用该复选框,表示该属性将继承前一次定义的属性的部分参数,如插入点、对齐方式、字体、字高和旋转角度等。该复选框仅在当前图形文件中已有属性设置时有效。

❏ **文字设置**

该选项组用于设置属性的对齐方式、文字样式、高度和旋转角度等参数。该选项组中各选项的含义如下所述。

➢ **对正**　在该下拉列表中可以选择属性值的对齐方式。

> ➤ **文字样式** 在该下拉列表中可以选择属性值所要采用的文字样式。
> ➤ **文字高度** 在该文本框中可以输入属性值的高度；也可以单击文本框右侧的按钮，在绘图区以选取两点的方式来指定属性值的高度。
> ➤ **旋转** 在该文本框中可以设置属性值的旋转角度；也可以单击文本框右侧的按钮，在绘图区以选取两点的方式来指定属性值的旋转角度。

现以创建带属性的标高图块为例，介绍其具体操作方法。在打开的"属性定义"对话框中启用"锁定位置"复选框，然后分别定义块的属性和文字格式，如图 6-12 所示。

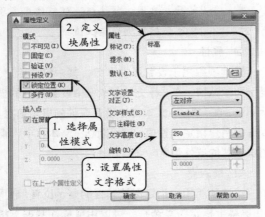

图 6-12　设置块属性

设置完成后单击"确定"按钮，然后在绘图区选取文字对齐放置的端点，将属性标记文字插入到当前视图中。接着利用"移动"工具或夹点编辑功能将插入的属性文字向上移动至合适位置，效果如图 6-13 所示。

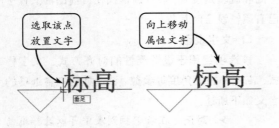

图 6-13　放置属性文字

6.5.2　编辑块属性

当块定义中包含属性定义时，属性（如名称和数据）将作为一种特殊的文本对象也一同被插入。此时即可利用"管理属性"工具编辑之前定义的块属性设置，并利用"编辑单个块属性"工具将属性标记赋予新值，使之符合要求。

在"块"选项板中单击"单个"按钮，并选取一插入的带属性的块对象，或者直接双击属性块，均将打开"增强属性编辑器"对话框。在该对话框的"属性"选项卡中可以对当前的属性值进行相应地设置，效果如图 6-14 所示。

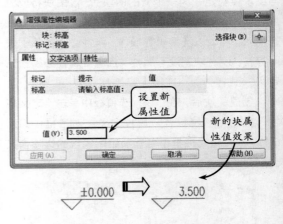

图 6-14　编辑块属性值

此外，在该对话框中切换至"文字选项"选项卡，可以设置块的属性文字格式；切换至"特性"选项卡可以设置块所在图层的各种特性，如图 6-15 所示。

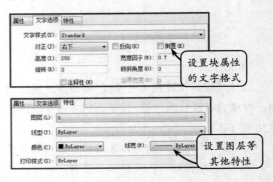

图 6-15　设置块属性的文字和图层特性

6.5.3　管理块属性

当编辑图形文件中多个图块的属性定义时,可以使用块属性管理器工具重新设置属性定义的构成、文字特性和图形特性等属性。在"块"选项板中单击"管理属性"按钮，将打开"块属性管理器"对话框,如图 6-16 所示。

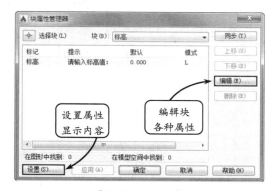

图 6-16　"块属性管理器"对话框

❑ **编辑块属性**

在该对话框中单击"编辑"按钮,将打开"编辑属性"对话框,如图 6-17 所示。在"编辑属性"对话框中切换至不同的选项卡即可设置块的属性、文字选项和对象特性等参数。

❑ **设置块属性**

如果单击"设置"按钮,将打开"块属性设置"

对话框,如图 6-18 所示。在该对话框中,用户可以通过启用"在列表中显示"选项组中的相应复选框来设置"块属性管理器"对话框中的属性显示内容。

图 6-17　"编辑属性"对话框

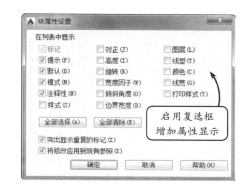

图 6-18　设置块属性显示内容

6.6　创建动态块

在 AutoCAD 中,可以为图块添加动作,将其转换为动态图块,动态图块可以直接通过移动动态夹点来调整图块大小、角度,避免了频繁地参数输入或命令调用(如缩放、旋转、镜像命令等),使图块的操作变得更加轻松。

要使块成为动态块,必须至少添加一个参数,然后添加一个动作,并使该动作与参数相关联。添加到图块中的参数和动作类型定义了块参照在图形中的作用方式。

利用"块编辑器"工具便可以创建动态块特征。

块编辑器是一个专门的编写区域,用于添加能够使块成为动态块的元素。用户可以使用块编辑器向当前图形存在的图块中添加动态行为,或者编辑其中的动态行为,也可以使用块编辑器创建新的图块对象,就像在绘图区中一样创建几何图形。

要使用动态编辑器,在"块"选项板中单击"块编辑器"按钮，将打开"编辑块定义"对话框。该对话框中提供了可供编辑创建动态块的现有多种图块,选择一种块类型,即可在右侧预览该块效果,如图 6-19 所示。

此时单击"确定"按钮,系统将进入默认为灰色背景的绘图区域,该区域即为专门的动态块创建区域。其左侧将自动打开一个"块编写"面板,该面板包含参数、动作、参数集和约束 4 个选项卡,如图 6-20 所示。使用该面板的不同选项,即可为块添加所需的各种参数和对应的动作。

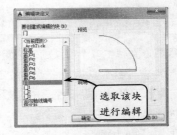

图 6-19 "编辑块定义"对话框

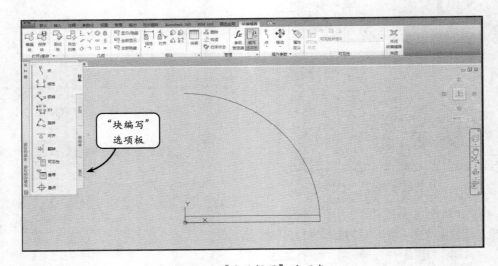

图 6-20 "块编辑器"选项卡

创建一完整的动态图块,必须包括一个或多个参数,以及该参数所对应的动作。当参数添加到动态块中后,夹点将添加到该参数的关键点。关键点是用于操作块参照的参数部分,如旋转参数在其半径端点处具有关键点,转动该关键点即可操作参数

的旋转角度,效果如图 6-21 所示。

添加到动态块的参数类型决定了添加的夹点类型。每种参数类型仅支持特定类型的动作。表 6-1 列出了参数、夹点和动作的关系。

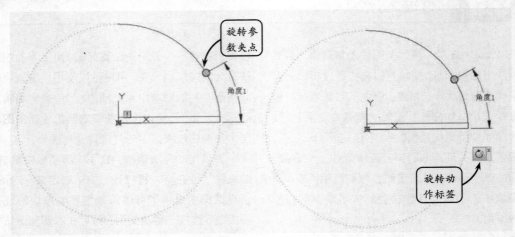

图 6-21 旋转参数与旋转动作

表 6-1 参数与夹点类型、动作的关系

参数类型	夹点样式	夹点在图形中的操作方式	可与参数关联的动作
点	正方形	平面内任意方向	移动、拉伸
线性	三角形	按规定方向或沿某一条轴移动	移动、缩放、拉伸、阵列
极轴	正方形	按规定方向或沿某一条轴移动	移动、缩放、拉伸、极轴拉伸、阵列
XY	正方形	按规定方向或沿某一条轴移动	移动、缩放、拉伸、阵列
旋转	圆点	围绕某一条轴旋转	旋转
对齐	五边形	平面内任意方向；如果在某个对象上移动，可使块参照与该对象对齐	无
翻转	箭头	单击以翻转动态块	翻转
查寻	三角形	单击以显示项目列表	查寻
基点	圆圈	平面内任意方向	无
可见性	三角形	平面内任意方向	无

6.7 动态块参数

在块编辑器中，参数的外观类似于标注，且动态块的相关动作是完全依据参数进行的。在图块中添加的参数可以指定几何图形在参照中的位置、距离和角度等特性，其通过定义块的自定义特性来限制块的动作。此外，对于同一图块，可以为几何图形定义一个或多个子定义特性。

1．点参数

点参数可以为块参照定义两个自定义特性：相对于块参照基点的位置 X 和位置 Y。如果向动态块定义添加点参数，点参数将追踪 X 和 Y 的坐标值。

在添加点参数时，默认的方式是指定点参数位置。在"块编写"选项板中单击"点"按钮，并在图块中选取点的确定位置即可，如图 6-22 所示。其外观类似于坐标标注，支持的动作有移动和拉伸。

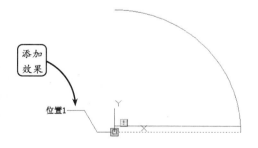

图 6-22 添加点参数

> **提示**
>
> 在动态块定义中，必须至少包含一个参数。并且向动态块定义添加参数后，将自动添加与该参数的关键点相关联的夹点，然后必须向块定义添加动作并将该动作与参数相关联。

2．线性参数

线性参数可以显示出两个固定点之间的距离，其外观类似于对齐标注，如图 6-23 所示。该参数支持移动、缩放、拉伸和阵列动作，如果对其添加拉伸、移动等动作，则约束夹点可以沿预置角度移动。

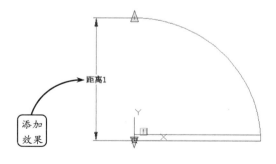

图 6-23 添加线性参数

3．极轴参数

极轴参数可以显示出两个固定点之间的距离

并显示角度值，其外观类似于对齐标注，如图 6-24 所示。如果对其添加拉伸、移动等动作，则约束夹点可沿预置角度移动。添加参数完成后，关闭块编辑窗口，用户可以通过使用夹点和"特性"面板来共同更改距离值和角度值。

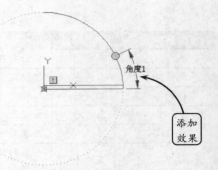

图 6-26 添加旋转参数

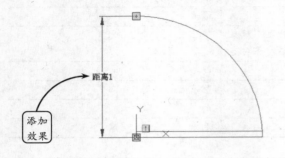

图 6-24 添加极轴参数

4．XY 参数

XY 参数显示出距参数基点的 X 距离和 Y 距离，其外观类似于水平和垂直两种标注方式，支持移动、缩放、拉伸和阵列参数，如图 6-25 所示。如果对其添加拉伸动作，则可以进行拉伸动态测试。

6．对齐参数

对齐参数可以定义 X 和 Y 位置以及一个角度，其外观类似于对齐线，可以直接影响块参照的旋转特性。对齐参数允许块参照自动围绕一个点旋转，以便与图形中的另一对象对齐。它一般应用于整个块对象，并且无需与任何动作相关联。

要添加对齐参数，单击"对齐"按钮，并依据提示选取对齐的基点即可，如图 6-27 所示。保存该定义块，用户可以通过夹点观察动态测试效果。

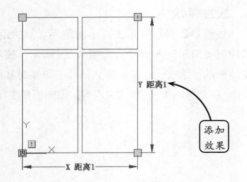

图 6-25 窗户添加 XY 参数

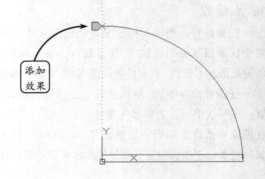

图 6-27 添加对齐参数

5．旋转参数

旋转参数可以定义块的旋转角度，它仅支持旋转动作。在块编辑窗口，它显示为一个圆，如图 6-26 所示。其一般操作步骤为：首先指定参数半径，然后指定旋转角度，最后指定标签位置。如果为其添加旋转动作，则可以进行旋转动态测试。

7．翻转参数

翻转参数可以定义块参照的自定义翻转特性，它仅支持翻转动作。在块编辑窗口，其显示为一条投影线，即系统围绕这条投影线翻转对象。如图 6-28 所示，单击投影线下方的箭头，即可将图块进行相应的翻转操作。

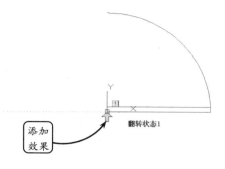

图 6-28　添加翻转参数

8．查寻参数

查寻参数可以定义一个列表，列表中的值是用户自定义的特性，在块编辑窗口显示为带有关联夹点的文字，且查寻参数可以与单个查寻动作相关联。单击"查寻"按钮，然后在当前界面指定一点，将显示查寻图标。此时双击该图标将打开"特性查寻表"对话框，在该对话框中可以添加多个可查寻的特性，效果如图 6-29 所示。

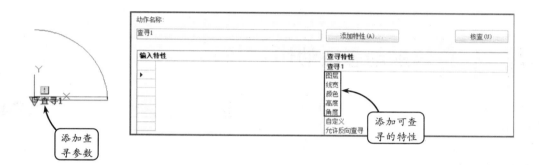

图 6-29　添加查寻参数

9．基点参数

基点参数可以相对于该块中的几何图形定义一个基点，在块编辑窗口中显示为带有十字光标的圆，如图 6-30 所示。该参数无法与任何动作相关联，但可以归属于某个动作的选择集。

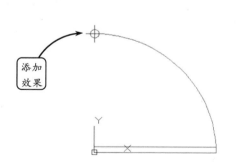

图 6-30　添加基点参数

10．可见性参数

可见性参数可以控制对象在块中的可见性，在块编辑窗口显示为带有关联夹点的文字。可见性参数总是应用于整个块，并且不需要与任何动作相关联。

单击"可见性"按钮，然后在当前界面指定一点，将显示可见性图标。此时"可见性"选项板处于激活状态，如图 6-31 所示。

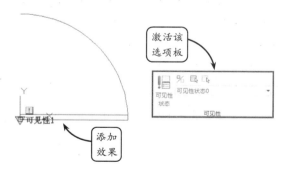

图 6-31　添加可见性参数

在该选项板中单击"可见性状态"按钮，将打开"可见性状态"对话框。用户可以在该对话框中设置当前图块对象的可见性状态，改变当前图形的可见性，如图 6-32 所示。

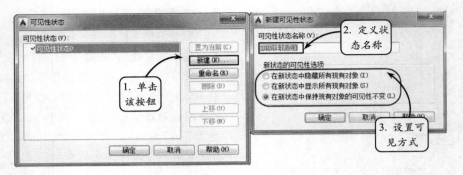

图 6-32　定义可见性

AutoCAD **6.8**　添加动态块动作

添加动作是根据在图形块中添加的参数而设置的相应动作,它用于在图形中自定义动态块的动作特性。此特性决定了动态块将在操作过程中做何种修改,且通常情况下,动态图块至少包含一个动作。

一般情况下,由于添加的块动作与参数上的关键点和几何图形相关联,所以在向动态块中添加动作前,必须先添加与该动作相对应的参数。关键点是参数上的点,编辑参数时该点将会与动作相关联,与动作相关联后的几何图形称为选择集。

1．移动动作

移动动作与二维绘图中的移动操作类似,在动态块测试中,移动动作会使对象按定义的距离和角度进行移动。在编辑动态块时,移动动作与点参数、线性参数、极轴参数和 XY 轴参数相关联,效果如图 6-33 所示。

> **提示**
>
> 在动态块移动测试时,也可以通过"特性"面板进行移动测试。其一般操作方法为:选取移动的图块对象右击,然后选择"特性"选项,并在打开的面板中,通过设置 X、Y的坐标值来改变图块位置。该方式同样适用于其他相关动作测试。

2．缩放动作

缩放动作与二维绘图中的缩放操作相似,可以与线性参数、极轴参数和 XY 参数相关联,并且相关联的是整个参数,而不是参数上的关键点。在动态块测试中,通过移动夹点或使用"特性"面板编辑关联参数,缩放动作会使块的选择集进行缩放,效果如图 6-34 所示。

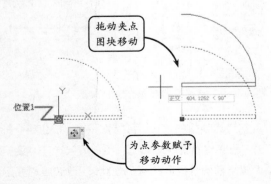

图 6-33　添加移动动作并测试

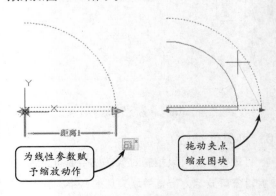

图 6-34　添加缩放动作并测试

3．拉伸动作

拉伸动作与二维绘图中的拉伸操作类似,在动态块拉伸测试中,拉伸动作将使对象按指定的距离和位置进行移动和拉伸。与拉伸动作相关联的有点参数、线性参数、极轴参数和 XY 轴参数。

将拉伸动作与某个参数相关联后,可以为该拉伸动作指定一个拉伸框。然后为拉伸动作的选择集选取对象。拉伸框决定了框内部或与框相交的对象在块参照中的编辑方式,效果如图 6-35 所示。

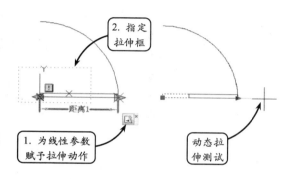

图 6-35 添加拉伸动作并测试

4．极轴拉伸动作

在动态块测试中,极轴拉伸动作与拉伸动作相似,极轴拉伸动作不仅可以按角度和距离移动和拉伸对象,还可以将对象旋转,但它一般只能与极轴参数相关联。

在定义该动态图块时,极轴拉伸动作拉伸部分的基点是关键点相对的参数点。关联后可以指定极轴拉伸动作的拉伸框,然后选取要拉伸的对象和要旋转的对象组成选择集,效果如图 6-36 所示。

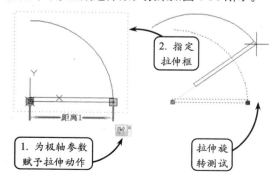

图 6-36 添加极轴拉伸动作并测试

5．旋转动作

旋转动作与二维绘图中的旋转操作类似,在定义动态块时,旋转动作只能与旋转参数相关联。与旋转动作相关联的是整个参数,而不是参数上的关键点。图 6-37 所示就是拖动夹点进行旋转操作,测试旋转动作的效果。

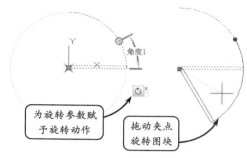

图 6-37 添加旋转动作并测试

> **提示**
>
> 旋转动作与缩放动作同样具有基点特性,在选择关联动作时,可以依据命令行提示选择"依赖"或"独立"基点类型。

6．翻转动作

使用翻转动作可以围绕指定的轴(即投影线),翻转定义的动态块参照。它一般只能与翻转参数相关联,其效果相当于二维绘图中的镜像复制效果,如图 6-38 所示。

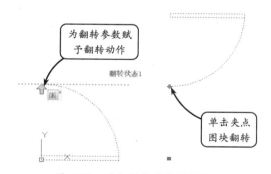

图 6-38 添加翻转动作并测试

7．阵列动作

在进行阵列动态块测试中,通过夹点或"特性"选项板可以使其关联对象进行复制,并按照矩形样式阵列。在动态块定义中,阵列动作可以与线性参数、极轴参数和 XY 参数中任意一个相关联。

如果将阵列动作与线性参数相关联，则用户可以指定阵列对象的列偏移，即阵列对象之间的距离。添加完阵列动作后拖动夹点，即可创建出相应的阵列图块，效果如图 6-39 所示。

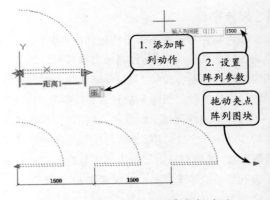

图 6-39　阵列动作与线性参数相关联

6.9 附着外部参照

外部参照与块有相似的地方，它们的主要区别是：一旦插入了块，该块就永久性地插入到当前图形中，成为当前图形的一部分。而以外部参照方式将图形插入到某一图形（称之为主图形）后，被插入图形文件的信息并不直接加入到主图形中，主图形只是记录参照的关系，例如，参照图形文件的路径等信息。另外，对主图形的操作不会改变外部参照图形文件的内容。当打开具有外部参照的图形时，系统会自动把各外部参照图形文件重新调入内存并在当前图形中显示出来。

外部参照有两种基本用途，其一是在当前图形中引入不必修改的标准元素的一个高效率途径；其二是提供用户在多个图形中应用相同图形数据的一个手段。要使用外部参照辅助建筑绘图，前提是将外部的图形文件附着至当前的操作环境中。执行附着外部参照操作，可以将以下 5 种格式的文件附着至当前图形。

1. 附着 DWG 文件

切换至"插入"选项卡，在"参照"选项板中单击"附着"按钮，将打开"选择参照文件"对话框，如图 6-40 所示。然后在该对话框的"文件类型"下拉列表中选择"图形"选项，并指定附着文件，单击"打开"按钮，将打开"附着外部参照"对话框。

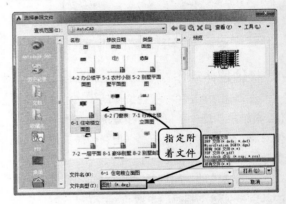

图 6-40　指定附着文件

在图 6-41 的"附着外部参照"对话框中设置参照类型和路径类型，单击"确定"按钮，该外部参照文件将显示在当前图形中。然后指定插入点，即可将该参照文件添加到当前图形中。

从图 6-41 可以看出，在图形中插入外部参照的方法与插入块的方法相同，只是该对话框增加了两个选项组，分别介绍如下。

❑ 参照类型

在该选项组中可以选择外部参照类型。选择"附着型"单选按钮，如果参照图形中仍包含外部参照，则在执行该操作后，都将附着在当前图形中，即显示嵌套参照中的嵌套内容；如果选择"覆盖型"单选按钮，将不显示嵌套参照中的嵌套内容。

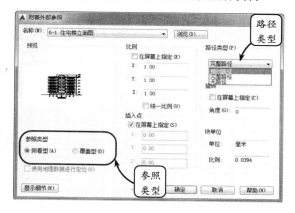

图 6-41　附着 DWG 文件

❑ **路径类型**

将指定图形作为外部参照附着到当前主图形时，可以使用"路径类型"下拉列表中的 3 种路径类型附着该图形。

➢ **完整路径**　选择该选项，外部参照的精确位置将保存到该图形中。该选项的精确度最高，但灵活性最小。如果移动工程文件夹，AutoCAD 将无法融入任何使用完整路径附着的外部参照。

➢ **相对路径**　选择该选项，附着外部参照将保存外部参照相对于当前图形的位置。该选项的灵活性最大。如果移动工程文件夹，AutoCAD 仍可以融入使用相对路径附着的外部参照，但要求该参照与当前图形位置不变。

➢ **无路径**　选择"无路径"选项可以直接查找外部参照，该操作适合外部参照和当前图形位于同一个文件夹的情况。

由于插入到当前图形中的外部参照文件为灰显状态，此时可以在"参照"选项板的"外部参照淡入"文本框中设置外部参照图形的淡入数值，或者直接拖动左侧的滑块调整参照图形的淡入度，效果如图 6-42 所示。该参数仅影响图形在屏幕上的显示，并不影响打印或出图预览。

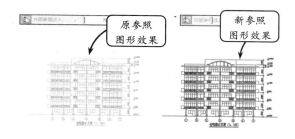

图 6-42　调整参照图形的淡入度

2. 附着图像文件

使用"外部参照"选项板操作，能够将图像文件附着到当前文件中，对当前图形进行辅助说明。

单击"附着"按钮，在打开的对话框的"文件类型"下拉列表中选择"所有图像文件"选项，并指定附着的图像文件。然后单击"打开"按钮，将打开"附着图像"对话框，如图 6-43 所示。

图 6-43　"附着图像"对话框

此时指定路径类型，接着单击"确定"按钮，并指定该文件在当前图形的插入点和插入比例，即可将该文件附着在当前图形中，效果如图 6-44 所示。

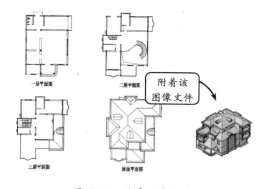

图 6-44　附着图像文件

3. 附着 DWF 文件

DWF 格式文件是一种通过 DWG 文件创建的高度压缩的文件格式。该文件易于在 Web 上发布和查看，并且支持实时平移和缩放，以及对图层显示和命名视图显示的控制。

单击"附着"按钮，在打开对话框的"文件类型"下拉列表中选择"DWF 文件"选项，并指定附着的 DWF 文件。然后单击"打开"按钮，在打开的图 6-45 所示对话框中单击"确定"按钮，指定该文件在当前图形的插入点和插入比例，即可将该文件附着在当前图形中。

图 6-45　附着 DWF 文件

4. 附着 DGN 文件

DGN 格式文件是 MicroStation 绘图软件生成的文件，该文件格式对精度、层数以及文件和单元的大小并不限制。另外该文件中的数据都是经过快速优化、检验并压缩的，有利于节省网络带宽和存储空间。

单击"附着"按钮，在打开对话框的"文件类型"下拉列表中选择"所有 DGN 文件"选项，并指定附着的 DGN 文件。然后单击"打开"按钮，在打开的图 6-46 对话框中单击"确定"按钮，并指定

该文件在当前图形的插入点和插入比例，即可将该文件附着在当前图形中。

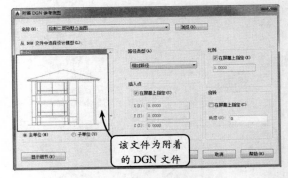

图 6-46　附着 DGN 格式文件

5. 附着 PDF 文件

PDF 格式文件是一种非常通用的阅读格式，而且 PDF 文档的打印和普通的 Word 文档打印一样简单。正是由于 PDF 格式比较通用而且是安全的，所以图纸的存档和外发加工一般都使用 PDF 格式。

单击"附着"按钮，在打开对话框的"文件类型"下拉列表中选择"PDF 文件"选项，并指定附着的 PDF 文件。然后单击"打开"按钮，在打开的图 6-47 对话框中单击"确定"按钮，并指定该文件在当前图形的插入点和插入比例，即可将该文件附着在当前图形中。

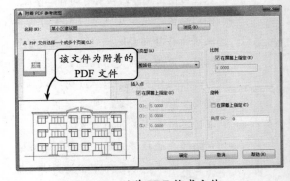

图 6-47　附着 PDF 格式文件

6.10 编辑外部参照

当附着外部参照后，外部参照的参照类型（附着或覆盖）和名称等内容并非无法修改和编辑，利用"编辑参照"工具可以对各种外部参照执行编辑操作。

在"参照"选项板中单击"编辑参照"按钮，选取待编辑的外部参照，将打开"参照编辑"对话框，如图 6-48 所示。该对话框中两个选项卡的含义分别介绍如下。

图 6-48　"参照编辑"对话框

❑ **标识参照**

该选项卡为标识要编辑的参照提供形象化的辅助工具，其不仅能够控制选择参照的方式，并且可以指定要编辑的参照。如果选择的对象是一个或多个嵌套参照的一部分，则该嵌套参照将显示在对话框中。

> **自动选择所有嵌套的对象**　选择该单选按钮，将原来的外部参照包含的嵌套对象自动添加到参照编辑任务中。如果不选择该按钮，只能将外部参照添加到编辑任务中。

> **提示选择嵌套的对象**　选择该单选按钮，将逐个选择包含在参照编辑任务中的嵌套对象。当关闭"参照编辑"对话框并进入参照编辑状态后，系统将提示用户在要编辑的参照中选择特定的对象。

❑ **设置**

切换至"设置"选项卡，该选项卡为编辑参照提供所需的选项，共包含 3 个复选框，如图 6-49 所示。各复选框的含义如下所述。

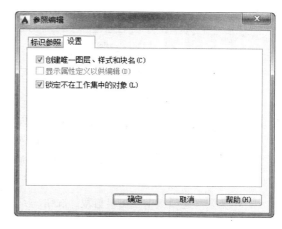

图 6-49　"设置"选项卡

> **创建唯一图层、样式和块名**　控制从参照中提取的图层和其他命名对象是否是唯一可修改的。启用该复选框，外部参照中的命名对象将改变，与绑定外部参照时修改它们的方式类似。禁用该复选框，图层和其他命名对象的名称与参照图形中的一致，未改变的命名对象将唯一继承当前宿主图形中有相同名称的对象的属性。

> **显示属性定义以供编辑**　控制编辑参照期间是否提取和显示块参照中所有可变的属性定义。启用该复选框，则属性（固定属性除外）变得不可见，同时属性定义可与选定的参照几何图形一起被编辑。

　　当修改被存回块参照时，原始参照的属性将保持不变。新的或改动过的属性定义只对后来插入的块有效，而现有块引用中的属性不受影响。值得提醒的是：启用该复选框对外部参照和没有定义的块参照不起作用。

> **锁定不在工作集中的对象**　锁定所有不在工作集中的对象，从而避免用户在参照编辑状态时意外地选择和编辑宿主图形中的对象。锁定对象的行为与锁定图层上的对象类似，如果试图编辑锁定的对象，则它们将从选择集中过滤。

AutoCAD

6.11 剪裁外部参照

"参照"选项板中的"剪裁"工具可以用来剪裁多种外部参照对象，通过剪裁操作，可以控制所需信息的显示。执行剪裁操作并非真正修改这些参照，而是将其隐藏。根据设计需要，可以定义前向剪裁平面或后向剪裁平面。

在"参照"选项板中单击"剪裁"按钮⬚，选取要剪裁的外部参照对象。此时命令行将显示"[开（ON）/关（OFF）/剪裁深度（C）/删除（D）/生成多段线（P）/新建边界（N）]<新建边界>:"的提示信息，选择不同的选项将获取不同的剪裁效果，现分别介绍如下。

1. 新建剪裁边界

通常情况下，系统默认选择"新建边界"选项。此时，命令行将继续显示"[选择多段线(S)/多边形(P)/矩形(R)/反向剪裁(I)]<矩形>:"的提示信息，各个选项的含义如下所述。

❏ 多段线

在命令行中输入字母 S，并选择相应的多段线边界即可。选择该方式前，应在需要剪裁的图像上利用"多段线"工具绘制出剪裁边界。然后选择该方式，并选择绘制的多段线边界即可，如图 6-50 所示。

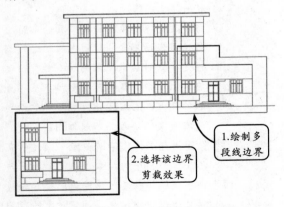

图 6-50　多段线方式剪裁图像

❏ 多边形

在命令行中输入字母 P，然后在要剪裁的图像中绘制出多边形边界即可，如图 6-51 所示。

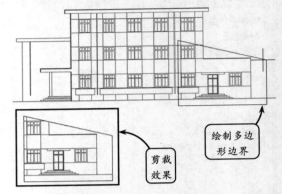

图 6-51　多边形方式剪裁图像

❏ 矩形

该方式同多边形方式相似，在命令行中输入字母 R，然后在要剪裁的图像中绘制出矩形边界即可，如图 6-52 所示。

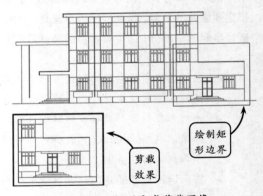

图 6-52　矩形方式剪裁图像

❏ 反向剪裁

在命令行中输入字母 I，然后选择相应方式绘制剪裁边界。系统将显示该边界范围以外的图像，如图 6-53 所示。

2. 设置剪裁开或关

执行剪裁参照的系统变量取决于该边界是否关闭。如果将剪裁边界设置为关，则整个外部参照都将显示；如果将剪裁边界设置为开，则只显示剪裁区域的外部参照。

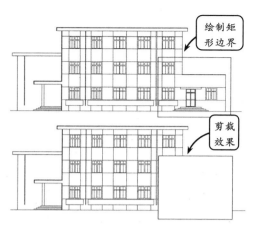

绘制矩形边界

剪裁效果

图 6-53　反向剪裁方式剪裁图像

3．剪裁深度

该选项用于在一个外部参照上设置前向剪裁

平面或后向剪裁平面，在定义的边界及指定的深度之外将不被显示。该操作主要用在三维模型参照的剪裁。

4．删除

该选项可以删除选定的外部参照或块参照的剪裁边界，暂时关闭剪裁边界可以选择"关"选项。其中"删除"选项将删除剪裁边界和剪裁深度，而使整个外部参照文件显示出来。

5．生成多段线

AutoCAD 在生成剪裁边界时，将创建一条与剪裁边界重合的多段线。该多段线具有当前图层、线型和颜色设置，并且当剪裁边界被删除后，AutoCAD 同时删除该多段线。如果要保留该多段线副本，可以选择"生成多段线"选项，AutoCAD 将生成一个剪裁边界的副本。

6.12 管理外部参照

AutoCAD

在 AutoCAD 中，可以在"外部参照"选项板中对附着或剪裁的外部参照进行编辑和管理。

单击"参照"选项板右下角的箭头按钮，将打开"外部参照"面板。在该面板的"文件参照"列表框中显示了当前图形中各个外部参照文件名称、状态、大小和类型等内容，如图 6-54 所示。此时在列表框的文件上右击将打开快捷菜单，该菜单中各选项的含义介绍如下。

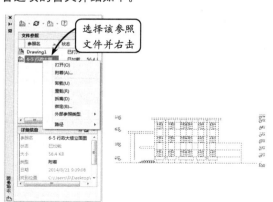

图 6-54　"外部参照"面板

❑ **打开**　选择该选项，可以在新建的窗口中

打开选定的外部参照进行编辑。

❑ **附着**　选择该选项，将根据所选择文件对象打开相应的对话框，在该对话框中选择需要插入到当前图形中的外部参照文件。

❑ **卸载**　选择该选项，可以从当前图形中移走不需要的外部参照文件，但仍然保留该参照文件的路径。

❑ **重载**　对于已经卸载的外部参照文件，如果需要再次参照该文件时，可以选择"重载"选项将其更新到当前图形中。

❑ **拆离**　选择该选项，可以从当前图形中移去不再需要的外部参照文件。

❑ **绑定**　该选项对于具有绑定功能的参照文件有可操作性。选择该选项，可以将外部参照文件转换为一个正常的块。

> **提示**
>
> 此外，单击"参照"选项板中的"调整"按钮，可以针对外部参照进行对比度、亮度和淡入度的调整，从而改变外部参照的显示方式。

AutoCAD 6.13 综合案例 1：绘制行政大楼立面图

本例绘制行政大楼立面图，效果如图 6-55 所示。行政大楼属于行政办公建筑，具有庄重、简洁、现代的办公建筑风格。该行政办公大楼主体楼体为办公楼，并包括会议室、保卫接待室、雨台和露台等。

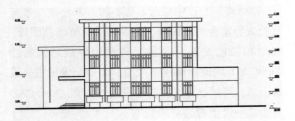

图 6-55　行政大楼立面图

绘制该行政大楼立面图，可以首先绘制楼层的楼面线，并利用"矩形"和"矩形阵列"工具绘制窗户。然后利用"矩形"工具绘制排水管、雨台、台阶轮廓和雨篷。最后创建相应的标高动态图块，并将其插入到图形中的指定位置即可。

操作步骤 ▶▶▶▶

STEP|01 新建图形文件，并创建"轴线""墙线""门"和"窗"等图层。然后切换"墙线"图层为当前层，利用"直线"工具绘制一条长为 16380 的直线。接着单击"矩形阵列"按钮🔡，并设置行数为 6、列数为 1、行偏移为 1800、列偏移为 1，将直线进行阵列，效果如图 6-56 所示。

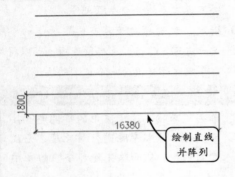

图 6-56　绘制直线并阵列

STEP|02 利用"分解"工具将阵列直线进行分解。然后利用"直线"工具分别连接首尾两条直线的端点，并利用"偏移"工具按照图 6-57 所示尺寸进行偏移。

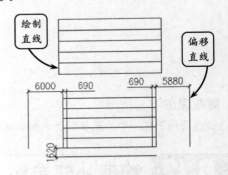

图 6-57　绘制直线并偏移

STEP|03 利用"延伸"和"修剪"工具，按照图 6-58 所示效果对所绘制的楼面线进行整理。

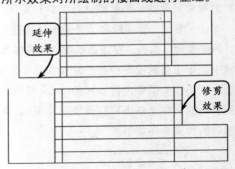

图 6-58　延伸和修剪直线

STEP|04 利用"矩形阵列"工具，并设置行数为 1、列数为 10、行偏移为 1、列偏移为 1500，将偏移后的竖线进行阵列操作，效果如图 6-59 所示。

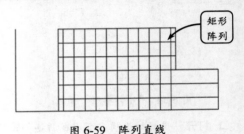

图 6-59　阵列直线

STEP|05 利用"矩形"工具绘制尺寸为 1300 × 1600 的矩形。然后将该矩形分解后，按照图 6-60 所示的尺寸偏移线段，并利用"修剪"工具修剪图形，完成窗户的绘制。

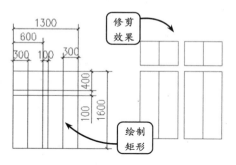

图 6-60　绘制窗户

STEP|06 利用"移动"工具选取窗户为要移动的对象，并指定窗户左上角点为移动基点。此时在命令行中输入 FROM 指令，指定如图 6-61 所示的交点为基点，并输入偏移坐标（@100，-100）确定目标点，进行移动操作。

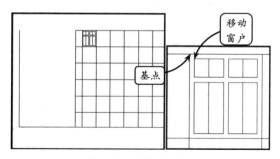

图 6-61　移动窗户

STEP|07 利用"矩形阵列"工具，并设置行数为 3、列数为 3、行偏移为 3600、列偏移为 3000，将窗户进行阵列操作，效果如图 6-62 所示。

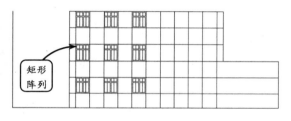

图 6-62　阵列窗户

STEP|08 利用"矩形"工具以点 A 为基点，然后

输入相对坐标（@-400，-50）确定第一角点，并输入相对坐标（@2300，-800）确定第二角点，绘制矩形。接着利用"修剪"工具对分解后的楼面线进行修剪，效果如图 6-63 所示。

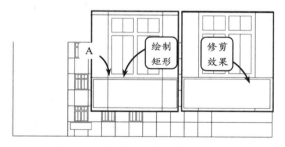

图 6-63　绘制矩形并修剪楼面线

STEP|09 利用"矩形"工具以图 6-64 所示的交点为基点，输入相对坐标（@-700，730）确定第一点，并输入相对坐标（@17780，440）确定第二点，绘制矩形。然后利用"延伸"工具将相应的楼面线延伸至绘制的矩形底边。

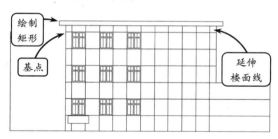

图 6-64　绘制楼顶

STEP|10 继续利用"矩形"工具以点 B 为基点，输入相对坐标（@700，0）确定第一角点，并输入相对坐标（@100，-10550）确定第二角点，绘制矩形。然后利用"修剪"工具按照图 6-65 所示修剪水平楼面线。

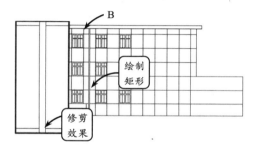

图 6-65　绘制雨水管并修剪楼面线

STEP|11 利用"矩形阵列"工具,并设置行数为1、列数为3、行偏移为1、列偏移为3000,将雨台进行阵列操作,效果如图6-66所示。

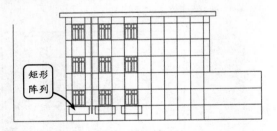

图 6-66　阵列雨台

STEP|12 利用"镜像"工具,选取相应的窗户、雨水管和雨台为原对象,并指定图6-67所示的镜像中心线,进行镜像操作。然后利用"修剪"工具对楼面线进行相应的修剪。

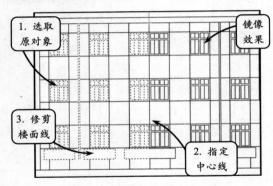

图 6-67　镜像图形并修剪

STEP|13 切换"台阶"图层为当前层,利用"矩形"工具以点C为起点绘制尺寸为3760×150的矩形。然后继续利用"矩形"工具按照图6-68所示向上依次绘制其他三个矩形,矩形尺寸分别为3460×150、3160×150和2860×150。

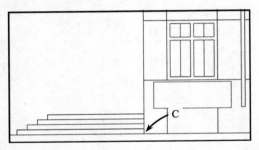

图 6-68　绘制台阶

STEP|14 继续利用"矩形"工具以交点D为基点,输入相对坐标(@0,360)确定第一角点,并输入相对坐标(@-3760,440)确定第二角点,绘制矩形。然后利用"修剪"工具修剪竖直墙面线,效果如图6-69所示。

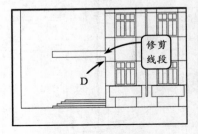

图 6-69　绘制雨蓬

STEP|15 按照上步方法,利用"矩形"工具以交点D为基点,输入相对坐标(@0,4365)确定第一角点,并输入相对坐标(@-6700,440)确定第二角点,绘制矩形。然后利用"修剪"工具对竖直线段进行修剪,效果如图6-70所示。

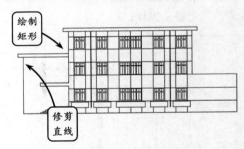

图 6-70　绘制矩形

STEP|16 利用"矩形"工具以点E为基点,输入相对坐标(@890,0)确定第一角点,并输入相对坐标(@100,-6950)确定第二角点,绘制矩形,效果如图6-71所示。

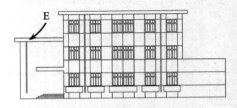

图 6-71　绘制雨水管

STEP|17 将最底部的水平直线向两端分别拉伸至合适位置,并将其线宽修改为0.3mm,效果如图

6-72 所示。

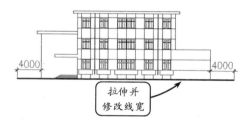

图 6-72 拉伸并修改线宽

STEP|18 按照图 6-73 所示尺寸绘制标高符号。然后单击"定义属性"按钮，在打开的"属性定义"对话框中进行相应的参数设置。

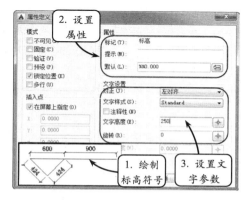

图 6-73 设置标高图块属性

STEP|19 设置完标高图块属性后，单击"确定"按钮，并指定标高的右端点为标记放置点。然后单击"创建"按钮，选取标高图形将其创建为图块，并指定三角形下端点为基点。接着单击"确定"按钮，在打开的"编辑属性"对话框中接受默认属性值，如图 6-74 所示。

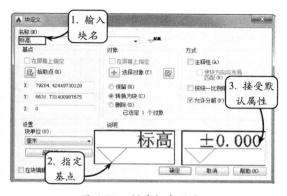

图 6-74 创建标高图块

STEP|20 单击"管理属性"按钮，在打开的"块属性管理器"中单击"编辑"按钮，将打开"编辑属性"对话框。然后在"文字选项"选项卡的"宽度因子"文本框中输入 0.7，单击"确定"按钮即可，如图 6-75 所示。

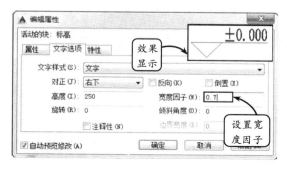

图 6-75 设置块文字的宽度因子

STEP|21 单击"块编辑器"按钮，在打开的"编辑块定义"对话框中选择"标高"图块，并单击"确定"按钮。此时系统将进入动态图块操作区域，并打开"块编写"面板，它包含参数、动作、参数集和约束这 4 个选项卡，如图 6-76 所示。

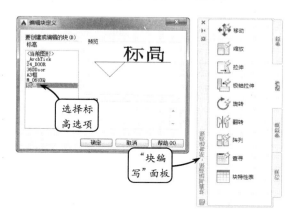

图 6-76 "编辑块定义"对话框和"块编写"面板

STEP|22 在"参数"选项卡中选择"翻转"选项，指定标高图形下端点水平线上左边一点为投影基点，并指定其水平线上右边一点为投影端点。然后按照图 6-77 所示指定标签的放置位置。

STEP|23 切换至"动作"选项卡，选择"翻转"选项，并双击感叹符号，此时系统要求选择对象。

然后选取所有图形，包括属性文字，创建上下翻转动作，如图 6-78 所示。

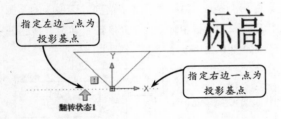

图 6-77　添加上下翻转参数

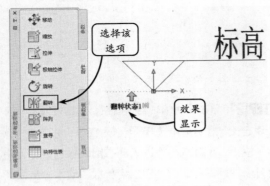

图 6-78　创建上下翻转动作

STEP|24 使用同样的参数方法创建左右翻转动作，且投影线为过三角形下端点的竖直线，如图 6-79 所示。然后单击"保存块"按钮，保存该动态块，并单击"关闭块编辑器"按钮，退出块编辑环境。

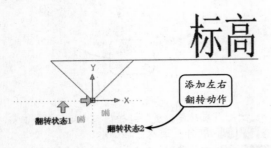

图 6-79　创建左右翻转动作

STEP|25 切换"轴线"为当前层，利用"直线"工具按照图 6-80 所示过各高度点绘制相应的水平和竖直辅助线。然后利用"插入块"工具指定各辅助线的交点为插入点，插入标高图块，并修改相应

的参数。

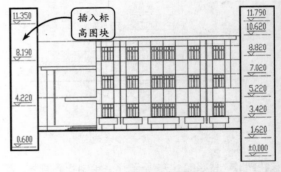

图 6-80　插入标高图块

STEP|26 删除辅助轴线，然后选取地坪线标高，并单击其底部的上下翻转箭头，即可将该标高符号向下翻转。按照同样的方法，单击图形左侧所有标高底部的左右翻转箭头，即可将相应的标高符号向左翻转，效果如图 6-81 所示。

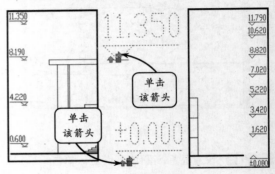

图 6-81　调整标高符号

STEP|27 利用"直线"工具，以图 6-82 所示的各标高三角下端点为基点，输入相对坐标（@-200，0）确定第一点，并输入相对坐标（@400，0）确定第二点，绘制相应的直线，即可完成行政大楼立面图的绘制。

图 6-82　绘制直线

AutoCAD 6.14 综合案例 2：附着一层平面图外部参照

本例使用外部参照工具将一层平面图附着到当前样本中，效果如图 6-83 所示。该平面图为某住宅楼一楼户型图，主要包括卧室、厨房、餐厅、客厅、卫生间和阳台。其中卧室采用实木地板，而厨房和卫生间这些容易滑倒的区域采用防滑地砖。

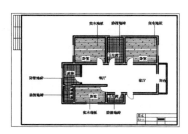

图 6-83　别墅平面图

可以通过附着 DWG 文件的方法附着该平面图。首先选取该平面图的 DWG 格式文件，并指定插入点和 X、Y 比例因子，对该外部参照进行定位。然后调整该外部参照的淡入度，并打开该外部参照进行相应的编辑操作。最后重新加载编辑后的外部参照，并保存即可。

操作步骤 ▶▶▶▶

STEP|01 打开文件"建筑设计 A3 图纸.dwg"，并在"插入"选项板单击"参照"选项板右下角的箭头按钮，将打开"外部参照"面板，如图 6-84 所示。

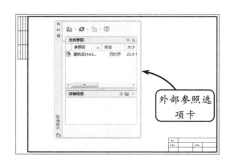

图 6-84　打开图形文件

STEP|02 在该选项卡中选择"附着 DWG"选项，将打开"选择参照文件"对话框。然后在该对话框

中指定路径打开文件"别墅平面图.dwg"，将打开"附着外部参照"对话框。接着在对话框中设置相应的参照类型和路径类型，如图 6-85 所示。

图 6-85　指定外部参照

STEP|03 完成上述操作后，单击"确定"按钮。然后按照命令行提示在绘图区指定插入点，并设置 X 和 Y 比例因子均为 0.025，即可获得如图 6-86 所示的附着外部参照效果。

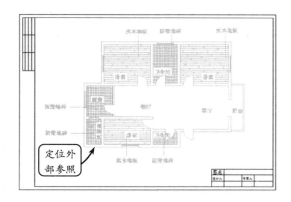

图 6-86　定位外部参照

STEP|04 展开"插入"选项卡，单击"参照"选项板中的"外部参照淡入"按钮。然后拖动滑块，将外部参照淡入度调整为 25，效果如图 6-87 所示。

STEP|05 在"外部参照"面板的列表框中选择该参照文件，单击右键并选择"打开"命令，系统将打开该外部参照文件。然后将该图形的墙线宽度修改为 0.3mm，如图 6-88 所示。

图 6-87　调整外部参照淡入度

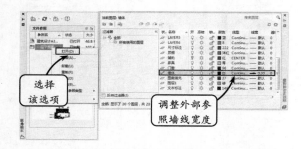

图 6-88　调整外部参照墙线宽度

STEP|06 修改完成后，保存参照文件并返回原文件。这时屏幕下方会提示"重载一层平面图"，如图 6-89 所示。单击提示信息重新加载参照文件，并单击"保存"按钮 ，即可将具有外部参照的图形文件保存。

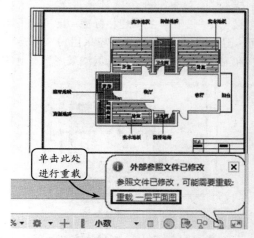

图 6-89　重新加载参照文件

6.15 新手训练营

练习 1：附着别墅平面图外部参照

本练习使用外部参照工具将一别墅平面图附着到当前样本中，效果如图 6-90 所示。该别墅为欧式的联排别墅，通过共用外墙连接两个结构相同的别墅。该欧式别墅主要包括卧室、主卧室、厨房、餐厅、客厅、观景台和楼梯。

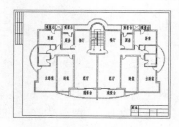

图 6-90　别墅平面图

附着该别墅平面图，可通过附着 DWG 文件的方法，选取该平面图的 DWG 格式文件，并指定插入点和 X、Y 比例因子对该外部参照进行定位。然后调整该外部参照的淡入度，并打开该外部参照进行编辑操作。最后重新加载编辑后的外部参照并保存即可。

练习 2：绘制旅馆立面图

本练习绘制旅馆立面图，效果如图 6-91 所示。旅馆是供人们休息与就餐的场所，室内设备简单，其硬件要求结实、美观、实用、方便、洁净。该旅馆为两层的普通小旅馆，房间均为标准间。一楼为就餐和办公的活动大厅，二楼为带有阳台的标准化包间。屋顶开有两个对称的天窗。

图 6-91　旅馆立面图

绘制该旅馆立面图，可首先绘制墙线和楼层的楼面线。然后利用"矩形"和"阵列"工具绘制窗户，并利用"矩形""直线"和"阵列"工具绘制一根柱子，镜像得到另一根柱子。接着利用"图案填充"工具对屋顶进行填充。最后创建标高动态图块，并插入到图形相应位置。

第 7 章

文字与表格

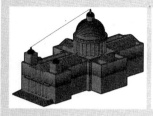   

　　完整的建筑图不仅包括墙体、门窗、楼梯等图形，还包括设计、施工等的说明文字，门窗、材料等的统计表格等。文字主要用来阐释设计思想、施工要求，标示图纸类别、构件名称等。表格主要用于门窗、材料的统计说明，图纸会签。

　　本章主要介绍在建筑图中添加并编辑文字注释、表格的方法。

7.1 创建单行文字

在 Auto CAD 中，文字有单行和多行之分。单行文字主要用于各自独立存在的词语、短句的输入，譬如图纸标题、比例、表格项目文字等。多行文字可以成段的输入多行文字，主要用于大段落的设计说明等。

利用"单行文字"工具可以创建单行文字。选择工具后，在图纸上需要的地方单击鼠标指定文本的位置，即可输入文本。在输入中，通过参数设置可以设定文本的对齐方式和文本的倾斜角度。

在"注释"选项板中单击"单行文字"按钮 A，命令行将显示"指定文字的起点或 [对正(J)/样式(S)]:"的提示信息。现简要介绍单行文字的设置方法。

□ 起点

默认情况下，所指定的起点位置即是文字行基线的起点位置。在指定起点位置后，可以按照命令行提示输入文字高度和旋转角度，也可以默认高度和角度按回车键确认操作，然后即可输入相应的文字，如图 7-1 所示。完成文字输入后，在空白区域单击，并按下 Esc 键退出文字输入状态即可。

□ 对正

启用"单行文字"命令后，系统提示输入文本的起点。该起点和实际字符的位置关系由对正方式所决定。默认情况下文本是左对齐的，即指定的起点是文字的左基点。如果要改变单行文字的对正方式，可以输入字母 J，并按下回车键，将打开如图 7-2 所示的对正快捷菜单。该菜单中各对正方式的含义分别介绍如下。

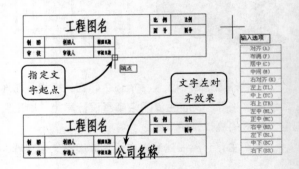

图 7-2 文字左对齐效果

> **对齐** 选择该选项，系统将提示选择文字基线的第一个端点和第二个端点。当用户指定两个端点并输入文本后，系统将把文字压缩或扩展，使其充满指定的宽度范围，而文字高度则按适当的比例变化以使文本不至于被扭曲。

> **布满** 选择该选项，系统也将提示选择文字基线的第一个端点和第二个端点，并将压缩或扩展文字，使其充满指定的宽度范围。但与"对齐"选项不同的是，该选项保持文字的高度等于所输入的高度值，效果如图 7-3 所示。

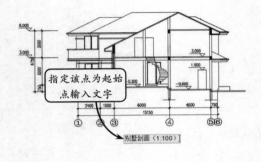

图 7-1 添加单行文字

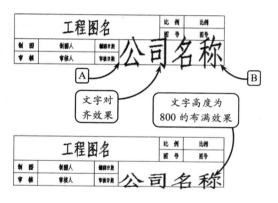

图 7-3　对齐和布满的对比效果

> ➤ **其他对正方式**　在"对正"快捷菜单中还可以通过另外的 12 种类型来设置文字起点的对正方式。这 12 种类型对应的起点效果如图 7-4 所示。

❑ **样式**

通过定义文字样式，可以将当前图形中已定义的某种文字样式设置为当前文字样式。在命令行中

输入字母 S，然后输入文字样式的名称，则输入的单行文字将按照该样式显示。

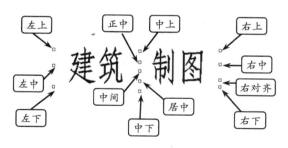

图 7-4　设置起点位置

技巧
当再次执行该命令时，如果在"指定文字的起点"提示下按回车键，则将跳过输入高度和旋转角度的提示，可以直接在上一命令的最后一行文字对应的对齐点位置输入文字。

AutoCAD　7.2　创建多行文字

多行文字又称为段落文字，可以由两行或两行以上的文字组成，且各行文字都是作为一个整体处理。利用"多行文字"工具可以指定文本分布的宽度，且沿竖直方向可以无限延伸。此外用户还可以设置多行文字中的单个字符或某一部分文字的字体、宽度因子和倾斜角度等属性。在实际建筑制图中，常用多行文字功能创建较为复杂的文字说明。

在"注释"选项板中单击"多行文字"按钮 **A**，并在绘图区任意位置单击一点确定文本框的第一个角点，然后拖动光标指定矩形分布区域的另一个角点。该矩形边框确定了段落文字的左右边界。此时系统将打开"文字编辑器"选项卡和文字输入窗口，如图 7-5 所示。

图 7-5　"文字编辑器"选项卡和文字输入窗口

用户可以在该选项卡中通过各个相应的选项　　板中进行文字样式、字体、高度、加粗、倾斜或加

下划线等参数的设置，然后在矩形窗口分行输入文本，最后单击"关闭文本编辑器"按钮，即可获得多行文字标注效果。

> **提示**
>
> 利用"单行文字"工具也可以输入多行文字，只需按下回车键进行行的切换即可。虽然用户不能控制各行的间距，但其优点是文字对象的每一行都是一个单独的实体，对每一行都可以很容易地进行定位和编辑。

7.2.1 设置文字样式和格式

在输入多行文字之前，可以首先设置文字样式和格式。其中包括在"样式"选项板中选择文字样式和高度，在"格式"选项板中设置文字字体、颜色和背景遮蔽，以及是否进行加粗、倾斜或加下划线等设置。各主要选项的含义介绍如下。

❑ **样式**

在"样式"选项板的列表框中可以指定多行文字的文字样式，而在右侧的"文字高度"文本框中可以选择或输入文字的高度，多行文字对象中可以包含不同高度的字符。

❑ **格式**

在该选项板的"字体"下拉列表中可以选择所需的字体，多行文字对象中可以包含不同字体的字符。如果所选字体支持粗体，单击"粗体"按钮 B，文本修改为粗体形式；如果所选字体支持斜体，单击"斜体"按钮 I，文本修改为斜体形式；而单击"上划线"按钮 U 或"下划线"按钮 O，将为文本添加上划线或下划线。

❑ **大小写**

在"格式"选项板中单击"大写"按钮 或"小写"按钮，可以控制所输入的英文字母的大小写。

❑ **背景遮蔽**

通常输入文字的矩形文本框是透明的。若要关闭其透明性，便可以在"格式"选项板中单击"背景遮蔽"按钮。然后在打开的对话框中启用"使用背景遮蔽"复选框，并在"填充颜色"下拉列表中选择背景的颜色即可，如图 7-6 所示。此外在"边

界偏移因子"文本框中可以设置遮蔽区域边界相对于矩形文本框边界的位置。

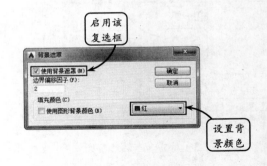

图 7-6　设置背景遮蔽

7.2.2 设置段落和标尺

如果在添加文字之前，或在输入文字过程中发现文字段落不符合设计要求，则可以在"段落"选项板中单击相应的按钮调整段落放置方式。

❑ **设置对正方式**

单击"段落"选项板中 6 个常用的对齐按钮，或者在"对正"下拉列表中选择相应的对齐选项，即可设置文字的对齐方式，如图 7-7 所示。

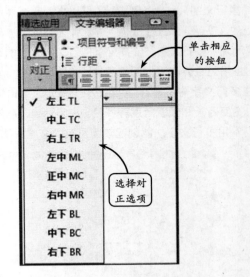

图 7-7　设置对正方式

❑ **添加项目符号和编号**

当输入的多行文字包含多个并列内容时，可以

单击"项目符号和编号"下拉按钮，在打开的列表中选择相应的项目符号和编号方式，为新输入或选定的文本创建带有字母、数字编号或项目符号标记形式的列表。图7-8就是选择"以数字标记"选项调整多行文字放置的效果。

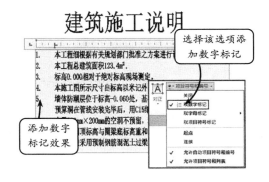

图 7-8　添加项目符号和编号

❑　**修改段落**

单击"段落"选项板右下角按钮，可以在打开的"段落"对话框中设置缩进和制表位位置，如图7-9所示。

图 7-9　"段落"对话框

其中，在"制表位"选项组中可以设置制表位的位置，单击"添加"按钮可以设置新制表位，单击"删除"按钮可以清除列表框中的所有设置；在"左缩进"选项组的"第一行"文本框和"悬挂"文本框中，可以设置首行和段落的左缩进位置；在"右缩进"选项组的"右"文本框中可以设置段落右缩进的位置。

❑　**利用标尺设置段落**

标尺显示当前段落的设置，拖动标尺右侧的按钮可以调整多行文字的宽度，拖动矩形框下方的按钮可以调整多行文字段落的高度。此外，拖动标尺左侧第一行的缩进滑块，可以改变所选段落第一行的缩进位置；拖动标尺左侧第二行的缩进滑块，可以改变所选段落其余行的缩进位置，效果如图7-10所示。

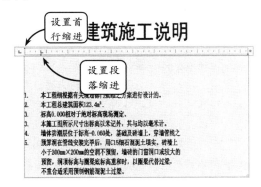

图 7-10　带标尺的文本框

> **提示**
>
> 在多行文字输入窗口空白处右击，将打开多行文字的选项菜单，可以对多行文字进行更多的设置。

7.3　编辑文字

用户可以根据需要对已经输入的文字进行编辑修改。修改的内容包括文字修改、字体字号修改、对正修改、文字效果修改等。

对文字的编辑主要有以下两种方法。

1．利用快捷菜单编辑

在已有文字上双击鼠标，或者单击鼠标右键从弹出的快捷菜单中选择"编辑"命令，即可进入文字编辑状态，可以对文字进行修改，如图 7-11 所示。

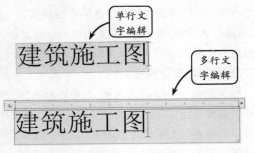

图 7-11　单行和多行文字的编辑

2．利用 DDEDIT 命令编辑

在命令行中输入 DDEDIT 命令并回车，然后根据命令行的提示选择需要修改的文字即可进入文字编辑。

> **提示**
>
> 选择单行或多行文字后，单击右键，在弹出的快捷菜单中选择"特性"命令，弹出"特性"面板，可以在面板的"文字"卷展栏中修改文字内容、字体字高、对正等。

7.4　特殊符号的输入

建筑图纸中常用到的许多符号并不能通过标准键盘直接输入，如文字的下划线和直径符号等。当用户利用"单行文字"工具来创建文字注释时，必须输入特殊的代码来产生特定的字符，这些代码及对应的特殊符号如表 7-1 所示。如果利用"多行文字"工具创建文字，则既可以用输入代码的方式来输入需要的符号，也可以单击"文字编辑器"选项卡"插入"选项板中的"符号"下拉按钮选择需要的符号。

表 7-1　特殊字符所对应的代码

代码	字符
%%o	文字的上划线
%%u	文字的下划线
%%d	角度符号
%%p	表示"±"
%%c	直径符号
%%%	百分号

7.5　文字样式

用户可以根据建筑绘图的需要，为不同作用的文字定义不同样式。有了文字样式，就可以不用单独地去为所有文字一一指定字体字高、对正等，在创建文字时，直接选择一种样式，就可以获得想要的文字效果；同时在后面的修改中，也可以通过修改文字样式将所有使用了该样式的文字一次性全部修改。

7.5.1　新建文字样式

在"注释"选项板中单击"文字样式"按钮，

将打开"文字样式"对话框，如图 7-12 所示。此时在该对话框中单击"新建"按钮，输入新样式名称，并对新文字样式的属性进行相应的设置即可。该对话框中各主要选项的含义分别介绍如下。

❑　**置为当前**

在"样式"列表框中显示了图样中所有文字样式的名称，可以从中选择一个，并单击该按钮，使其成为当前样式。

图 7-12　"文字样式"对话框

❑ 字体名

在该下拉列表中列出了所有的字体类型。其中带有双"T"标志的字体是 Windows 系统提供的"TrueType"字体，其他字体是 AutoCAD 提供的字体（*.shx）。而"gbenor.shx"和"gbeitc.shx"（斜体西文）字体是符合国标的工程字体，如图 7-13 所示。

图 7-13　字体类型

❑ 字体样式

如果用户指定的字体支持不同的样式，如粗体或斜体等，该选项将被激活以供用户选择。

❑ 使用大字体

大字体是指专为亚洲国家设计的文字字体。该复选框只有在"字体名"列表框中选择 shx 字体时才处于激活状态。当启用该复选框时，可在右侧的"大字体"下拉列表中选择所需字体，效果如图 7-14 所示。

图 7-14　使用大字体

❑ 高度

在该文本框中键入数值以设置文字的高度。如果对文字高度不进行设置，其默认值为 0，且每次使用该样式时，命令行都将提示指定文字高度，反之将不会出现提示信息。另外，该选项不能决定单行文字的高度。

❑ 注释性

启用该复选框，在注释性文字对象添加到视图文件之前，将注释比例与显示这些对象的视口比例设置为相同的数值，即可使注释对象以正确的大小在图纸上打印或显示。

❑ 效果

在该选项组中可以通过三个复选框来设置所输入文字的效果。其中启用"颠倒"复选框，文字将上下颠倒显示，且该选项只影响单行文字；启用"反向"复选框，文字将首尾反向显示，该选项也仅影响单行文字；启用"垂直"复选框，文字将垂直排列，效果如图 7-15 所示。

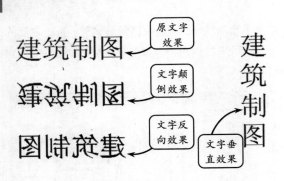

图 7-15 文字的各种效果

❑ 宽度因子

默认的宽度因子为 1。若输入小于 1 的数值，文本将变窄；反之将变宽，效果如图 7-16 所示。

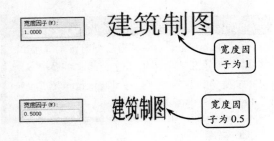

图 7-16 设置文字的宽度因子

❑ 倾斜角度

该文本框用于设置文本的倾斜角度。输入的角度为正时，向右倾斜；输入的角度为负时，向左倾斜；效果如图 7-17 所示。

7.5.2 编辑文字样式

文字样式的修改也是在"文字样式"对话框中

进行设置的。当一文本样式进行修改后，与该文本样式相关联的图形中的文本将进行自动更新。但如果文本显示不出来，则是由于文本样式所连接的字体不合适所引起的。文本样式的修改要注意以下几点。

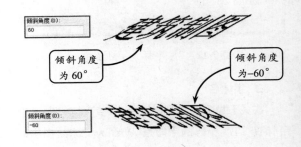

图 7-17 设置文字的倾斜角度

❑ 修改完成后，单击"应用"按钮，修改才会生效。AutoCAD 软件将立即更新图样中与该文字样式相关联的文字。

❑ 当修改文字样式连接的字体文件时，系统将改变所有文字外观。

❑ 当修改文字的"颠倒""反向"和"垂直"特性时，AutoCAD 将改变单行文字外观。而修改文字高度、宽度因子和倾斜角度时，则不会引起已有单行文字外观的改变，但将影响此后创建的文字对象。

❑ 对于多行文字，只有"垂直""宽度因子"和"倾斜角度"选项才会影响已有多行文字的外观。

AutoCAD 7.6 创建表格

利用"TABLE"命令或者"表格"工具可以在图纸中插入表格。

在"注释"选项板中单击"表格"按钮 ，将

打开"插入表格"对话框，如图 7-18 所示。

该对话框中各主要选项的功能介绍如下。

图 7-18 "插入表格"对话框

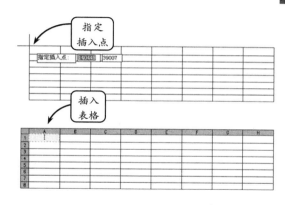

图 7-19 插入表格

❑ **表格样式**

可以在"表格样式"下拉列表中选择表格样式，也可以单击"启用'表格样式'对话框"按钮 📱，重新创建一个新的表格样式应用于当前的对话框。

❑ **插入选项**

该选项组中包含 3 个单选按钮。其中，选择"从空表格开始"单选按钮，可以创建一个空的表格；选择"自数据链接"单选按钮，可以从外部导入数据来创建表格；选择"自图形中的对象数据（数据提取）"单选按钮，可以从图形中提取数据来创建表格。

❑ **插入方式**

该选项组中包括两个单选按钮。其中，选择"指定插入点"单选按钮，可以在绘图窗口中的某点插入固定大小的表格；选择"指定窗口"单选按钮，可以在绘图窗口中通过指定表格两对角点来创建任意大小的表格。

❑ **列和行设置**

在该选项组中可以通过改变"列数""列宽""数据行数"和"行高"文本框中的数值来调整表格的外观大小。

❑ **设置单元样式**

在该选项组中可以设置各行的单元格样式。

系统均以"从空表格开始"插入表格，分别设置好列数和列宽、行数和行宽后，单击"确定"按钮。然后在绘图区指定插入点后，即可在当前位置插入一个表格，如图 7-19 所示。

在绘图区指定一点放置表格后，其第一个单元格处于自动激活状态，并打开"文字编辑器"选项卡。此时用户可以在该单元格中输入文字，然后依次双击任一单元格添加相应的文本信息，即可完成表格的创建，效果如图 7-20 所示。

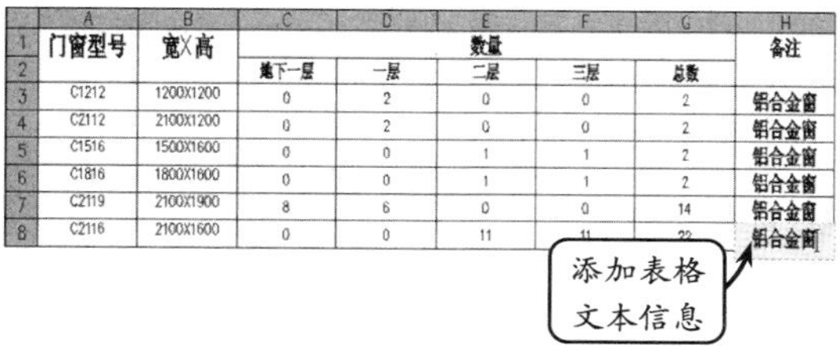

图 7-20 添加文本信息

在输入文字的过程中，单元的行高会随输入文字的高度或行数的增加而增加；要移动到下一个单元，可以按下 Tab 键，或使用箭头键向左、向右、向上和向下移动；在选中的单元中按 F2 键，可以快速编辑单元文字。

> **提示**
>
> 表格的插入方式包括两种：选择"指定插入点"方式，指定一点确定表格左上角的位置；选择"指定窗口"方式，利用矩形窗口指定表的位置和大小。如果事先指定了表的行、列数目，则列宽和行高将取决于矩形窗口的大小。

7.7 编辑表格

一般情况下，当创建完表格后，均会对表格的格式或内容进行相应地修改。且在对所插入的表格进行编辑时，不仅可以对表格进行整体编辑，还可以对表格中的各单元进行单独的编辑。AutoCAD软件提供了多种方式进行表格编辑，其中包括夹点编辑方式、快捷菜单编辑方式和工具编辑方式，现分别介绍如下。

7.7.1 通过夹点编辑表格单元

单击需要编辑的表格单元，此时该表格单元的边框将加粗亮显，并在表格单元周围出现夹点。拖动表格单元上的夹点，可以改变该表格单元及其所在列或行的宽度或高度，效果如图 7-21 所示。

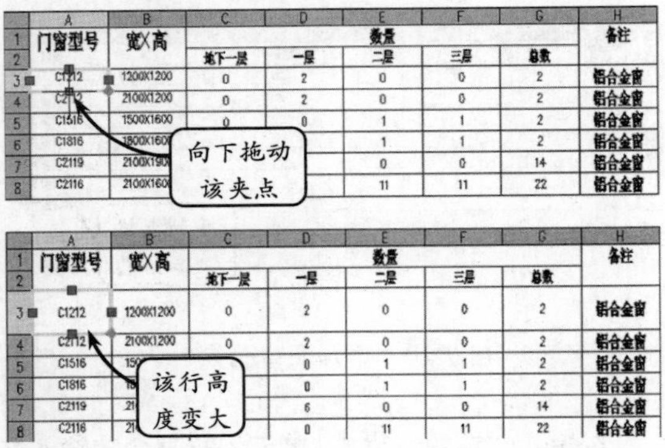

图 7-21 拖动夹点调整单元格大小

如果要选取多个单元格，可以在欲选取的单元格上单击并拖动。如图 7-22 所示，在一单元格上单击并向下拖动，即可选取整列。然后向右拖动该列的夹点可以调整整列的宽度。此外也可以按住 Shift 键在欲选取的两个单元格内分别单击，可以同时选取这两个单元格以及它们之间的所有单元格。

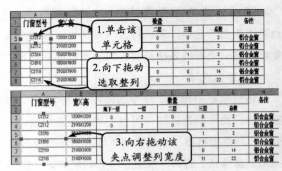

图 7-22 拖动夹点调整整列单元格的大小

一般情况下，在表格上任意单击网格线即可选中该表格，同时表格上将出现用以编辑的夹点，用户可以通过拖动夹点的方式来对该表格进行相应的编辑操作。图 7-23 即为选中表格后显示的夹点及对各夹点的注释说明。

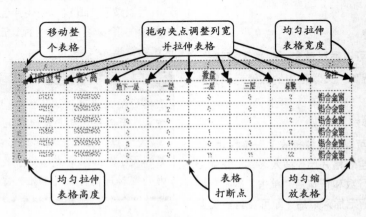

图 7-23 选中表格时各夹点的含义

7.7.2　通过菜单编辑表格单元

选取表格单元或单元区域，右击，在打开的快捷菜单中选择"特性"命令，即可在"特性"面板中修改单元格的单元宽度、单元高度、对齐方式、文字内容、文字样式、文字高度和文字颜色等内容。图 7-24 就是修改单元格宽度和高度的效果。

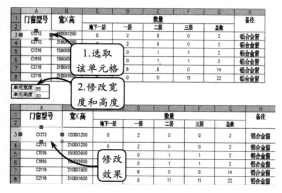

图 7-24　通过菜单修改单元格特性

7.7.3　通过工具编辑表格单元

选取一单元格，将打开"表格单元"选项卡，如图 7-25 所示。在该选项卡的"行"和"列"选项板中，可以通过各个工具按钮来对行或列进行添加或删除操作。此外通过"合并"选项板中的工具按钮还可以对多个单元格进行合并操作，具体操作介绍如下。

❑ 插入行

选取表格中一单元格，在"行"选项板中单击"从上方插入"按钮，将在该单元格正上方插入新的空白行，效果如图 7-26 所示。而单击"从下方插入"按钮，将在该单元格正下方插入新的空白行。

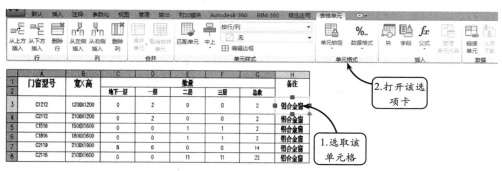

图 7-25　"表格单元"选项卡

图 7-26　上方插入行

❑ 插入列

选取表格中一单元格，在"列"选项板中单击

"从左侧插入"按钮，将在该单元格左侧插入新的空白列，效果如图 7-27 所示。而单击"从右侧插入"按钮，将在该单元格右侧插入新的空白列。

图 7-27　从左侧插入列

❏ 合并行或列

在"合并"选项板中单击"按列合并"按钮，可以将所选列的多个单元格合并为一个；单击"按行合并"按钮，可以将所选行的多个单元格合并为一个；单击"合并全部"按钮，可以将所选行和列合并为一个。图 7-28 就是按列合并单元格的效果。

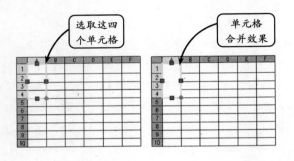

图 7-28　按列合并单元格

❏ 取消合并

如果要取消合并操作，可以选取合并后的单元格，在"合并"选项板中单击"取消合并单元"按钮，即可恢复原状，效果如图 7-29 所示。

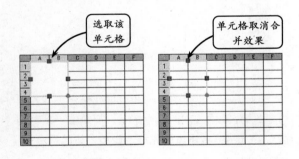

图 7-29　取消单元格合并

❏ 编辑表指示器

表指示器的作用是标识所选表格列标题和行号。在 AutoCAD 中可以对表指示器进行以下两种类型的编辑。

➢ **显示 / 隐藏操作**　默认情况下，选定表格单元进行编辑时，表指示器将显示列标题和行号，为了便于编辑表格，可以使用 TABLEINDICATOR 系统变量指定打开和关闭该显示。当在命令行中输入该命令后，将显示"输入 TABLEINDICATOR 的新值<1>:"的提示信息。如果直接按回车键，系统将使用默认设置，则显示列标题和行号；如果在命令行输入 0，则关闭列标题和行号的显示，效果如图 7-30 所示。

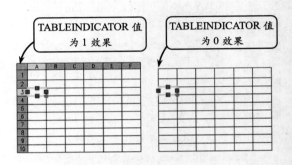

图 7-30　控制表指示器的显示

➢ **设置表格单元背景色**　默认状态下，当在表格中显示列标题和行号时，表指示器均有一个背景色区别于其他表格单元，并且这个背景色也是可以编辑的。要设置新的背景色，可以选取整个表格并单击右键，在快捷菜单中选择"表指示器颜色"命令。然后在打开的对话框中指定所需的背景色即可，效果如图 7-31 所示。

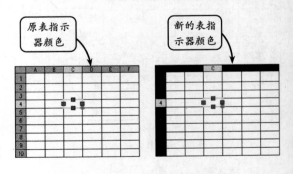

图 7-31　置表指示器背景色

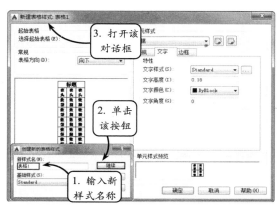

7.8 表格样式

表格是一个在行和列中包含数据的对象,其外观由表格样式控制。在创建表格时,用户必须在"插入表格"对话框中为即将创建的表格指定一种表格样式。表格样式定义了表格的方向、边框粗细,表中文字的字体、字号、对齐方式等。通过更改表格样式,用户可以调整整个表格的外观效果。

在实际设计过程中,仅仅使用系统默认的表格样式远远不能达到建筑制图的需求,这就需要定制单个或多个表格样式,使其符合当前制图需要。

默认情况下表格样式是 Standard,用户可以根据需要创建新的表格样式。在"注释"选项板中单击"表格样式"按钮,即可在打开的"表格样式"对话框中新建、修改和删除表格样式,如图 7-32 所示。

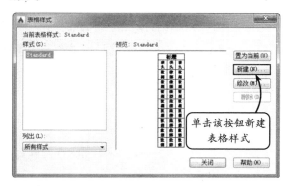

图 7-32 "表格样式"对话框

在该对话框中单击"新建"按钮,在打开的对话框中输入新样式名称,并在"基础样式"下拉列表中选择新样式的原始样式。该原始样式为新样式提供了默认的设置。然后单击"继续"按钮,即可在打开的"新建表格样式"对话框中对新表格样式进行详细地设置,如图 7-33 所示。"新建表格样式"对话框中各主要选项的含义介绍如下。

❑ 表格方向

在该下拉列表中可以指定表格的方向:选择"向下"选项将创建从上到下的表对象,标题行和列标题行位于表的顶部;选择"向上"选项将创建从下到上的表对象,标题行和列标题行位于表的底

部,效果如图 7-34 所示。

图 7-33 创建新表格样式

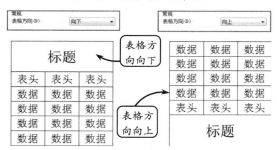

图 7-34 设置表格方向

❑ 常规

在该选项卡的"填充颜色"下拉列表中可以指定表格单元的背景颜色,默认为"无";在"对齐"下拉列表中可以设置表格单元中文字的对齐方式,效果如图 7-35 所示。

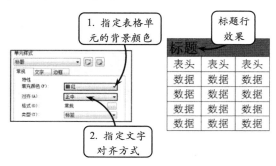

图 7-35 设置标题单元格的特性

❏ **页边距**

　　该选项组用于控制单元边界和单元内容之间的间距:"水平"选项用于设置单元文字与左右单元边界之间的距离;"垂直"选项用于设置单元文字与上下单元边界之间的距离,效果如图 7-36 所示。

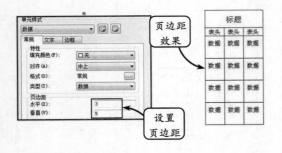

图 7-36　设置页边距

❏ **文字**

　　在该选项卡的"文字样式"下拉列表中可以指定文字的样式,并且单击"文字样式"按钮,即可在打开的"文字样式"对话框中创建新的文字样式;在"文字高度"文本框中可以输入文字的高度;在"文字颜色"下拉列表中可以设置文字的颜色,效果如图 7-37 所示。

图 7-37　设置标题文字的高度

❏ **边框**

　　该选项卡用于控制数据单元、列标题单元和标题单元的边框特性。其中"线宽"选项用于指定表格单元的边界线宽;"线型"选项用于控制表格单元的边界线类型;"颜色"选项用于指定表格单元的边界颜色,效果如图 7-38 所示。此外单击下方的一排按钮,可以将设置的特性应用到边框。各个功能按钮的含义如表 7-2 所示。

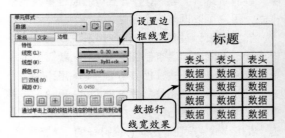

图 7-38　设置边框的宽度

表 7-2　边框各按钮的含义介绍

按钮	含义
所有边框	将边界特性设置应用于所有单元
外边框	将边界特性设置应用于单元的外部边界
内边框	将边界特性设置应用于单元的内部边界
底部边框	将边界特性设置应用于单元的底边界
左边框	将边界特性设置应用于单元的左边界
上边框	将边界特性设置应用于单元的顶边界
右边框	将边界特性设置应用于单元的右边界
无边框	隐藏单元的边框

AutoCAD 7.9 综合案例 1:创建图纸说明文字

　　本例将创建图纸中的设计说明文字,效果如图 7-39 所示。整个文字都可以利用"多行文字"工具输入。

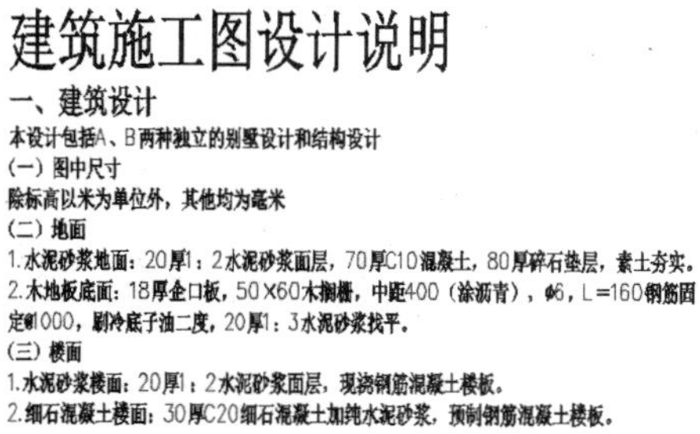

建筑施工图设计说明

一、建筑设计

本设计包括A、B两种独立的别墅设计和结构设计

（一）图中尺寸

除标高以米为单位外，其他均为毫米

（二）地面

1.水泥砂浆地面：20厚1：2水泥砂浆面层，70厚C10混凝土，80厚碎石垫层，素土夯实。

2.木地板底面：18厚企口板，50×60木搁栅，中距400（涂沥青），φ6，L=160钢筋固定@1000，刷冷底子油二度，20厚1：3水泥砂浆找平。

（三）楼面

1.水泥砂浆楼面：20厚1：2水泥砂浆面层，现浇钢筋混凝土楼板。

2.细石混凝土楼面：30厚C20细石混凝土加纯水泥砂浆，预制钢筋混凝土楼板。

图 7-39 设计说明文字

操作步骤 ▶▶▶▶

STEP|01 在"注释"选项板中单击"文字样式"按钮 $A_{,}$，将打开 "文字样式"对话框。在对话框中单击"新建"按钮，新建"建筑文字""建筑文字1"文字样式，并设置字体为宋体、高度分别为1000与350，如图 7-40 所示。

图 7-40 设置文字样式

STEP|02 在"注释"选项板中单击"多行文字"按钮A，并在绘图区任意位置单击一点确定文本框的第一个角点，然后拖动光标指定另外一个角点，此时系统打开"文字编辑器"选项卡和文字输入窗口，选择不同的文字样式输入相应的文字即可，效果如图 7-41 所示。

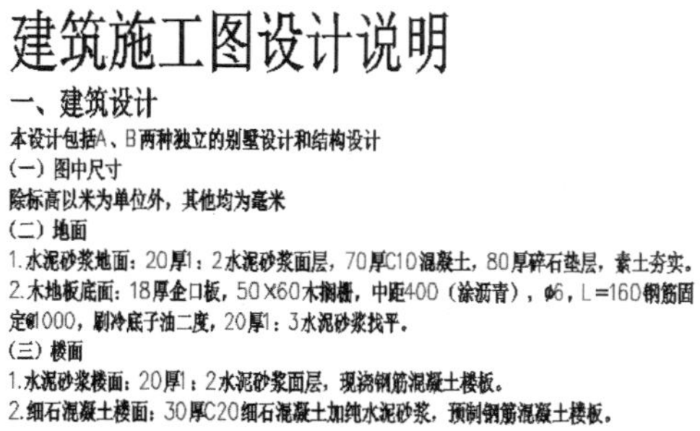

建筑施工图设计说明

一、建筑设计

本设计包括A、B两种独立的别墅设计和结构设计

（一）图中尺寸

除标高以米为单位外，其他均为毫米

（二）地面

1.水泥砂浆地面：20厚1：2水泥砂浆面层，70厚C10混凝土，80厚碎石垫层，素土夯实。

2.木地板底面：18厚企口板，50×60木搁栅，中距400（涂沥青），φ6，L=160钢筋固定@1000，刷冷底子油二度，20厚1：3水泥砂浆找平。

（三）楼面

1.水泥砂浆楼面：20厚1：2水泥砂浆面层，现浇钢筋混凝土楼板。

2.细石混凝土楼面：30厚C20细石混凝土加纯水泥砂浆，预制钢筋混凝土楼板。

图 7-41 创建文字

AutoCAD

7.10 综合案例 2：绘制门窗表

本例绘制门窗表，效果如图 7-42 所示。建筑门窗表，为建筑的细部结构提供了详细的说明，是门窗后期深化设计及门窗工程报价的依据之一，也是日后维修、扩建和更新的重要档案材料。

在绘制该建筑门窗表时，可以利用"表格"工具绘制该门窗明细表格。然后可以利用右键的快捷菜单命令编辑表格。最后利用"多行文字"工具，在门窗表中的合适位置输入相应的明细文字即可。

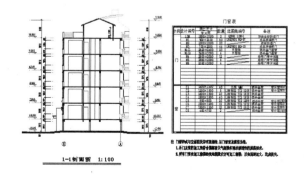

图 7-42 门窗表

操作步骤 ▷▷▷▷

STEP|01 在"注释"选项板中单击"表格"按钮▦，然后在打开的"插入表格"对话框中单击"启动'表格样式'对话框"按钮🗐，将打开"表格样式"对话框。在该对话框中单击"新建"按钮，新建一名称为"门窗表"的表格样式，效果如图 7-43 所示。

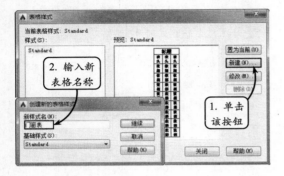

图 7-43　创建表格样式

STEP|02 单击"继续"按钮，将打开"新建表格样式：门窗表"对话框。然后在"单元样式"下拉列表中选择"标题"选项，并设置相应的标题参数。其中"常规"和"文字"选项卡的设置如图 7-44 所示。

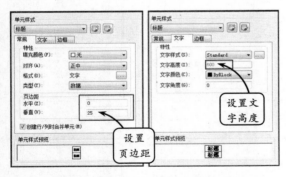

图 7-44　设置标题的基本参数

STEP|03 在"单元样式"下拉列表中选择"表头"选项，并设置表头的文字对齐方式和文字高度等参数，如图 7-45 所示。

STEP|04 在"单元样式"下拉列表中选择"数据"选项，并设置数据行的文字对齐方式和文字高度等参数，如图 7-46 所示。

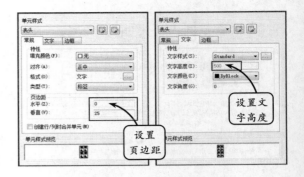

图 7-45　设置表头的基本参数

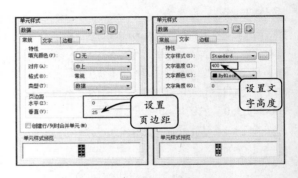

图 7-46　设置数据行的基本参数

STEP|05 设置完以上参数后，单击"确定"按钮返回到"插入表格"对话框，将表格样式设为"门窗表"样式。然后在该对话框中按照如图 7-47 所示设置行数和列数参数。

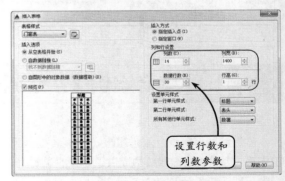

图 7-47　设置行数和列数

STEP|06 在绘图区选取一点作为表格的插入点插入表格，并在第一行中输入表格的标题。然后选取图 7-48 所示的单元格 A2-N3，并在"合并"选项板中单击"合并全部"按钮▦，将选中的所有单

元格进行合并。

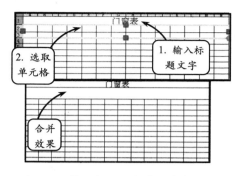

图 7-48 输入标题文字并合并单元格

STEP|07 按照上步的方法分别将 B4-C32、D4-F32、H4-J32 和 K4-N32 这些单元格按行合并，效果如图 7-49 所示。

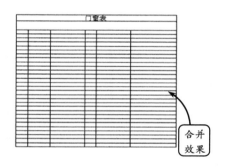

图 7-49 合并单元格

STEP|08 选取如图 7-50 所示的单元格，单击鼠标右键选择"特性"选项，并在"单元宽度"列表框中修改参数为 5000。

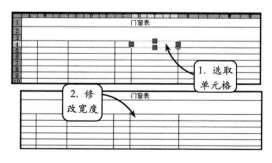

图 7-50 修改单元格宽度

STEP|09 选取如图 7-51 所示的单元格，在"合并"选项板中单击"按列合并"按钮 ，将其合并。

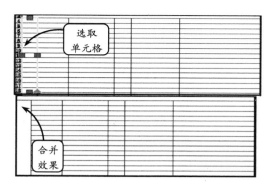

图 7-51 按列合并单元格

STEP|10 按照上步的方法，继续利用"按列合并"工具，将如图 7-52 所示的单元格进行相应的合并。

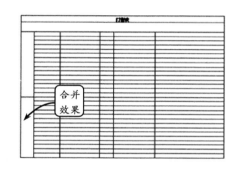

图 7-52 按列合并单元格

STEP|11 单击"分解"按钮 ，将绘制的表格进行分解，并删除表格标题上方的直线。然后利用"修剪"和"延伸"工具按照图 7-53 所示的样式整理表格，并将标题向上竖直移动 200。

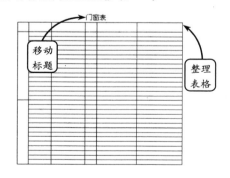

图 7-53 修剪和延伸线段

STEP|12 利用"偏移"工具将数据的第一行直线向上偏移 650，并利用"修剪"工具对偏移后的直

线进行修剪。然后继续利用"偏移"工具将表格的四周边线向外偏移 197，并利用"延伸"工具进行相应的整理。接着将如图 7-54 所示直线的线宽修改为 0.3mm。

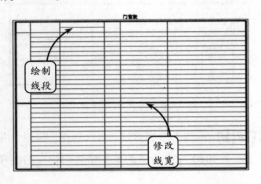

图 7-54　整理表格

STEP|13　单击"文字样式"按钮，在打开的对话框中选择样式为 Standard，并设置其字高为 600。然后单击"多行文字"按钮，输入相应的表头文字，并设置文字对齐方式为"正中"。利用同样方法输入数据单元格中的相应文字，效果如图 7-55 所示。

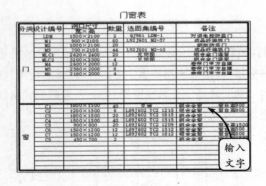

图 7-55　输入表格文字

STEP|14　在"选图集编号"一列中，利用"直线"工具依次连接如图 7-56 所示的各单元格的相应角点，绘制斜线。

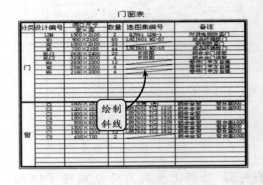

图 7-56　绘制斜线

STEP|15　利用"多行文字"工具，并根据命令行的提示在表格下方的合适位置选取两个角点作为文字输入区域，将打开"文字编辑器"选项卡。然后在"样式"选项板中选择文字样式，并设置字高为 500，输入相应的文字即可，效果如图 7-57 所示。

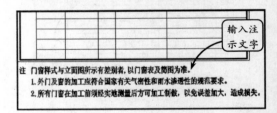

图 7-57　输入注释文字

7.11　新手训练营

练习1：为平面图添加文字

本练习为一平面图添加文字说明，效果如图 7-58 所示。该平面图为某住宅楼一楼户型图，主要包括卧室、厨房、餐厅、客厅、卫生间和阳台。其中卧室采用实木地板，而厨房和卫生间这些容易滑倒的区域采用防滑地砖。

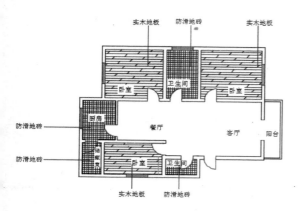

图 7-58 添加多行文字

练习 2：绘制门窗表

　　本练习绘制门窗表，效果如图 7-59 所示。门窗表反映了整个建筑所有门窗的类别、尺寸、数量

等。该门窗表中的文字采用了同样的字体和字高，因此可以在使用表格工具创建表格时，将第一行、第二行都设置为"数据"样式，并指定"数据"样式的字体字高。

序号	类别	编号	名 称	洞口尺寸 (mm) 宽	洞口尺寸 (mm) 高	樘数	页数	采用标准图集及编号或大样图号 图集代号	采用标准图集及编号或大样图号 编号	备注
1	铝合金门	M1	推拉门	2600	3000	1	1			成品木茶门
2	钢门	M2	平开门	1500	2550	1	2			成品防盗门
3	钢门	M3	平开门	800	2100	4	1	98ZJ68		成品防盗门
4	木门	M4	平开门	800	2100	5	1	98ZJ68	GJM10	
5	木门	M5	平开门	900	3000	5	1	98ZJ68	GJM107	
6	铝合金门	M6	推拉门	2800	2550	2	4	98ZJ64		70系列铝合金推拉门，全玻，10厚钢化玻璃
7	铝合金门	M7	推拉门	1800	2550	5	1	98ZJ64		70系列铝合金推拉门，全玻，10厚钢化玻璃
8	铝合金门	M8	平开门	900	2100	1	1	98ZJ64		70系列铝合金推拉门，全玻，10厚钢化玻璃
1	白色铝合金窗	C1	平开窗	800	1050	6	2	98ZJ72		70系列铝合金平开窗
2		C2	平开窗	1800	1650	1	3	98ZJ72		70系列铝合金平开窗
3		C3	平开窗	1000	2050	2	3	98ZJ72		窗下部附定龙骨墙采用6+6mm厚夹层玻璃
4		C4	平开窗	1300	1650	4	1	98ZJ72		70系列铝合金平开窗
5		C5	平开窗	800	2550	2	3	98ZJ72		窗下部附定龙骨墙采用6+6mm厚夹层玻璃
6		C6	平开窗	2100	1650	2	6	98ZJ72		70系列铝合金平开窗
7		C7	平开窗	1500	1650	1	3	98ZJ72		70系列铝合金平开窗
8		C8	平开窗	1300	2850	6	4	98ZJ72		70系列铝合金平开窗
9		C9	平开窗	800	2350	2	7	98ZJ72		70系列铝合金平开窗
10		C10	平开窗	2800	2550	1	10	98ZJ72		70系列铝合金平开窗
11		C11	平开窗	2100	1650	1	3	98ZJ72		70系列铝合金平开窗
12		C12	平开窗	1500	1650	1	3	98ZJ72		70系列铝合金平开窗
1	铝合金窗	GC1	平开窗	2400	800	1	3	98ZJ72		70系列铝合金平开窗 高窗

图 7-59 门窗表

第 8 章

尺寸标注与引线标注

　　尺寸标注是建筑绘图重要的组成部分，详细、准确的尺寸是设计交流和建筑施工的必需。在绘图中的尺寸数值包括长宽高、半径（直径）、角度、标高、坡度等，利用 AutoCAD 的线性标注、对齐标注、坐标标注、半径标注、直径标注、角度标注等工具或命令可以轻松地完成各类数值的标注。而引线标注主要用于建筑立面图、剖面图等的引出文字标注。另外，根据建筑绘图规范的要求，标注需要设定和遵循一定的样式——也就是标注样式，通过标注样式让整张图及整套图的所有标注形式统一。

　　本章主要讲解尺寸标注、引线标注的方法，以及标注样式的编辑和管理。

8.1 基本尺寸标注

AutoCAD 提供了很多的标注工具，可以大致分为基本尺寸标注、便捷标注、特别标注、引线标注四类。下面首先介绍基本尺寸标注。

8.1.1 线性标注

利用"线性"工具可以为图形中的水平或竖直对象添加尺寸标注，或根据命令行提示，添加两点之间具有一定旋转角度的尺寸。

单击"注释"选项板中的"线性"按钮，命令行将显示"指定第一个尺寸界线原点或 <选择对象>"的提示信息。此时用户可以结合对象捕捉功能捕捉点，并根据命令行提示捕捉另一点。然后拖动光标至适当位置单击放置尺寸线，即可完成线性尺寸的标注，如图 8-1 所示。

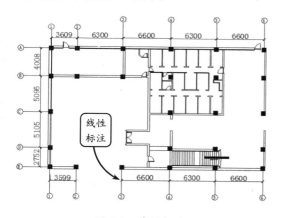

图 8-1　线性标注

在指定尺寸线位置时，命令行将显示"[多行文字（M）/文字（T）/角度（A）/水平（H）/垂直（V）/旋转（R）]:"的提示信息，各个选项的含义介绍如下。

- **多行文字（M）/文字（T）** 选择这两种文字选项的任意一种，均可以修改系统自动测量的标注文字。
- **角度（A）** 选择该选项，可以修改标注文字的旋转角度。当标注倾斜尺寸时，可以用指定两点方式确定倾斜角度，即两点连线与当前用户坐标系的 X 轴正方向的夹角。
- **水平（H）** 选择该选项，可以标注水平方向的尺寸。
- **垂直（V）** 选择该选项，可以标注垂直方向的尺寸。
- **旋转（R）** 选择该选项，可以标注指定尺寸线偏转角度的尺寸。

提示

在建筑施工图的绘制过程中，标注的效果不一定适当，经常需要对标注后的文字进行旋转或用新文字替换现有文字，或将文字移动到新位置等操作。用户可以通过命令方式或夹点编辑方式实现这些操作效果。

8.1.2 对齐标注

利用"对齐"工具添加尺寸标注，与线性标注操作方法相同，不同之处在于：尺寸线与用于指定尺寸界限两点之间的连线平行，因此广泛用于对斜线、斜面等具有倾斜特征的线性尺寸进行标注。

单击"对齐"按钮，选取一点确定第一条尺寸界线原点，并选取另一点确定第二条尺寸界线原点。然后拖动光标至适当位置单击放置尺寸线即可，标注效果如图 8-2 所示。

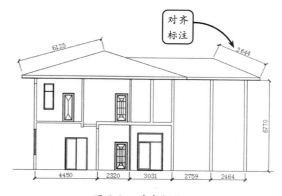

图 8-2　对齐标注

8.1.3　半径标注

利用"半径"标注命令可以标注圆和圆弧的半径尺寸，并且系统自动在标注文字前添加半径符号"R"。

单击"半径"按钮◎，此时命令行将显示"选择圆弧或圆"的提示信息。然后选取绘图区中的圆弧，并移动光标使半径尺寸文字位于合适位置，单击左键即可标注半径，效果如图8-3所示。

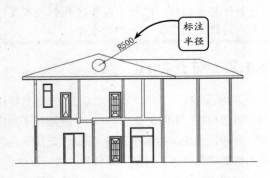

图8-3　标注半径

8.1.4　直径标注

利用"直径"标注命令可以标注圆和圆弧的直径尺寸，并且系统自动在标注文字前添加直径符号"φ"。

在"注释"选项板中单击"直径"按钮◎，此时命令行将显示"选择圆弧或圆"的提示信息。然后选取图中的圆弧，并移动光标使直径尺寸文字位于合适位置，单击左键即可标注直径，效果如图8-4所示。

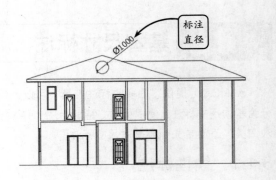

图8-4　标注直径

8.1.5　角度标注

单击"角度"按钮△，命令行将显示"选择圆弧、圆、直线或<指定顶点>:"的提示信息。此时依次选取角的第一条边和第二条边，并拖动光标放置尺寸线即可完成角度标注。如果拖动光标在两条边中间单击，则标注的为夹角角度；如果拖动光标在两条边外侧单击，则标注的为该夹角的补角角度，如图8-5所示。

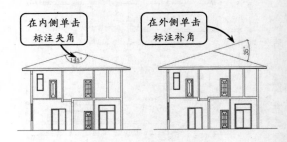

图8-5　角度标注

此外，当选择"角度"工具后，直接按下回车键，便可以指定3个点来标注角度尺寸。其中指定的第一个点为角顶点，另外两个点为角的端点。指定的角顶点不同，标注的角度也会不同。

8.1.6　圆心标注

单击"圆心标记"按钮⊙，命令行将提示选择圆弧或者圆，根据提示选择标注对象即可创建圆心标记，如图8-6所示。

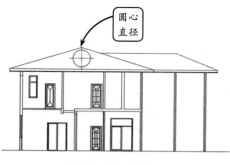

图 8-6　圆心标注

提示

系统变量 DIMCEN 决定了圆心标记的形状。当 DIMCEN=0 时，没有圆心标记；当 DIMCEN>0 时，圆心标记为十字；当 DIMCEN<0 时，圆心标记为中心线。不论是小于 0 还是大于 0，数值绝对值的大小决定标记的大小。

8.2　便捷标注

8.2.1　基线标注

基线标注是指所有尺寸都从同一点开始标注，即所有标注共用一条尺寸界线。创建该类型标注时，应首先创建一个尺寸标注，以便以该标注为基准，创建其他尺寸标注。

进行基线标注时，可以在"注释"选项卡的"标注"选项板中单击"基线"按钮，并选取尺寸边界线。此时命令行将显示"指定第二条尺寸界线原点或 [放弃（U）/选择（S）]<选择>"的提示信息，然后将光标移动到第二条尺寸界线原点，单击鼠标左键确定，即可完成一个尺寸的标注。重复拾取第二条尺寸界线原点操作，可以完成一系列基线尺寸的标注，效果如图 8-7 所示。

注意

如果不想在前一个尺寸的基础上创建基线型尺寸，则可以在启动"基线"命令后直接按下回车键，此时便可以选取某条尺寸界线作为创建新尺寸的基准线。

8.2.2　连续标注

连续标注是指创建一系列首尾相连的标注，是建筑制图中较为常用的标注方式。创建该类型标注时，同样应首先创建一个尺寸标注，以便以该标注为基准创建其他标注。

进行连续标注时，在"标注"选项板中单击"连续"按钮，此时命令行将给出与基线标注一样的提示。用户可以按照与创建基线标注相同的步骤进行操作，即可完成连续标注，效果如图 8-8 所示。

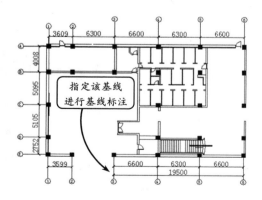

图 8-7　基线标注

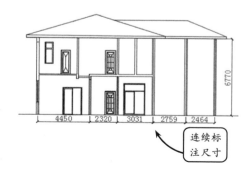

图 8-8　连续标注

8.2.3 快速标注

所谓快速标注，就是快速地创建一系列标注，这个命令在创建系列基线或连续标注，或者为一系列圆或圆弧创建标注时特别有用。通过以下方式可以执行"快速标注"命令。单击"标注"选项板中的"快速标注"按钮，命令行提示选择需要标注的几何图形，这时单击鼠标逐个拾取多个同类的标注对象，拾取完毕后按 Enter 键，然后输入字母设置标注类型并再次按 Enter 键，最后单击鼠标指定尺寸线位置即可同时完成多个对象的标注，效果如图 8-9 所示。

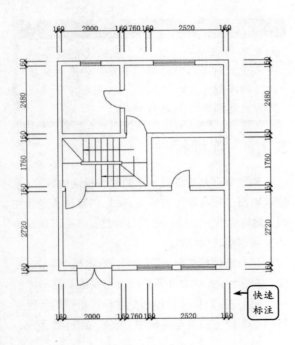

图 8-9　快速标注

8.2.4 折弯半径标注

当圆弧或圆的中心位于布局外并且无法显示在其实际位置时，可以创建折弯半径标注。

单击"标注"选项板中的"折弯"按钮，根据命令行提示选择需要标住的圆弧，然后单击鼠标指定标注的中心位置，接着指定尺寸线的位置和折弯位置，按回车键即可完成折弯半径标注，效果如图 8-10 所示。

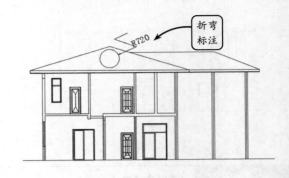

图 8-10　折弯半径标注

8.2.5 线性折弯标注

线性折弯标注，就是指在线性标注或对齐标注中添加或删除折弯线。一般来说，折弯线主要用于被剖断图形的尺寸标注，标注的尺寸并不是图形在图纸中的测量尺寸。

单击"标注"选项板中的"折弯标注"按钮，根据命令行提示选择需要折弯的标注，然后单击鼠标指定折弯位置即可，效果如图 8-11 所示。

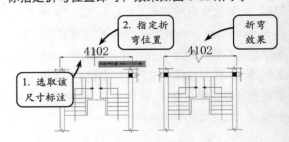

图 8-11　线性折弯标注

提示

可以在标注样式对话框的"符号和箭头"选项卡中设置折弯高度因子，"折弯高度因子×文字高度"，就是形成折弯角度的两个顶点之间的距离，也就是折弯高度。图 8-12 所示为文字高度 5，折弯高度因子 1 的折弯效果。

图 8-12　折弯高度

8.2.6　打断标注

当多个标注有交叉的时候，为了让标注更清楚，需要在交叉位置进行打断，这就是打断标注。

单击"标注"选项板中的"折断"按钮，根据命令行提示选择要打断的标注，然后输入"A"并回车即可自动完成打断，效果如图 8-13 所示。

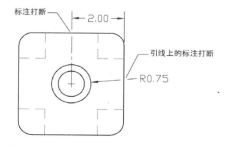

图 8-13　打断标注

8.3　特别标注

上述介绍的标注用于长度尺寸、曲线尺寸和角度尺寸等的标注，在建筑绘图中，往往还需要标注标高、坡度等；另外，对于对称构件等，为了避免重复标注，需要采用简化标注。下面对标高标注、坡度标注、简化标注分别进行介绍。

8.3.1　标高标注

标高标注是建筑施工图中应用最多的标注类型，可使用创建属性图块并定义为动态图块的方式创建。标高数字应以米为单位，精确到小数点后第三位。在总平面图中，可精确到小数点后第二位。零点标高应写成 ±0.000，正数标高不加"+"，负数标高应加"-"，例如 3.000、-0.600，如图 8-14 所示。

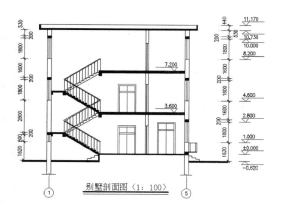

别墅剖面图（1：100）

图 8-14　标高标注

8.3.2　坡度标注

标注坡度时，在坡度数字下应加注坡度符号。坡度符号为单面箭头，一般指向下坡方向。坡度也可用直角三角形形式标注。图 8-15 所示为标注坡度的几种形式。

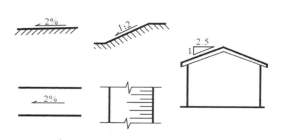

图 8-15　坡度标注

8.3.3　尺寸的简化标注

在标注建筑施工图过程中，对于相同、相似、等长或对称的构件，为避免重复标注，可以在标注时采用简化标注方式，具体标注方法可参照图 8-16 所示。

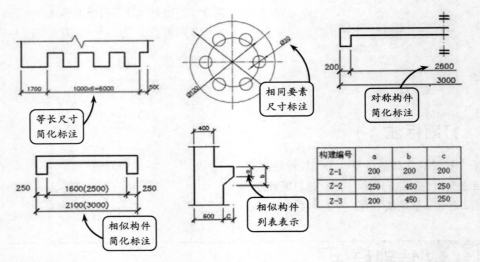

图 8-16 简化标注

8.4 编辑标注对象

建立标注后，根据设计的需要，用户还可以对标注进行编辑修改，比如调整文字位置、倾斜尺寸界线、修改尺寸内容等。

8.4.1 编辑标注文字

使用相应的标注文字编辑功能可以对所选尺寸标注文字的位置进行重新放置，或根据命令提示信息选择相应的选项，对文字的位置或旋转角度进行相应的调整。

单击"标注"选项板中的相应按钮可以调整文字的显示方式。例如选取某一尺寸，然后分别单击"左对正"按钮、"居中对正"按钮、"右对正"按钮，将显示不同的对齐效果。图 8-17 是单击"文字角度"按钮，将相应的标注文本按指定的角度旋转的效果。

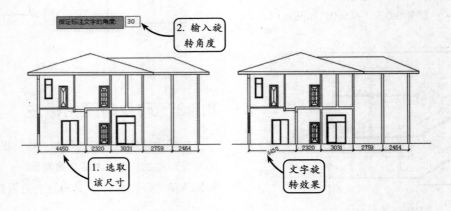

图 8-17 编辑标注文字位置

也可以使用"DIMTEDIT"命令编辑标注文字。"DIMTEDIT"命令主要用于调整标注文字的位置和旋转标注文字。

在命令行中输入 DIMTEDIT，拾取需要修改的标注对象，然后根据提示进行操作。命令提示行中的各项含义如下：

❑ "左对齐(L)"选项

尺寸文本沿尺寸线左对齐。

❑ "右对齐(R)"选项

尺寸文本沿尺寸线右对齐。

❑ "居中(C)"选项

尺寸文本沿尺寸线中间对齐。

❑ "默认(H)"选项

将标注文字移回默认位置。

❑ "角度(A)"选项

旋转所选择的尺寸文本。

输入相应的选项字母，即可调整标注文字在尺寸线上的位置和角度。如果不输入修改项字母，而是直接拾取另一点，则可以将标注文字移动到指定点，效果如图 8-18 所示。

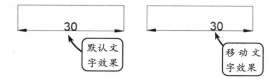

图 8-18　移动标注文字位置

8.4.2　调整标注尺寸线

使用"DIMEDIT"命令可以编辑标注对象的尺寸界线和文字。

在命令行中输入 DIMEDIT 并回车，根据提示进行操作。命令行中各提示行含义介绍如下。

❑ 默认

表示将尺寸文本按 DDIM 所定义的默认位置、方向重新置放。

❑ 新建

表示更新所选择的尺寸标注的尺寸文本，使用在位文字编辑器更改标注文字。

❑ 旋转

用于旋转所选择的尺寸文本。

❑ 倾斜

用于将尺寸界线倾斜一个角度，不再与尺寸线相垂直，常用于标注锥形图形和轴测图形。

图 8-19 是不同选项的编辑效果。

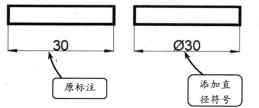
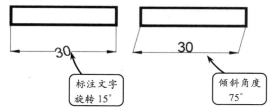

图 8-19　DIMEDIT 编辑效果

8.4.3　调整标注位置

在 AutoCAD 中，可以根据尺寸标注的关联性调整标注位置。如果几何对象上的关联点移动，那么标注位置、方向和值将随之更新，如图 8-20 所示。

此外，如果将尺寸变量 Dimassoc 设置为 1，标注将为非关联标注，其标注的四个组成部分将以

块的形式存在于图形文件中。

图 8-20　关联标注

8.4.4 调整标注间距

在 AutoCAD 中利用"标注间距"功能，可以根据指定的间距数值，调整尺寸线互相平行的线性尺寸或角度尺寸之间的距离，使其处于平行等距或对齐状态。

在"注释"选项卡的"标注"选项板中单击"调整间距"按钮，然后选取如图 8-21 所示的尺寸为基准尺寸，并另外选取要产生间距的尺寸，按下回车键。此时命令行将显示 "输入值或[自动(A)]<自动>:"的提示信息。如果选择"自动(A)"选项，系统将自动计算间距，所得的间距值是基准标注对象文字高度的两倍；如果直接输入标注线的间距数值，被选标注将按照该间距值调整位置。

8.4.5 取消标注关联和重新关联标注

在 AutoCAD 中默认尺寸标注与标注对象之间具有关联性。也就是说，如果标注对象被修改，与

之对应的尺寸标注将自动调整其位置、方向和标注数值。

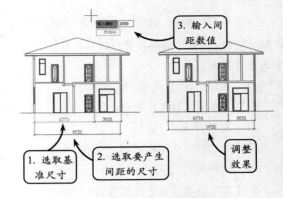

图 8-21　调整标注间距

用户根据需要，可以取消标注的关联性，也可以将取消了关联性的标注重新进行关联。

在命令行中输入字母 DDA，然后根据提示操作，可以取消选中的标注的关联性，如图 8-22 所示。

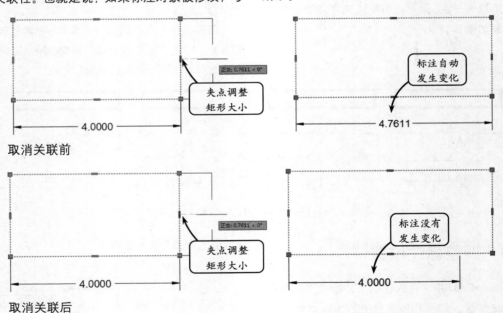

图 8-22　取消标注关联

在"注释"选项卡的"标注"选项板中单击"重新关联"按钮，然后依次指定尺寸标注和与其相关联的位置点或关联对象，即可将无关联标注改为关联标注，如图 8-23 所示。

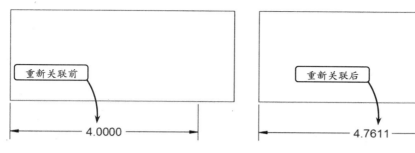

图 8-23 重新关联标注

AutoCAD 8.5 标注样式编辑

标注样式控制建筑图中所有使用该样式的标注的外观,通过标注样式的建立和使用,用户可以保持所有标注的统一,可以成批地修改和更新建筑图中的标注。

8.5.1 标注样式的组成元素

在编辑标注样式之前,用户首先需弄明白标注样式的组成元素,也就是一个完整的标注包括哪些组成。

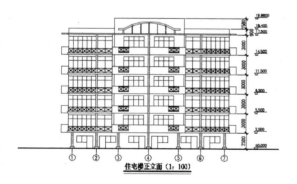

图 8-24 建筑尺寸标注组成

如图 8-24 所示,一个完整的尺寸标注包括标注文字、尺寸线、尺寸界线、箭头。建筑绘图中的标注样式主要就是定义这四大组成的外观样式。

- ❏ **尺寸线** 尺寸线一般位于两个尺寸界线之间,尺寸线的两端有两个箭头,尺寸文本沿着尺寸线显示。
- ❏ **尺寸界线** 是由测量点引出的延伸线,在

预设状态下,尺寸界线与尺寸线互相垂直。通过设置,也可以将尺寸界线隐藏起来。

- ❏ **尺寸箭头** 箭头位于尺寸线与尺寸界线相交处,表示尺寸线的终止。不同的情况使用不同样式的箭头符号来表示。建筑绘图一般使用短斜线作为箭头。
- ❏ **尺寸文本** 用来标明图纸中的距离或角度等数值及说明文字的。

8.5.2 新建标注样式

在"注释"选项板中单击"标注样式"按钮，打开"标注样式管理器"对话框,如图 8-25 所示。

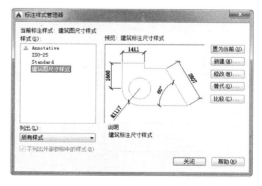

图 8-25 "标注样式管理器"对话框

在该对话框中单击"新建"按钮,在打开的对话框中输入新样式的名称,并在"基础样式"下拉列表中指定某个尺寸样式作为新样式的基础样式,

则新样式将包含基础样式的所有设置。此外还可在"用于"下拉列表中设置新样式控制的尺寸类型，默认情况下该选项为"所有标注"，表明新样式将控制所有类型尺寸，如图 8-26 所示。

图 8-26 创建新标注样式

提示

在"标注样式管理器"对话框的"样式"列表框中选择一标注样式并单击右键，在打开的快捷菜单中选择"删除"命令，可将所选样式删除。但前提是保证该样式不是当前标注样式。

8.5.3 设置尺寸线和尺寸界线样式

单击"继续"按钮，即可在打开的新建标注样式对话框中对新样式的各个变量，如直线、符号、箭头和文字等参数进行详细地设置。

在新建标注样式对话框中单击"线"选项卡，即可对尺寸线和尺寸界线的样式进行设置，如图 8-27 所示。该选项卡中常用选项的含义介绍如下。

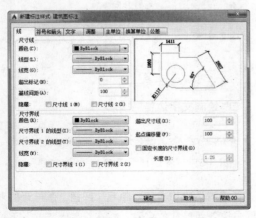

图 8-27 "线"选项卡

❏ 基线间距

该选项用于设置平行尺寸线间的距离。如利用"基线"标注工具标注尺寸时，相邻尺寸线间的距离由该选项控制，如图 8-28 所示。

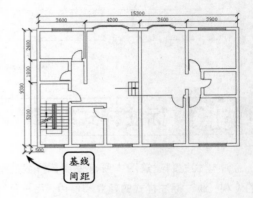

图 8-28 设置基线间距

❏ 隐藏尺寸线

在该选项组中可以控制第一尺寸线或第二尺寸线的显示状态。图 8-29 就是启用"尺寸线 2"复选框，隐藏第二尺寸线的效果。

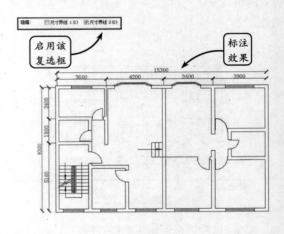

图 8-29 隐藏第二尺寸线

❏ 起点偏移量

该选项用于控制尺寸界线起点和标注对象端点间的距离，如图 8-30 所示。通常应使尺寸界线与标注对象间不发生接触，这样才能很容易地区分尺寸标注和被标注的对象。

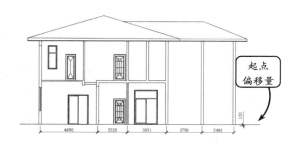

图 8-30　设置起点偏移量

8.5.4　设置箭头样式

在新建标注样式对话框中切换至"符号和箭头"选项卡，即可对尺寸箭头的样式进行相应的设置，如图 8-31 所示。该选项卡中常用选项的含义介绍如下。

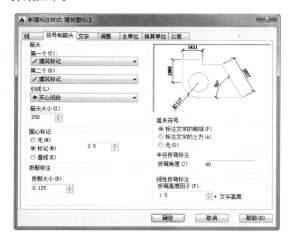

图 8-31　"符号和箭头"选项卡

❑ 箭头

在该选项组中可以设置尺寸线两端箭头的样式。系统提供了 19 种箭头类型，用户可以为每个箭头选择所需类型。此外在"引线"下拉列表中可以设置引线标注的箭头样式。而在"箭头大小"文本框中可设置箭头的大小。

❑ 圆心标记

在该选项组中可以设置当标注圆或圆弧时，是否显示圆心标记，以及圆心标记的显示类型。此外还可以在右侧的文本框中设置圆心标记的大小。

➢ 标记　在圆或圆弧圆心位置创建以小十字线表示的圆心标记。

➢ 直线　选择该单选按钮，将创建过圆心并延伸至圆周的水平和竖直中心线。

8.5.5　设置标注文字样式

在新建标注样式对话框中切换至"文字"选项卡，即可调整文本的外观，并控制文本的位置，如图 8-32 所示。该选项卡中常用选项的含义介绍如下。

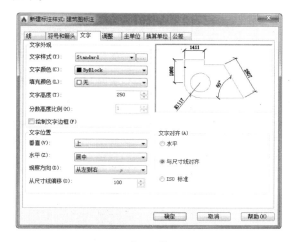

图 8-32　"文字"选项卡

❑ 文字样式

在该下拉列表中可以选择文字样式。也可以单击右侧的"文字样式"按钮，在打开的对话框中创建新的文字样式。

❑ 文字高度

在该文本框中可以设置文字的高度。如果在文本样式中已经设定了文字高度，则该文本框中所设置的文本高度将是无效的。

❑ 绘制文字边框

启用该复选框，将为标注文本添加一矩形边框。

❑ 垂直

在该下拉列表中可以设置标注文本垂直方向上的对齐方式，包括 5 种对齐类型。一般情况下，对于国标标注应选择"上"选项，如图 8-33 所示。

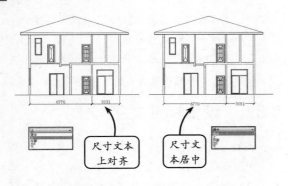

图 8-33　文字垂直方向上的对齐效果

❑ **水平**

在该下拉列表中可以设置标注文本水平方向上的对齐方式，包括 5 种对齐类型。一般情况下，对于国标标注应选择"居中"选项，如图 8-34 所示。

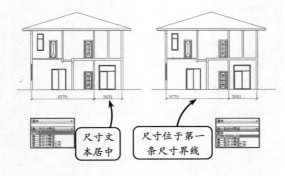

图 8-34　文字水平方向上的对齐效果

❑ **从尺寸线偏移**

在该文本框中可以设置标注文字与尺寸线间的距离，如图 8-35 所示。如果标注文本在尺寸线的中间，则该值表示断开处尺寸线端点与尺寸文字的间距。

❑ **文字对齐**

设置文字相对于尺寸线的放置位置。选择"水平"单选按钮，将使所有的标注文本水平放置；选择"与尺寸线对齐"单选按钮，将使文本与尺寸线对齐，这也是国标标注的标准；选择"ISO 标准"单选按钮，当文本在两条尺寸界线的内部时，文本与尺寸线对齐，否则标注文本水平放置。

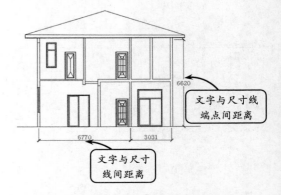

图 8-35　设置文字从尺寸线偏移的距离

8.5.6　设置主单位样式

在新建标注样式对话框中切换至"主单位"选项卡，即可设置线性尺寸的单位格式和精度，并能为标注文本添加前缀或后缀，如图 8-36 所示。该选项卡中各主要选项的含义介绍如下。

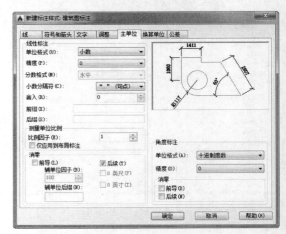

图 8-36　"主单位"选项卡

❑ **单位格式**

在该下拉列表中可以选择所需长度单位的类型。

❑ **精度**

在该下拉列表中可以设置长度型尺寸数字的精度，小数点后显示的位数即为精度效果。

❑ **小数分隔符**

如果单位类型为十进制，即可在该下拉列表中选择分隔符的形式，包括逗点、句点和空格 3 种分隔符类型。

❏ 舍入

该选项用于设置标注数值的近似效果。如果在该文本框中输入 0.05，则标注数字的小数部分近似到最接近 0.05 的整数倍。

❏ 前缀

在该文本框中可以输入标注文本的前缀。例如输入文本前缀为"%%C"，则使用该标注样式标注的线性尺寸文本均带有直径符号 Ø。

❏ 后缀

在该文本框中可以输入标注文本的后缀。

❏ 比例因子

在该文本框中可以输入尺寸数字的缩放比例因子。当标注尺寸时，系统将以该比例因子乘以真实的测量数值，并将结果作为标注数值。

❏ 消零

该选项组用于隐藏长度型尺寸数字前面或后面的 0。当启用"前导"复选框，将隐藏尺寸数字前面的零；当启用"后续"复选框，将隐藏尺寸数字后面的零。

完成尺寸标注样式各个选项卡中的特性参数设置后，单击"确定"按钮，即可建立一个新的尺寸标注样式，该样式将显示在"标注样式管理器"对话框中，如图 8-37 所示。

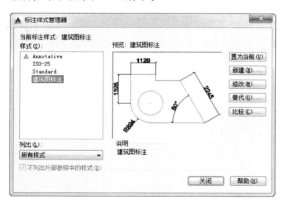

图 8-37　新建的标注样式

8.5.7　修改标注样式

在"标注样式管理器"对话框中，选中一种标注样式，然后单击"修改"按钮，打开修改标注样式对话框，如图 8-38 所示。该对话框中的各选项卡内容与"新建标注样式"对话框的选项卡是一致的，用户可以根据需要，依次切换到各选项卡进行设置修改即可完成标注样式的修改。

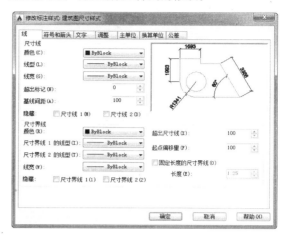

图 8-38　修改标注样式

如果修改的是当前绘图中使用的标注样式，则单击"确定"按钮后，当前绘图中所有使用了该样式的标注都将发生变化。

8.5.8　替代标注样式

当修改一标注样式时，系统将改变所有与该样式相关联的尺寸标注。但有时需要创建个别特殊形式的尺寸标注，如给标注数值添加前缀和后缀等。此时用户不能直接修改当前标注样式，但也不必再去创建新的标注样式，只需采用当前样式的覆盖方式进行标注。

如图 8-39 所示，当前标注样式为"建筑图尺寸样式"，使用该样式连续标注多个线性尺寸。此时想要标注带有直径前缀的尺寸，可以单击"替代"按钮，将打开"替代当前样式"对话框。

在"替代当前样式"对话框中切换至"主单位"选项卡，并在"前缀"文本框中输入"%%C"。然后单击"确定"按钮，返回到"标注样式管理器"对话框后，单击"关闭"按钮。此时标注尺寸，系统将暂时使用新的尺寸变量控制尺寸外观。如图 8-40 所示，新标注的尺寸数值前添加上了直径符号。

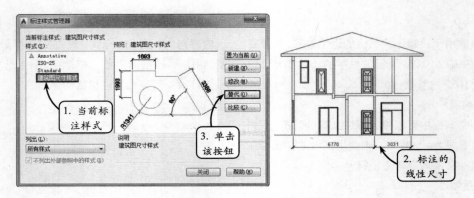

图 8-39　标注线性尺寸

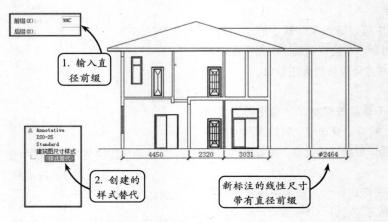

图 8-40　样式替代标注效果

如果要恢复原来的尺寸样式，可以再次打开"标注样式管理器"对话框。然后在该对话框中选择原来的标注样式"建筑图尺寸样式"，并单击"置为当前"按钮。此时在打开的提示对话框中单击"确定"按钮并退出"标注样式管理器"对话框，再次进行标注，可以发现标注样式已返回原来状态，效果如图 8-41 所示。

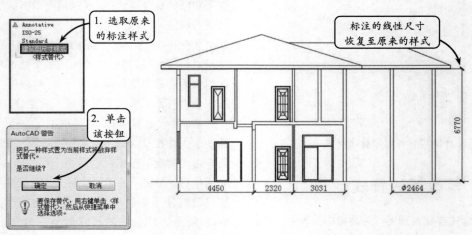

图 8-41　返回原来标注样式

8.5.9　更新标注样式

利用"更新"工具可以以当前的标注样式来更新所选的现有标注尺寸效果。如通过尺寸样式的覆盖方式调整样式后,可以利用该工具更新选取的尺寸标注。

在"标注样式管理器"对话框中单击"替代"按钮,将打开"替代当前样式"对话框。然后切换至"主单位"选项卡,并在"前缀"文本框中输入直径代号"%%C"。关闭对话框,在"注释"选项卡的"标注"选项板中单击"更新"按钮，选取图 8-42 所示尺寸,并按下回车键,即可发现该线性尺寸已添加直径符号前缀。

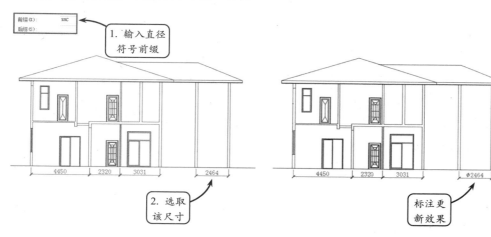

图 8-42　通过标注更新修改尺寸外观

AutoCAD 8.6　多重引线标注

在标注建筑施工图建筑材料、特殊要求和详图索引符号等引出注释时,使用以上介绍的标注方法很难快速获得标注效果。而使用"多重引线"工具可以方便地添加和管理所需的引出线,并可通过修改多重引线的样式,对引线的格式、类型以及内容进行相应地编辑。多重引线标注主要应用于建筑立面图、剖面图和详图引出标注。

8.6.1　创建多重引线标注

在"注释"选项板中单击"引线"按钮，然后依次在图中指定引线箭头位置、基线位置并添加标注文字,系统即可按照当前多重引线样式创建多重引线标注,效果如图 8-43 所示。

8.6.2　添加或删除多重引线

如果需要将引线添加至现有的多重引线对象,只需在"引线"选项板中单击"添加引线"按钮，然后依次选取需添加引线的多重引线和需要引出标注的图形对象,按下回车键即可完成多重引线的添加,如图 8-44 所示。

图 8-43　创建多重引线标注

图 8-44 添加多重引线

如果创建的多重引线不符合设计的需要，可以将该引线删除。只需在"引线"选项板中单击"删除引线"按钮，然后在图中选取需要删除的多重引线，并按下回车键，即可完成删除操作，如图8-45 所示。

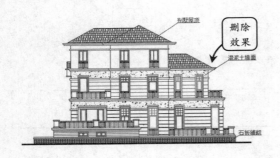

图 8-45 删除添加的引线

8.6.3 多重引线标注样式

多重引线标注也可以编辑样式，通过编辑样式调整和修改绘图中所有同一样式的多重引线的外观。多重引线标注样式的编辑与标注样式的编辑类似，下面进行简要介绍。

在"引线"选项板中单击"多重引线样式管理器"按钮，将打开"多重引线样式管理器"对话框，如图 8-46 所示。

此时单击该对话框中的"新建"按钮，将打开"创建新多重引线样式"对话框。在该对话框中指定新建多重引线样式的名称以及基础样式，然后单

击"继续"按钮，即可在打开的修改多重引线样式对话框中对多重引线的格式、结构和文本内容进行详细设置。

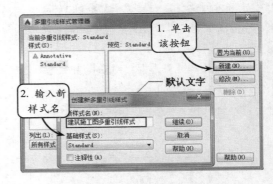

图 8-46 "多重引线样式管理器"对话框

1. 引线格式

切换至"引线格式"选项卡，在该选项卡中可以设置引线和箭头的外观效果。其中在"类型"下拉列表中可以指定引线形式为直线、样条曲线或无引线；在"符号"下拉列表中可以指定箭头的各种形式，在建筑绘图中引线标注通常使用无箭头方式；在"引线打断"选项组中可以设置引线打断大小参数，如图 8-47 所示。

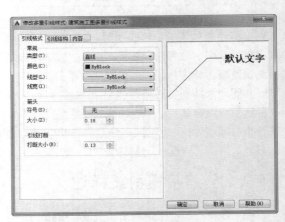

图 8-47 设置引线格式

2. 引线结构

切换至"引线结构"选项卡，在该选项卡中可以设置引线端点的最大数量、是否包括基线，以及基线的默认距离，如图 8-48 所示。该对话框中各

选项的含义如下所述。

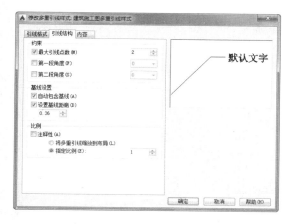

图 8-48　"引线结构"选项卡

❑ 约束

在该选项组中启用"最大引线点数"复选框，可以在其后的文本框中设置引线端点的最大数量；而当禁用该复选框时，引线可以无限制地折弯。此外启用"第一段角度"和"第二段角度"复选框，可分别设置引线第一段和第二段的倾斜角度。

❑ 自动包含基线

启用该复选框，则绘制的多重引线将自动包含基线。

❑ 设置基线距离

该复选框只有在启用"自动包含基线"复选框时才会被激活。激活后可以设置基线距离的默认值。

❑ 比例

在该选项组中启用相应的复选框或选择单选按钮，可以确定引线比例的显示方式。

3. 内容

切换至"内容"选项卡，在该选项卡中可以设置引线标注的文字属性。用户既可以在引线中标注多行文字，也可以在其中插入块，这两个类型的内容主要通过"多重引线类型"下拉列表来切换。

❑ 多行文字

如果选择"多行文字"选项，则选项卡中各个选项用来设置文字的属性。其中在"文字高度"文

本框中可以设置文字的高度；在"引线连接"选项组中，可以设置多行文字在引线左边或右边时相对于引线末端的位置，如图 8-49 所示。

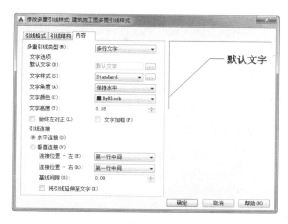

图 8-49　多行文字引线标注设置

❑ 块

工程建筑图样中的某一局部或构件，如需另见详图，应以索引符号索引。当选择"块"选项后，即可在"源块"列表框中指定块内容；在"附着"列表框中指定"插入点"或"中心范围"附着块类型；还可在"颜色"列表框中指定多重引线块内容的颜色。使用块创建引线标注的效果如图 8-50 所示。

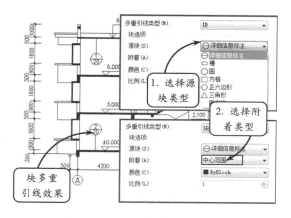

图 8-50　使用块创建引线标注

8.7 综合案例 1：标注住宅楼立面图尺寸

本例标注住宅楼立面图的尺寸，效果如图 8-51 所示。该住宅楼为六层商品楼。其中第一层为门面房，以上五层为住宿商品房。该住宅楼的立面图能够清晰地反映出每层的结构、门窗数量和阳台样式等。图中列出的主要标注类型包括线性尺寸、标高、轴线编号和图题等。

并以该偏移轴线与水平辅助线的交点为插入点，依次插入相应的标高属性图块，效果如图 8-54 所示。

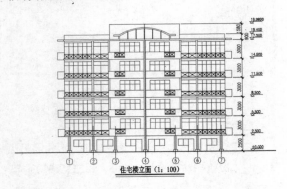

图 8-51　住宅楼立面图

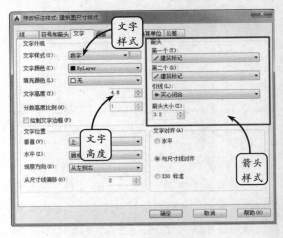

图 8-52　设置新标注样式

在为该立面图添加尺寸标注时，首先利用"线性标注"和"连续标注"工具标注楼体的竖向尺寸，然后插入绘制好的标高图块和轴线编号图块，最后利用"多行文字"工具添加相应的图题文字，即可完成该立面图的尺寸标注。

操作步骤 >>>>

STEP|01 切换"标注"图层为当前图层。然后单击"注释"选项板中的"标注样式"按钮，并在打开的"标注样式管理器"中新建样式为"建筑图尺寸样式"。接着对该标注样式的"符号和箭头"和"文字"选项进行相应的设置，如图 8-52 所示。

STEP|02 依次单击"线性"按钮和"连续"按钮，为图形添加相应的竖向尺寸，效果如图 8-53 所示。

STEP|03 将"轴线"图层显示，然后单击"构造线"按钮，依次过每层房檐的底端绘制多条水平辅助线。接着将中间的竖直轴线向右偏移 16080，

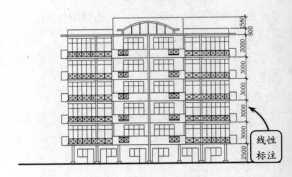

图 8-53　标注尺寸

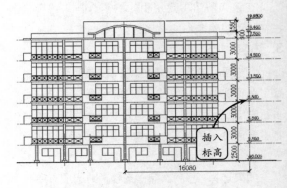

图 8-54　插入房檐处的标高图块

STEP|04 按照图 8-55 所示删除多余的辅助线。然后利用"插入"工具,以竖直轴线与最底端水平辅助线的交点为插入点,依次插入轴线编号图块。

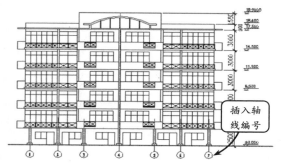

图 8-55　插入轴线编号

STEP|05 删除最底端的水平辅助线,并将"轴线"图层隐藏。然后利用"直线"工具在图形底部合适

位置绘制一条长度为 7500 的水平直线,并将该直线向上偏移 300。接着将偏移后的直线线宽修改为 0.3mm,并利用"多行文字"工具添加图题即可,效果如图 8-56 所示。

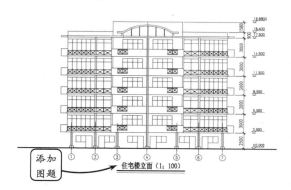

图 8-56　添加图题

8.8　综合案例 2:标注居民楼剖面图尺寸

本例标注居民楼剖面图,效果如图 8-57 所示。该建筑为 6 层的住宅楼,其剖面图清晰地反映出每层的结构、门窗数量等。图中的标注主要包括线性尺寸、标高、轴线编号和图题等。

在为该剖面图添加尺寸标注时,首先利用线性标注和连续标注标注楼层的间隔尺寸。然后插入绘制好的标高图块和轴线编号图块。最后利用"多行文字"工具添加图题文字,即可完成该剖面图的尺寸标注。

操作步骤 >>>>

STEP|01 切换"标注"图层为当前图层。单击"注释"选项板中的"标注样式"按钮,并在打开的"标注样式管理器"对话框中新建样式"建筑图尺寸样式"。接着对该标注样式的"符号和箭头"和"文字"选项卡进行相应的设置,效果如图 8-58 所示。

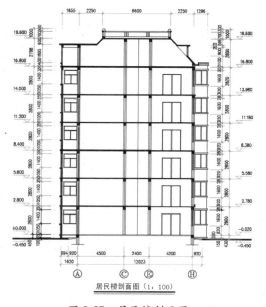

图 8-57　居民楼剖面图

图 8-58　新建标注样式

STEP|02 单击"线性"按钮 和"连续"按钮，为图形添加相应的尺寸，效果如图 8-59 所示。

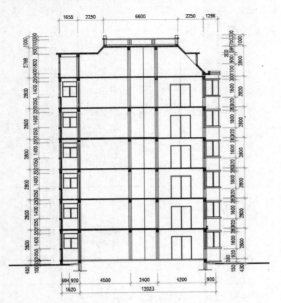

图 8-59　标注尺寸

STEP|03 显示"轴线"图层并将其置为当前图层，然后单击"构造线"按钮 ，依次过每层房檐的底端绘制多条水平辅助线。接着将中间的竖直轴线向右偏移 26071，并以该偏移轴线与水平辅助线的交点为插入点，插入相应的标高属性图块，效果如图 8-60 所示。

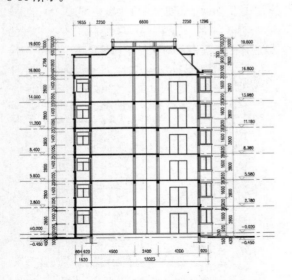

图 8-60　插入房檐处的标高图块

STEP|04 按照图 8-61 所示删除多余的辅助线。然后利用"插入"工具在底端依次插入轴线编号图块。

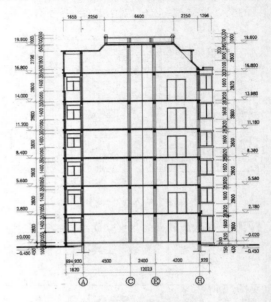

图 8-61　插入轴线编号

STEP|05 接着利用"直线"工具在图形底部合适位置绘制一条长度为 7806 的水平直线，并将该直线向上偏移 200。接着将偏移后的直线线宽修改为 0.3mm，并利用"多行文字"工具添加图题即可，效果如图 8-62 所示。

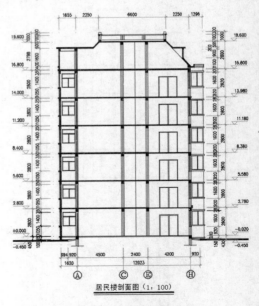

图 8-62　添加图题

8.9 新手训练营

练习 1：标注别墅剖面图尺寸

本练习为别墅剖面图标注尺寸，效果如图 8-63 所示。该别墅为三层小别墅，其剖面图清晰地反映出每层的结构、门窗数量、层与层之间的楼梯样式等。

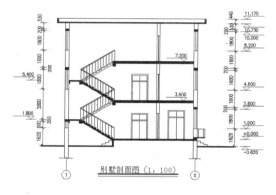

图 8-63 别墅剖面图

练习 2：标注别墅立面图

本练习为别墅立面图标注尺寸，效果如图 8-64 所示。别墅一般都是带有花园、草坪和车库的独院式平房或两三层小楼，建筑密度很低，内部居住功能完备，并富有变化。该别墅为两层的小户型别墅，一层与二层结构相似，每层均有方形阳台，并且屋顶采用了传统的坡面屋顶。

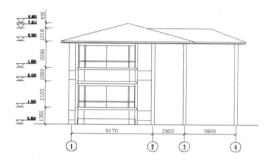

图 8-64 别墅立面图

第9章

创建三维建筑模型

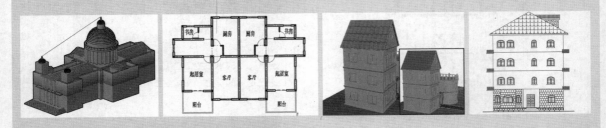

　　将平面的建筑设计方案变成三维的、逼真的电脑模型，然后渲染成照片般的图像，或者制作成动画，更加有利于方案的展示和交流。尤其是设计师与客户之间的方案交流，更是依赖这种直观的立体效果图或动画。AutoCAD 支持三维技术，可以很方便地将设计图通过拉伸、旋转、放样等创建为三维模型。

　　本章主要讲解三维坐标、三维模型显示样式，以及三维模型的创建方法。

AutoCAD

9.1 三维模型基础

9.1.1 三维建模术语

在绘制三维图形时,首先需要了解几个非常重要的基本概念,如视点、高度、厚度和 Z 轴等,如图 9-1 所示。下面将对这些基本概念进行详细介绍。

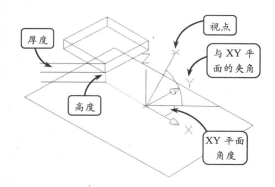

图 9-1 三维视图术语

- ❏ **视点** 视点是指用户观察图形的方向。例如,当我们观察场景时,如果视点位于平面坐标系,即 Z 轴垂直于屏幕,则此时仅能看到实体在 XY 平面上的投影。如果调整视点至东南等轴测方向,将显示其立体效果,如图 9-2 所示。

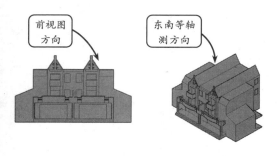

图 9-2 改变视点前后的效果

- ❏ **XY 平面** 它是一个平滑的二维面,仅包含 X 轴和 Y 轴,即 Z 坐标为 0。

- ❏ **Z 轴** Z 轴是三维坐标系中的第三轴,它总是垂直于 XY 平面。
- ❏ **平面视图** 当视线与 Z 轴平行时,用户看到的 XY 平面上的视图即为平面视图。
- ❏ **高度** 指对象在 Z 轴上的坐标值。
- ❏ **厚度** 指对象沿 Z 轴测得的相对长度。
- ❏ **相机位置** 如果用照相机比喻,观察者通过照相机观察三维模型,照相机的位置相当于视点。
- ❏ **目标点** 用户通过照相机看某物体,聚焦到一个清晰点上,该点就是目标点。在 AutoCAD 中,坐标系原点即为目标点。
- ❏ **视线** 是假想的线,它是将视点与目标点连接起来的线。
- ❏ **与 XY 平面的夹角** 即视线与其在 XY 平面的投影线之间的夹角。
- ❏ **XY 平面角度** 即视线在 XY 平面的投影线与 X 轴正方向之间的夹角。

9.1.2 视图类型

要创建三维模型,首先必须进入三维建模空间。用户只需在 AutoCAD 软件界面顶部的"工作空间"下拉列表中选择"三维建模"选项,即可切换至三维建模空间,如图 9-3 所示。

在三维建模空间中,模型通过视图显示,不同的视图从不同的角度显示模型。上面图 9-3 就是模型在东南等轴测视图中的显示效果。视图,根据视点的不同,分成了正交视图和轴测视图两大类。

1. 正交视图

正交视图是从坐标系的正交方向观测所得到的视图,按照视点的不同分成俯视、仰视、左视、右视、前视、后视六种。同一个三维模型的不同正交视图显示如图 9-4 所示。建筑绘图中的平面图可以理解为三维模型在线框显示样式下的俯视图。

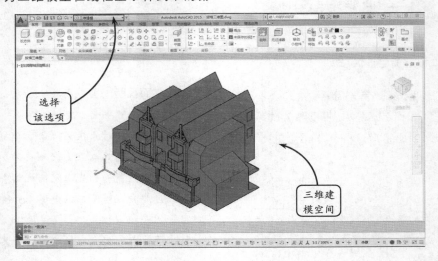

图 9-3　三维建模空间

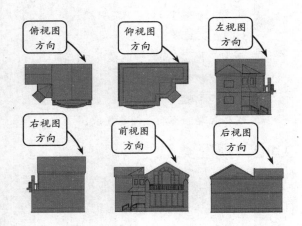

图 9-4　正交视图效果

2. 轴测视图

轴测视图是从坐标系的轴测方向观测所获得的视图，按照视点的不同分成西南等轴测、东南等轴测、西北等轴测、东北等轴测四种。同一个三维模型的不同轴测视图显示效果如图 9-5 所示。

9.1.3　视图类型的切换

1. 使用菜单设置视图

使用菜单设置视图，即通过菜单命令切换相应的视点观察图形。单击"自定义快捷访问工具栏"下拉按钮，选择"显示菜单栏"选项显示出菜单。然后选择"视图"｜"三维视图"命令，将显示"三维视图"子菜单的各个命令。在该子菜单中包含了常用的正交和轴测视图命令。选择相应的命令，即可切换至需要的视图类型。图 9-6 就是将视图设置为西南等轴测的显示效果。

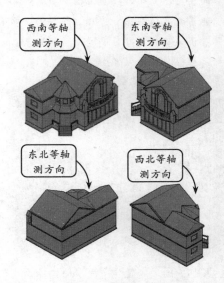

图 9-5　等轴测视图效果

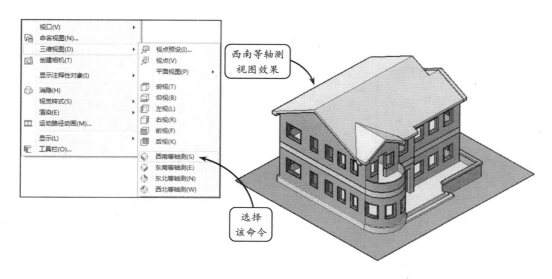

图 9-6　使用菜单设置视图

2. 利用 "视图" 选项板工具设置视图

在 "常用" 选项卡的 "视图" 选项板中展开 "三维导航" 列表项，然后在打开的下拉列表中选择相应的选项，即可切换至需要的视图类型，如图 9-7 所示。

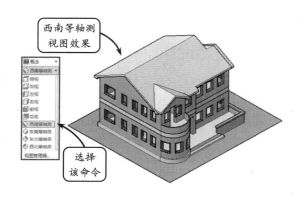

图 9-7　利用选项板工具设置视图

3. 利用三维导航器设置视图

在 "三维建模" 空间中使用三维导航器工具可以切换各种正交或轴测视图类型。该导航工具以非常直观的 3D 导航立方体显示在绘图区中，单击该工具图标的各个热点位置，将显示不同的视图效果，如图 9-8 所示。

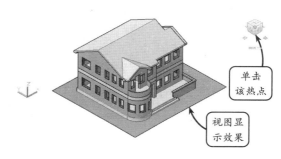

图 9-8　利用导航工具切换视图方向

当鼠标移至立方体的不同位置时，将显示高亮的热点。此时单击任一个热点，AutoCAD 将立即切换至相应的视图方向。除了这样预定义的视点，还可以在立方体上单击并拖动鼠标自由旋转模型。但无论怎么样改变模型的视点，立方体的图标都将自动显示当前视图的方向。

此外三维导航器图标的显示方式是可以修改的。右击该图标，在打开的快捷菜单中选择 "ViewCube 设置" 命令，将打开如图 9-9 所示对话框，在该对话框中可进行导航器的各种设置。

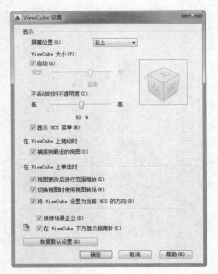

图 9-9　"ViewCube 设置" 对话框

用户也可以利用导航控制盘来设置视图、平移视图、旋转视图。单击"视图"选项卡"视口工具"选项板"导航栏"工具中的显示导航栏，单击导航栏上的"全导航控制盘"按钮，在视图中显示导航控制盘，如图 9-10 所示。单击该控制盘中的任意按钮都将执行相应的导航操作。

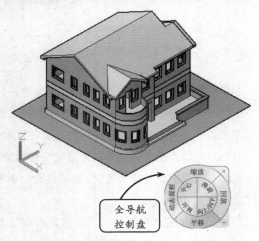

全导航控制盘

图 9-10　导航控制盘

9.1.4　视图显示的平移和缩放

在三维建模过程中，利用"平移"和"缩放"

工具可以快速地调整模型显示效果。三维平移和缩放操作是使用最为频繁，同时也是最重要的调整视图方式之一。

1. 平移

使用"平移"工具可以平移显示，从而可以在屏幕上显示出不同位置的模型。

单击导航栏中的"平移"按钮，此时视图中的光标将变为状。按住鼠标左键不放并沿任意方向拖动，窗口内的图形将随光标在同一方向上移动，效果如图 9-11 所示。

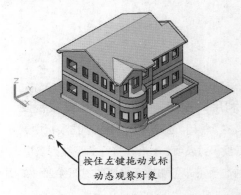

按住左键拖动光标
动态观察对象

图 9-11　平移三维图形

2. 缩放

在 AutoCAD 中，可以通过缩放视图改变模型的显示大小，放大显示便于观察局部细节，缩小显示便于观察整体效果。

在导航栏中单击"实时缩放"按钮，此时光标指针将呈状。按住鼠标左键不放并上下拖动，即可对图形进行放大或缩小操作，释放鼠标后即可停止缩放，如图 9-12 所示。

执行实时缩放操作，可以模拟相机缩放镜头的效果，使图形对象看起来靠近或远离相机，但不改变相机的位置。单击并向上拖动光标将放大图像，使对象显得更大或更近；单击并向下拖动光标将缩小图像，使对象显得更小或更远。

图 9-12　实时缩放效果

9.1.5　视图显示的旋转查看

平移和缩放只是在同一个视点上改变模型的显示状态,如果用户想看看当前模型的背面或者底面呢?在三维建模空间里,用户可以 360 度全方位地观察模型,也就是模型不动,用户围绕模型进行旋转,以便全方位地查看模型。这种查看被称为动态观察,分为三种类型。

1. 受约束的动态观察

利用该工具可以对视图中的图形进行一定约束的动态观察,即以水平、垂直或对角为轴线围绕对象进行动态观察。在观察视图时,视图的目标位置保持不动,而相机位置(视点)围绕该目标移动。且默认的视点会约束为沿着世界坐标系的 XY 平面或 Z 轴移动。

在导航栏中单击"动态观察"按钮 ,将激活交互式的动态视图,且视图中的光标将显示为两条线环绕着的小球体 。此时单击并拖动鼠标即可对视图进行受约束的三维动态观察,从而非常方便地获得不同方向的 3D 视图,如图 9-13 所示。

2. 自由动态观察

利用"自由动态观察"工具,可以使观察点绕视图的任意轴进行任意角度的旋转,从而在任意方向上对图形进行动态观察。

在导航栏中单击"自由动态观察"按钮 ,围绕待观察的对象将形成一个辅助圆,且该圆被 4 个小圆分成 4 等份。其中该辅助圆的圆心是观察目标

点,当用户按住鼠标拖动时,待观察的对象静止不动,而视点绕着对象旋转,显示的效果便是视图在不断地转动,如图 9-14 所示。

图 9-13　受约束的动态观察

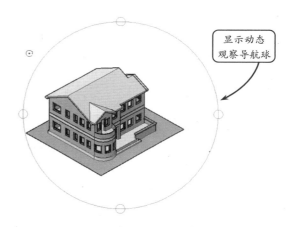

图 9-14　自由动态观察模型

当光标置于左右侧的小圆内时,拖动鼠标模型将沿中心的垂直轴进行旋转;当光标置于上下方的小圆内时,拖动鼠标模型将沿中心的水平轴进行旋转;当光标在圆形轨道外拖动时,模型将绕着一条穿过中心,且与屏幕正交的轴线进行旋转;当光标在圆形轨道内拖动时,可以在水平、垂直以及对角线等任意方向上旋转任意角度,即可以对对象做全方位地动态观察。

3. 连续动态观察

利用"连续动态观察"工具可以使相机(视点)绕指定的轴持续地旋转,从而可以连续动态地

观察模型。当相机旋转的时候，用户看到的效果好像是模型在旋转，但实际模型并没有动。

在导航栏中单击"连续动态观察"按钮，光标指针将变为 状。此时按住左键拖动启动连续运动，释放后视点将沿着拖动的方向继续旋转，旋转的速度取决于拖动模型时的速度。当再次单击或按下 Esc 键时即可停止转动，效果如图 9-15 所示。

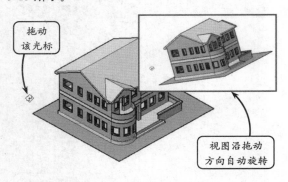

图 9-15　连续动态观察图形

9.1.6　模型的类型

通常在创建三维建筑模型时，根据造型的创建方法及存储方式，可以创建线框模型、曲面模型和实体模型 3 种类型的三维模型。这 3 种模型从不同角度来描述一个物体，各有侧重，各具特色，现分别介绍如下。

1．线框模型

线框模型没有面和体的特征，仅是三维对象的轮廓。由点、直线和曲线等对象组成，不能进行消隐和渲染等操作。创建对象的三维线框模型，实际上是在空间的不同平面上绘制二维对象，效果如图 9-16 所示。由于构成该种模型的每个对象都必须单独绘制出来，所以这种建模方式比较耗时。

2．曲面模型

曲面模型是一种描述物体外轮廓特征的模型，不仅定义了三维对象的边界，而且定义了它的表面，具有面的特征。AutoCAD 用多边形代表各个小的平面，而这些小平面组合在一起构成了曲面，即网格表面。网格表面只是真实曲面的近似表达，

在现代建筑工程设计中，表面设计是其中的重要内容。该类模型可以进行消隐和渲染等操作，如图 9-17 所示。

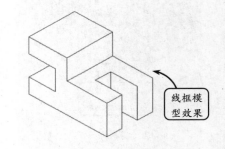

图 9-16　线框模型

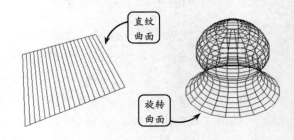

图 9-17　曲面模型

3．实体模型

线框模型和曲面模型在完整、准确地表达实体形状方面各有其局限性，要想完整地处理三维立体的各种问题，就必须采用实体模型。实体模型具有体的特征，它由一系列表面包围，这些表面可以是普通的平面也可以是复杂的曲面，实体模型中除包含二维图形数据外，还包括相当多的工程数据，如体积、边界面和边线等，如图 9-18 所示。

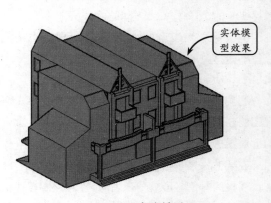

图 9-18　实体模型

9.1.7　模型的显示样式设置

同一个三维模型，为了便于观察，用户可以设置不同的显示样式进行显示。比如，为了绘制模型辅助线或者指定模型内部特殊点，可以将模型用"二维线框"或"三维线框"样式进行显示，这个时候模型将以线框的形式显示出来。又比如，为了看到模型的真实外观，可以用"真实"或"概念"样式显示模型，这个时候模型上的不可见表面和线性对象都将隐藏，看起来更接近一张照片。

要切换视觉样式，可以在"可视化"选项卡"视觉样式"选项板中单击"视觉样式"下拉按钮，在其下拉列表框中显示了多种视觉样式类型，如图9-19 所示。现介绍几种最常用的视觉样式如下。

图 9-19　"视觉样式"列表框

1．二维线框

"二维线框"样式使用表示实体边界的直线和曲线来显示三维对象。在该样式中，光栅图、OLE对象、线型和线宽均可见，且线与线之间是重复地叠加的，效果如图 9-20 所示。

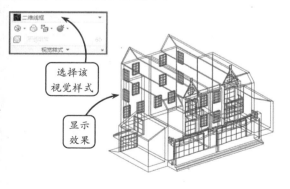

图 9-20　二维线框显示

2．三维线框

"三维线框"样式同样用表示实体边界的直线和曲线来显示三维对象。所不同的是在三维线框模式中，光栅图、OLE 对象、线型和线宽均不可见，且此时 UCS 图标为一个着色的三维图标，效果如图 9-21 所示。

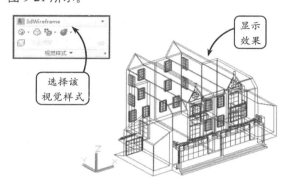

图 9-21　三维线框显示

3．三维隐藏

"三维隐藏"样式用三维线框来表示图形对象，并消隐表示后面的线，效果如图 9-22 所示。该视觉样式效果与选择"视图"｜"消隐"菜单命令获得的显示效果一样，都可以将三维线框消隐处理，所不同的是：执行三维隐藏操作后同样可以移动或缩放建筑实体，而消隐操作后则不能执行移动或缩放命令。

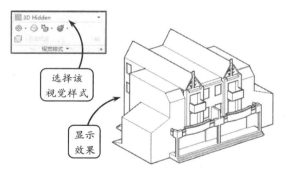

图 9-22　三维隐藏显示

4．真实

"真实"样式显示着色后的多边形对象，对可见的表面提供平滑的颜色过渡，其表达效果进一步提高，同时显示已经附着到对象上的材质效果，如

图 9-23 所示。

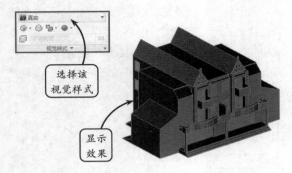

图 9-23 真实显示

"真实"样式比线框表示和消隐图更真实地表达三维模型,产生的效果相当于在观察者的右肩处放置一单光源从而产生相应的阴影,其处理时间的长短取决于图形的复杂程度。

5. 概念

"概念"样式显示着色后的多边形对象,并使对象的边平滑化,使用冷色和暖色进行过渡。该视觉样式缺乏真实感,但可以方便用户查看模型的细节,效果如图 9-24 所示。

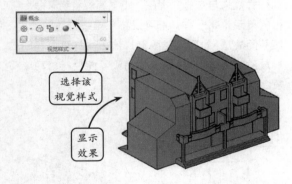

图 9-24 将模型概念显示

提示

此外,用户可以对已有视觉样式进行修改或者创建新的视觉样式。在"视觉样式"下拉列表的最下方选择"视觉样式管理器"选项,并在打开的面板中选择不同的视觉样式,即可切换至对应的特性面板,可对当前所选图形视觉样式的面、环境和边进行相应地设置。

9.1.8 三维模型消隐

在 AutoCAD 中,为了较容易和清晰地观察模型,使模型的立体感更强,可以利用"隐藏"工具将一些实体边或面隐藏,即隐藏建筑体背后的线和面。执行消隐操作仅仅为了便于观察当前房屋方位消隐图效果,无法快速调整至其他方位观察消隐图效果。

选择"工具"|"工具栏"|AutoCAD|"渲染"命令调出"渲染"工具栏,然后在该工具栏中单击"隐藏"按钮◎,此时系统会自动对当前视图中的所有实体进行消隐,并在屏幕上显示消隐后的效果,如图 9-25 所示。

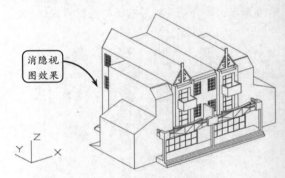

图 9-25 建筑实体消隐效果

提示

图形消隐实际上是隐藏被前景对象遮掩的背景对象,使图形的显示更加简洁、设计效果更加清晰。在执行消隐操作时,对于单个的三维物体,系统将删除不可见的轮廓线;而对于多个物体,系统能自动删除被前面物体遮挡住的线和面。

9.2　三维坐标系

三维建模离不开三维坐标系，AutoCAD 为用户提供了两种三维坐标系：世界坐标系（WCS）和用户坐标系（UCS）。

1．世界坐标系

AutoCAD 为用户提供了一个绝对的坐标系，即世界坐标系（WCS），图中每一点均可用世界坐标系的一组特定的（X，Y，Z）坐标值来表示。

通常利用 AutoCAD 构造新图形时将自动使用 WCS。虽然 WCS 不可更改，但可以从任意角度、任意方向来观察或旋转。

世界坐标系又称为绝对坐标系或固定坐标系，其原点和各坐标轴方向均固定不变。对于二维绘图来说，世界坐标系已足以满足要求，但在固定不变的世界坐标系中创建三维建筑模型，则不太方便。世界坐标系的图标在不同视觉样式下呈现不同的效果。如图 9-26 所示，在线框样式下世界坐标系原点处有一个位于 XY 平面上的小正方形。

2．用户坐标系

相对于世界坐标系，用户可以根据需要创建相应的坐标系，该坐标系称为用户坐标系（UCS）。为了有助于绘制三维图元，可以创建任意数目的用户坐标系，并可存储或重定义它们。在 AutoCAD 中，正确运用 UCS 可以简化建模过程。

创建三维建筑模型时，用户的二维操作平面可能是空间中的任何一个面。由于 AutoCAD 的大部分绘图操作都是在当前坐标系的 XY 平面内或与 XY 平面平行的平面中进行的，而用户坐标系的作用就是让用户设定坐标系的位置和方向，从而改变工作平面，便于坐标输入。如图 9-27 所示，创建用户坐标系，使用户坐标系的 XY 平面与实体前表面平行，便可以在前表面上创建相应的圆柱体。

图 9-26　世界坐标系

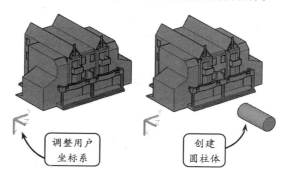

图 9-27　用户坐标系

9.3　定制 UCS 坐标系

AutoCAD 的大多数 2D 命令只能在当前坐标系的 XY 平面或与 XY 平面平行的平面中执行，如果用户要在空间的某一平面内使用 2D 命令，则应沿该平面位置创建新的 UCS。因此，在三维建模过程中需要不断地调整当前坐标系。

在创建三维建筑模型时，UCS 所起的作用不

可替代，用户经常通过转换 UCS 来构造不同角度的立面构件（如墙面、门窗等）。在"常用"选项卡的"坐标"选项板中提供了创建 UCS 的多种工具，如图 9-28 所示。各工具按钮的使用方法介绍如下。

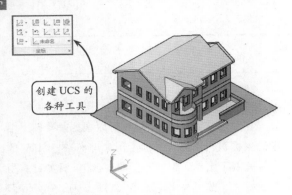

创建 UCS 的
各种工具

图 9-28　创建 UCS 的各种工具

1．原点

"原点"工具是默认的 UCS 坐标创建方法，主要用于修改当前用户坐标系原点的位置，而坐标轴方向与上一个坐标相同，且由该工具定义的坐标系将以新坐标存在。

单击"原点"按钮，然后利用状态栏中的对象捕捉功能，捕捉建筑模型上的一点作为新的原点，单击左键确认即可。此时 UCS 将位于指定点位置处，效果如图 9-29 所示。

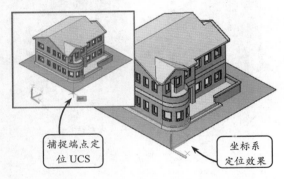

捕捉端点定
位 UCS

坐标系
定位效果

图 9-29　指定 UCS 原点

此外，在命令行中输入 UCS 指令，同样可以按照命令行的提示执行原点定义 UCS 的操作。且利用其他工具定义 UCS 的操作也可采用该输入指令的方法获得，这里不再赘述。

2．面

利用该工具可以通过选取指定的平面创建用户坐标系，即将新用户坐标系的 XY 平面与实体对象的选定面重合，以便在各个面上或与这些面平行的平面上绘制图形对象。

单击"面"按钮，在一个面的边界内或该面的某个边上单击，以选取该面（被选中的面将会亮显）；然后按下回车键，此时坐标系的 XY 平面将与选定的平面重合，效果如图 9-30 所示。

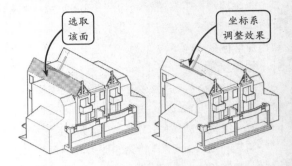

选取
该面

坐标系
调整效果

图 9-30　选取面指定 UCS

在创建过程中，当新建坐标系位于指定面后，命令行将显示"输入选项[下一个（N）/X 轴反向（X）/Y 轴反向（Y）]<接受>："的提示信息，各选项的含义可以参见表 9-1。

表 9-1　"面"工具中各选项含义

选　项	功　能
下一个（N）	用于确定与指定的对象平面相邻或相对的平面来设置用户坐标系
X 轴反向（X）	用于将设定的用户坐标系统 X 轴旋转 180°
Y 轴反向（Y）	用于将设定的用户坐标系统 Y 轴旋转 180°
接受	如果按下回车键，接受选择的面；否则将重复出现提示直到接受新位置为止

3．对象

利用该工具可以通过快速选择一个对象来定义一个新的坐标系，新定义的坐标系对应坐标轴的方向取决于所选对象的类型。

单击"对象"按钮，在图形对象上选取任一点后，UCS 坐标将移动到该位置处，效果如图 9-31 所示。当选择不同类型的对象，坐标系的原点位置，以及 X 轴的方向会有所不同，表 9-2 列出了所选对象与坐标系之间的关系。

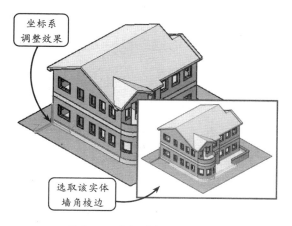

图 9-31　选择对象指定 UCS

表 9-2　选取对象与 UCS 的关系

对象类型	新建 UCS 坐标方式
直线	距离选取点最近的一个端点成为新 UCS 的原点，X 轴沿直线的方向，并使该直线位于新坐标系的 XY 平面
圆	圆的圆心成为新 UCS 的原点，X 轴通过选取点
圆弧	圆弧的圆心成为新 UCS 的原点，X 轴通过距离选取点最近的圆弧端点
二维多段线	多段线的起点成为新 UCS 的原点，X 轴沿从起点到下一个顶点的线段延伸方向
实心体	实体的第 1 点成为新 UCS 的原点，新 X 轴为两起始点之间的直线
尺寸标注	标注文字的中点成为新的 UCS 的原点，新 X 轴的方向平行于绘制标注时有效 UCS 的 X 轴

4．视图

利用该工具可以使新坐标系的 XY 平面与当前视图方向垂直，Z 轴与 XY 平面垂直，而原点保持不变。通常情况下，创建该坐标系主要用于标注文字，即当标注文字需要与当前屏幕平行而不需要与对象平行时，使用该工具较为简单。

单击"视图"按钮，新坐标系的 XY 平面将与当前视图方向垂直，此时添加的文字效果如图 9-32 所示。

5．X/Y/Z

该方式是保持当前 UCS 坐标的原点不变，将坐标系绕 X 轴、Y 轴或 Z 轴旋转一定的角度，从

而创建新的用户坐标系。这种定义 UCS 的方法在创建三维建筑模型中使用最频繁。

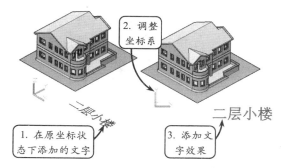

图 9-32　通过视图指定 UCS

单击"Z"按钮，输入绕该轴旋转角度值，并按下回车键，即可将 UCS 绕 Z 轴旋转，图 9-33 就是坐标系绕 Z 轴旋转 90º 的效果。

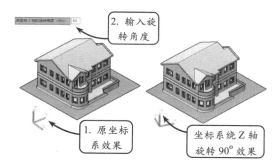

图 9-33　旋转 UCS

提示

在沿轴旋转定制坐标系时，最容易混淆的是哪个方向为旋转正方向。此时用户可运用右手定则简单确定。竖起大拇指指向旋转轴的正方向，则其他手指的环绕方向为旋转正方向。

6．UCS，世界

该工具用来切换回世界坐标系，即 WCS 坐标系。只需单击"UCS，世界"按钮，UCS 将变为 WCS 坐标系，效果如图 9-34 所示。

7．Z 轴矢量

Z 轴矢量是通过指定 Z 轴的正方向来创建新的用户坐标系。利用该方式确定坐标系需指定两点，指定的第一点作为坐标原点，指定第二点后，

第二点与第一点的连线决定了 Z 轴正方向。此时系统将根据 Z 轴方向自动设置 X 轴、Y 轴的方向。

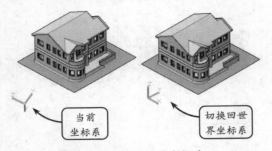

图 9-34　切换回世界坐标系

单击 "Z 轴矢量" 按钮，指定一点确定新原点，并指定另一点确定 Z 轴。此时系统将自动确定 XY 平面，创建新的用户坐标系。图 9-35 即是分别指定点 A 和点 B 确定 Z 轴，系统自动确定 XY 平面而创建坐标系的效果。

图 9-35　由 Z 轴矢量创建 UCS

> **提示**
>
> 使用该工具定制 UCS 的优点在于：可以快速建立当前 UCS，且 Z 轴为可见。如果用户关心的只是 UCS 的 Z 轴方向，可首选该定制工具。

8．三点

利用该工具只需选取 3 个点即可创建 UCS。其中第一点确定坐标系原点，第二点与第一点的连线确定新 X 轴，第三点与新 X 轴确定 XY 平面，且系统将自动设置 Z 轴的方向为与 XY 平面垂直。

如图 9-36 所示，指定点 A 为坐标系新原点，并指定点 B 确定 X 轴正方向。然后指定点 C 确定

XY 平面，按下回车键，即可创建新坐标系。

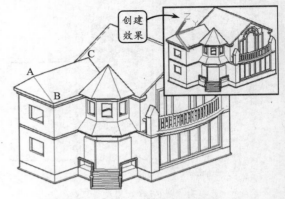

图 9-36　选取三点确定 UCS

> **提示**
>
> 在 AutoCAD 中，用户坐标系是唯一的，即一个图形文件中只对应一个当前坐标系。尤其在创建三维建筑实体模型时，如果变换坐标系原点位置或者其坐标轴方向，则原坐标系消失。

9．上一个 UCS

该方式是使用上一个 UCS 确定坐标系，它相当于绘图中的撤销操作，可返回上一个绘图状态，且最多可以返回 10 次。但区别在于该操作仅返回上一个 UCS 状态，其他图形对象保持更改后的效果。

此外，还可以通过输入指令的方式来执行该操作。在命令行中输入 UCS 指令，然后在命令行中输入字母 P，系统将撤销上一步 UCS 操作，并返回至上一步坐标系位置，如图 9-37 所示。

图 9-37　返回至上一个 UCS

AutoCAD 9.4 控制 UCS

在创建三维建筑模型时,当前坐标系图标的可见性是可以进行设置的,用户可以任意地显示或隐藏坐标系。此外坐标系图标的大小也可以进行相应地设置。

1．显示或隐藏 UCS

用户要改变坐标系图标显示状态,可以在命令行中输入 UCSICON 指令,然后按下回车键,并输入指令 OFF,此时显示的 UCS 将被隐藏起来,效果如图 9-38 所示。而输入指令 ON,则隐藏的 UCS 将显示出来。

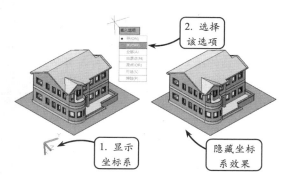

图 9-38　隐藏当前坐标系

提示

此外,直接在"坐标"选项板中单击"隐藏UCS 图标"按钮或"显示 UCS 图标"按钮,也可以将 UCS 图标隐藏或显示;而如果要在原点处显示当前坐标系,可以通过单击"在原点处显示 UCS 图标"按钮来执行相应的操作。

2．修改 UCS 图标大小

在一些图形中通常为了不影响模型的显示效果,而将坐标系图标变小。UCS 图标大小的变化只有当视觉样式为"二维线框"时才可以查看。

在"坐标"选项板中单击"UCS 图标,特性…"按钮,将打开"UCS 图标"对话框,如图 9-39所示。在该对话框中即可设置 UCS 图标的样式、大小和颜色等特性。

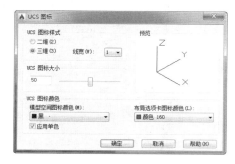

图 9-39　"UCS 图标"对话框

在该对话框的"UCS 图标大小"文本框中可以直接输入图标大小的数值,也可以拖动右侧的滑块来动态调整图标的大小,效果如图 9-40 所示。

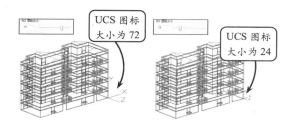

图 9-40　调整 UCS 图标大小

AutoCAD 9.5 三维坐标类别

在二维图形创建中,一个点的位置由两个数值构成的坐标来确定,根据数值类型不同二维坐标分为平面坐标与极坐标两种。而在三维中,要确定一个点的位置需要三个数值,根据这三个数值的组成类型不同，三维坐标分为笛卡尔坐标、圆柱坐标、球坐标三种。

1．笛卡尔坐标

笛卡尔坐标利用三个相互垂直的 X、Y、Z 轴来确定三维空间的点，图中的每个位置都可由相对于原点的（0，0，0）坐标点来表示。输入三维笛卡尔坐标值（X，Y，Z）类似于输入二维坐标值（X，Y），除了指定 X 和 Y 值外，还需要指定 Z 值。如图 9-41 所示，坐标值（3，2，5）指一个沿 X 轴正方向 3 个单位，沿 Y 轴正方向 2 个单位，沿 Z 轴正方向 5 个单位的点。

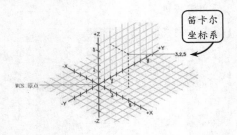

图 9-41　三维绝对笛卡尔坐标

使用三维笛卡尔坐标时，可以输入基于原点的绝对坐标值，也可以输入基于上一输入点的相对坐标值。如果要输入相对坐标，需使用符号@作为前缀，如输入（@1，0，0）表示在 X 轴正方向上距离上一点一个单位的点。

2．圆柱坐标

圆柱坐标与二维极坐标类似，但增加了从所要确定的点到 XY 平面的垂直距离值。三维点的圆柱坐标，可以分别通过该点与 UCS 原点连线在 XY 平面上的投影长度、该投影与 X 轴正方向的夹角，以及该点垂直于 XY 平面的 Z 值来确定，效果如图 9-42 所示。

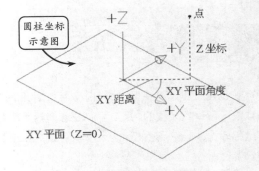

图 9-42　圆柱坐标示意图

例如一点的圆柱坐标为（20，45，15）表示该点与原点的连线在 XY 平面上的投影长度为 20 个单位，该投影与 X 轴的夹角为 45°，在 Z 轴上投影点的 Z 值为 15。

3．球面坐标

球面坐标也类似于二维极坐标。在确定某点时，应分别指定该点与当前坐标系原点的距离、点在 XY 平面的投影和原点的连线与 X 轴的夹角、点到原点连线与 XY 平面的夹角，效果如图 9-43 所示。

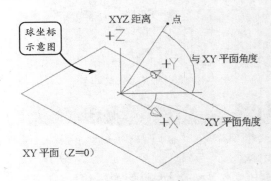

图 9-43　球坐标示意图

例如坐标（18<60<30）表示一点与当前 UCS 原点的距离为 18 个单位，在 XY 平面的投影与 X 轴的夹角为 60°，并且该点与 XY 平面的夹角为 30°。

9.6　创建三维线段

在三维空间中，线是构成模型的基本元素，它同二维对象的直线类似，主要用来辅助创建三维模型。在 AutoCAD 中，三维线段主要包括直线、射线、构造线、多段线、螺旋线和样条曲线等类型。

9.6.1　绘制空间基本直线

　　三维空间中的基本直线包括直线、射线和构造线等。在"绘图"选项板中单击"直线"按钮，可以通过输入坐标值的方法确定直线段的两个端点，也可以直接选取现有模型上的端点，从而绘制直线，效果如图 9-44 所示。

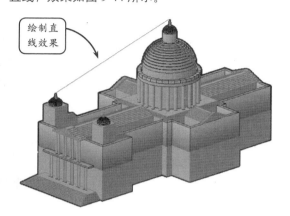

图 9-44　绘制空间基本直线

9.6.2　三维多段线

　　三维多段线是多条不共面的线段和线段间的组合轮廓线，且所绘轮廓可以是封闭的或非封闭的直线段。而如果欲绘制带宽度和厚度的多段线，其多段线段必须共面，否则系统不予支持。

　　要绘制三维多段线，可以在"绘图"选项板中单击"三维多段线"按钮，然后依次指定各个端点，即可绘制三维多段线，效果如图 9-45 所示。

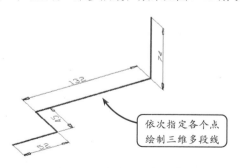

图 9-45　绘制三维多段线

9.6.3　样条曲线

　　样条曲线就是通过一系列给定控制点的一条光滑曲线，它在控制处的形状取决于曲线在控制点处的矢量方向和曲率半径。对于空间中的样条曲线，应用比较广泛，它不仅能够自由描述曲线和曲面，而且还能够精确地表达圆锥曲线曲面在内的各种几何体。

　　要绘制样条曲线，可以在"绘图"选项板中单击"样条曲线"按钮，根据命令行提示依次选取样条曲线的控制点即可。对于空间样条曲线，可以通过曲面网格创建自由曲面，从而描述曲面等几何体，效果如图 9-46 所示。

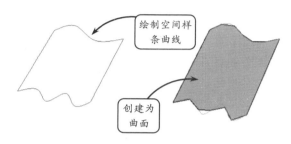

图 9-46　绘制空间样条曲线

9.6.4　绘制三维螺旋线

　　螺旋线是指一个固定点向外，以底面所在平面的法线为方向，并以指定的半径、高度或圈数旋绕而形成的规律曲线。在建筑设计中，螺旋线可以作为特殊的装饰结构，使设计效果更加美观。

　　要绘制该曲线，可以在"绘图"选项板中单击"螺旋"按钮，并分别指定底面中心点、底面和顶面的半径值。然后设置螺旋线的圈数和高度值，即可完成螺旋线的绘制，效果如图 9-47 所示。

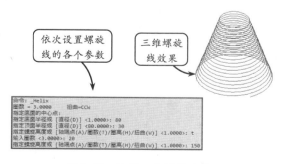

图 9-47　绘制三维螺旋曲线

在绘制螺旋线时，如果选择"轴端点"选项，可以通过指定轴的端点，绘制出以底面中心点到该轴端点距离为高度的螺旋线；选择"圈数"选项，可以指定螺旋线的螺旋圈数；选择"圈高"选项，可以指定螺旋线各圈之间的间距；选择"扭曲"选项，可以指定螺旋线的螺旋方向是顺时针或逆时针，效果如图 9-48 所示。

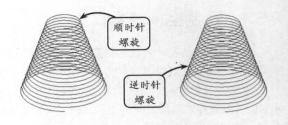

图 9-48　设置螺旋方向

9.7　创建网格曲面

曲面模型类似纸扎的模型，是由曲面或网格围构成的，是空心的三维模型。AutoCAD 中的曲面包括基本几何体表面、旋转曲面、平移曲面、直纹曲面、边界曲面、三维面等。

9.7.1　创建基本曲面

基本曲面就是基本几何体的表面。切换至"网格"选项卡，单击"图元"选项板中的各个工具按钮，即可在命令行的提示下创建相应的基本曲面，各个曲面的创建方法介绍如下。

1. 长方体表面

当需要创建长方体表面时，单击"网格长方体"按钮，然后按照命令行的提示依次指定长度、宽度和高度值，即可完成长方体表面的创建。

例如创建图 9-49 所示的长方体表面，可以按照命令行的提示依次指定长度 2000、宽度 1000、高度 500，即可获得相应的长方体表面效果。

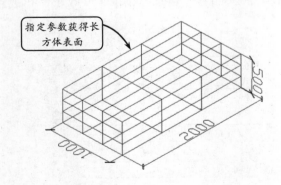

图 9-49　创建长方体表面

2. 圆锥面

当需要创建圆锥面时，单击"网格圆锥体"按钮，然后在绘图区的适当位置指定圆锥的底面中心点，并依次输入底面半径和高度值，即可获得圆锥面效果。

图 9-50 就是依次指定底面半径 1000，高度 1800 获得的锥面创建效果。此外，如果在指定底面半径后输入顶面半径值，将获得圆锥台表面的创建效果。

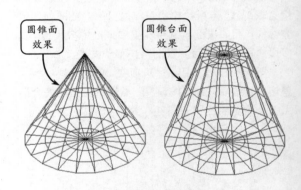

图 9-50　创建圆锥面

3. 圆柱面

当需要创建圆柱面时，单击"网格圆柱体"按钮，然后在绘图区的适当位置指定圆柱的底面中心点，并依次输入底面半径和高度值，即可获得圆柱面效果。图 9-51 就是依次指定底面半径 500，高度 2000 获得的圆柱面创建效果。

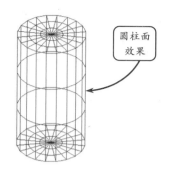

图 9-51　创建圆柱面

4. 棱锥面

当需要创建棱锥面时，单击"网格棱锥体"按钮△，然后在绘图区的适当位置指定棱锥面的底面中心点，并依次输入底面半径和高度值，即可获得棱锥面效果。一般情况下，系统默认创建的棱锥面为 4 个侧面，底面半径为底面多边形外切圆的半径。

图 9-52 就是采用默认系统设置，指定底面半径 500，高度 1200 获得的棱锥面创建效果。此外，如果在指定底面半径后输入顶面半径值，将获得棱锥台表面的创建效果。

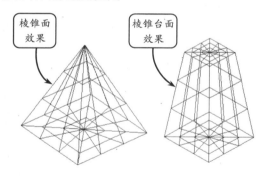

图 9-52　创建棱锥面

5. 球面

当需要创建球面时，单击"网格球体"按钮●，然后在绘图区的合适位置指定球面的中心点，并指定球面半径值，即可获得球面效果。图 9-53 就是半径值为 500 的球面创建效果。

6. 楔体表面

楔体表面的创建方法与长方体表面的创建方

法完全相同。单击"网格楔体"按钮▨，在命令行的提示下，依次指定长度 2000、宽度 1000、高度 500，即可获得相应的楔体表面效果，如图 9-54 所示。

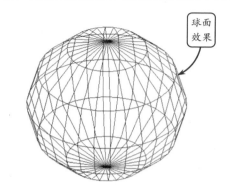

图 9-53　创建球面

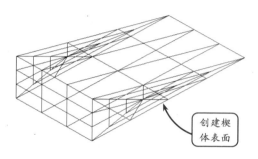

图 9-54　创建楔体表面

7. 圆环面

当需要创建圆环面时，单击"网格圆环体"按钮◉，然后在绘图区的适当位置指定圆环的中心点，并按照命令行的提示依次指定圆环和圆管的半径或直径值，即可获得圆环面效果。图 9-55 就是依次指定圆环半径 1000，圆管半径 120 获得的圆环面创建效果。

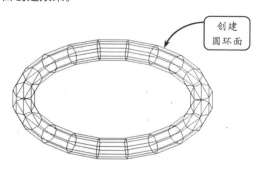

图 9-55　创建圆环面

9.7.2　创建旋转曲面

旋转曲面是指将旋转对象绕指定的轴旋转所创建的曲面，其中旋转的对象叫做路径曲线，它可以是直线、圆弧、圆、二维多段线或三维多段线等曲线类型，也可以是由直线、圆弧或二维多段线组成的多个对象；生成旋转曲面的旋转轴可以是直线或二维多段线，且可以是任意长度和任意方向。

切换至"网格"选项卡，然后在"图元"选项板中单击"建模，网格，旋转曲面"按钮 ⏧，命令行将显示当前线框密度参数。此时选取要旋转的曲线，并指定旋转轴线。接着依次指定起点角度和包含角角度，即可创建旋转曲面，效果如图 9-56 所示。

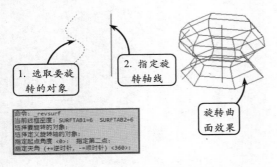

图 9-56　创建旋转曲面

在创建网格曲面时，使用 SURFTAB1 和 SURFTAB2 变量可以控制 U 和 V 方向的网格密度，效果如图 9-57 所示。但必须在创建曲面之前就设置好两个参数，否则创建的曲面图形不能再改变。

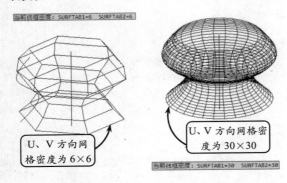

图 9-57　设置不同的网格线密度

> **注意**
>
> 如有必要在创建曲面后删除旋转轴，在绘制路径曲线和中心轴时，旋转轴长一般长于路径曲线，这样便于在创建曲面后选取相应的图形对象进行删除操作。

9.7.3　创建平移曲面

平移曲面是通过沿指定的方向矢量拉伸路径曲线而创建的曲面网格。其中构成路径曲线的对象可以是直线、圆弧、圆和椭圆等单个对象；方向矢量确定拉伸方向及距离，它可以是直线或开放的二维或三维多段线。

在"图元"选项板中单击"建模，网格，平移曲面"按钮 ⏧，然后依次选取路径曲线和方向矢量，即可创建平移曲面，效果如图 9-58 所示。

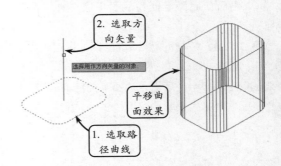

图 9-58　创建平移曲面

如果选取多段线作为方向矢量时，则平移方向沿着多段线两端点的连线方向，并沿矢量方向远离选取点的端点方向创建平移曲面，效果如图 9-59 所示。

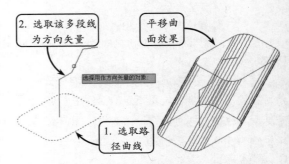

图 9-59　利用多段线作为方向矢量创建平移曲面

9.7.4　创建直纹曲面

直纹曲面是在两个对象之间创建的曲面网格。这两个对象可以是直线、点、圆弧、圆、多段线或样条曲线。且如果一个对象是开放或闭合的，则另一个对象也必须是开放或闭合的；如果一个点作为一个对象，则另一个对象不必考虑是开放或闭合的，但两个对象中只能有一个是点对象。

在"图元"选项板中单击"建模，网格，直纹曲面"按钮 <img>，然后依次选取如图 9-60 所示的两条开放边线，即可创建相应的直纹曲面。且当边线为封闭的圆轮廓线时，直纹曲面从圆的零度角位置开始创建；当边线是闭合的多段线时，直纹曲面则从该多段线的最后一个顶点开始创建。

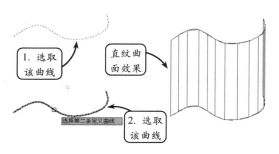

图 9-60　创建直纹曲面

9.7.5　创建边界曲面

边界曲面是一个三维多边形网格，该曲面网格由 4 条邻边作为边界，且边界曲线首尾相连。其中边界线可以是圆弧、直线、多段线、样条曲线和椭圆弧等曲线类型。每条边分别为单个对象，而且要首尾相连形成封闭的环，但不要求一定共面。

在"图元"选项板中单击"建模，网格，边界曲面"按钮 <img>，然后依次选取相连的 4 条边线，即可创建相应的边界曲面。图 9-61 小亭顶部的曲面

就是利用该工具创建的。

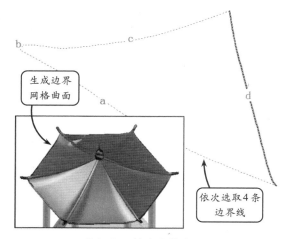

图 9-61　创建边界曲面

9.7.6　创建三维面

三维面是一种用于消隐和着色的实心填充面，它没有厚度和质量属性，且创建的每个面的各顶点可以有不同的 Z 坐标。在三维空间中的任意位置可以创建三侧面或四侧面，且构成各个面的顶点最多不能超过 4 个。

在命令行中输入 3DFACE 指令，然后按照命令行提示依次选取如图 9-62 所示的 3 个点，并连续按下两次回车键，即可创建相应的三维平面。

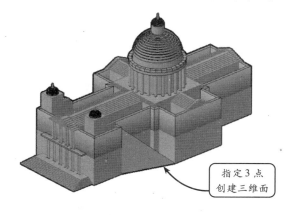

图 9-62　指定 3 点创建三维面

如果选取 4 个顶点，则选取完成后，系统将自动连接第一点和第四点，创建一空间的三维面。当然所选的 4 个点也可以共面，效果如图 9-63 所示。

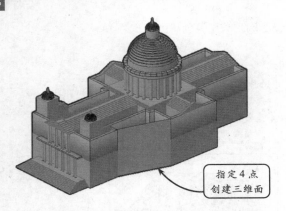

指定4点
创建三维面

图 9-63 指定共面的4点创建三维面

在指定三维面对应参照点时，命令行将显示"[不可见（I）]"的提示信息。该选项用于控制三维面的各个边是否可见，但这必须在指定第1个点之前声明。用户可以创建所有边都不可见的三维面，这样的面就像个幻影，它在图上无法以线框模型表示出来，但仍然是一个三维对象，只是隐藏了材质，可以对其进行着色。

> **提示**
>
> 如果构成面的4个顶点共面，则系统认为该面是不透明的，即可以在"渲染"工具栏中单击"隐藏"按钮 ◎，将其消隐处理；反之，消隐处理对其无效。

9.7.7 创建平面曲面

平面曲面可以由指定的两个角点形成，也可以由形成闭合图形的直线、圆、圆弧、椭圆、椭圆弧、二维多段线、平面三维多段线和平面样条曲线来生成。

执行"绘图"|"建模"|"曲面"|"平面"命令，根据命令行提示，可以指定两个角点来生成一个矩形平面，如图 9-64 所示。

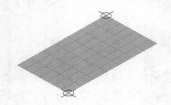

图 9-64 指定两点生成平面

根据命令行提示，也可以拾取组成封闭区域的对象来生成一个平面，如图 9-65 所示。

图 9-65 指定对象生成平面

9.7.8 创建网格曲面

网格曲面是由在 U、V 两个方向上的几条曲线拟合生成的曲面。U、V 两个方向的曲线不应该在同一个平面上。

执行"绘图"|"建模"|"曲面"|"网络"命令，根据命令提示，分别在两个方向上拾取不同的曲线，回车确定后即可生成网格曲面，如图 9-66 所示。

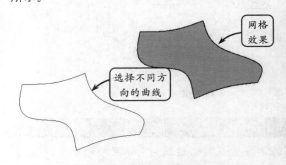

网格
效果

选择不同方
向的曲线

图 9-66 创建网格曲面

9.7.9 创建过渡曲面

过渡曲面是在两个已有曲面之间生成的过渡面，它由一个曲面形状渐变为另一个曲面形状。

执行"绘图"|"建模"|"曲面"|"过渡"命令，根据命令提示拾取两个曲面的边即可生成过渡曲面，如图 9-67 所示。

9.7.10 创建修补曲面

修补曲面是由已有的闭环状的曲面的端口曲线拟合生成的。

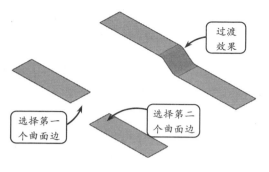

图 9-67 创建过渡曲面

执行"绘图"|"建模"|"曲面"|"修补"命令，根据命令提示，分别拾取闭合曲面上的各条边线即可拟合生成修补曲面，如图 9-68 所示。

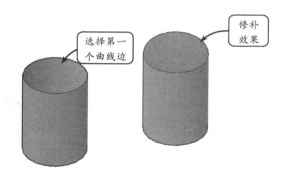

图 9-68 创建修补曲面

9.7.11 创建偏移曲面

偏移曲面是在已有曲面基础上进行偏移生成的。偏移曲面的操作与二维图形中的偏移类似，只不过当前偏移的对象是曲面而已。

执行"绘图"|"建模"|"曲面"|"偏移"命令，根据命令提示，拾取曲面并指定偏移距离即可生成偏移曲面，如图 9-69 所示。

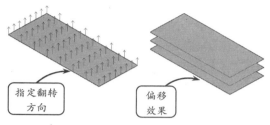

图 9-69 创建偏移曲面

9.7.12 创建圆角曲面

圆角曲面是在已有的两个平行或者相交曲面之间生成指定半径大小的圆弧状曲面。

执行"绘图"|"建模"|"曲面"|"圆角"命令，根据命令提示，设置半径后分别拾取两个曲面，即可生成圆角曲面，如图 9-70 所示。

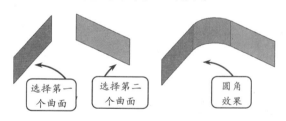

图 9-70 创建圆角曲面

AutoCAD 9.8 创建基本三维实体

前面说了曲面模型就是纸扎的，是空心的，那实体模型就是浇铸的，是实心的。AutoCAD 中的实体模型包括基本三维实体和由拉伸、旋转、放样、扫掠形成的复杂三维实体。

AutoCAD 中提供了多种基本实体，如多段体、长方体、圆柱体和球体等，这些基本实体可以通过参数进行创建。利用基本实体可以像堆积木一样快速搭建三维模型。下面介绍基本三维实体的创建。

9.8.1 长方体

长方体是最基本的实体对象，有 6 个矩形面，它们相互垂直或平行。利用该工具可创建门、窗、墙体和台阶等建筑实体，要注意的是长方体的底面始终与当前坐标系的 XY 平面平行。

相对于面构造体而言，实心长方体的创建方法既简单又快捷，只需指定长方体的两个对角点和高度值，即可获得相应的长方体模型。在"常用"选项卡的"建模"选项板中单击"长方体"按钮 ，命令行将显示"指定第一个角点或 [中心(C)]"的提示信息。创建长方体主要有以下两种方法。

1. 指定角点创建长方体

该方法是创建长方体的默认方法，即通过依次指定长方体底面的两个角点，或者指定一角点和长、宽、高的方式来创建长方体。

单击"长方体"按钮 ，然后依次指定长方体底面的对角点，并输入高度值，即可创建相应的长方体，效果如图 9-71 所示。

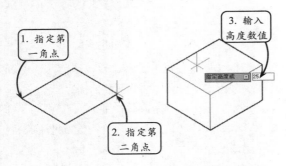

图 9-71　指定对角点创建长方体

如果指定第一个角点后，在命令行中输入字母 C，然后指定一点或输入长度值，将获得立方体；如果在命令行中输入字母 L，则需要分别输入长度、宽度和高度值获得长方体。

2. 指定中心创建长方体

该方法是通过指定长方体的底面中心，并指定角点确定长方体底面的方式来创建长方体。其中长方体的高度向底面的两侧对称生成。

选择"长方体"工具后，输入字母 C。然后在绘图区选取一点作为底面中心点，并选取另一点或直接输入底面的长宽数值来确定底面大小。接着输入高度数值，即可完成长方体的创建，效果如图 9-72 所示。

9.8.2　球体

球体是三维空间中到一个点的距离完全相同

的点集合形成的实体特征。在 AutoCAD 中，球体的显示方法与球面有所不同，能够很方便地查看究竟是球面还是球体。

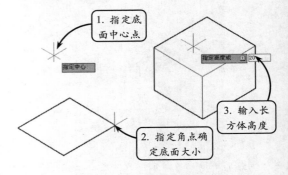

图 9-72　指定中心创建长方体

单击"球体"按钮 ，命令行将显示"指定中心点或[三点（3P）/两点（2P）/切点、切点、半径（T）]："的提示信息。此时直接捕捉一点作为球心，然后指定球体的半径或直径值，即可获得球体效果，如图 9-73 所示。另外还可以按照命令行的提示使用以下 3 种方法创建球体。

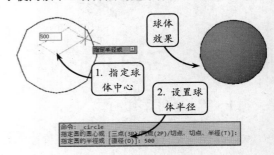

图 9-73　指定中心和半径创建球体

- ❏ **三点**　通过在三维空间的任意位置指定 3 个点来定义球体的圆周。其中这 3 个指定点还定义了圆周平面。

- ❏ **两点**　通过在三维空间的任意位置指定两个点来定义球体的圆周。圆周平面由第一个点的 Z 值定义。

- ❏ **切点、切点、半径**　定义具有指定半径且与两个对象相切的球体。指定的切点投影在当前 UCS 上。

在 AutoCAD 中创建三维曲面，其网格密度无法改变，而在实体造型中，网格密度则以新设置为准。用户可以通过输入 ISOLINES 指令来改变实体模型的网格密度；输入 FACETRES 指令改变实体模型的平滑度参数。

9.8.3　圆柱体

在三维空间中，圆柱体是以圆或椭圆为截面形状，沿该截面法线方向拉伸所形成的实体特征。圆柱体在机械和建筑制图时应用广泛，例如各类轴类零件和建筑图形中的各类立柱等特征。

单击"圆柱体"按钮，命令行将显示"指定底面的中心点或 [三点(3P)/两点(2P)/切点、切点、半径(T)/椭圆(E)]："的提示信息。创建圆柱体的方法主要有两种，现分别介绍如下。

1. 创建普通圆柱体

该方法是最常用的创建方法，即创建的圆柱体中轴线与 XY 平面垂直。创建该类圆柱体，应首先确定圆柱体底面圆心的位置，然后输入圆柱体的半径值和高度值即可。

选择"圆柱体"工具后，选取一点确定圆柱体的底面圆心，然后分别输入底面半径值和高度值，即可创建圆柱体模型，效果如图 9-74 所示。

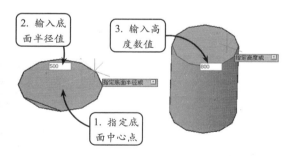

图 9-74　指定圆柱高度创建圆柱体

2. 创建椭圆圆柱体

椭圆圆柱体指圆柱体上下两个端面的形状为椭圆。创建该类圆柱体，需选择"圆柱体"工具后，在命令行中输入字母 E。然后分别指定两点确定第一轴的两端点，并再指定一点作为另一轴端点。接着输入高度数值，即可创建椭圆圆柱体模型，效果如图 9-75 所示。

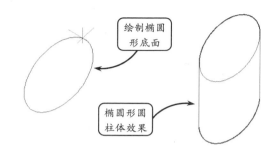

图 9-75　创建椭圆圆柱体

9.8.4　圆锥体

圆锥体是以圆或椭圆为底面形状，沿其法线方向并按照一定锥度向上或向下拉伸，从而创建的实体模型。利用"圆锥体"工具可以创建圆锥和圆锥台两种类型的实体，这两种实体的创建方法分别介绍如下。

1. 创建圆锥体

与普通圆柱体一样，利用"圆锥体"工具可以创建轴线与 XY 面垂直的圆锥和斜圆锥。其创建方法与圆柱体创建方法相似，这里仅以圆形锥体为例介绍圆锥体的创建方法。

单击"圆锥体"按钮，指定一点为底面圆心，并指定底面半径或直径数值。然后指定圆锥高度值，即可创建圆锥体，效果如图 9-76 所示。

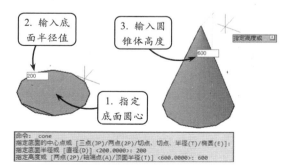

图 9-76　创建圆锥体

2. 创建圆锥台

圆锥台是由平行于圆锥底面，且与底面的距离小于锥体高度的平面为截面，截取该圆锥而创建的实体。

选择"圆锥体"工具后，指定底面中心，并输入底面半径值。然后在命令行中输入字母 T，设置顶面半径和圆台高度即可完成圆锥台的创建，效果如图 9-77 所示。

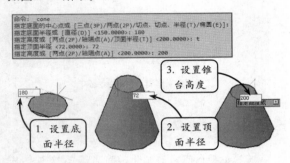

图 9-77　创建平截面圆锥体

9.8.5　楔体

楔体是长方体沿对角线切成两半后所创建的实体，且其底面总是与当前坐标系的工作平面平行。该类实体通常用于填充物体的间隙，例如安装设备时常用的楔铁和楔木。

单击"楔体"按钮 ，然后依次指定楔体底面的两个对角点，并输入高度值，即可创建相应的楔体模型，效果如图 9-78 所示。

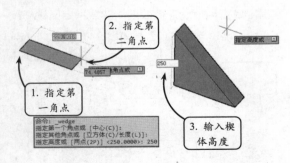

图 9-78　创建楔体

在创建楔体时，楔体倾斜面的方向与各个坐标轴之间的位置关系有密切联系。一般情况下，楔体的底面均与坐标系的 XY 平面平行，且创建的楔体

倾斜面方向从 Z 轴方向指向 X 轴或-X 轴方向，效果如图 9-79 所示。

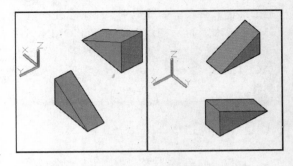

图 9-79　坐标轴位置不同的创建效果

9.8.6　圆环体

圆环体可以看做是在三维空间内，圆轮廓线绕与其共面的直线旋转所形成的实体特征。该直线即是圆环的垂直中心线，而直线和圆心的距离是圆环的半径，并且圆轮廓线的直径即是圆管的直径。

单击"圆环体"按钮 ，指定一点确定圆环体中心位置。然后输入圆环体的半径或直径值，接着输入圆环管子截面的半径或直径值，即可创建相应的圆环体模型，效果如图 9-80 所示。

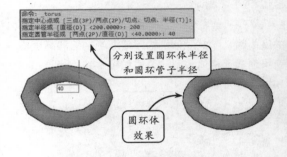

图 9-80　创建圆环体

> **提示**
>
> 圆环体的半径或直径不是以外圈计算，而是以圆环的中圈计算的。

9.8.7　棱锥体

棱锥体是以多边形为底面形状，沿其法线方向按照一定锥度向上或向下拉伸，从而创建的实体模型。利用"棱锥体"工具可以创建棱锥和棱台两种类型的实体。

1. 创建棱锥体

棱锥体是以一多边形为底面，而其他各面是由一个公共顶点，且具有三角形特征的面所构成的实体。

单击"棱锥体"按钮△，命令行将显示"指定底面的中心点或 [边(E)/侧面(S)]:"的提示信息，棱锥体边数默认状态下为 4。此时指定一点作为底面中心点，并设置底面半径值和棱锥体的高度值，即可创建棱锥体模型，效果如图 9-81 所示。

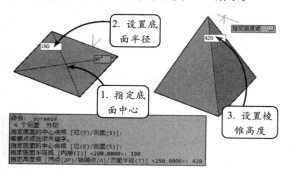

图 9-81　创建四棱锥

如果在命令行中输入字母 E，可以设置棱锥体底面的边数；如果在命令行中输入 S，可以设置棱锥体侧面的个数。

> **提示**
>
> 在利用"棱锥体"工具进行棱锥体的创建时，所指定的边数必须是 3 至 32 之间的整数。

2. 创建平截面棱锥体

平截面棱锥体即是以平行于棱锥体底面，且与底面的距离小于棱锥体高度的平面为截面，与该棱锥体相交所得到的实体。

选择"棱锥体"工具，指定底面中心和底面半径后输入字母 T，然后分别指定顶面半径和棱锥体高度，即可创建出平截面棱锥体模型，效果如图 9-82 所示。

9.8.8　多段体

"多段体"工具是创建三维建筑模型中使用最频繁的工具之一，主要用来创建建筑墙体等三维模型。利用该工具可以指定路径创建矩形截面实体，且默认情况下，创建的多段体始终带有一个矩形轮廓，可以指定轮廓的高度和宽度。

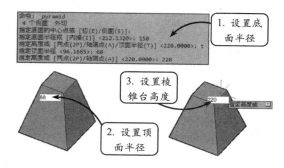

图 9-82　创建棱锥台

在展开的"常用"选项卡中，单击"建模"选项板中的"多段体"按钮，命令行将显示"指定起点或[对象(O)/高度(H)/宽度(W)/对正(J)]<对象>:"的提示信息。用户可以首先设置多段体的对正方式，高度和宽度值，然后按照绘制路径或指定路径的方法即可创建相应的多段体。

1. 定义高度和宽度

要获得指定厚度和标高的墙体效果，首要的工作就是设置多段体的对应宽度和高度。用户可以在显示上述提示信息后，直接在命令行中输入字母 H，并输入标高值。然后再输入字母 W，并输入厚度值，则创建的多段体将按照设置的两参数值显示。

2. 定义对正关系

对正关系主要针对创建多段体时的路径线而定义，即多段体相对于路径线的位置，其中包括"左对正""居中"和"右对正"这 3 种类型。用户可以根据需要指定相应的对正方式。

3. 绘制路径创建多段体

设置完多段体的参数值和对正方式后，在绘图区的合适位置依次指定多个点绘制相应的多段线路径，即可创建相应的多段体，且在绘制路径线的同时将动态显示创建的多段体形状，效果如图 9-83 所示。

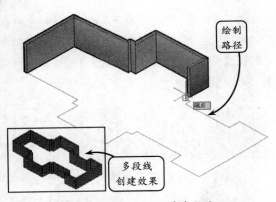

图 9-83　绘制路径创建多段体

4. 指定路径创建多段体

　　该方法是指选取现有的线条作为多段体路径，这些线条包括直线、二维多段线、圆弧或圆。且通常情况下为快速获得多段体效果，路径线多使用二维多段线。

　　在命令行中输入字母 O，然后选取指定的路径线，即可显示该路径线相应的多段体效果。图 9-84 即是使用多段线为路径线，选中该多段线后显示的多段体效果。

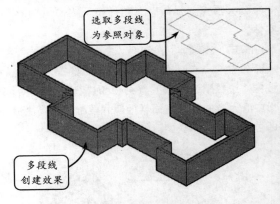

图 9-84　指定路径创建多段体

AutoCAD　**9.9**　创建复杂三维实体

　　对于造型比较复杂的实体，可以通过拉伸、旋转、放样、扫掠的方法来创建。下面分别介绍这 4 种创建方法。

9.9.1　创建拉伸实体

　　"拉伸"工具是创建三维建筑模型最常用的建模工具之一，利用该工具可以将二维图形沿其所在平面的法线方向扫描，从而形成相应的三维实体。其中二维图形可以是多段线、多边形、矩形、圆或椭圆等。另外，能够被拉伸的二维图形必须是封闭的，且图形对象连接成一个图形框，而拉伸路径可以是封闭或不封闭的。

　　在"建模"选项板中单击"拉伸"按钮 ，并选取待拉伸的截面对象，此时命令行将显示"指定拉伸的高度或 [方向(D)/路径(P)/倾斜角(T)/表达式(E)]："的提示信息，用户可以使用以下 3 种方法创建拉伸实体。

1. 指定高度拉伸实体

　　该方法是最常用的拉伸实体方法，只需选取封闭且首尾相连的二维图形，并设置拉伸高度，即可创建拉伸实体。

　　单击"拉伸"按钮 ，选取封闭的二维多段线或面域，并按下回车键。然后输入拉伸高度，即可创建拉伸实体，效果如图 9-85 所示。

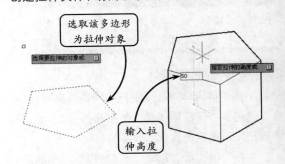

图 9-85　输入高度创建拉伸实体

2. 指定路径拉伸实体

　　该方法是通过指定路径曲线，将轮廓曲线沿该路径曲线创建拉伸实体。其中路径曲线既不能与轮廓曲线共面，也不能具有高曲率。

选择"拉伸"工具后，选取轮廓对象。然后按下回车键，并在命令行中输入字母 P，选取路径曲线确定拉伸高度，即可创建拉伸实体，效果如图 9-86 所示。

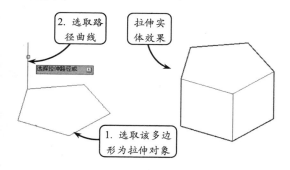

图 9-86　指定路径拉伸

3. 指定倾斜角拉伸实体

如果拉伸的实体需要倾斜一个角度，可以在选取拉伸对象后输入字母 T。然后在命令行中输入角度值，并指定拉伸高度，即可创建倾斜拉伸实体，效果如图 9-87 所示。

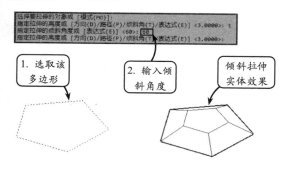

图 9-87　创建倾斜拉伸实体

提示

当指定倾斜角度时，其取值范围为 -90°～90°。正值表示从基准对象逐渐变细，负值则表示从基准对象逐渐变粗。默认情况下角度为 0°，表示在与二维对象所在的平面垂直的方向上进行拉伸。

9.9.2　创建旋转实体

对于横向截面为不同半径的圆而轴向截面为复杂的曲线的三维实体，用户可以通过旋转轴向截面曲线来创建。该类实体称为旋转实体，即将二维对象绕所指定的旋转轴线旋转一定的角度而创建的实体模型。需要提醒的是：二维对象不能是包含在块中的对象、有交叉或横断部分的多段线，或非闭合多段线。

在"建模"选项板中单击"旋转"按钮，选取待旋转的图形对象并按下回车键，此时命令行将显示"指定轴起点或根据以下选项之一定义轴 [对象(O)/X/Y/Z] <对象>:"的提示信息。用户可以通过以下两种方法创建相应的旋转实体。

1. 围绕直线轴旋转实体

创建旋转实体最快捷的方法就是选取二维对象和中间轴线来获得，并且还可以在命令行中输入相应的旋转角度来获得指定角度的旋转实体。图 9-88 就是默认角度获得的旋转实体效果。

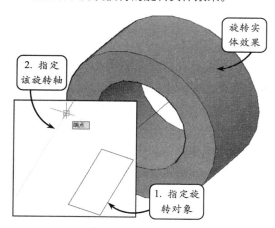

图 9-88　围绕指定直线旋转成实体

2. 围绕 UCS 矢量轴旋转实体

创建旋转实体时，可以选择 UCS 相应的矢量轴作为旋转轴进行旋转操作。例如在选取旋转对象后，接着在命令行中输入 UCS 矢量轴 Z，系统将以 Z 轴为旋转轴创建相应的旋转实体，效果如图 9-89 所示。

9.9.3　创建放样实体

放样实体是指将两个或两个以上横截面沿指定的路径，或导向运动扫描所获得的三维实体，其中横截面是指具有放样实体截面特征的二维对象。

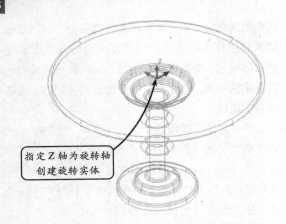

图 9-89　围绕 Z 轴旋转创建实体

在"建模"选项板中单击"放样"按钮 ，然后依次选取所有横截面，并按下回车键，此时命令行将显示"输入选项[导向(G)/路径(P)/仅横截面(C)/设置(S)]<仅横截面>:"的提示信息。现分别介绍这 3 种放样方式的操作方法。

1. 指定导向放样

导向曲线是控制放样实体或曲面形状的一种方式，可以使用导向曲线来控制点如何匹配相应的横截面以防止出现不希望看到的效果（例如实体或曲面中的皱褶）。

选择"放样"工具后，依次选取横截面，并在命令行中输入字母 G，按下回车键。然后依次选取导向曲线，按下回车键即可创建放样实体，效果如图 9-90 所示。

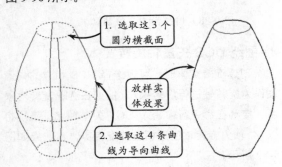

图 9-90　指定导向曲线创建放样实体

能够作为导向曲线的曲线，必须具备 3 个条件：曲线必须与每个横截面相交，并且曲线必须始于第一个横截面，止于最后一个横截面。

2. 指定路径放样

该方法是通过指定放样路径来控制放样实体的形状的。通常情况下，路径曲线始于第一个横截面所在的平面，并且止于最后一个横截面所在的平面。

选择"放样"工具后，依次选取横截面，并在命令行中输入字母 P，按下回车键。然后选取路径曲线，并按下回车键，即可创建放样实体，效果如图 9-91 所示。

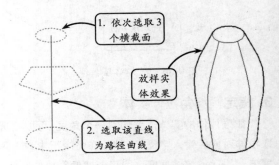

图 9-91　创建放样实体

路径曲线包括直线、圆弧、椭圆弧、样条曲线、螺旋、圆、椭圆、二维多段线和三维多段线。需要注意的是路径曲线必须与所有横截面相交。

3. 指定仅横截面放样

该方法是指仅指定一系列横截面来创建新的实体。利用该方法可以指定多个参数来限制实体的形状，其中包括设置直纹、法向指向和拔模斜度等曲面参数。

选择"放样"工具后，依次选取横截面，并按下回车键。然后输入字母 S，并按下回车键，将打开"放样设置"对话框，如图 9-92 所示。该对话框中各选项的含义如下所述。

- ❏ **直纹**　选择该单选按钮，指定实体或曲面在横截面之间是直纹（直的），并且在横截面处具有鲜明边界。

- ❏ **平滑拟合**　选择该单选按钮，指定在横截面之间创建平滑实体或曲面，并且在起点和终点横截面处具有鲜明边界。

- ❏ **法线指向**　选择该单选按钮，可以控制实体或曲面在其通过横截面处的曲面法线指向。

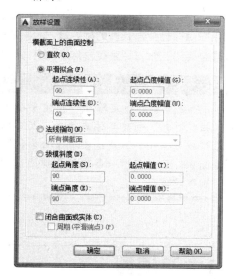

图 9-92　"放样设置"对话框

这 3 种不同的截面属性设置,所创建放样实体的对比效果如图 9-93 所示。

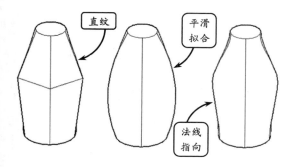

图 9-93　控制放样形状

❑ **拔模斜度**　选择该单选按钮,可以控制放样实体或曲面的第一个和最后一个横截面的拔模斜度和幅值,图 9-94 分别是设置拔模斜度为 0°、90° 和 180° 的实体效果。

注意

放样时使用的曲线必须全部开放或全部闭合,即选取的曲线不能既包含开放曲线又包含闭合曲线。

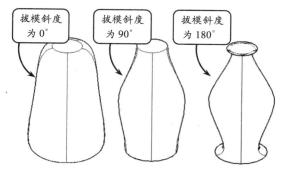

图 9-94　设置拔模斜度

9.9.4　创建扫掠实体

使用"扫掠"工具可以将扫掠对象沿着开放或闭合的二维或三维路径曲线扫描来创建实体或曲面。其中扫掠对象可以是直线、圆、圆弧、多段线、样条曲线、二维实体和面域等对象。

在"建模"选项板中单击"扫掠"按钮，选取待扫掠的二维对象，并按下回车键，命令行将显示"选择扫掠路径或 [对齐(A)/基点(B)/比例(S)/扭曲(T)]:"的提示信息。此时如果直接选取扫掠路径，即可创建相应的扫掠实体，效果如图 9-95 所示。该提示信息中各选项的含义介绍如下。

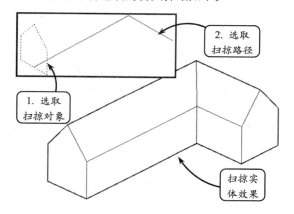

图 9-95　创建扫掠实体

❑ **对齐**

如果选取二维对象后，在命令行中输入字母 A，即可指定是否对齐轮廓以使其作为扫掠路径切向的法向。默认情况下，轮廓是对齐的，如果轮廓曲线不垂直于路径曲线起点的切向，则轮廓曲线将自动对齐。出现对齐提示时可以输入命令 No，以避免该情况的发生。

□ 基点

如果选取二维对象后，在命令行中输入字母 B，即可指定要扫掠对象的基点。如果指定的点不在选定对象所在的平面上，则该点将被投影到该平面上。

□ 比例

如果选取二维对象后，在命令行中输入字母 S，即可指定比例因子以进行扫掠操作。从扫掠路径的开始到结束，比例因子将统一应用到扫掠的对象。如果按照命令行提示输入字母 R，即可通过选取点或输入值来根据参照的长度缩放选定的对象。

□ 扭曲

如果选取二维对象后，在命令行中输入字母 T，即可设置被扫掠对象的扭曲角度。其中，扭曲角度指沿扫掠路径全部长度的旋转量；倾斜指被扫掠的曲线是否沿三维扫掠路径自然地倾斜。

> **注意**
>
> "扫掠"命令用于沿指定路径以指定形状的轮廓（扫掠对象）创建实体或曲面。其中扫掠对象可以是多个，但是这些对象必须位于同一平面中。且如果沿一条路径扫掠闭合的曲线，则创建实体。

AutoCAD 9.10 综合案例 1：创建电视台大厦模型

本实例创建电视台大厦模型，效果如图 9-96 所示。该大厦共分十六层，底下宽大的一层为电视台的接待服务区，其上竖直分布的十五层分别隶属于电视台的各个不同的频道部门。另外该大厦楼顶安装有一锥形的电视信号转播塔。

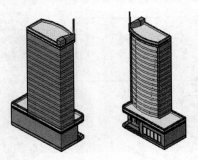

图 9-96　电视台大厦模型

在创建该电视台大厦模型时，首先利用"拉伸"工具绘制一楼墙体和台阶，并利用"长方体"和"阵列"工具绘制墙体上的门窗。然后辅助以"多段线"和"圆弧"等绘图工具创建高层楼体。最后利用"锥体"工具绘制楼顶的电视转播信号塔即可。

操作步骤 ▶▶▶▶

STEP|01 切换"俯视"为当前视图。然后利用"多

段线"工具指定任意一点为起点，按照如图 9-97 所示尺寸，绘制一楼底面轮廓。

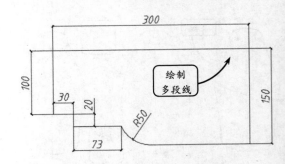

图 9-97　绘制底面轮廓

STEP|02 切换"西南等轴测"为当前视图。然后利用"拉伸"工具将一楼底面轮廓沿 Z 轴正方向拉伸 15。接着利用"多段线"工具沿着地面轮廓线按图 9-98 所示尺寸绘制多段线，并将绘制的轮廓线向内偏移 4。

STEP|03 利用"拉伸"工具将上步绘制的两条多段线分别沿 Z 轴正方向拉伸 80。然后利用"差集"工具创建墙体特征，效果如图 9-99 所示。

STEP|04 单击"长方体"工具，指定点 A 为基点，输入相对坐标（@-21，0，10）确定第一角点，并

输入相对坐标（@-130，4，50）确定第二角点，创建长方体。然后利用"差集"工具把长方体与墙体进行相减，效果如图 9-100 所示。

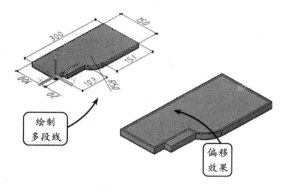

图 9-98　创建拉伸实体并绘制墙体轮廓

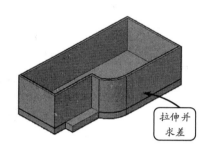

图 9-99　创建墙体特征

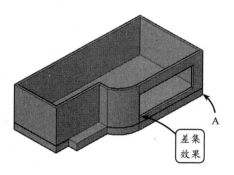

图 9-100　创建窗洞特征

STEP|05 继续利用"长方体"工具指定点 B 为基点，输入相对坐标（@15，0，0）确定第一角点，并输入相对坐标（@65，4，60）确定第二角点，创建长方体。然后利用"差集"工具将长方体与墙体相减，效果如图 9-101 所示。

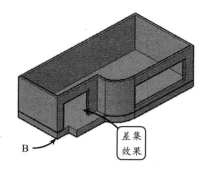

图 9-101　创建门洞特征

STEP|06 切换视图为"左视"，并切换"三维隐藏"为当前视图样式。然后利用"多段线"工具以点 C 为起点按照图 9-102 所示尺寸绘制台阶截面轮廓。

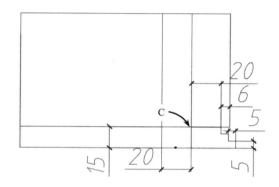

图 9-102　绘制台阶截面轮廓

STEP|07 切换视图为"西南等轴测"，并将"概念"显示样式置为当前。利用"拉伸"工具将上步所绘多段线沿 Z 轴方向拉伸-120，效果如图 9-103 所示。

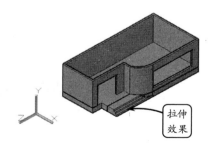

图 9-103　创建拉伸实体

STEP|08 切换"前视"为当前视图，设置显示样式为"三维隐藏"。利用"多段线"工具按照图 9-104

所示尺寸在空白区域内绘制多段线。

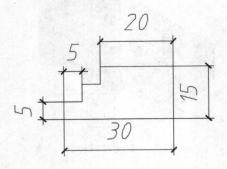

图 9-104 绘制台阶截面线

STEP|09 切换视图为"西南等轴测",然后单击"旋转"按钮，并选择上步所绘多段线为源对象,且指定多段线右侧边为旋转轴,进行-90°旋转操作,效果如图 9-105 所示。

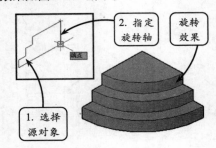

图 9-105 创建旋转实体

STEP|10 切换"西北等轴测"为当前视图,在"实体编辑"选项卡中单击"复制面"按钮，按照图 9-106 所示复制所需侧面。然后利用"拉伸"工具将复制得到的面沿 Z 轴方向拉伸-20。

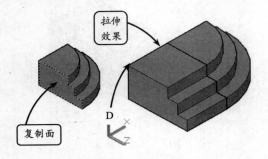

图 9-106 创建台阶实体

STEP|11 切换视图为"西南等轴测",利用"移动"

工具以上图点 D 为移动基点,并指定一层地板角点 E 为目标点,将台阶实体移动到相应位置,效果如图 9-107 所示。

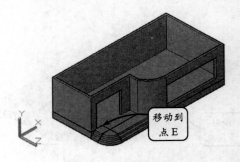

图 9-107 移动实体

STEP|12 切换视图为"前视",并切换"门窗"为当前图层。然后利用"多段线"工具以点 F 为起点,按照图 9-108 所示尺寸绘制一条封闭的多段线。接着利用"矩形"和"复制"工具以点 F 为基点按照图示尺寸绘制两个矩形。

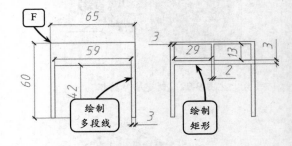

图 9-108 绘制门框截面轮廓

STEP|13 切换视图为"西南等轴测",利用"拉伸"工具将多段线和矩形均沿 Z 轴方向拉伸-1。然后利用"差集"工具将两者相减,效果如图 9-109 所示。

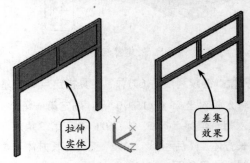

图 9-109 创建门框实体

STEP|14 利用"移动"工具选取门框为移动对象，并指定门框上的点 F 为移动基点。然后在命令行输入 from 指令，且指定点 G 为基点，并输入相对坐标（@0，0，-1.5）确定目标点，将门框移动到门洞中，效果如图 9-110 所示。

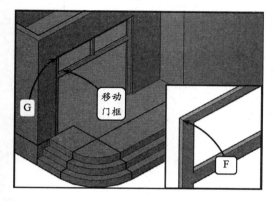

图 9-110　移动门框

STEP|15 切换"前视"为当前视图，利用"矩形"工具绘制尺寸为 130×50 的矩形。然后以该矩形的左上角点为基点，依次输入相对坐标（@2，-2）和（@24，-46），绘制矩形。接着利用"矩形阵列"工具，分别设置行数为 1、列数为 4、列间距为 34，将小矩形阵列，效果如图 9-111 所示。

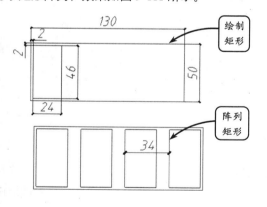

图 9-111　绘制窗框截面轮廓

STEP|16 切换视图为"西南等轴测"，分解矩形阵列并将所有矩形均沿 Z 轴方向拉伸-1。然后利用"差集"工具进行相减操作，效果如图 9-112 所示。

STEP|17 利用"移动"工具选取窗框为移动对象，并指定角点 H 为移动基点。然后输入 from 命令，

指定窗洞角点 I 为基点，并输入相对坐标（@0，0，-1.5）确定目标点，将窗框移动至窗洞中，效果如图 9-113 所示。

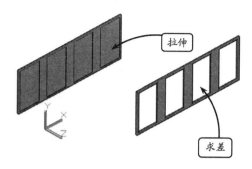

图 9-112　创建窗框实体

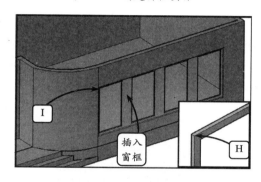

图 9-113　移动窗框

STEP|18 切换"二维线框"为当前显示样式，利用"多段线"工具沿着底面外侧轮廓线绘制一条多段线。然后利用"复制"工具将该多段线在 Y 轴正方向 95 和 105 处依次复制，效果如图 9-114 所示。

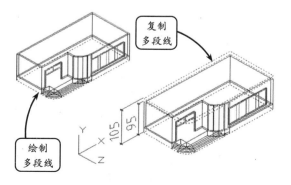

图 9-114　绘制多段线并复制

STEP|19 利用"偏移"工具将上步复制的最顶部

多段线向内偏移 4。然后分别将最顶部的两条多段线创建为面域特征，并进行"差集"运算，切换为"概念"样式观察效果，如图 9-115 所示。

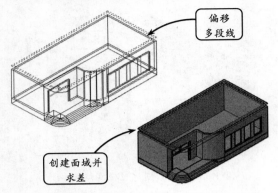

图 9-115　创建面域并求差

STEP|20　利用"拉伸"工具将在 Y 轴 95 处的多段线向上拉伸 10，并将求差后的面域向上拉伸 10，效果如图 9-116 所示。

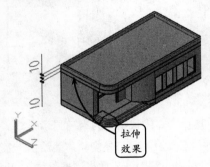

图 9-116　创建拉伸实体

STEP|21　调整坐标系为图 9-117 所示状态，利用"多段线"工具按照图示尺寸绘制一条封闭的多段线，并利用"面域"工具将其创建为面域特征。然后利用"拉伸"工具将该面域沿 Z 轴方向拉伸-450。

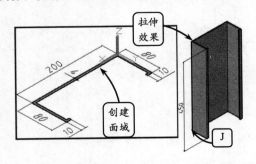

图 9-117　创建面域并拉伸

STEP|22　利用"移动"工具选取上步创建的拉伸实体为移动对象，并指定上图点 J 为移动基点，然后指定点 K 为目标点，进行移动操作。接着将一层楼顶与拉伸实体合并，效果如图 9-118 所示。

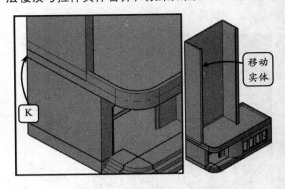

图 9-118　移动拉伸实体

STEP|23　利用"起点，端点，半径"工具以拉伸实体的角点为端点，绘制半径为 R212 的圆弧，并将其向内偏移 1。然后利用"直线"工具分别连接两个圆弧的端点，并利用"面域"工具将其创建为面域特征。接着利用"拉伸"工具将该面域特征沿 Z 轴方向拉伸-450，效果如图 9-119 所示。

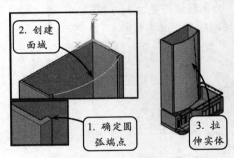

图 9-119　创建楼体玻璃实体

STEP|24　切换视图为"俯视"，并切换为"二维线框"显示样式。然后利用"多段线"工具按照图 9-120 所示尺寸绘制多段线。

STEP|25　切换"西南等轴侧"为当前视图，利用"复制"工具将上步所绘多段线复制并向上平移 15。然后利用"偏移"工具将复制得到的多段线向内偏移 4，效果如图 9-121 所示。

STEP|26　切换视图样式为"概念"，利用"拉伸"工具将源多段线沿 Z 轴方向拉伸 15，并将复制和

偏移的多段线沿 Z 轴方向拉伸 10。然后利用 "差集"工具创建顶部围裙特征,并将其转换为"围裙"图层,效果如图 9-122 所示。

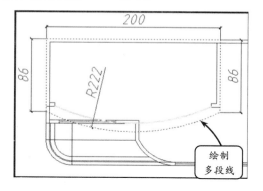

图 9-120　绘制多段线

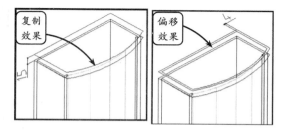

图 9-121　复制并偏移多段线

图 9-122　拉伸实体并求差

STEP|27 切换"东南等轴测"为当前样式,并切换为"二维线框"样式。然后移动坐标系至点 M,利用"多段线"工具以原点为起点绘制封闭图形。接着将该封闭图形沿 Z 轴方向拉伸 30,效果如图 9-123 所示。

STEP|28 单击"圆锥体"按钮△,选择"两点(2P)"方式指定围裙内外角点 P、Q 绘制圆。然后输入高度 100,绘制圆锥体。切换"概念"样式观察效果,如图 9-124 所示。

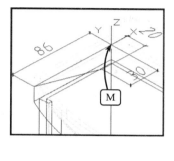 

图 9-123　绘制多段线并拉伸

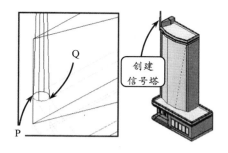

图 9-124　创建信号塔

STEP|29 切换"俯视"为当前视图。然后利用"多段线"和"圆弧"工具按照图 9-125 所示尺寸绘制楼板外轮廓线。然后利用"偏移"工具将该轮廓线向内偏移 2。接着利用"面域"和"求差"工具创建楼板截面特征,并将该特征沿 Z 轴方向拉伸 1。

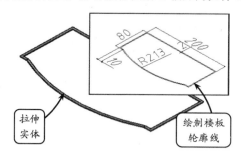

图 9-125　创建楼板实体

STEP|30 利用"三维阵列"工具选取拉伸实体为源对象,并设置行数为 1、列数为 1、层数为 2、层间距为 10,进行阵列操作。然后继续利用该工具选取阵列后的所有楼板实体为源对象,并设置行数为 1、列数为 1、层数为 14、层间距为 30,完成

楼板的创建，效果如图 9-126 所示。

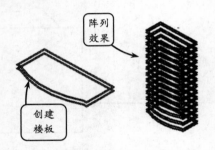

图 9-126　创建楼板

STEP|31 利用"移动"工具选取上步创建的楼板实体为移动对象，并指定角点 R 为移动基点。然

后输入 from 指令，指定围裙角点 S 为基点，并输入相对坐标（@0，0，-60）确定目标点，即可将楼板实体移动至楼体中，效果如图 9-127 所示。

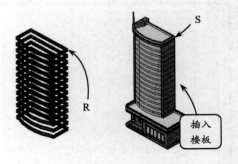

图 9-127　移动楼板

9.11　综合案例 2：创建农家小院三维模型

本例创建农家小院三维模型，效果如图 9-128 所示。该模型为普通的农家庭院，主要分为相通的主房和偏房。其中主房主要为卧室和客厅，偏房为厨房和餐厅。其屋顶采用传统的坡屋顶结构，并安装有排烟的烟囱。

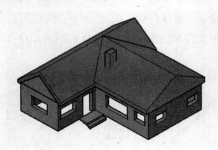

图 9-128　农家小院模型

在创建该模型时，可以首先利用"拉伸"工具创建墙体的主体部分，并结合"阵列"工具创建墙体上所有门窗。由于主房墙体上部为三角形结构，因此可以创建一三角形拉伸实体与绘制的墙体进行并集操作，完成房屋墙体的创建。然后利用"拉伸"和"剖切"工具完成屋顶实体的创建。最后利用"长方体"工具创建相应的烟囱实体，即可完成农家小院模型的创建。

操作步骤 ▶▶▶▶

STEP|01 切换"墙体"图层为当前图层，并切换"俯视"为当前视图。然后利用"多段线"工具按照图 9-129 所示尺寸绘制外墙轮廓。接着利用"偏移"工具将外墙轮廓向内偏移 12。

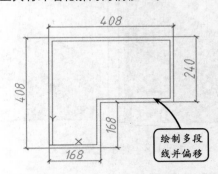

图 9-129　绘制墙体轮廓

STEP|02 在"绘图"选项板中单击"面域"按钮 ⊙，框选墙体轮廓创建两个面域。然后单击"差集"按钮 ⊚，删除内部的小面域，效果如图 9-130 所示。

STEP|03 切换"东南等轴测"为当前视图，单击"拉伸"按钮 ⬆，将墙体面域沿 Z 轴方向拉伸 108。然后单击"长方体"按钮 ⬚，指定原点为基点，输

入相对坐标（@48，0，42）确定第一角点，并输入相对坐标（@72，12，42）确定第二角点，创建长方体，效果如图 9-131 所示。

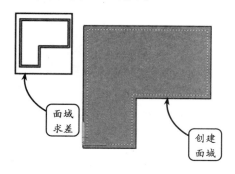

图 9-130　创建面域并求差

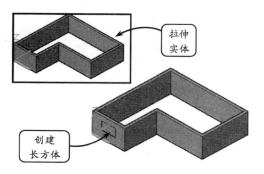

图 9-131　创建墙体和窗户

STEP|04　单击 "原点" 按钮，指定外侧角点 A 为当前坐标系的原点，并调整坐标系。然后利用 "长方体" 工具，输入坐标（32，42）确定第一点，并输入相对坐标（@48，34）确定第二点，创建高度为 12 的长方体，效果如图 9-132 所示。

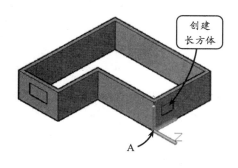

图 9-132　调整 UCS 并创建窗户

STEP|05　单击 "矩形阵列" 按钮，设置行数为 1、列数为 2、层数为 2、列间距为 144、层间距为

-396，将上步所创建的长方体矩形阵列。然后分解矩形阵列并利用 "复制" 工具指定点 B 为基点输入相对坐标（@-144，0，0），移动复制得到另一长方体，效果如图 9-133 所示。

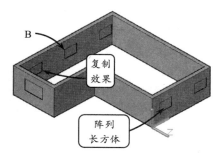

图 9-133　阵列并复制窗户

STEP|06　利用 "原点" 工具指定外侧角点 C 为当前坐标系的原点，并单击 "Y" 按钮，将坐标系绕 Y 轴旋转-90 度。然后利用 "长方体" 工具，输入坐标（48，34）确定第一角点，并输入相对坐标（@98，52）确定第二角点，创建高度为 12 的长方体，效果如图 9-134 所示。

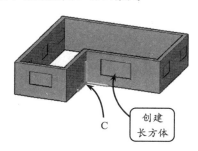

图 9-134　创建窗户

STEP|07　利用 "长方体" 工具继续指定点 C 为基点，输入相对坐标（@176，46）确定第一角点，并输入相对坐标（@48，40）确定第二角点，创建高度为 12 的长方体，效果如图 9-135 所示。

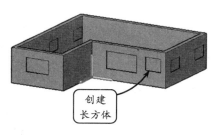

图 9-135　创建窗户

STEP|08 将视图调整为"西北等轴测"。然后调整坐标系到图 9-136 所示的角点，并利用"长方体"工具依次输入相对坐标（32，42，0）和（@48，34，-12），创建长方体。接着利用"矩形阵列"工具设置行数为 1，列数为 4，列间距为 96 将长方体阵列。最后将矩形阵列分解。

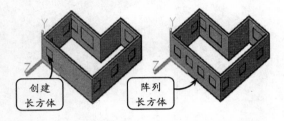

图 9-136 创建长方体并阵列

STEP|09 切换"东南等轴测"为当前视图。然后移动坐标原点至图 9-137 所示的交点，并利用"Y"工具，将坐标系绕 Y 轴旋转-90 度。利用"长方体"工具依次输入相对坐标（@12，42，0）和（@68，42，-12），创建长方体。

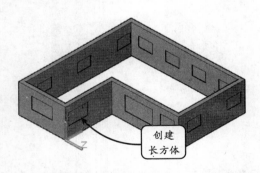

图 9-137 创建长方体

STEP|10 切换"前视"为当前视图，并切换"二维线框"为当前样式。然后将"楼梯"图层置为当前层，并利用"直线"工具按照图 9-138 所示尺寸绘制台阶轮廓线。接着利用"面域"工具将绘制的轮廓线创建为相应的面域。

STEP|11 切换"东南等轴测"为当前视图，并切换"概念"为当前样式。然后利用"移动"工具选取上步创建的面域特征为移动对象，并指定三角形顶点为移动基点，沿 Z 轴方向移动-96，效果如图

9-139 所示。

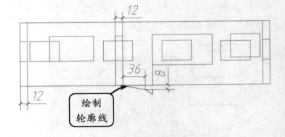

图 9-138 绘制轮廓线并创建面域

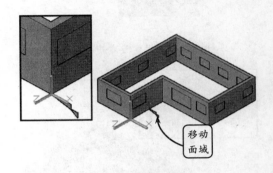

图 9-139 移动面域

STEP|12 利用"拉伸"工具将该面域特征沿 Z 轴方向拉伸-72，创建拉伸实体。然后切换"概念"为当前视觉样式观察效果，如图 9-140 所示。

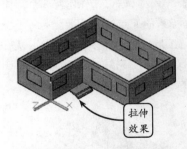

图 9-140 创建台阶实体

STEP|13 切换"西北等轴测"为当前视图，按照图 9-141 所示调整坐标系。然后利用"多段线"工具按照图示尺寸绘制台阶轮廓，并将其创建为相应的面域特征。

STEP|14 利用"拉伸"工具将上步创建的面域特征沿 Z 轴方向拉伸 64，创建拉伸实体。然后利用"移动"工具将该实体向 Z 轴正方向移动 68，效果

如图 9-142 所示。

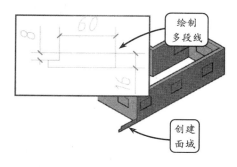

图 9-141　绘制轮廓线并创建面域

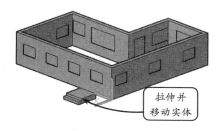

图 9-142　拉伸并移动实体

STEP|15 将坐标系统 Y 轴旋转 90 度。然后利用"长方体"工具以原点为基点，输入相对坐标（-80，0，0）确定第一角点，并输入相对坐标（@-40，84，-12）确定第二角点，沿 Z 轴负方向创建高度为 12 的长方体，效果如图 9-143 所示。

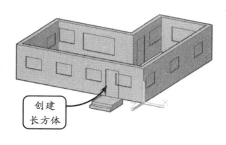

图 9-143　创建门实体

STEP|16 利用"移动"工具将图 9-144 所示的窗户沿 X 轴正方向移动 24。然后单击"差集"按钮 ⊚，选取整个墙体为源对象，并选取所有的窗户和门实体为要减去的对象，进行差集操作。

STEP|17 切换"前视"为当前视图，并切换"二

维线框"为当前样式。然后利用"矩形"和"多段线"工具按照图 9-145 所示尺寸绘制矩形和三角形。

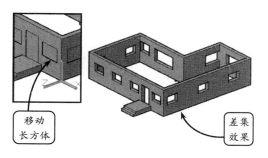

图 9-144　求差操作

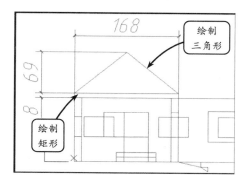

图 9-145　绘制矩形和多段线

STEP|18 利用"面域"工具将上步绘制的三角形和矩形分别创建为面域特征。然后切换"东南等轴测"为当前视图，利用"拉伸"工具将这两个面域沿 Z 轴方向拉伸 12，并切换"概念"为当前样式观察效果，如图 9-146 所示。

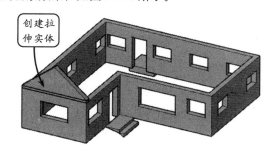

图 9-146　创建拉伸实体

STEP|19 利用"复制"工具将上步创建的两个拉伸实体沿 Z 轴正方向复制移动 396。然后单击"并集"按钮 ⊚，将两个拉伸长方体与墙体合并，效果

如图 9-147 所示。

图 9-147 复制实体并合并

STEP|20 切换"前视"为当前视图并切换视图样式为"二维线框"。利用"多段线"工具指定点 D 为基点，输入相对坐标（@0，-6，0）确定起点，并按照图 9-148 所示尺寸绘制多段线。然后将多段线向外偏移 12 并分别连接两条多段线的端点。

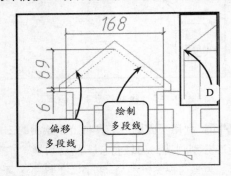

图 9-148 绘制多段线并偏移

STEP|21 利用"面域"工具将上步绘制的封闭图形创建为面域特征。然后切换"东南等轴测"为当前视图并利用"拉伸"工具将该面域沿 Z 轴方向拉伸-432，切换为"概念"样式，观察效果，如图 9-149 所示。

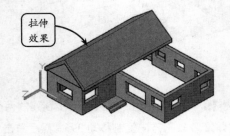

图 9-149 拉伸面域

STEP|22 切换视图为"右视"并切换"三维隐藏"为当前样式。然后将坐标系调整为图 9-150 所示状态，并利用"多段线"工具以墙体外侧角点 E 为起点按照图示尺寸绘制多段线。

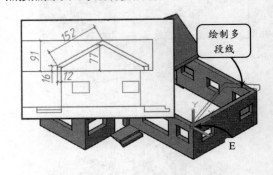

图 9-150 绘制多段线

STEP|23 将视图切换为"东南等轴测"并切换"概念"为当前样式。利用"拉伸"工具将上步绘制的多段线沿 Z 轴方向拉伸-328，效果如图 9-151 所示。

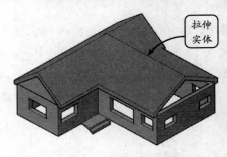

图 9-151 创建拉伸实体

STEP|24 切换"前视"为当前视图并将视图样式设置为"二维线框"。沿着主房房顶轮廓绘制一条多段线，效果如图 9-152 所示。

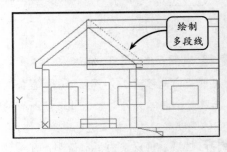

图 9-152 绘制多段线

STEP|25 切换 "东南等轴测" 为当前视图，利用 "拉伸" 工具将上步绘制的多段线沿 Z 轴方向拉伸一定长度并使其超过原屋顶长度。然后切换 "概念" 为当前样式，观察效果，如图 9-153 所示。

图 9-153　拉伸多段线

STEP|26 单击 "剖切" 按钮，选择偏房屋顶为剖切对象，并在命令行输入 S，指定上步拉伸的曲面为剖切曲面。然后选择曲面右侧的偏房屋顶为保留一侧完成剖切操作，并删除曲面左侧的屋顶和拉伸曲面。接着切换为 "二维线框" 模式观察效果，如图 9-154 所示。

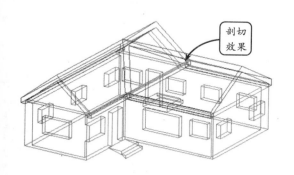

图 9-154　剖切屋顶

STEP|27 切换 "右视" 为当前视图，利用 "多段线" 工具沿着屋顶轮廓线绘制封闭的多段线，并将其创建为相应的面域特征，效果如图 9-155 所示。

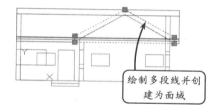

图 9-155　绘制多段线并创建为面域

STEP|28 切换视图为 "东南等轴测"，并将样式切换为 "概念"。然后利用 "拉伸" 工具将上步创建的面域特征沿 Z 轴方向拉伸-4，并利用 "并集" 工具将拉伸实体与偏房屋顶合并，效果如图 9-156 所示。

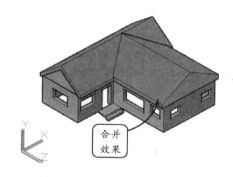

图 9-156　完善屋顶实体创建

STEP|29 切换 "烟囱" 图层为当前图层，利用 "长方体" 工具指定点 F 为基点，绘制两个长方体。接着将两个长方体相减生成烟囱，并利用上面介绍的剖切方法将烟囱剖切。最后删除烟囱多余的下部实体即可，效果如图 9-157 所示。

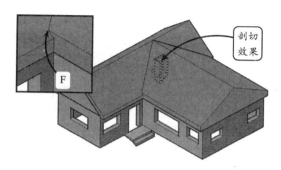

图 9-157　创建烟囱

9.12 新手训练营

练习1: 创建别墅剖立面三维模型

本练习创建别墅剖立面三维模型，效果如图 9-158 所示。通过该模型可以清晰地看出该别墅为三层别墅，内部各层之间通过楼梯相连。屋顶为对称的坡屋顶。右侧墙体上的大门为别墅正门，并且每个楼梯间隔的墙体上均开有观察窗。而左侧墙体每层也开有一窗户，这样既提高了通风度，又增加了采光面。

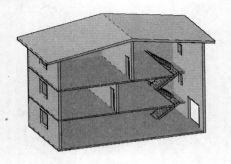

图 9-158　别墅剖立面三维模型

练习2: 创建别墅模型

本练习创建别墅三维模型，效果如图 9-159 所示。该别墅为两层的小户型别墅，一层与二层结构相似，所不同的是：一楼两侧为走廊，二楼配有休闲的阳台。另外该别墅的房间较多，各个房间的相对面积较小，为集约型户型。

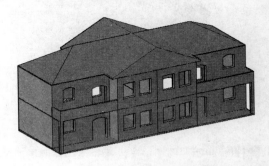

图 9-159　别墅三维图

第 **10** 章

编辑三维建筑模型

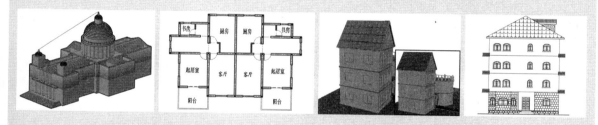

利用第 9 章的方法，用户可以创建一些基本建筑模型。在实际的建筑模型创建中，往往需要对这些基本模型进一步编辑，以求获得符合设计要求、相对更复杂的模型。对已有的三维模型，用户既可以通过复制、阵列等组建复杂对象，也可以利用布尔运算修改模型结构，还可以进入模型的边、面层次进行修改。

本章主要讲解三维对象的基本编辑、布尔运算，边、面、实体编辑。

AutoCAD 10.1 三维对象的基本编辑

三维对象的基本编辑包括移动、旋转、对齐、阵列、镜像、圆角等。下面分别进行介绍。

10.1.1 三维移动

在三维建模环境中,利用"三维移动"工具能够将指定模型沿 X、Y、Z 轴或其他任意方向移动,从而准确地定位模型在三维空间中的位置。进行三维移动的方法有多种,最常用的移动方法如下所述。

1. 指定点或距离移动对象

指定点移动三维对象是快捷的移动方式,即指定原对象的基点和移动至的目标点,即可获得对象的移动效果。此外,如果明确移动距离,还可以在指定移动基点后输入相应的移动距离,以实现精确移动效果。

在"修改"选项板中单击"三维移动"按钮⊕,根据命令行提示选择对象并单击右键,被选对象上将显示一个三维移动图标。此时指定相应的移动基点,然后直接输入移动距离,即可移动对象。如图 10-1 所示,要将屋顶沿 Y 轴正方向移动 20000,在

指定移动基点后,输入相对坐标(@0,20000,0),并按下回车键,即可移动该屋顶。

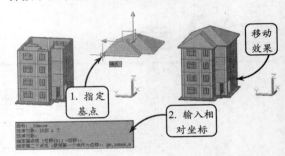

图 10-1 执行三维移动操作

2. 指定轴向移动对象

选取要移动的对象后,将鼠标停留在基点坐标系的轴句柄上,直至矢量显示为与该轴对齐,然后单击轴句柄即可将移动方向约束到该轴上。

利用该方式拖动光标时,所选定的实体对象将仅沿所约束的轴移动。此时便可以通过单击或输入数值指定移动距离来移动相应的对象。图 10-2 就是将屋顶沿 Y 轴正向移动的效果。

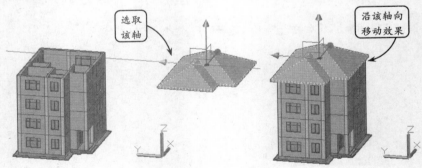

图 10-2 指定轴向移动对象

3. 指定平面移动对象

选取要移动的对象后,将光标悬停在两条轴柄直线之间汇合处的平面上(用于确定移动平面),直到平面变为黄色。然后单击鼠标,即可将移动约束添加到该平面上。当用户拖动光标时,所选的实体对象将随之移动。此时可以单击或输入值以指定

移动距离,效果如图 10-3 所示。

> **提示**
>
> 在执行三维移动操作时,如果选取移动图标的基点,便可将该图标移动至当前图形的任意位置。

图 10-3　指定平面移动对象

10.1.2　三维旋转

用户可将所选对象，沿指定的基点和旋转轴（X 轴、Y 轴和 Z 轴）进行自由地旋转。

单击"三维旋转"按钮，进入三维旋转模式。此时选取待旋转的对象，并按下回车键，被选对象上将显示旋转图标。其中红色圆环代表 X 轴、绿色圆环代表 Y 轴、蓝色圆环代表 Z 轴，如图 10-4 所示。

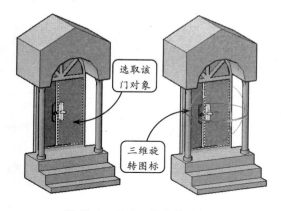

图 10-4　显示三维旋转图标

此时指定一点作为旋转基点，并选取旋转图标上的圆环以确定旋转轴。当选取一圆环时，将显示对应的轴线为旋转轴，然后拖动光标或输入任意角度，即可执行三维旋转操作，效果如图 10-5 所示。

> **提示**
>
> 如果视觉样式为二维线框，则在执行三维旋转操作时，系统会自动将视觉样式暂时更改为"三维线框"样式。

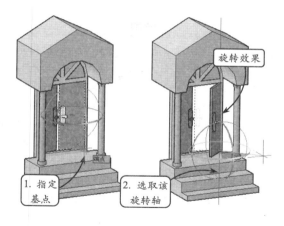

图 10-5　执行三维旋转操作

10.1.3　三维对齐

利用"三维对齐"工具可以指定至多三个点用以定义源平面，并指定至多三个点用于定义目标平面，从而将对象移动、旋转或倾斜以获得三维对齐效果。

单击"三维对齐"按钮，即可进入三维对齐模式。此时选取源对象，并按下回车键。然后依次指定源对象上的 3 个点用以确定源平面，接着指定目标对象上与之相对应的 3 个点用以确定目标平面，即可将源对象与目标对象根据参照点对齐，效果如图 10-6 所示。

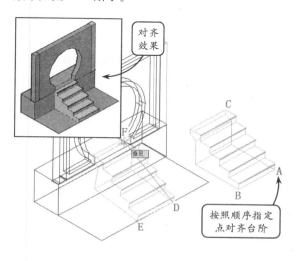

图 10-6　三维对齐

注意

选定的对象将从源点移动到目标点,如果指定了第二点和第三点,则这两点将旋转并倾斜选定的对象。如果目标是现有实体对象上的平面,则可以通过打开动态 UCS 来使用单个点定义目标平面。

10.1.4 三维阵列

三维阵列比二维阵列功能更强,它能在 X、Y、Z 方向产生矩形阵列,能沿指定路径产生路径阵列,还能围绕指定的任何轴产生圆形阵列,创建指定对象的多个副本。

1. 矩形阵列

三维矩形阵列与二维矩形阵列操作过程很相似,不同之处在于:前者在指定行列数目和间距之后,还可以指定层数和层间距。

在"修改"选项板中单击"矩形阵列"按钮器,并选取要阵列的楼层对象,然后在命令行中输入字母 C,并依次设置行值和列数均为 1,接着设置行间距和列间距均为 0。此时在命令行的提示下,输入字母 L 来定义阵列的层数和层间距。最后按下回车键,即可完成该楼层对象的矩形阵列创建,效果如图 10-7 所示。

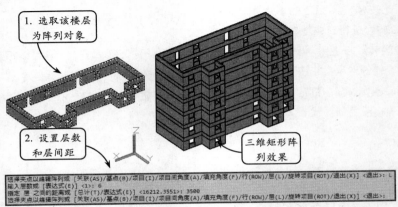

图 10-7 创建三维矩形阵列

在指定间距值时,可以分别输入间距值或选取两个点,AutoCAD 将自动测量两点的距离值,并以此作为间距值。如果间距值为正,将沿 X 轴、Y 轴和 Z 轴的正方向创建阵列特征;间距值为负,将沿 X 轴、Y 轴和 Z 轴的负方向创建阵列特征。

2. 路径阵列

在路径阵列中,阵列的对象将均匀地沿路径或部分路径排列。在该方式中,路径可以是直线、多段线、三维多段线、样条曲线、螺旋、圆弧、圆或椭圆等。

在"修改"选项板中单击"路径阵列"按钮,并依次选取阵列源对象和路径曲线,然后根据命令行的提示设置沿路径的项目数,并输入字母 D,则源对象将沿选取的路径均匀地按定数等分进行排列,效果如图 10-8 所示。

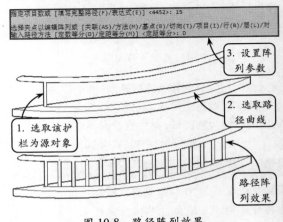

图 10-8 路径阵列效果

3．环形阵列

创建三维环形阵列除了需要指定阵列数目和阵列填充角度以外，还需要指定旋转轴的起止点，以及对象在阵列后是否绕着阵列中心旋转。

在"修改"选项板中单击"环形阵列"按钮，并选取要阵列的对象，按下回车键。然后在命令行中输入字母 A，并在绘图区中依次指定旋转轴上的两个点。接着输入项目数为 6，并输入阵列填充角度为 360º，按下回车键，即可完成环形阵列的创建，效果如图 10-9 所示。

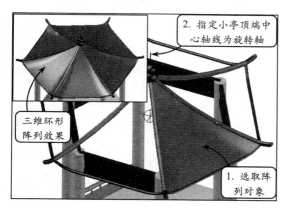

图 10-9　三维环形阵列效果

提示

在创建环形阵列时，阵列对象按逆时针还是顺时针方向创建取决于设置填充角度时输入数值的正负。

10.1.5　三维镜像

利用"三维镜像"工具能够将三维对象通过镜像平面获取与之完全对称的对象。与二维操作的不同之处在于：一个是镜像线，另一个是镜像面。镜像平面可以是与当前 UCS 的 XY、YZ 或 XZ 平面平行的平面或者由 3 个指定点所定义的任意平面。

单击"三维镜像"按钮，即可进入三维镜像模式。此时选取待镜像的对象，并按下回车键，则在命令行中将显示指定镜像平面的各种方式，常用方式介绍如下。

1．指定对象镜像

该方式是指使用选定对象的平面作为镜像平面，包括圆、圆弧或二维多段线等。在命令行中输入字母 O 后，选取平面对象，并指定是否删除源对象，即可创建相应的镜像三维对象，效果如图 10-10 所示。

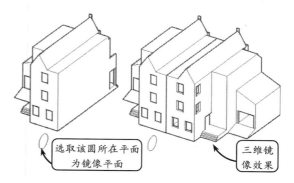

图 10-10　指定对象镜像

2．指定视图镜像

该方式是指将镜像平面与当前视口中通过指定点的视图平面对齐。在命令行中输入字母 V 后，直接在绘图区中指定一点或输入坐标点，并指定是否删除源对象，即可获得镜像三维对象效果。

3．指定 XY、YZ、ZX 平面镜像

该方式是将镜像平面与一个通过指定点的坐标系平面（XY、YZ 或 ZX）对齐，通常与调整 UCS 操作配合使用。

例如，将当前 UCS 坐标系移动至图 10-11 所示的位置，然后在执行镜像操作时，指定坐标系平面 XY 为镜像平面，并默认坐标系原点为该平面上一点，即可获得镜像对象。

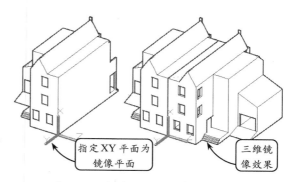

图 10-11　指定 XY 平面为镜像平面

4．指定 3 点镜像

该方式是指定 3 点定义镜像平面，并且要求这 3 点不在同一条直线上。如图 10-12 所示，选取镜像对象后，直接在模型上指定 3 点，按下回车键，即可获得镜像效果。

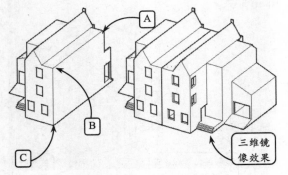

图 10-12　指定 3 点镜像对象

10.1.6　三维倒角

在创建三维建筑模型时，为表现建筑内部或外部的结构特征，可利用"倒角"工具切去实体的外角（凸边），或者填充实体的内角（凹边）。

单击"修改"选项板中的"倒角"按钮◢，然后在绘图区选取创建倒角所在基面，命令行将显示"输入曲面选择选项［下一个（N）/当前（OK）］<当前（OK）>："的提示信息，此时直接按回车键。接着按照命令行提示依次输入基面倒角距离和相邻面的倒角距离，并选取待倒角的边线（选取边必须在所选的基面上），按下回车键即可获得倒角效果，如图 10-13 所示。

> **提示**
>
> 创建实体倒角时，选取基面后可在命令行中输入字母 N，系统将默认与该面相邻的面作为基面执行倒角操作。此外在指定倒角距离参数后，可以在命令行中输入字母 L，表示同时在基面的周围进行倒角操作。

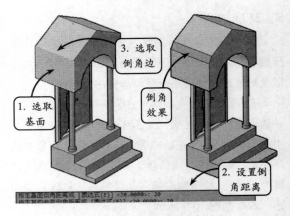

图 10-13　创建实体倒角

10.1.7　三维圆角

在创建三维建筑模型时，为表现建筑内部和外部构件的圆滑过渡效果，可以将构件对应的实体凸边或凹边用圆角代替，使构件既美观又实用。在三维建模过程中创建圆角特征，就是在实体表面相交处按照指定半径创建一个圆弧性曲面。

单击"圆角"按钮◢，选取待倒圆角的边线，并输入圆角半径。然后按照命令行提示确认选取的待倒圆角的边线，按下回车键，即可创建相应的圆角特征，效果如图 10-14 所示。

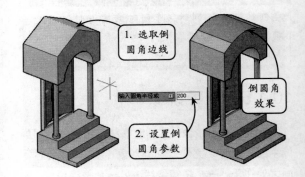

图 10-14　创建三维圆角

AutoCAD **10.2**　布尔运算

布尔运算包括并集（合并）、差集（相减）、交　集（求交）3 种。在建筑模型绘制中，布尔运算主要用来合并多个对象、在墙壁上开孔挖槽等。

1．并集

　　由两个或两个以上的基本实体叠加而得到的组合体即为叠加式组合体。创建该类组合体，可以通过并集操作将两个或两个以上的实体对象组合成为一个新的对象，类似于数学中的加法运算。执行并集操作后，原来各个实体相互重合的部分变为一体，成为无重合的实体。

　　在"常用"选项卡的"实体编辑"选项板中单击"并集"按钮◎，然后直接框选所有要合并的对象，并按下回车键，即可执行合并操作。图 10-15 就是选中居民楼所有图形对象将其合并为一个整体的效果。

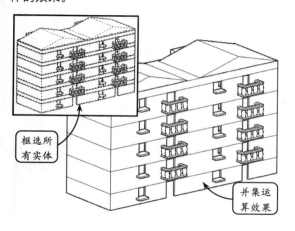

框选所有实体

并集运算效果

图 10-15　并集运算

　　在执行并集操作时，选取的各个对象可以不分先后顺序，只需要将要合并的所有对象都选中即可完成合并操作。

> **注意**
>
> 在执行并集运算时，所选择的实体可以是不接触或不重叠的。对于这一类的实体并集运算的结果是生成一个组合实体，但其显示效果看起来还像是多个实体。

2．差集运算

　　差集操作是从一个或多个实体中减去其中之一或若干部分，得到一个新的实体，类似于数学中的减法运算。其中首先选取的对象为被减对象，后选取的对象为要去除的对象。此外，差集运算也可用于二维的面域图形。在创建建筑图形时，墙体上开设门窗、洞口等特征就可以使用布尔运算的"减"操作。

　　在"实体编辑"选项板中单击"差集"按钮◎，选取源对象并右击，然后选取要去除的对象并右击，即可完成实体差集运算，效果如图 10-16 所示。

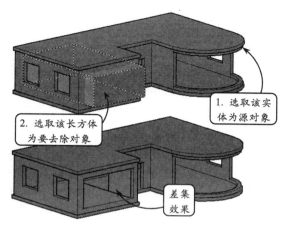

1. 选取该实体为源对象

2. 选取该长方体为要去除对象

差集效果

图 10-16　差集运算

3．交集运算

　　交集操作是求得两个对象的公共部分，并去除其余部分，从而形成一个新的组合对象。在执行该运算时，选取进行交集的各个对象不分先后顺序。

　　在"实体编辑"选项板中单击"交集"按钮◎，然后依次选取要求交的两个实体，并单击右键即可完成交集运算，效果如图 10-17 所示。

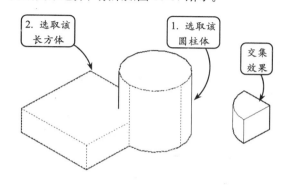

2. 选取该长方体

1. 选取该圆柱体

交集效果

图 10-17　交集运算

AutoCAD 10.3 编辑模型的边

用户可以进入模型的边、面、实体层级进行不同的编辑。曲面、网格对象，可以编辑边和面；实体对象，可以编辑边、面、实体。在"常用"选项卡的"实体编辑"选项板中汇聚了常用的边、面、实体编辑工具。

对边的编辑包括提取、着色、压印、复制等，下面分别进行介绍。

1. 提取边

在三维建模环境中执行提取边操作，可以从三维实体或曲面中提取边来创建线框。这样可以从任何有利的位置查看模型结构特征，并且自动创建标准的正交和辅助视图，以及轻松生成分解视图。

在"实体编辑"选项板中单击"提取边"按钮，选取待提取的三维模型，按下回车键，即可执行提取边操作。提取后并不能直接显示出提取效果。如果要查看提取效果，可将对象移出当前位置，即可显示提取边效果，如图 10-18 所示。

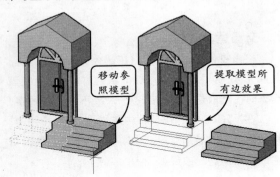

图 10-18　提取边效果

2. 着色边

三维实体上的边大多数情况下是相互重叠、相互交叉在一起的，为了更方便准确地对实体上的三维边进行选取、编辑，以及对实体线框结构特征进行观察，可以利用"着色边"工具将指定边着色，从而改善视觉效果，便于后续编辑。

在"常用"选项卡的"实体编辑"选项板中单击"着色边"按钮，选取需要进行颜色修改的边，

并按下回车键，将打开"选择颜色"对话框。然后在该对话框中选择相应的颜色即可，效果如图 10-19 所示。

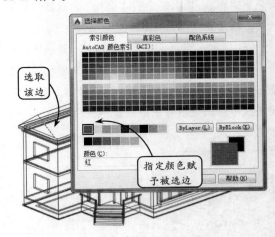

图 10-19　着色边效果

> **提示**
>
> 对实体模型边的颜色进行更改后，只有在线框或消隐样式下才能查看边颜色更改后的变化。

3. 压印边

压印就是将一些二维或三维图形与实体模型的面结合起来，创建新的实体表面或者实体。在创建三维模型后，有时需要在模型的表面加入公司标记或产品标记等图形对象，AutoCAD 专为该操作提供了"压印"工具。使用该工具能够将对象压印到选定的实体上，且为了使压印操作成功，压印对象必须与选定对象的一个或多个面相交。

单击"压印"按钮，选取被压印的实体，并选取压印对象，此时命令行将显示："是否删除源对象［是（Y）/否（N）］<N>："的提示信息。如果需要保留压印对象，按下回车键即可；如果不需要保留压印对象，在命令行中输入字母 Y，并按下回车键即可。图 10-20 为删除压印对象的效果。

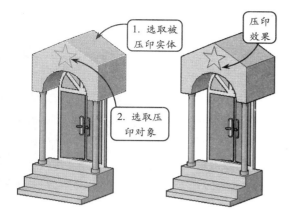

图 10-20　压印效果

压印时系统将创建新的表面区域,该表面区域以被压印几何图形和实体的棱边为边界。用户可以对该新生成的面进行拉伸、复制等操作。单击"按住并拖动"按钮，选取该新封闭区域,并移动光标,所选区域将动态显示三维实体。此时在合适位置单击,或者直接输入高度值,即可确定三维实体的高度,效果如图 10-21 所示。

图 10-21　拉伸压印区域创建实体

> **提示**
>
> 在执行压印操作后,具有压印边或压印面的面,以及包含压印边或压印面的相邻面,是不能进行移动、旋转或缩放操作的。如果移动、旋转或缩放了这些对象,可能会遗失压印边或压印面。

4．复制边

利用"复制边"工具能够将三维实体中的任意边复制为直线、圆弧、椭圆或样条曲线。执行复制边操作,可将现有实体模型上的单个或多个边偏移到其他位置,从而可利用这些边线创建新的图形对象。

单击"复制边"按钮，选取需要进行复制的边,并按下回车键。然后依次指定基点和位移点,即可将选取的边线复制到目标点处。此外,也可以选择单个或多个三维边为复制对象并单击右键,然后输入位移量,并指定位移方向,即可准确定位复制的边,效果如图 10-22 所示。

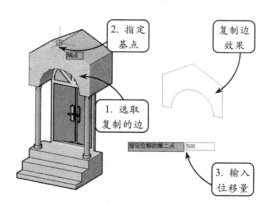

图 10-22　复制边效果

10.4　编辑模型的面

对面的编辑主要包括拉伸、移动、复制、倾斜、旋转等,下面进行具体介绍。

1．拉伸面

如果要动态地调整实体的高度或宽度,可以利用"拉伸面"工具根据指定的距离拉伸面或将面沿某条路径拉伸。如果输入拉伸距离,还可以设置拉伸的锥角,使拉伸实体形成锥化效果。

单击"拉伸面"按钮，选取实体上要拉伸的

面,并设置拉伸距离和拉伸的倾斜角度。此时拉伸面将沿其法线方向进行移动,进而改变实体的高度,效果如图 10-23 所示。

图 10-23　拉伸实体面效果

当指定的高度为负值时,选取的面将向实体的内侧拉伸;当指定的角度为负值时,拉伸的面将在指定的方向上逐步变大,为正值时则相反。

此外,还可指定路径拉伸面获得实体特征,即单击"拉伸面"按钮,在实体对象中选取所要拉伸的面后按回车键,然后根据命令行提示指定相应的拉伸路径,按下回车键即可完成拉伸操作,这里不再赘述。

2.倾斜面

利用"倾斜面"工具可以将实体中的一个或多个面按照指定的方向轴、角度倾斜,使实体的几何形状关联地产生变化。在倾斜面操作中,所指定的基点和另外一点确定了面的倾斜方向,且面与基点同侧的一端保持不变,而另一端则发生变化。此外,输入的倾斜角度为正值时,将减少实体体积或尺寸;为负值时,将增大实体体积或尺寸。

单击"倾斜面"按钮,选取实体上要进行倾斜的面,并按下回车键。然后依次选取基点和另一点确定倾斜轴,并输入倾斜角度。接着按下回车键,即可完成倾斜面操作,效果如图 10-24 所示。

> **提示**
>
> 输入倾斜角度时,数值不要过大,因为如果角度过大,在倾斜面未达到指定的角度之前可能已经聚为一点,系统不支持这种倾斜。

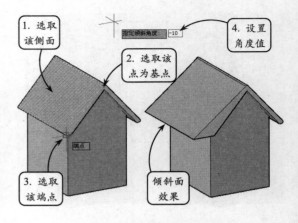

图 10-24　倾斜实体面

3.移动面

当实体上创建的构件位置不符合设计要求时,可以利用"移动面"工具选取构件的相应表面,将其移动到指定位置,但其大小和方向并不改变。

在"常用"选项卡的"实体编辑"选项板中单击"移动面"按钮,选取要移动的构件表面,并按下回车键。然后依次选取基点和目标点确定移动距离,即可将该构件移动至目标点,效果如图 10-25 所示。

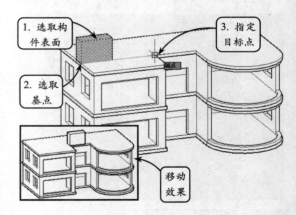

图 10-25　移动面效果

> **提示**
>
> 利用"移动面"工具进行相应操作时,在指定基点后可以通过输入距离参数值来准确地定位移动位置。此外,如果移动的是实体的外表面,则可以实现零度的拉伸面效果。

4．复制面

使用表面复制功能可以将实体中的一个或多个表面复制为面域或者曲面。当为面域时，用户便可以拉伸面域创建新的实体。此外，如果复制全部表面，则将产生整个曲面模型。

单击"复制面"按钮🔲，选取待复制的实体表面，并按下回车键。然后依次指定基点和目标点即可，效果如图 10-26 所示。

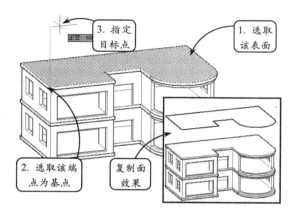

图 10-26　复制面效果

5．偏移面

与二维绘图的"偏移"工具类似，使用"偏移面"工具可以将实体的一个或多个表面按指定的距离沿表面法线正方向或负方向偏移。其中，偏移距离可以通过直接输入数值或者选取两点来确定。此外，当所选面为孔表面时，可以放大或缩小孔；当所选面为实体端面时，则可以拉伸实体，改变其高度或宽度。

单击"偏移面"按钮🔲，选取孔表面，并按下回车键。然后输入偏移值，并按下回车键，即可获得偏移面效果。其中，当输入负偏移值时将放大孔，输入正偏移值时将缩小孔，效果如图 10-27 所示。

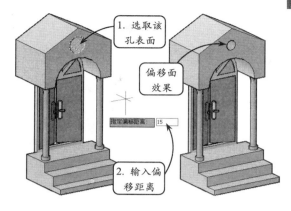

图 10-27　偏移面效果

6．删除面

删除面指从三维实体对象上删除多余的实体面和圆角，从而使几何形状实体产生关联的变化。通常删除面用于对实体倒角或圆角面的删除，删除后的实体回到原来的状态，成为未经倒角或圆角的锐边。

单击"删除面"按钮🔲，进入"删除面"模式。此时选取要删除的面后右击或按下回车键，即可删除该面，效果如图 10-28 所示。

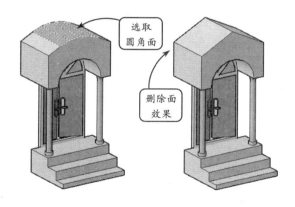

图 10-28　删除面效果

提示

移动和偏移是两个既相似又有所区别的概念：移动主要强调位置的改变，不改变被移动面的大小和方向，但可能引起其他面的改变；而偏移主要强调大小的改变。且有时移动和偏移可以达到同样的效果。

提示

删除面时，AutoCAD 将对删除面以后的实体进行有效性检查，如果选定的面被删除后，实体不能成为有效的封闭实体，则删除面操作将不能进行。因此只能删除不影响实体有效性的面。

7．旋转面

旋转面指将一个或多个面或者实体的某部分，绕指定的轴旋转。当一个面旋转后，与其相交的面会进行自动调整，以适应改变后的实体。

单击"旋转面"按钮，选取旋转的面，右击或按下回车键。然后指定旋转轴，并输入旋转角度后按下回车键，即可旋转该面，效果如图 10-29 所示。

图 10-29　旋转面效果

8．着色面

在创建和编辑实体模型过程中，为了更方便地观察实体或选取实体各部分，可以利用面着色功能修改单个或多个实体面的颜色，以取代该实体面所在图层的颜色。

单击"着色面"按钮，在绘图区指定待着色的屋顶表面，并按回车键，将打开"选择颜色"对话框。然后在该对话框中选取相应的颜色，则被选择的面的颜色将随之更新，效果如图 10-30 所示。

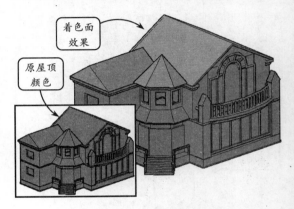

图 10-30　着色面效果

10.5 编辑模型的实体

对实体的编辑主要有剖切、抽壳、分割、平滑、优化等，下面分别进行讲解。

10.5.1　剖切

剖切就是用平面去剖切一组实体，将实体分开，且被切开的对象保持原有的图层和颜色特性。在 AutoCAD 中，"剖切"命令可用来作建筑物的剖立面或者截面透视图，也可修改复杂的实体对象。利用"剖切"工具切开的实体两部分，可以只保留一侧，也可以都保留。

单击"剖切"按钮，选取要剖切的实体对象，按下回车键。然后指定剖切平面，并根据需要保留切开实体的一侧或两侧，即可完成剖切操作。以下介绍几种常用的指定剖切平面的方法。

❑　指定切面起点

该指定剖切面的方式是默认剖切方式，即通过指定剖切实体上的两点来执行剖切操作。此时，系统将默认两点所在垂直平面为剖切平面。

指定要剖切的实体后，按下回车键。然后指定两点确定剖切平面，此时命令行将显示"在所需的侧面上指定点或 [保留两个侧面 (B)]"的提示信息。用户可以根据设计需要，设置是否保留指定侧面或两侧面，并按下回车键，即可执行剖切操作，效果如图 10-31 所示。

❑　平面对象

该剖切方式是利用曲线、圆、椭圆、圆弧或椭圆弧、二维样条曲线、二维多段线作为剖切平面，对所选实体进行剖切。

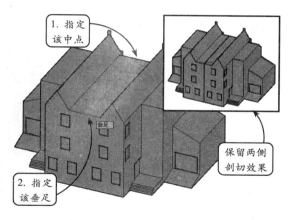

图 10-31　指定切面起点剖切对象

选取待剖切的对象之后，在命令行中输入字母O，并按下回车键。然后选取二维曲线为剖切平面，并设置保留方式，即可完成剖切操作。图 10-32 就是选取一矩形为剖切平面，并设置剖切后的实体只保留一侧的效果。

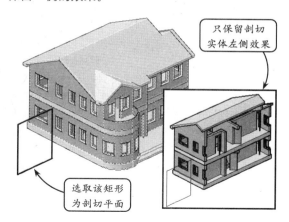

图 10-32　指定平面对象剖切实体

❏ **曲面**

该方式是以曲面作为剖切平面。选取待剖切的对象后，在命令行中输入字母 S，按下回车键后选取曲面，即可执行剖切操作。图 10-33 就是指定曲面为剖切平面后，保留一侧的效果。

❏ **Z 轴**

该方式可以指定 Z 轴方向的两点作为剖切平面。选取待剖切的对象后，在命令行中输入字母 Z，按下回车键后直接在实体上指定两点，即可执行剖切操作。图 10-34 就是输入字母 Z 后，在实体上指

定相应的两点，保留一侧的剖切效果。

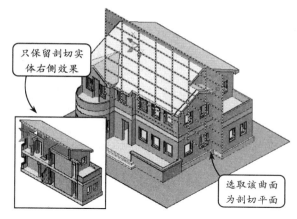

图 10-33　指定曲面剖切实体

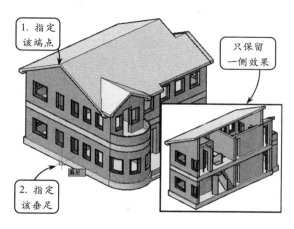

图 10-34　指定 Z 轴两点剖切实体

❏ **视图**

该方式是以实体所在的视图为剖切平面。选取待剖切的对象之后，在命令行中输入字母 V，按下回车键后指定三维坐标点或输入坐标数字，即可执行剖切操作。图 10-35 就是指定实体边上的端点后，当前视图为西南等轴测时的剖切效果。

❏ **XY、YZ、ZX**

该方式是利用坐标系平面 XY、YZ、ZX 平面作为剖切平面。选取待剖切的对象后，在命令行中指定坐标系平面，按下回车键后指定该平面上一点，即可执行剖切操作。图 10-36 就是指定 ZX 平面为剖切平面，并指定当前坐标系原点为该平面上一点创建的剖切实体效果。

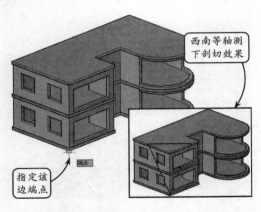

图 10-35　按视图方式剖切实体

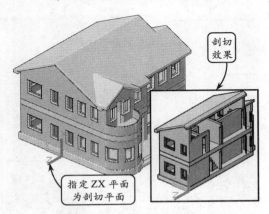

图 10-36　指定坐标平面剖切实体

❏ **三点**

该方式是在绘图区中选取 3 点,利用这 3 个点组成的平面作为剖切平面。选取待剖切的对象之后,在命令行输入数字 3,按下回车键后直接在实体上选取 3 个点,系统将自动根据这 3 个点组成的平面,执行剖切操作。图 10-37 就是依次指定点 A、点 B 和点 C 而创建的剖切效果。

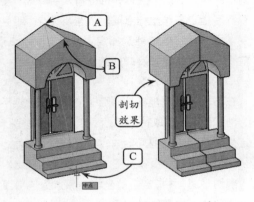

图 10-37　捕捉 3 点剖切实体

10.5.2　抽壳

抽壳是指从实体内部挖去一部分材料,形成内部中空或者凹坑的薄壁实体结构。通过执行抽壳操作,可以将实体以指定的厚度形成一个空的薄层。根据创建方式的不同,抽壳方式主要有以下两种类型。

1．删除面抽壳

该方式是抽壳中最常用的一种方法,主要是通过删除实体的一个或多个表面,并设置相应的厚度来创建壳特征。

在"实体编辑"选项板中单击"抽壳"按钮,选取待抽壳的实体,并选取要删除的面。然后按下回车键,输入抽壳偏移距离,即可执行抽壳操作,效果如图 10-38 所示。

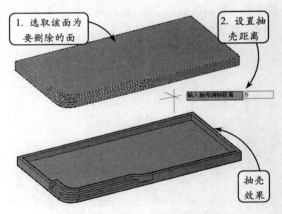

图 10-38　删除面执行抽壳操作

2．保留面抽壳

该方法可以在实体中创建一个封闭的壳,整个实体内部呈中空状态。该方法常用于创建各球类模型和气垫等空心模型。

选择"抽壳"工具后,选取待抽壳的实体,并按下回车键,然后输入抽壳偏移距离,即可创建中空的抽壳效果。为了查看抽壳效果,可以利用"剖切"工具将实体剖开,效果如图 10-39 所示。

> **提示**
>
> 在指定抽壳厚度时,若指定正值从实体外侧开始抽壳,指定负值则从实体内侧开始抽壳。

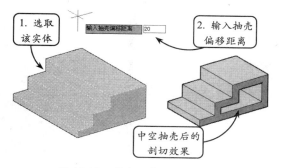

图 10-39　保留面执行抽壳操作

10.5.3　分割

分割指将一个复合对象中的多个可独立的子实体对象（子实体对象之间不能有接触，否则无法分割）分割成多个独立的对象。

在"实体编辑"选项板中单击"分割"按钮 00，

根据命令行提示拾取需要分割的对象然后连续按两次空格键即可，如图 10-40 所示。

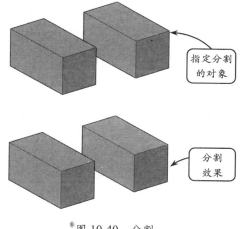

图 10-40　分割

10.6　实体的平滑和优化

实体模型可以转化为网格对象进行平滑和优化操作。平滑和优化操作可以让实体模型的轮廓更加柔和与光滑，比如，一个长方体通过平滑和优化可以变成圆角立体，如图 10-41 所示。

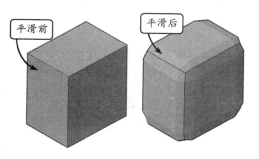

图 10-41　平滑效果

对实体模型进行平滑前，首先需要将其转化为网格对象。而在转化为网格对象的过程中，基本实体的转化效果受网格图元选项控制，在网格图元选项中预设的镶嵌细分数值决定了转化后的网格数量。

实体转化为网格对象后，就可以进行 0~4 级平滑。数字越高，平滑越大。

优化，可以成倍增加网格数，让对象得到最大的细分。

10.6.1　平滑对象——实体转网格对象

展开"网格"选项卡，在"网格"选项板中单击"平滑对象"按钮，然后选中待平滑的对象并按回车键，则被选中的对象将转换为相应的网格对象，如图 10-42 所示。平滑后，对象的栅格增多面数增多。

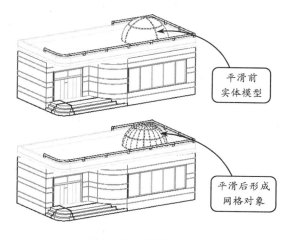

图 10-42　平滑对象

10.6.2 网格图元选项——预设网格数量

对于基本实体，在平滑前，可以提前预设转化后的栅格数。在"网格"选项卡中单击"图元"选项板右下角按钮 ，将打开"网格图元选项"对话框。在该对话框中可以修改默认的镶嵌细分参数，用于为每种类型的网格图元对象定义栅格数，如图 10-43 所示。

比如，在对话框中将长方体的镶嵌细分数设置为长宽高都为 6，然后单击"实体"选项卡"图元"选项板中的"长方体"按钮 ，在窗口中绘制一个长方体，最后在单击"平滑对象"按钮 ，可以看

到长方体变成 6×6×6 的网格对象了，如图 10-44 所示。

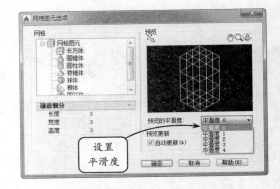

图 10-43 "网格图元选项"对话框

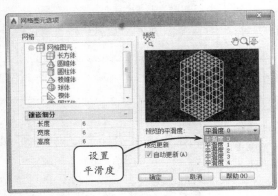

图 10-44 网格图元预设及效果

10.6.3 更改平滑度

实体转化为网格对象后，可以对其增加平滑（平滑度必须低于 4 才能增加平滑）或降低平滑（平滑度至少大于 1 才能降低平滑）。

平滑度的范围可以从"无"（0）到默认的最大平滑度（4）。

1. 提高平滑度

平滑度增加，物体表面更光滑，从而提供更加平滑、圆度更大的外观。

单击"提高平滑度"按钮 ，并选中待编辑的网格对象，系统将在原对象平滑度的基础上增加一级，效果如图 10-45 所示。

用户还可通过在"特性"面板中更改平滑度来更改选定对象的网格平滑度。其中，"无"表示对

网格对象应用最低层的平滑处理，"层 4"表示应用最高级别的平滑处理，如图 10-46 所示。

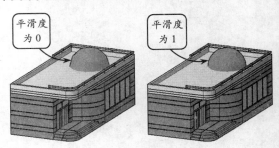

图 10-45 提高平滑度

> **提示**
>
> 平滑数越大，计算机处理用时越多，因此一般在较低平滑度下对网格对象进行建模，仅在完成建模后增加相应对象的平滑度。

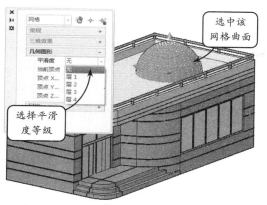

图 10-46　利用"特性"面板提高平滑度

2．降低平滑度

降低平滑度是提高平滑度的逆操作，执行该操作一次将降低一级平滑度，且仅可以降低平滑度为 1 或大于 1 的对象平滑度。此外，不能降低已经优化对象的平滑度。

10.6.4　优化网格

优化网格可成倍增加选定网格对象或选定子对象（例如面）中的细分数。优化增加面数，会将平滑度降低，但不改变平滑外观效果。

单击"优化网格"按钮⊘，然后选中待编辑的网格对象，右击或按回车键将显示优化网格效果，

如图 10-47 所示。

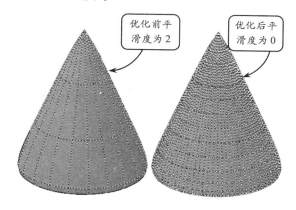

图 10-47　优化网格平滑度为 0

在 AutoCAD 中，可以优化平滑度为 1 或大于 1 的所有网格，且最终生成的面数取决于当前的平滑度。平滑度越高，优化后的面数越大。除增加面数外，优化网格对象还会将其平滑度重置回零。因此，有些网格对象可能看上去很平滑，但是其平滑度可能仍等于 0。

> **提示**
>
> 因为优化会成倍的增加面数，增大计算机的运算负荷，运行变得很缓慢，所以尽量少对模型进行优化处理。

10.7　综合案例 1：创建教堂模型

本例创建教堂三维模型，效果如图 10-48 所示。教堂是进行宗教仪式的场所，广泛见于西方国家。该教堂为巴洛克风格的教堂，整体呈"十字"对称型，其中心矗有圆形柱廊构成的高鼓座，高鼓座上方则为巨大的圆形穹顶。

在创建该教堂模型时，首先利用"拉伸"和"复制"工具创建教堂的主墙体结构，并创建教堂门外的台阶。然后利用"圆柱体"工具绘制走廊柱体，并通过阵列得到其他柱体特征。接着利用"旋转"工具创建圆形穹顶结构，并利用其他相应的工具完成教堂屋顶的创建。

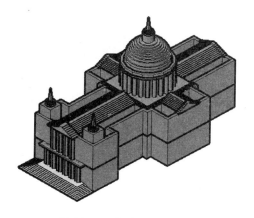

图 10-48　教堂三维模型

操作步骤 ▶▶▶▶

STEP|01 切换"墙"图层为当前图层，并切换"俯视"为当前视图。然后利用"多段线"工具按照图 10-49 所示尺寸绘制多段线。接着利用"镜像"工具指定该多段线的两个端点为镜像中心线，进行镜像操作，并将这两条多段线合并。

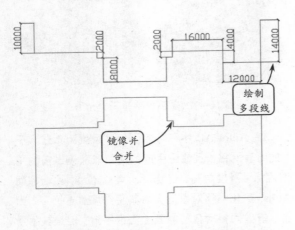

图 10-49　绘制底面轮廓

STEP|02 切换视图为"西南等轴测"，利用"拉伸"工具将底面轮廓沿 Z 轴方向拉伸 10000。然后利用"复制"工具指定一层墙体角点 A 为基点，并指定该墙体角点 B 为目标点，进行移动复制操作，创建二层墙体，效果如图 10-50 所示。

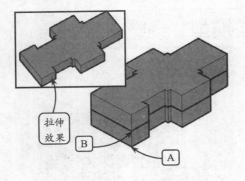

图 10-50　创建墙体

STEP|03 切换"俯视"为当前视图，并切换为"二维线框"样式。然后利用"多段线"和"矩形"工具在二层顶面上按照图 10-51 所示尺寸绘制封闭轮廓。接着利用"构造线"工具绘制两条辅助线，并

利用"镜像"工具以辅助线为镜像中心线，镜像所绘轮廓。

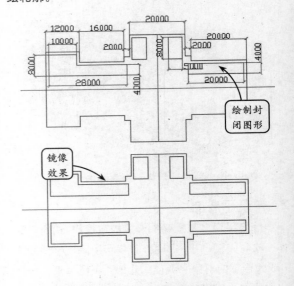

图 10-51　绘制轮廓线并镜像

STEP|04 切换"西南等轴测"为当前视图，利用"拉伸"工具将镜像得到的全部轮廓沿 Z 轴方向拉伸 10000。然后切换视图样式为"概念"，利用"差集"工具将拉伸实体从墙体中去除，效果如图 10-52 所示。

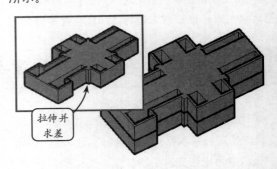

图 10-52　拉伸实体并去除

STEP|05 利用"长方体"工具以点 B 为基点，输入相对坐标（@1000，1000，0）确定第一角点，并输入相对坐标（@5000，5000，14000）确定第二角点，创建长方体。然后利用"镜像"工具以构造线为镜像中心线，进行镜像操作，效果如图 10-53 所示。

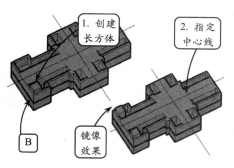

图 10-53　创建门前垛

STEP|06　切换"右视"为当前视图。然后利用"圆弧""直线"工具按照图 10-54 所示尺寸绘制穹顶截面轮廓。

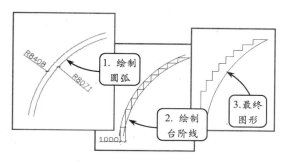

图 10-54　绘制穹顶截面轮廓

STEP|07　利用"矩形"工具以上步所绘轮廓的左下角点为第一角点，绘制尺寸为 1111×12000 的矩形。然后利用"直线"工具以矩形的左下角点为基点，输入相对坐标（@8000，0）确定起点，绘制一条竖线。接着切换视图为"西南等轴测"，利用"旋转"工具以该直线为旋转轴，创建穹顶结构实体，效果如图 10-55 所示。

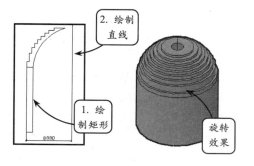

图 10-55　创建穹顶实体

STEP|08　利用"复制"工具复制旋转实体。然后单击"缩放"按钮，选取该复制对象为源对象，以底面圆心为基点，并指定缩放参数为 0.25，创建缩放对象。接着利用"移动"工具选取缩放对象的底面圆心为移动基点，并指定源对象的顶面圆心为目标点，进行移动操作，效果如图 10-56 所示。

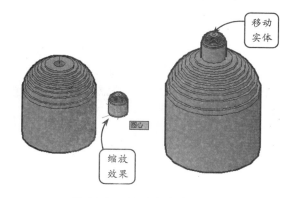

图 10-56　缩放实体并移动

STEP|09　利用"棱锥体"工具以顶面圆心为椎体的底面中心点，创建半径为 400，高度为 5000 的棱锥体，并将穹顶实体和棱锥体转换为"穹顶"图层。然后利用"移动"工具选取穹顶的底面圆心为移动基点，并指定两条构造线的交点为目标点，进行移动操作，效果如图 10-57 所示。

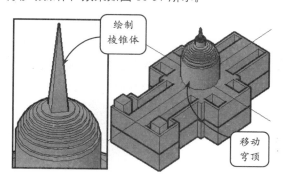

图 10-57　移动穹顶

STEP|10　利用"复制"工具选取穹顶的上部结构为源对象，复制移动至门前垛上的相应目标位置，效果如图 10-58 所示。

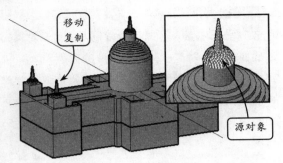

图 10-58　移动复制对象

STEP|11 切换"二维线框"为当前样式。然后在状态栏的"捕捉模式"按钮上单击右键，选择"捕捉设置"选项，将打开"草图设置"对话框。然后按照图 10-59 设置栅格参数，并启用栅格。

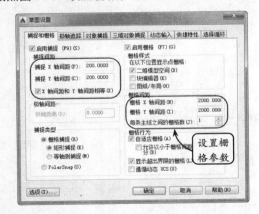

图 10-59　设置栅格参数

STEP|12 切换"前视"为当前视图，并切换"台阶"图层为当前图层。然后利用"多段线"工具依次捕捉各个栅格点，绘制台阶截面轮廓，效果如图10-60 所示。

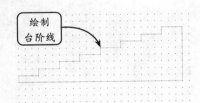

图 10-60　绘制台阶截面轮廓

STEP|13 关闭栅格，切换"概念"为当前样式，并切换"西南等轴测"为当前视图。然后按照图

10-61 所示尺寸绘制多段线，利用"扫掠"工具指定该多段线为扫掠路径，创建台阶实体。接着捕捉台阶实体的内侧角点创建长方体，并将该长方体与台阶实体合并。

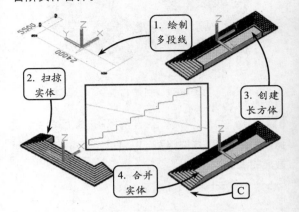

图 10-61　创建台阶实体

STEP|14 利用"移动"工具指定点台阶实体的角点 C 为移动基点（图 10-61 所示），输入 FROM 命令，指定点 A 为基点，并输入相对坐标（@0，-100，0）确定目标点，移动台阶实体至指定位置，效果如图 10-62 所示。

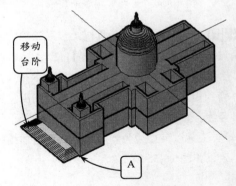

图 10-62　移动台阶

STEP|15 切换"柱"图层为当前图层，利用"圆柱体"工具以台阶顶层的角点 D 为基点，输入相对坐标（@2500，1900，0）确定中心点，创建底面半径为 300，高度为 8000 的圆柱体。然后利用"复制"工具将该圆柱体沿 Y 轴正方向复制移动1000，效果如图 10-63 所示。

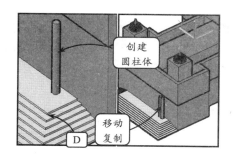

图 10-63　创建立柱

STEP|16 利用"矩形阵列"工具选取两个立柱为源对象，并设置行数为 6、列数为 1、层数为 2、行间距为 3000、层间距为 8500，进行阵列操作。然后将阵列后的对象分解，并按照图 10-64 所示删除多余的立柱。

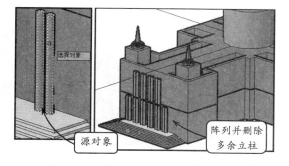

图 10-64　阵列立柱

STEP|17 隐藏"穹顶"图层，利用"矩形"工具以角点 E 为基点，依次输入相对坐标（@1000，1000）和（@22000，22000），绘制矩形。然后利用"偏移"工具将该矩形向内依次偏移 250、500 和 750，创建底面轮廓，效果如图 10-65 所示。

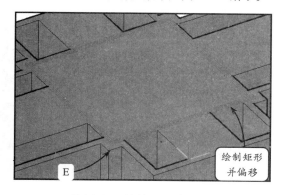

图 10-65　绘制矩形并偏移

STEP|18 利用"拉伸"工具将上步绘制的矩形从内向外依次向上拉伸 1000、750、500 和 250，并将拉伸实体全部合并。然后显示"穹顶"图层，利用"圆柱体"工具以点 E 为基点，输入相对坐标（@12000，3000，1000）确定底面圆心，创建半径为 500，高度为 8000 的圆柱体，效果如图 10-66 所示。

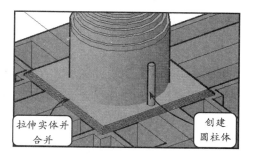

图 10-66　拉伸矩形并创建立柱

STEP|19 利用"环形阵列"工具选取上步创建的立柱为源对象，并设置数目为 24，填充角度为 360°。然后指定穹顶的竖直中心线为旋转轴，完成阵列操作，效果如入 10-67 所示。

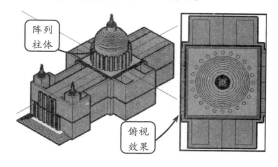

图 10-67　环形阵列立柱

STEP|20 利用"圆"工具绘制两个尺寸分别为 8500 和 9500 的同心圆。然后均沿 Z 轴正方向拉伸 1000，并利用"差集"工具创建圆环特征，效果如图 10-68 所示。

STEP|21 利用"移动"工具，以底面圆心为移动基点，并指定点 E 为基点，输入偏移坐标（@12000，12000，9000），确定目标点，将上步创建的圆环实体移动到目标位置，效果如图 10-69 所示。

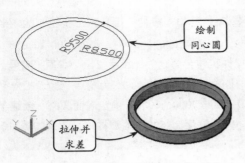

图 10-68　创建圆环实体

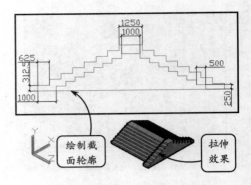

图 10-71　创建顶部装饰实体

STEP|24 利用"移动"工具选择上步两个拉伸实体为移动对象，并指定小拉伸实体底边中点为移动基点，且选择横梁轮廓线的中点 F 为目标点，进行移动操作，效果如图 10-72 所示。

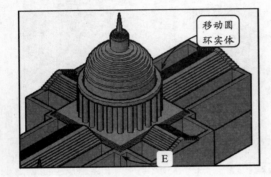

图 10-69　移动圆环实体

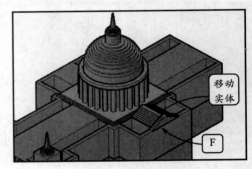

图 10-72　移动装饰实体

STEP|22 利用"长方体"工具以一层顶面角点 B 为基点，输入相对坐标（@0，4000，0）确定第一角点，并输入相对坐标（@-2000，20000，-500），创建长方体，效果如图 10-70 所示。

STEP|25 利用"镜像"工具选取创建的装饰实体为源对象，并指定相应构造线为镜像中心线，进行镜像操作。然后删除两条构造线，效果如图 10-73 所示。

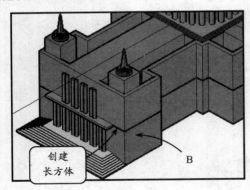

图 10-70　创建长方体

STEP|23 切换视图为"前视"，利用"多段线"工具按照图 10-71 所示尺寸绘制两条封闭的台阶线。然后切换视图为"西南等轴测"，将封闭图形分别拉伸 1000 和 8000。

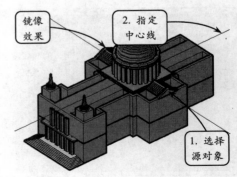

图 10-73　镜像实体

STEP|26 切换视图为"左视"，利用"多段线"
工具按照图 10-74 所示尺寸绘制图形。然后切换"西
南等轴测"为当前视图，并沿 Z 轴方向分别创建高
度为 3000 和 28000 的拉伸实体。接着利用"复制"
工具创建相同实体。

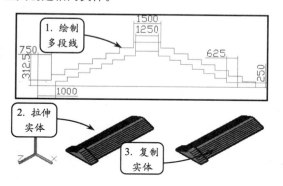

图 10-74　创建拉伸实体并复制

STEP|27 利用"移动"工具选取上步的复制实体
为移动对象，并指定底边中点为移动基点，以教堂
左侧的顶边中点为 From 基点，输入偏移坐标(@0，
0，2000)确定目标点，进行移动操作，效果如图
10-75 所示。

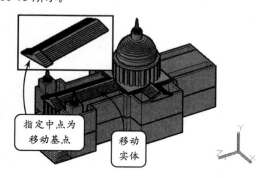

图 10-75　移动实体

STEP|28 分别双击两个源拉伸实体，在打开的属
性面板中修改其高度为 1000 和 20000。然后利用
"三维镜像"工具指定 XY 平面为镜像平面，将修
改高度后的实体镜像，并将源对象删除，效果如图
10-76 所示。

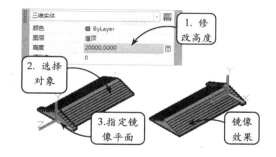

图 10-76　修改高度并镜像

STEP|29 切换视图为"东南等轴测"，利用"移
动"工具指定镜像实体底面右侧边的中点为移动基
点，并选择教堂右侧面的顶边中点为目标点，将镜
像实体移动到墙体上，效果如图 10-77 所示。

图 10-77　移动镜像实体

STEP|30 切换视图为"西南等轴测"，选择入口
处二层所有柱子，并双击将其高度修改为 14000，
效果如图 10-78 所示。

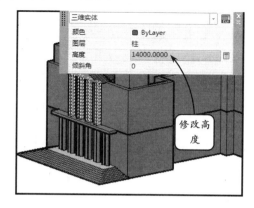

图 10-78　调整立柱高度

AutoCAD 10.8 综合案例2：创建三维小屋模型

本例创建三维小屋模型，效果如图 10-79 所示。该小屋是普通的农家小屋，主房加一个偏房，且偏房门前有小型的走廊和台阶。屋顶采用传统的由瓦片相互搭接而成的坡屋顶，并且屋顶上开有天窗。此外，该房屋的墙体上共开有 2 扇门和 6 扇窗户，很好地满足了人们进出和整个房间的采光与通风的要求。

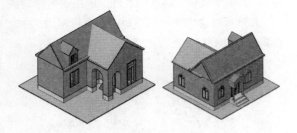

图 10-79　三维小屋模型

在创建该三维小屋模型时，首先创建地基、墙脚和主墙体，并从主墙体中去除对应位置处的门和窗户，以创建窗洞、门洞和走廊区域。然后利用"多段线"工具绘制门、窗和屋顶的截面轮廓，并将它们创建为相应的面域特征，拉伸为门、窗户和屋顶实体。最后利用同样的方法创建台阶，即可完成该三维小屋的创建。

操作步骤 ▶▶▶▶

STEP|01 切换"俯视"为当前视图，并切换"地基"图层为当前图层。然后利用"矩形"工具绘制尺寸为 1600×1600 的矩形。接着切换"墙脚"图层为当前图层，利用"矩形"工具以所绘矩形的左上角点为基点，输入相对坐标（@300，-100）确定第一角点，绘制尺寸为 1100×510 的矩形，效果如图 10-80 所示。

STEP|02 利用"多段线"工具以小矩形的左下角点为起点，按照图 10-81 所示尺寸绘制多段线，并修剪该矩形。利用"矩形"工具以点 A 为基点，输入相对坐标（@260，0）确定第一点，绘制尺寸

为 120×100 的矩形。将修剪后的图形以及新绘制的小矩形转化为面域并进行合并。

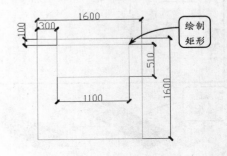

图 10-80　绘制矩形

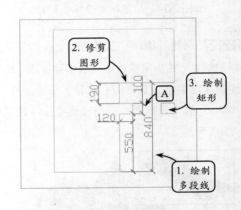

图 10-81　绘制墙角轮廓

STEP|03 切换"东南等轴测"为当前视图，利用"拉伸"工具将地基轮廓沿 Z 轴方向拉伸-20。然后继续利用"拉伸"工具将墙脚轮廓沿 Z 轴正方向拉伸 100，效果如图 10-82 所示。

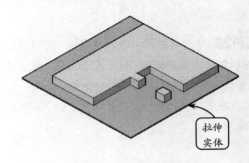

图 10-82　创建地基和墙脚实体

STEP|04 切换"墙壁"图层为当前层,利用"长方体"工具,以墙脚角点为起点创建底面尺寸为 1350×600,高度为 600 的长方体,效果如图 10-83 所示。

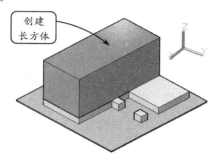

图 10-83 创建墙体

STEP|05 切换视图为"右视",利用"矩形""圆弧"和"多段线"工具按照图 10-84 所示尺寸绘制截面轮廓。

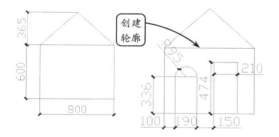

图 10-84 绘制正房墙体截面轮廓

STEP|06 切换视图样式为"二维线框",利用"修剪"工具整理图形,并将图形分别创建为 3 个面域。然后切换"东南等轴测"为当前视图,利用"拉伸"工具将面域按照图 10-85 所示尺寸拉伸,并利用"差集"工具创建门洞和窗洞特征。

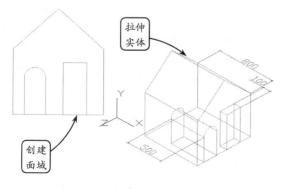

图 10-85 创建门洞和窗洞特征

STEP|07 切换"东北等轴测"为当前视图,并移动坐标系,如图 10-86 所示。然后利用"长方体"工具以原点为基点,输入坐标(-150,100,0)确定第一点,并输入相对坐标(@-150,200,60)确定第二点,创建高度为 60 的长方体。

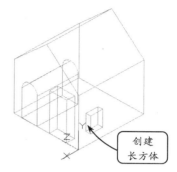

图 10-86 创建长方体

STEP|08 利用"圆弧"工具以长方体的角点为端点绘制半径为 75 的半圆,并利用"直线"工具连接圆弧的两个端点。然后将封闭图形转成面域,并向 Z 轴正方向拉伸 60,效果如图 10-87 所示。

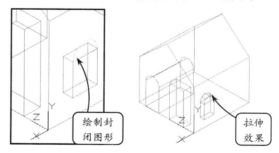

图 10-87 绘制封闭图形并拉伸

STEP|09 利用"并集"工具将上步拉伸的弧形实体与第 7 步绘制的长方体合并。切换为"概念"样式观察效果,如图 10-88 所示。

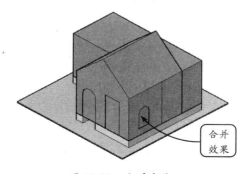

图 10-88 合并实体

STEP|10 利用"复制"工具选择窗洞特征为源对象，在命令行输入 D 指令，并输入相对坐标（@-650，0，0）完成该特征的复制移动。然后利用"差集"工具将门洞和窗洞特征实体从墙体中去除，并利用"并集"工具将主房墙体和偏房墙体合并，效果如图 10-89 所示。

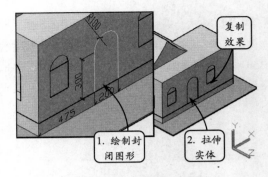

图 10-91　创建门洞特征

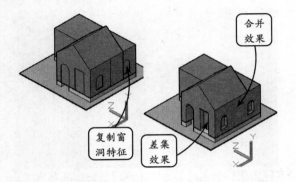

图 10-89　创建窗洞并合并墙体

STEP|11 切换"西北等轴测"为当前视图。然后利用"长方体"工具以点 C 为基点，依次输入相对坐标（@0，150，100）和（@80，200，150），创建长方体。接着利用"圆弧""直线"工具按照图 10-90 所示尺寸绘制封闭图形并转化为面域，然后沿 X 轴正方向拉伸 80。

STEP|13 切换"东南等轴测"为当前视图，利用"长方体"工具以点 D 为基点输入相对坐标（@-150，150，0）确定第一角点，并输入相对坐标（@-200，300，60）确定第二角点，创建长方体。然后利用"差集"工具创建窗洞特征，效果如图 10-92 所示。

图 10-92　创建窗洞特征

STEP|14 切换"前视"为当前视图，利用"矩形""圆弧""修剪"和"面域"工具按照图 10-93 所示尺寸绘制门截面轮廓。

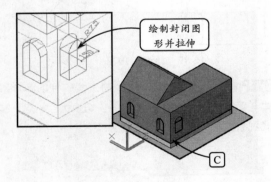

图 10-90　创建窗洞特征实体

STEP|12 利用"复制"工具将窗洞特征实体沿 Z 轴正方向移动 750 并复制。然后将坐标系绕 Y 轴旋转-90°，利用"矩形""圆弧"和"修剪"工具按照图 10-91 所示尺寸绘制封闭图形并转化为面域沿 Z 轴方向拉伸-100。

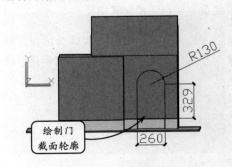

图 10-93　绘制门截面轮廓

STEP|15 切换视图为"东南等轴测"，利用"拉伸"

工具将上步所绘封闭图形沿 Z 轴方向拉伸-390。然后利用"差集"工具将拉伸实体从墙体中去除，效果如图 10-94 所示。

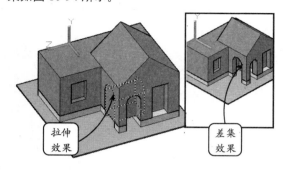

图 10-94　创建门洞

STEP|16 切换"前视"为当前视图并切换"顶"图层为当前层，利用"多段线"工具按照图 10-95 所示尺寸分别绘制两条均呈中轴对称的多段线。然后切换视图为"东南等轴侧"，并分别将多段线沿 Z 轴方向拉伸-1396 和-1350。

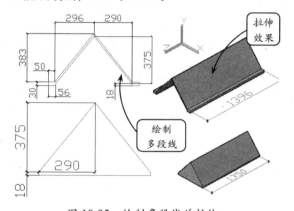

图 10-95　绘制多段线并拉伸

STEP|17 在"实体编辑"选项板中单击"抽壳"按钮，选择上图下方拉伸实体为抽壳对象，输入厚度为 20，完成相应操作。然后利用"移动"工具指定点 E 为移动基点，并指定偏房角点 F 为目标点，将抽壳后的实体移动到墙体上，效果如图 10-96 所示。

STEP|18 切换视图为"右视"，利用"多段线"工具按照图 10-97 所示尺寸绘制多段线 1，并以点 G 为基点，输入相对坐标（@-5，-6）确定起点，绘制多段线 2。接着利用"矩形"工具以多段线 1 的左下角点为基点，按图示尺寸绘制矩形。

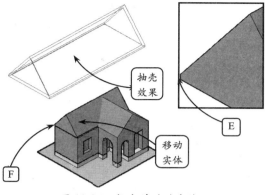

图 10-96　抽壳并移动实体

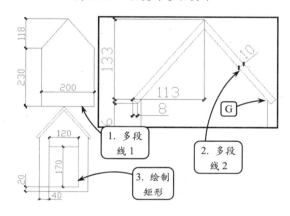

图 10-97　绘制天窗截面轮廓

STEP|19 切换视图为"东南等轴侧"，利用"移动"工具将多段线 2 沿 Z 轴正方向平移 5。然后利用"拉伸"工具将多段线 1、多段线 2 和矩形分别拉伸 250、260 和 30。最后利用"差集"工具创建窗洞特征，效果如图 10-98 所示。

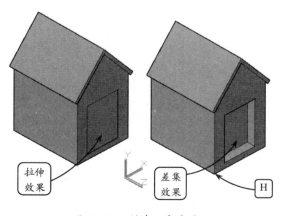

图 10-98　创建天窗实体

STEP|20 利用"移动"工具以点 H 为移动基点，输入 FROM 指令并指定点 I 为基点，且输入相对坐标（@135，0，-51），将天窗整体移动到偏房屋顶上。选中整个天窗和屋顶，利用"移动"工具以点 I 为移动基点，并以偏房角点 J 为 FROM 基点输入相对坐标（@-10，630，56）进行移动，效果如图 10-99 所示。

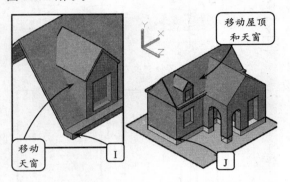

图 10-99　移动天窗和屋顶

STEP|21 利用"多段线""偏移""直线"和"面域"工具按照图 10-100 所示尺寸绘制主房屋顶截面轮廓。然后切换视图为"东南等轴侧"，利用"拉伸"工具将其沿 Z 轴方向拉伸-800。

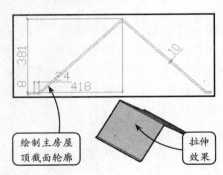

图 10-100　创建主房房顶

STEP|22 利用"移动"工具以点 K 为移动基点，输入 FROM 指令并指定主房墙体顶点为基点，输入相对坐标（@0，0，-10）确定目标点，将主房顶移动到墙体上，效果如图 10-101 所示。

STEP|23 切换视图为"右视"，利用"矩形""面域"和"差集"工具按照图 10-102 所示尺寸创建窗户截面特征。然后切换"东南等轴侧"为当前视

图，利用"拉伸"工具将其沿 Z 轴方向拉伸-20。接着利用"移动"工具以窗户角点为基点，并指定相对应的窗洞角点为目标点，完成窗户的移动。

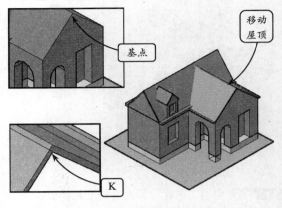

图 10-101　移动主房屋顶

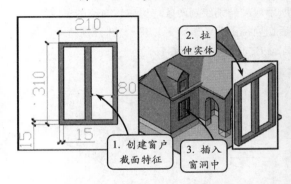

图 10-102　创建窗户实体并移动

STEP|24 按照上步相同方法分别创建其他两个窗户实体，其尺寸如图 10-103 所示。然后利用"移动"工具分别捕捉相应的角点，将这两个实体插入到窗洞中。

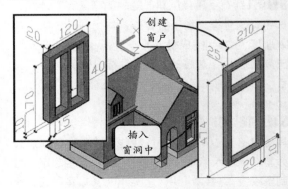

图 10-103　创建窗户实体并移动

STEP|25 切换"前视"为当前视图,利用"矩形""圆弧""分解"和"偏移"等工具按照图 10-104 所示尺寸绘制窗框轮廓。然后利用"面域"和"差集"工具创建窗框面域。

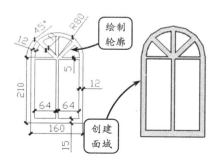

图 10-104　创建窗框面域

STEP|26 切换为"二维线框"样式,利用"多段线"和"圆弧"工具沿着窗框内部封闭边界绘制玻璃轮廓线。然后依次选取轮廓线创建 6 个相应的面域特征,并切换为"概念"样式观察效果,如图 10-105 所示。

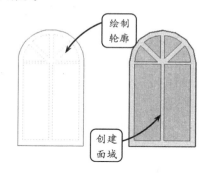

图 10-105　创建玻璃平面

STEP|27 切换视图为"东北等轴测",利用"拉伸"工具分别将窗框和玻璃面域依次沿 Z 轴方向拉伸 15 和 5。然后利用"移动"工具将玻璃实体沿 Z 轴方向移动 3。接着将窗户整体创建为块,并指定点 L 为基点,效果如图 10-106 所示。

STEP|28 切换视图为"西北等轴测",利用"差集"工具将右侧窗洞和门洞实体特征从墙体中去除。然后利用"插入"工具分别以窗洞的角点为插入点,插入窗户块,并将各个窗户块由基点向外移动 3,效果如图 10-107 所示。

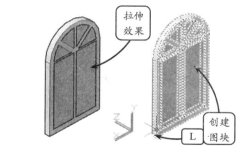

图 10-106　创建窗户块

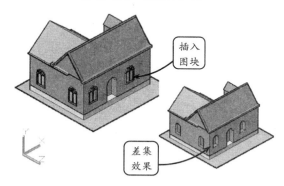

图 10-107　插入窗户块

STEP|29 切换"左视"为当前视图,并切换"门"图层为当前图层。然后利用"矩形""分解""圆弧""偏移"和"镜像"等工具按照图 10-108 所示尺寸绘制门框轮廓,并将其创建为面域。接着切换视图为"西北等轴测",将该面域沿 Z 轴方向拉伸 15。

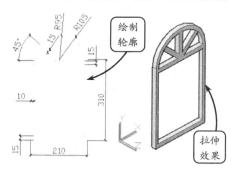

图 10-108　创建门框

STEP|30 切换视图样式为"二维线框",利用"多段线"和"圆弧"工具沿着门框内部扇形区域边界绘制玻璃轮廓线。然后将其创建为面域,并沿门框内侧拉伸 5。接着切换"概念"视觉样式,并利用"移动"工具将玻璃实体向门框内侧移动 3,效果如图 10-109 所示。

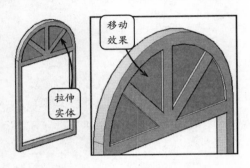

图 10-109　创建玻璃

STEP|31 调整坐标系至图 10-110 所示位置，利用"长方体"工具以门框的内角点为起点，输入相对坐标（@95，7，275），创建长方体。然后利用"矩形""圆弧"和"复制"等工具按照图示尺寸绘制门把手轮廓，并分别创建为 3 个面域，依次向外侧拉伸 4、9 和 2。

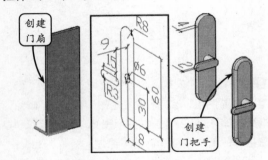

图 10-110　创建门扇和门把手

STEP|32 利用"移动"工具选取门把手为移动对象，并指定其上的点 M 为移动基点。然后指定门扇外侧角点 N 为 FROM 基点，输入相对坐标（@80，-15，138）确定目标点，进行移动操作。接着利用"三维镜像"工具创建如图 10-111 所示的镜像特征。

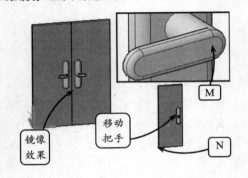

图 10-111　移动门把手并镜像

STEP|33 利用"移动"工具将镜像后得到的门插入到门框中。然后继续利用"移动"工具选取整个门为移动对象，并指定门框角点 O 为移动基点。接着指定门洞角点为 FROM 基点，并输入相对坐标（@0，-3，-3）确定目标点，将门插入到门洞中，效果如图 10-112 所示。

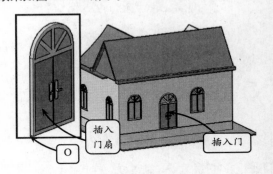

图 10-112　插入门

STEP|34 切换"前视"为当前视图。然后利用相应的工具按照图 10-113 所示尺寸创建门，其中门把手的尺寸与上述一样。接着切换视图为"东南等轴测"，利用相同的方法将该门插入至门洞中。

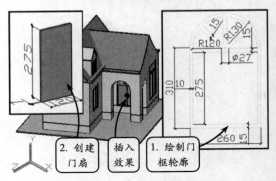

图 10-113　创建门并插入门洞

STEP|35 切换视图为"右视"，利用"多段线"工具按照图 10-114 所示尺寸绘制台阶线。然后切换视图为"东南等轴侧"，将台阶线沿 Z 轴方向拉伸 250。接着将"墙壁""门""窗"和"屋顶"等图层隐藏，并利用"移动"工具将台阶移动到目标位置。

STEP|36 切换视图为"后视"，利用"多段线"工具按照图 10-115 所示尺寸绘制台阶线。然后切换视图为"西北等轴测"，将台阶线拉伸 295，并利用"移动"工具将台阶实体移动到目标位置即可。

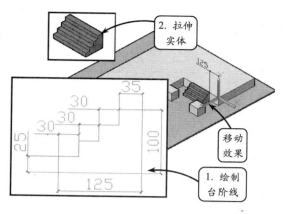

图 10-114 创建台阶并移动

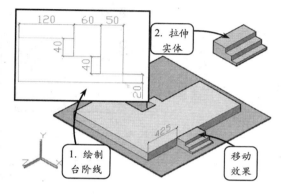

图 10-115 创建台阶实体并移动

STEP|37 调整坐标系至图 10-116 所示。然后单击
"圆柱体"按钮，以点 P 为基点，输入相对坐标
(@25，30，0)确定底面中心点，创建半径和高度
均为 15 的圆柱体。继续利用"圆柱体"工具以已
创建的圆柱体的顶面圆心为中心点，创建半径为
10，高度为 292 的圆柱体。

图 10-116 创建圆柱体

STEP|38 单击"圆锥体"按钮，以上步创建的
圆柱体的顶面圆心 Q 为中心点，指定底面半径为
15，向下创建高度为 66 的圆锥体。然后利用"圆

柱体"工具以点 Q 为中心点，创建半径为 15，高
度为 10 的圆柱体，并将所有圆柱体和圆锥体合并
为一个整体，效果如图 10-117 所示。

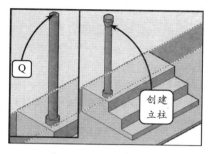

图 10-117 创建立柱

STEP|39 利用"复制"工具将立柱实体沿 X 轴正
方向移动 245 并复制。然后切换"左视"为当前视
图，并切换为"二维线框"样式，利用相应工具按
照图 10-118 所示尺寸绘制门顶轮廓。接着切换视
图为"西北等轴测"，将门顶轮廓创建为相应的面
域，并将其向内拉伸 200。

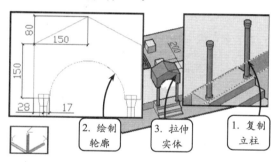

图 10-118 创建门顶

STEP|40 利用"移动"工具将门顶实体沿 Y 轴方
向移动-33，并将其转换为"屋顶"图层，效果如
图 10-119 所示。最后将所有图层显示，即可完成
三维小屋模型的创建。

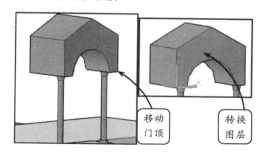

图 10-119 移动门顶并转换图层

10.9 新手训练营

练习 1：创建办公楼三维模型

本练习创建办公楼三维模型，效果如图 10-120 所示。办公楼是指企业、事业、机关、团体、学校、医院等单位使用的各类办公用房，又称写字楼。该办公楼为两层的建筑。左侧为办公区，而右侧凸出的弧形结构为会议区。

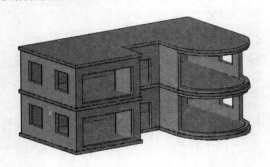

图 10-120　办公楼三维模型

在创建该模型时，由于其上下两层结构相同，所以可以利用"拉伸"工具创建第一层，并利用"复制"工具将一层移动复制得到二层。另外由于地板、楼板和屋顶这三个实体形状相同，可通过拉伸创建地板，并利用"三维阵列"工具得到楼板和屋顶。

练习 2：创建居民楼模型

本练习创建居民楼模型，效果如图 10-121 所示。该居民楼是连体的住宅商品楼，共有五层。每个楼层的户型均配有独立的露台和阳台，并且屋顶为两个对称的陡坡型造型。

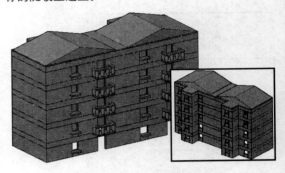

图 10-121　居民楼三维模型

创建该模型时，由于五个楼层的结构相同，所以可以首先创建一层的楼层，并利用"三维阵列"工具阵列得到其他楼层。然后通过拉伸创建楼顶其中一个屋顶，并利用"三维镜像"工具创建另一个屋顶。最后绘制阳台并阵列完成每户阳台的绘制，即可完成该模型的创建。

第 11 章

灯光、材质、动画与渲染

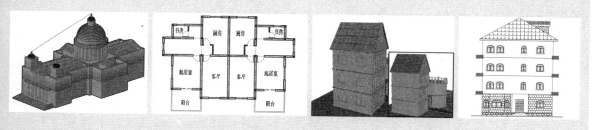

　　创建完成的三维模型仅仅有造型和单一的颜色，被业内人士称为裸模。要逼真地模拟建成后的效果，还需要为模型穿上不同的"衣服"，也就是贴上各自的材质。贴上材质的模型方具有真实的纹理和质感。添加上灯光，布置好相机，用户就可以将特定角度的视图渲染成效果图供客户观看。如果为相机添加路径，设置运动效果，则可以将方案渲染成建筑漫游动画，全方位地展示设计方案。

　　本章主要讲解材质贴图、灯光设置、漫游动画和渲染输出。

11.1 材质概述

材质是表现对象表面的颜色、纹理、图案、质地和材料等特性的一组设置。通过将材质附着给三维模型，可以在渲染时显示模型的真实外观，如果再添加相应的贴图，则可以显示出照片般的真实效果。

创建三维模型后，如果再指定适当的材质，便可以表现完美的模型效果。例如，指定颜色、材料、反光特性和透明度等参数。这些属性都是依靠材质现实的。为模型的各个部分赋予材质是创建逼真渲染对象的关键的一步。

图 11-1 就是在 AutoCAD 中为别墅各个结构赋予相应的材质后渲染的效果。

别墅剖立面渲染效果

图 11-1　别墅剖立面渲染效果

1．光源与材质的相互作用

光源照亮了材质，而材质可以反射和折射光线。光源和材质的相互作用为三维模型提供了具有真实效果的外观。两者间的相互作用主要体现在以下 n 个方面。

❑ 光线在模型上的照射位置与角度决定了各种不同反射区的相对位置，从而影响材质颜色的分布。在材质中可以根据不同的光线反射区设置不同的颜色。

❑ 材质的光泽度决定了光线反射区的大小和亮度，使模型表面显示出光滑或粗糙的效果。所设置光泽度越大，表示物体表面越光滑，此时表面上亮显区域较小但显示较亮；反之所设置光泽度越小，对象表面越粗糙、光线反射较多、亮显区较大且较柔和。

❑ 材质的透明度决定了光线是否能够穿过模型的表面。所设置的透明度越高，表示穿越该表面的光源越强；反之所设置的透明度越低，表示穿越该表面的光源越弱。当透明度为 0 时，对象将不具有透明度；当透明度为 100 时，对象将完全透明。

❑ 对于全部或部分透明的对象，材质的折射系数还决定着光线穿过模型表面时的折射程度。当折射率为 1.0 时（空气折射率），透明对象后面的对象不会失真；折射率为 1.5 时，对象会严重失真，就像通过玻璃球看对象一样。

2．贴图与材质的关系

材质是一组相关的设置，而贴图是材质应用中所使用的一种技术，且贴图通过材质来实现。在一个材质中可以设置多种不同作用的贴图，如纹理贴图、反射贴图、透明贴图和凹凸贴图等。不同类型的贴图在材质中具有不同的作用，可以在渲染时产生不同的效果，如图 11-2 所示。

纹理贴图

反射贴图

透明贴图

凹凸贴图

图 11-2　材质的不同贴图

3．不同贴图方式对材质的影响

由于在材质中用于的贴图图像是二维的，而材质所附着的模型却是三维的，所示在贴图时，使用不同的投影方式和方向将会产生不同的效果。此外贴图图像在三维表面上的位置、比例和排列方式也将影响材质的最终显示效果。

图 11-4 所示。

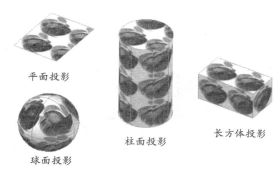

平面投影　　柱面投影　　长方体投影

球面投影

图 11-3　材质贴图的 4 种投影方式

- ❑ 投影方式影响贴图图像和三维表面之间的对应关系。对于平面投影，两者间是一一对应的，不会使图像产生变形。而柱面投影和球体投影将使贴图图像沿柱面或球面弯曲，使图像变形。长方体投影也会使三维材质在不同的贴图坐标方向上产生变形，效果如图 11-3 所示。

- ❑ 投影面决定了贴图的投影方向，AutoCAD 将在三维模型中与投影面平行的面上进行贴图。

- ❑ 贴图图像在三维表面上的位置、比例和排列方式决定着图像与每个模型表面的相对关系。由此可以使图像按指定大小附着在模型表面的指定位置上，并可以将图像进行拉伸或平铺而布满整个表面，效果如

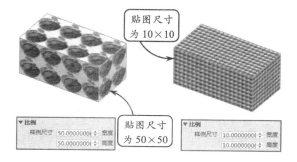

图 11-4　材质贴图的不同平铺比例对比效果

AutoCAD

11.2 材质的基础操作

为模型赋予材质的操作包括载入材质、自定义材质、赋予对象材质、删除材质等，下面分别进行介绍。

1．载入材质库中的材质

AutoCAD 在其材质库中定义了多种材质，可以将其载入到当前图形中，并将载入的材质附着到各个模型对象上。

在"可视化"选项卡的"材质"选项板中单击"材质浏览器"按钮🎨，将打开"材质浏览器"面板，如图 11-5 所示。在该面板中单击"Autodesk 库"下拉按钮，在其下拉列表框中包含了 AutoCAD 附带的多种材质和纹理。

在"材质浏览器"面板上部的列表框中列出了当前图形中所有可用的材质。该列表框中始终包含一个名称为"Global"（全局）的材质。该材质是

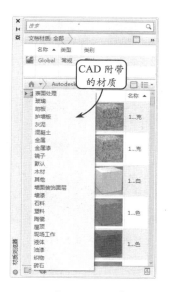

图 11-5　"材质浏览器"面板

AutoCAD 自动创建，并默认使用的一种材质。任何没有被用户指定材质的对象都将在渲染时使用全局材质。该材质不能被删除，但可以修改，效果如图 11-6 所示。

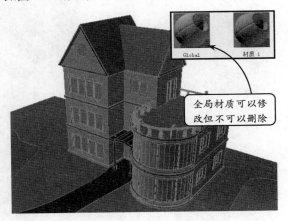

图 11-6　模型应用的全局材质

如果需要在当前图形中使用全局材质之外的材质，最直接的方法便是从材质库中载入材质。在系统提供的材质库左侧列表框中显示了当前图形中可用的材质，在右侧的列表框中显示当前材质库所有材质的缩略图。用户可以单击选择一种材质或者按住 Ctrl 或 Shift 键选择多个材质，然后将其拖动到面板上部的列表框中，如图 11-7 所示。

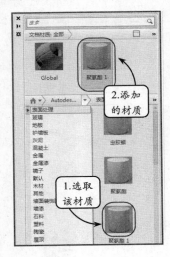

图 11-7　载入材质

2．创建材质

除了使用材质库中已定义的材质之外，还可以根据需要创建新的材质。可在"材质浏览器"面板下部单击 "在文档中创建新材质"按钮，并在下拉列表中选择新材质的属性。此时在打开的"材质编辑器"面板中可对新材质进行详细地设置，如图 11-8 所示。

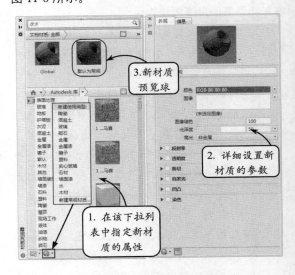

图 11-8　设置新材质

在"材质编辑器"面板上方的预览窗口中，以预览几何体形式实时显示材质的效果。单击预览图右下角的小三角按钮，即可在打开的下拉列表中设置材质的预览样本类型，如图 11-9 所示。

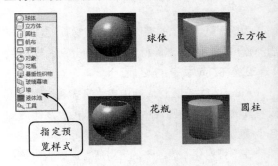

图 11-9　设置材质的预览样本类型

3．搜索材质

在材质浏览器的搜索文本框中输入材质名称关键词，则可在材质库中搜索相应的材质，材质列表中将显示所有包含关键词的材质，譬如搜索"木材"，材质列表如图 11-10 所示。

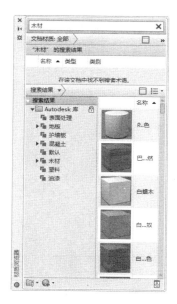

图 11-10　搜索"木材"材质

4．赋予对象材质

从材质库中指定好所需材质或设置好所需材质后，便可以直接拖动材质球赋予指定对象。在"材质浏览器"面板中选择一材质球，直接拖动至当前模型指定对象上释放鼠标，即可赋予该对象所选材质，如图 11-11 所示。利用该赋予材质的方法可以为合并实体的各个部分分别赋予不同的材质。

图 11-11　拖动材质应用于对象

5．随层赋予对象材质

利用"随层附着"工具将指定的材质应用于某一图层上，则属于该图层上的所有对象都将应用该材质。该赋予材质的方法常用于为一些复杂建筑物附着材质。

在"材质"选项板中单击"随层附着"按钮，将打开"材质附着选项"对话框。然后在该对话框左侧的材质列表框中选择一材质，并向右拖动至相应的图层，则该图层上的所有对象都将应用该材质。如图 11-12 所示，将"屋檐"材质拖动至"屋檐"图层，则"屋檐"图层上所有对象将应用该材质。

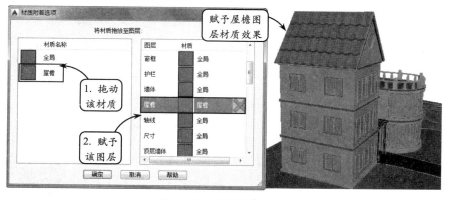

图 11-12　随层附着材质

6．删除对象上的材质

对于已赋予对象的材质，如果不符合要求，可以将该材质删除。在"材质"选项板中单击"删除材质"按钮，并选取已赋予材质的对象，即可将材质从对象上删除，如图 11-13 所示。

图 11-13　删除对象上的材质

11.3　编辑材质基本属性

不管是使用材质库中的材质，还是自定义材质，用户都可以利用 AutoCAD 提供的材质编辑器对材质进行编辑，以获得更好的材质效果。根据所选材质样板的不同，材质编辑器所呈现的选项也不尽相同。

选择一个材质预览球，并单击右键。然后在打开的快捷菜单中选择"编辑"命令，将打开"材质编辑器"面板，如图 11-14 所示。在该面板中主要可以设置材质的以下特性。

11.3.1　材质的颜色

当模型被光源照射时，可以根据光照的不同部位分为高光区、漫反射区和环境反射区 3 个部分。当在模型上使用材质时，可以对这 3 个部分分别设置不同颜色。

❑ **材质的主颜色**　材质的主颜色是指漫反射区显示出来的颜色。该部分颜色表现了物体本身的特性。在"常规"选项组中单击"颜色"选项右侧的下拉按钮并选择"颜色"选项，然后单击"颜色"选项右侧色块即可在打开的"选择颜色"对话框中指定颜色，如图 11-15 所示。

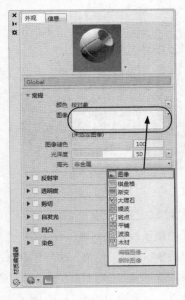

图 11-14　"材质编辑器"面板

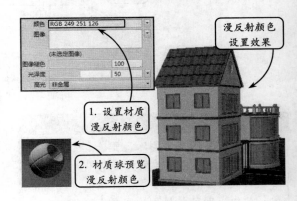

图 11-15　设置材质的主颜色

❑ **材质的环境颜色**　该颜色也称为自发光颜色，是指模型上环境反射区所显示出来的颜色。默认该颜色与漫反射区颜色一致，用户也可以单独指定一种环境颜色。图 11-16 就是在"自发光"选项组中单击"过滤颜色"选项右侧的色块，指定自发光颜色为蓝色的模型效果。

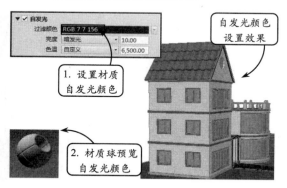

图 11-16　设置材质的自发光颜色

❑ **材质的高光颜色**　该颜色是指模型上高光区所显示出来的颜色。默认情况下该颜色包括"金属"和"非金属"两种类型，对比效果如图 11-17 所示。

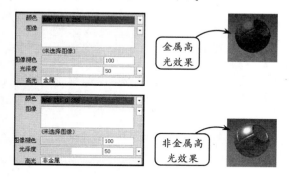

图 11-17　设置材质的高光类型

11.3.2　材质的光泽度

材质的光泽度又称为粗糙度，可以控制光线在物体表面上的不同反射效果，即模拟不同粗糙程度的对象表面在光照时的显示效果。

在渲染模型时，材质的光泽度将影响高光区的大小。在同样的光照条件下，材质的光泽度越高，说明对象表面越光滑，此时物体表面将产生高度镜面反射，高光区范围较小，且强度较高；材质的光泽度越低，说明对象表面越粗糙，此时物体表面的高光区范围较大，而强度较低。图 11-18 所示为在"光泽度"文本框中分别设置不同的数值获得的材质球预览效果。

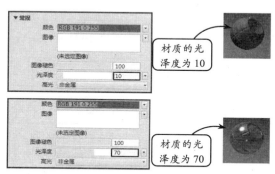

图 11-18　设置材质的光泽度

11.3.3　材质的透明度

材质的透明度可以控制光线穿过物体表面的程度。对于使用了透明材质的物体，渲染时光线将穿过该物体，显示该物体后部的对象。

在"透明度"选项组的"数量"文本框中可以设置所需的透明度数值。当透明值为 0 时，材质不透明；当透明值为 100 时，材质完全透明，不同透明度的材质效果如图 11-19 所示。

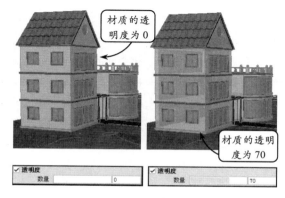

图 11-19　设置材质的透明度

11.3.4 材质的折射

当材质的透明度不为 0 时,光线穿过物体将产生折射。此时可以通过对材质的折射属性进行设置来控制光线穿过物体时的折射程度。

当光线穿过透明材质时会改变路径,因此所看到的对象会发生改变。不同的折射程度将使透过物体而显示出来的图像产生不同程度的变形。在"透明度"选项组的"折射"下拉列表中,系统提供了不同介质所对应的折射率,图 11-20 所示就是折射介质为"玻璃"时的渲染效果。

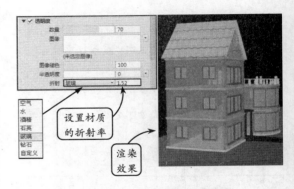

图 11-20　设置材质的折射率

11.4　设置贴图

贴图就是将二维图像贴到三维对象的表面上,从而在渲染时产生照片级的真实效果。常用的贴图方式有纹理贴图、反射贴图、透明贴图以及凹凸贴图。在具体的使用过程中,根据选择的材质样板不同,使用的贴图方式也不相同。

11.4.1　添加贴图

贴图是一种将图片信息(材质)投影到曲面的方法,就像使用包装纸包裹礼品一样。不同的是该方式是将图案以数学方法投影到曲面,而不是简单地捆在曲面上。在 AutoCAD 中可以使用多种类型的贴图,其中可用于贴图的二维图像包括 BMP、PNG、TGA、TIFF、GIF、PCX 和 JPEG 等格式的文件。在实际操作过程中,用户可以根据选择的材质,决定使用贴图的方式。

1. 纹理贴图

纹理贴图可以表现物体表面的颜色纹理,就如同将图像绘制在对象上一样。纹理贴图与对象表面特征、光源和阴影相互作用,可以产生具有高度真实感的图像。如将各种木纹图像应用在家具模型表面,在渲染时便可以显示各种木质的外观。

在"材质编辑器"面板的"常规"选项组中展开"图像"下拉列表,在该下拉列表中选择"图像"选项。然后在打开的对话框中指定图片,返回到"材质编辑器"面板可发现材质球上已显示该图片,并且应用该材质的物体已应用该贴图,如图 11-21 所示。

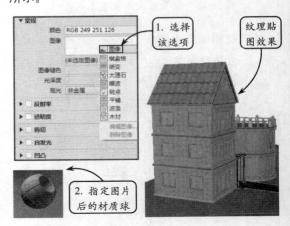

图 11-21　选择图像文件及贴图效果

选择了贴图图像后,在"图像"下拉列表中选择"编辑图像"选项,即可在打开的"纹理编辑器"面板中调整图像文件的亮度、位置和比例等参数,如图 11-22 所示。

2. 反射贴图

反射贴图可以表现对象表面上反射的场景图像,也称为环境贴图。利用反射贴图可以模拟显示模型表面所反射的周围环境景象,如建筑物表面的玻璃材质可以反射出天空和云彩等环境。使用反射贴图虽然不能精确地显示反射场景，但可以避免大量的光线反射和折射计算，节省渲染时间。

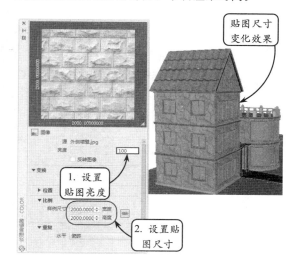

图 11-22　通过纹理编辑器调整贴图

在"反射率"选项组的"直接"文本框右侧单击小三角按钮，在打开的下拉列表中选择"图像"选项。然后在打开的对话框中指定一图像作为材质的反射贴图即可，如图 11-23 所示。

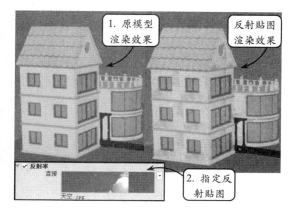

图 11-23　添加反射贴图效果

3．透明贴图

透明贴图可以根据二维图像的颜色来控制对象表面的透明区域。在对象上应用透明贴图后，图像中白色部分对应的区域是透明的，而黑色部分对应的区域是完全不透明的，其他颜色将根据灰度的

程度决定相应的透明程度。如果透明贴图是彩色的，AutoCAD 将使用等价的颜色灰度值进行透明转换。

在"透明度"选项组的"图像"下拉列表中选择"图像"选项，指定一图像作为透明贴图，并在"数量"文本框中设置透明度数量值即可添加透明贴图，如图 11-24 所示。

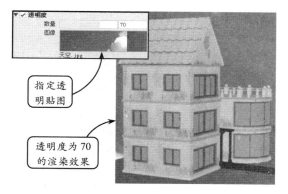

图 11-24　添加透明贴图

4．凹凸贴图

凹凸贴图可以根据二维图像的颜色来控制对象表面的凹凸程度，从而产生浮雕效果。在对象上应用凹凸贴图后，图像中白色部分对应的区域将相对凸起，而黑色部分对应的区域则相对凹陷，其他颜色将根据灰度的程度决定相应区域的凹凸程度。如果凹凸贴图的图案是彩色的，AutoCAD 将使用等价的颜色灰度值进行凹凸转换。

在"凹凸"选项组的"图像"下拉列表中选择"图像"选项，指定一图像作为凹凸贴图，并在"数量"文本框中设置凹凸贴图数量即可添加凹凸贴图，如图 11-25 所示。

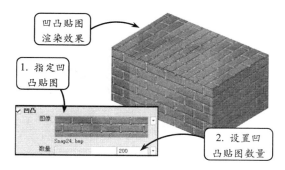

图 11-25　添加凹凸贴图

11.4.2　调整贴图

在给对象附着带纹理的材质后，可以调整对象上纹理贴图的方向，使贴图适应对象的形状，从而避免贴图变形。

在"材质"选项板中单击"平面"按钮 右侧的小三角，将展开 4 种类型的纹理贴图图标，如图 11-26 所示。这 4 种纹理贴图的设置方法分别介绍如下。

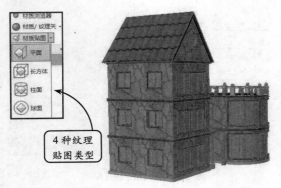

图 11-26　纹理贴图类型

1．平面贴图

平面贴图是将贴图图像映射到对象上，就像用幻灯片投影器将图像投影到二维曲面上一样。它并不扭曲纹理，图像也不会失真，主要调整贴图尺寸、贴图方向，以适应对象的大小。该贴图类型常用于面的贴图。

单击"平面"按钮 ，并选取平面对象，此时绘图区显示矩形线框。通过拖动夹点或依据命令行的提示输入相应的移动、旋转命令，可以调整贴图坐标，如图 11-27 所示。

图 11-27　调整平面贴图方向

2．长方体贴图

长方体贴图可以将图像映射到类似长方体的实体上。通过调整长方体线框的贴图坐标，可以控制贴图在长方体上的分布。

单击"长方体"按钮 ，选取对象则显示一个长方体线框。此时通过拖动夹点或依据命令行提示输入相应的命令可调整长方体的贴图坐标，如图 11-28 所示。

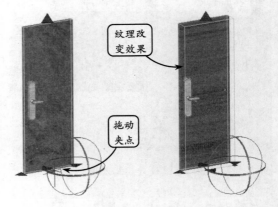

图 11-28　调整长方体贴图方向

3．柱面贴图

柱面贴图可以将图像映射到圆柱形表面上，贴图后水平边将一起弯曲，但顶边和底边不会弯曲，图像的高度将沿圆柱体的轴进行缩放。

单击"柱面"按钮 ，选择圆柱对象则显示一个圆柱体线框。默认的线框体与圆柱体重合，此时如果依据提示调整线框，即可调整贴图，如图 11-29 所示。

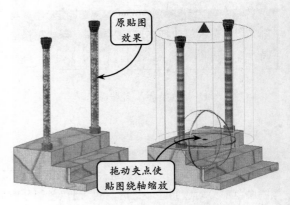

图 11-29　调整柱面贴图方向

4．球面贴图

使用球面贴图可以使贴图图像在球面的水平和垂直两个方向上同时弯曲，并且将贴图的顶边和底边在球体的两个极点处压缩为一个点。

单击"球面"按钮◎，选择球体则显示一个球体线框，调整线框位置即可调整球面贴图，如图11-30 所示。贴图后纹理贴图的顶边在球体的"北极"压缩为一个点；同样，贴图的底边在球体的"南极"压缩为一个点。

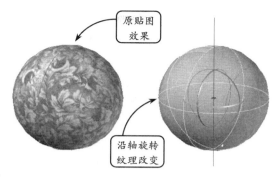

图 11-30　调整球面贴图方向

AutoCAD

11.5　光源概述

既然是模拟真实的建筑效果，除了模型、材质外，当然还需要模拟光照。AutoCAD 提供了 5 种灯光类型，用于模拟真实世界中的自然光、人造光。在一个虚拟的建筑场景中，可以存在多种光源，不同的光源起着不同的照射作用。比如，利用点光源模拟歌厅的顶灯，利用聚光灯模拟客厅的壁灯，以及利用平行光模拟室外的阳光等。

11.5.1　光源简介

为场景添加光源，不仅仅是提供场景照明，同时是为烘托场景氛围，表达设计理念服务。要完美地表现场景的光影变化，就必须对灯光的特性非常了解。

1．光源的主要特性

光源主要由强度和颜色两个因素决定。在真实世界中，光源一般包括亮度、入射角、衰减和辐射等特性。

- ❑ **亮度**　灯光的亮度将影响物体颜色的明暗，一个昏暗的灯光将使物体颜色暗淡无光。

- ❑ **入射角**　物体表面法线相对于光源的角度称为入射角。当入射角为 0 时，光源位于物体的正上方，此时物体接受的光比较多。随着入射角的增加，亮度将逐渐减弱，如图 11-31 所示。

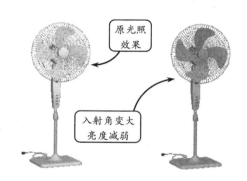

图 11-31　不同的入射角产生的光照效果

- ❑ **衰减**　在真实世界中，光线随着距离的增加逐渐减弱，物体离光源越远越暗，这个过程被称为衰减。

- ❑ **辐射与环境光**　物体的反射光也可以照亮其他物体，该效果被称为辐射。环境光就是一种辐射效果，其具有统一的亮度并被均匀漫射，并且没有可识别的光源和方向。

- ❑ **颜色与光线**　光线的颜色部分依赖于产生光的方法。例如钨灯投射橘黄色光、水银蒸汽灯投射冷色调的蓝白色光，太阳光是黄白色光。此外光线颜色也依赖于传递光线的介质，例如，染色玻璃可使淡色光变为深色光。

2. 光源的主要作用

无论在真实世界或模拟世界中,灯光的重要性无可替代。真实世界中的光源给了人们一个明亮的世界;而模拟世界中,光源用于烘托场景。具体来说,AutoCAD 中的灯光具有以下作用。

- ❏ 模拟发光物体的光照效果,如模拟吊灯、台灯以及霓虹灯等的光照情况。
- ❏ 增加场景的亮度。
- ❏ 通过真实的光源特效来模拟真实世界。
- ❏ 用光源创建逼真的阴影效果。所有的光源类型都可以创建阴影,而且还可以设置物体是否生成阴影以及它是否能够接受阴影。

11.5.2 各种光源的异同

AutoCAD 提供的光源包括默认光源、点光源、聚光灯、平行光和阳光 5 种类型。其中默认光源是两个平行光源,视口中模型的所有表面均被其照亮。当场景中没有用户创建的光源时,系统将使用默认光源对场景进行着色或渲染。只有关闭默认光源,用户自行创建的其他光源和太阳光才有效。

在"可视化"选项卡的"光源"选项板中单击"默认光源"按钮,将打开默认光源,再次单击该按钮,便可以关闭默认光源,并切换到用户创建的光源和太阳光模式。在该选项板的"光源亮度"和"光源对比度"文本框中可以设置默认光源的亮度和对比度,如图 11-32 所示。

设置默认光源的亮度和对比度

图 11-32 打开默认光源并设置

5 种光源间的异同如下。

- ❏ 默认光源没有方向,平行光和聚光灯具有特定的方向,而点光源则从光源处向所有方向发射光线。
- ❏ 点光源和聚光灯都具有特定的光源位置;而默认光源和平行光不存在固定位置。
- ❏ 点光源和聚光灯都可以设置衰减;而默认光源和平行光没有衰减。
- ❏ 点光源、平行光和聚光灯可以产生阴影;而默认光源不可以产生阴影。

11.5.3 光源管理

渲染一幅完整的场景,往往需要添加多种类型的灯光,或者同一种类型的灯光常需要添加数个。要获得完美的场景渲染效果,便需要有序地管理场景中添加的各个灯光。

在"光源"选项板中单击右下角的箭头按钮,在打开的面板的列表框中显示了当前模型所采用的所有灯光,如图 11-33 所示。

当前模型中的所有光源

图 11-33 显示模型中所有灯光

在该列表框中选择一光源对象,并单击右键。然后在打开的快捷菜单中选择"删除光源"命令,即可删除选定的光源。如果选择"轮廓显示"命令,即可设置灯光轮廓的显示状态;选择"特性"命令,即可在打开的"特性"面板中进一步设置灯光的各种特性,如图 11-34 所示。

图 11-34　管理模型中所有灯光

AutoCAD 11.6 创建点光源

点光源是从一点出发,向所有方向发射辐射状光束的光源,类似于现实生活中的电灯,因此可以用来模拟灯泡发出的光。点光源主要用于在场景中添加充足的光照效果,或者模拟真实世界的点光源照明效果,一般用作辅助光源。

如果默认光源处于打开状态,可以单击"光源"选项板中的"默认光源"按钮,取消默认光源的打开状态。然后单击"点"按钮💡,在绘图区指定一点,确定点光源的位置即可创建一个点光源,如图11-35 所示。此时命令行中将显示"输入要更改的选项[名称(N)/强度因子(I)/状态(S)/光度(P)/阴影(W)/衰减(A)/过滤颜色(C)/退出(X)]<退出>:"的提示信息。点光源可以设置的各种特性分别介绍如下。

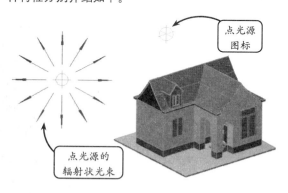

图 11-35　创建点光源

❑　名称

选择该选项,在打开的文本框中可以设置光源的名称。

❑　强度

选择该选项,可以在命令行中输入参数设置光源的强度,不同强度的光源照射效果如图 11-36 所示。强度的最大值与衰减设置有关,两者间的关系介绍如下。

图 11-36　不同强度的光源照射效果

➢　衰减设置为"无"时,光源的最大强度为 1。

➢　衰减设置为"线性反比"时,光源的最大强度为图形范围距离值的两倍。其中图形范围距离值是指从图形窗口左下角最小坐标到右上角最大坐标的距离。

➢　衰减设置为"平方反比"时,光源的最大强度是图形范围距离值平方的两倍。

❑　状态

该选项可以设置光源轮廓的显示状态,即控制创建的光源是否发光。

❏ **阴影**

该选项可以设置光源阴影的开关状态,并且可以设置阴影在开启状态下的类型。当关闭阴影时,可以提高系统渲染性能。注意:只有在渲染环境中才能查看模型的阴影效果,如图 11-37 所示。

图 11-37 打开阴影后的渲染效果

❏ **衰减**

该选项可以设置光线的衰减方式。衰减是指光线随着距离的增加逐渐减弱,即距离点光源越远的地方光强越低,物体就越暗。在 AutoCAD 中有以下 3 种衰减类型。

> **无** 没有衰减。此时对象不论距离点光源是远还是近,都一样明亮。

> **线性反比** 衰减与距离点光源的线性距离成反比。

> **平方反比** 衰减与距离点光源的距离平方成反比。

❏ **颜色**

该选项可以设置光源的颜色。图 11-38 就是将

点光源的光线由白色修改为洋红的效果。

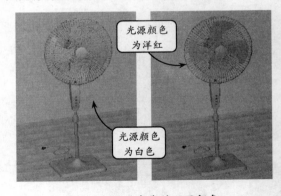

图 11-38 设置光线的不同颜色

添加点光源后,如果单击选择该点光源对象,还可通过拖动光源夹点调整光源的位置,从而改变点光源的照射效果,如图 11-39 所示。

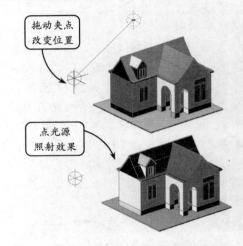

图 11-39 通过夹点调整光源位置

AutoCAD 11.7 创建聚光灯

聚光灯向指定方向发射圆锥形光束,其照明方式是光线从一点朝向某个方向发散。当来自聚光灯的光照射表面时,照明强度最大的区域被照明强度较低的区域所包围。因此聚光灯适用于高亮显示模型中的几何特征和区域,在实际中常用于模拟各种具有方向的照明,如制作建筑效果中的壁灯、射灯以及特效中的主光源等。

在"光源"选项板中单击"聚光灯"按钮,如果"默认光源"按钮处于打开状态,系统将提示关闭默认光源。关闭默认光源后,鼠标将变为聚光灯图标,指定一点放置聚光灯,并选取另一点作为目标点,即可完成聚光灯的创建,如图 11-40 所示。聚光灯离照射物体越远,照射效果越明显;反之则照射效果不明显。

图 11-40 添加聚光灯

聚光灯发出的圆锥形光束分为聚光角和照射角（也称为衰减角）。其中，聚光角是指内轮廓界限与光源位置的夹角，是最亮光锥的角度，取值范围为 0°～160°，默认值是 45°；照射角是指外轮廓界限与光源位置夹角，是整个光锥的角度，取值范

围为 0°～160°，默认值是 50°。调整这两个角度就改变了锥形光束的大小，同时光照区域也随之变化，如图 11-41 所示。但要注意设置的照射角必须大于聚光角。

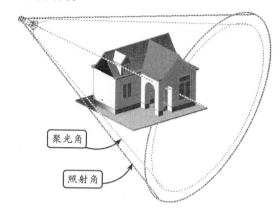

图 11-41 调整聚光角和照射角

11.8 创建平行光源

平行光是向同一方向发射的平行光束，且该光束没有衰减，各点的光强保持不变。该类光源主要用于模拟太阳光的照射效果。

要创建平行光，必须首先关闭默认光源。然后在"光源"选项板中单击"平行光"按钮，并依次指定两点，确定平行光的位置和照射方向即可，如图 11-42 所示。

由于创建的平行光在视图中不显示轮廓，所以无法通过夹点来改变其照射效果。欲设置其特性，可以单击"光源"选项板右下角按钮，在"模型中的光源"面板中选择平行光源，并右击鼠标选择"特性"命令，即可在打开的"特性"面板中修改相应的灯光参数值，如图 11-43 所示。

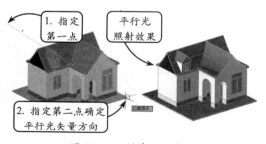

图 11-42 创建平行光

提示

添加的点光源和聚光灯在绘图区域中均有对应的图标轮廓，而平行光和阳光则不显示图标轮廓。

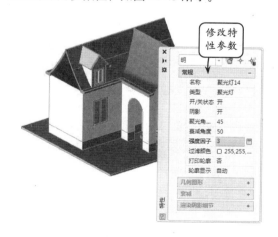

图 11-43 设置平行光特性

提示

在实际渲染中，平行光的方向要比其位置重要得多。为了避免混乱，最好将平行光源设置在图形范围内。

11.9 创建和调整阳光

AutoCAD

阳光是模拟太阳的光源。阳光的光线相互平行，并且在任何距离处都具有相同强度。在 AutoCAD 中，可以通过设定模型的地理位置、日期和时间，以确定太阳光的照射角度。同样也可以修改阳光的各种特性，如阴影的打开和关闭、光晕的强度等。

1. 打开和关闭阳光

要打开阳光照射功能以查看阳光的照射效果，可以在"阳光和位置"选项板中单击"阳光状态"按钮☼，即可切换阳光的打开和关闭，效果如图 11-44 所示。

2. 调整阳光的照射角度

开启阳光后，有时阳光的照射角度并不符合要求。此时可以对阳光照射角度进行调整。用户可以单击"设置位置"按钮⊕，在打开的对话框中指定地址并单击"下一步"按钮，然后在打开的设置坐标系对话框中分别指定地区和时区，效果如图 11-45 所示。

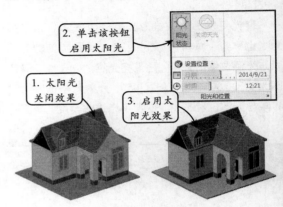

2. 单击该按钮启用太阳光

1. 太阳光关闭效果

3. 启用太阳光效果

图 11-44 使用太阳光照射模型

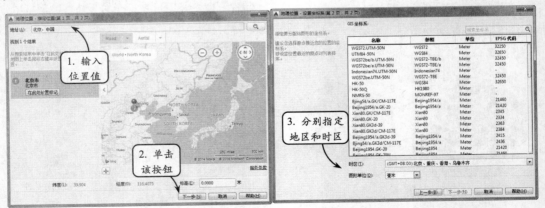

1. 输入位置值

2. 单击该按钮

3. 分别指定地区和时区

图 11-45 指定位置

然后返回到绘图窗口，将显示位置图标。接着拖动"日期"文本框的滑块，调整阳光照射的日期，并拖动"时间"文本框的滑块，调整阳光照射的时间，效果如图 11-46 所示。至此即可完成阳光照射角度的调整。

图 11-46　不同日期和时间的阳光照射效果

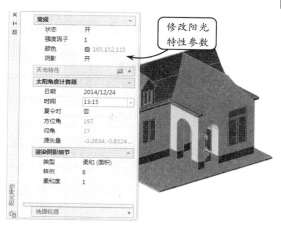

图 11-47　修改阳光的特性

3．修改阳光的各种特性

在"阳光和位置"选项板中单击右下角的小箭头按钮，在打开的"阳光特性"面板中可以修改阳光的状态、阳光的强度、阳光阴影的开关等特性，如图 11-47 所示。

在"阳光特性"面板中通过"太阳角度计算器"选项组，可以方便地计算出一年之中地球上任意时间、任意地点处的太阳角度，从而为使用平行光模拟太阳光提供了设置光源矢量的依据，如图 11-48 所示。

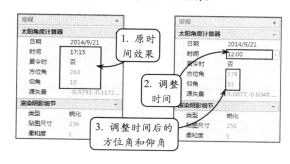

图 11-48　调整时间计算太阳角度

AutoCAD

11.10　创建相机

不论是渲染特定视角的效果，还是要做建筑漫游动画，都需要在视图中添加相机。用户通过相机镜头来观察和捕捉场景。根据需要，一个场景中可以架设一台相机或者多台相机。

11.10.1　新建相机

在 AutoCAD 中，添加相机必须明确两个位置：当前的观察位置和目标位置。如同使用相机拍照一样，为得到理想的照片（视图），应不断调整相机位置（视点）和焦点的位置（目标点）。

选择"视图"|"创建相机"命令，光标将变为一个相机模型形状。然后按照命令行提示，在绘图区中分别指定相机和目标的位置，右击或按回车

键即可完成相机的创建，如图 11-49 所示。

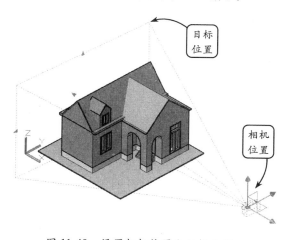

图 11-49　设置相机位置和目标位置

11.10.2　输入相机名称

在创建相机时，当在视图中指定相机位置和目标位置之后，可以根据命令行的提示信息进行相机名称、高度、相机镜头长度以及剪裁平面等参数的设置。

在指定相机位置和目标位置后，命令行将显示"输入选项 [?/名称(N)/位置(LO)/高度(H)/坐标(T)/镜头(LE)/剪裁(C)/视图(V)/退出(X)] <退出>:"的提示信息。在默认的情况下，已保存相机的名称为"相机1""相机2"等。当需要更好地描述相机视图时，可以重命名这些名称，如图11-50所示。

图 11-50　命名相机名称

11.10.3　设置相机的镜头长度

相机的镜头长度可以控制视野的大小，即镜头长度越长，视野就会越小，相应的相机视图中的图形就会越大，适合观察模型的局部特征；反之，视野就会越大，相机视图中的图形就会变小，适合观察模型的总体结构。

执行"创建相机"操作，然后根据命令行的提示输入字母 LE 并按回车键，即可设置镜头的长度参数值，图 11-51 所示，即是设置镜头长度为 30 时的相机视图效果。

11.10.4　设置相机剪裁平面

在 AutoCAD 中，剪裁平面是一个不可见的虚拟平面。利用该平面可以对观察对象进行虚拟的剖切操作，以便观察其内部结构或局部特征。指定相机位置和目标位置后，在命令行中输入字母 C，然后根据命令提示，设置向前裁减平面或向后裁减平面的偏移量，即可完成相机裁减平面的创建，如图 11-52 所示。

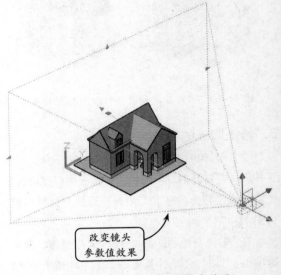

图 11-51　设置相机的镜头长度效果

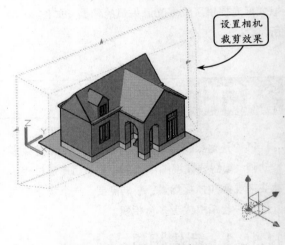

图 11-52　创建相机剪裁平面

11.10.5　使用夹点编辑相机位置

对于图形中创建好的相机，可以利用"特性"面板或夹点工具重新设置相机、目标的位置以及镜头的长度等参数。图 11-53 即是利用夹点工具进行相机位置的调整效果。

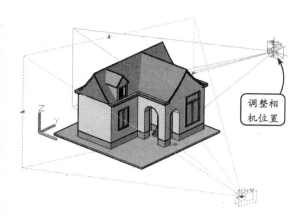

图 11-53　利用夹点工具调整相机位置

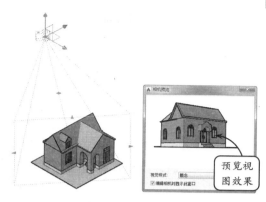

图 11-54　打开"相机预览"窗口

11.10.6　相机预览

对视图中创建的相机进行调整时，可以通过"相机预览"窗口进行相机视图的动态预览，以便使相机的设置处于最佳状态。

创建相机后，如果相机处于隐藏状态，可以选择"视图"|"显示"|"相机"命令，将显示所有创建的相机。此时右击相机图标，并选择"查看相机预览"命令，便可在打开的"相机预览"窗口进行相机视图的观察。同时还可以通过"视觉样式"下拉列表项中的选项调整相机视图的预览视觉样式，如图 11-54 所示。

此外，在对相机所有设置都编辑完成后，可在"视图"选项板的列表框中选择相机名称，即可将当前的视图切换至相机视图，如图 11-55 所示。

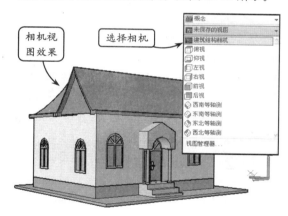

图 11-55　打开相机视图

AutoCAD

11.11　创建建筑漫游动画

建筑漫游动画，就好像一名游客携带摄像机漫步在建筑群中获得的视频动画。在 AutoCAD 中，可以利用运动路径动画功能实现建筑漫游动画。运动路径动画可以将相机及其目标链接到点或路径，从而控制相机和观察对象之间的距离以及方位，以便对图形进行动态观察。其中，运动路径可以是直线、圆弧、椭圆弧、圆、多段线、三维多段线或样条曲线。

选择"视图"|"运动路径动画"命令，将打开"运动路径动画"对话框，如图 11-56 所示。在该对话框中可以对运动路径动画进行制作，具体操作步骤介绍如下。

11.11.1　创建运动路径曲线

打开需要进行观察的模型并调整好视图及UCS 的方位，然后利用"圆"工具创建出用于相机运动的路径曲线，效果如图 11-57 所示。

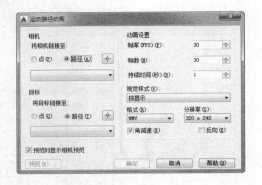

图 11-56 "运动路径动画"对话框

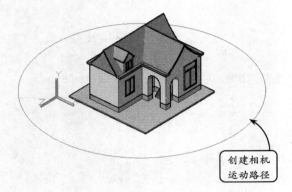

图 11-57 创建运动路径曲线

11.11.2 设置相机路径

运动路径动画的前提是指定相机路径,即模型不动,而是相机按照指定的轨迹进行运动。

选择"视图"|"运动路径动画"命令,在打开的对话框的"相机"选项组中设置相机的运动状态,包括"点"和"路径"两个单选按钮:选择"点"单选按钮,相机的位置将保持不变;选择"路径"单选按钮,相机将沿所指定路径运动。

单击"选择"按钮,选取点或路径后,即可对该路径进行命名。接着单击"确定"按钮,即可完成相机路径设置,效果如图 11-58 所示。

11.11.3 设置目标路径

"目标"选项组用于设置相机目标链接到的点或路径。其和"相机"选项组一样,也包括"点"和"路径"两个单选项。

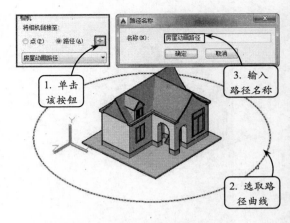

图 11-58 设置相机路径

在"运动路径动画"对话框的"目标"选项组中,可以对所观察目标的运动状态进行设置,其设置方法同上步的相机路径设置,如图 11-59 所示。

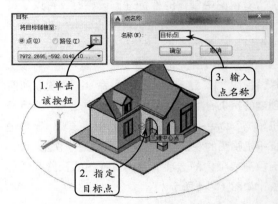

图 11-59 指定目标点

> **注意**
>
> 当相机绕点运动时,目标就只能选择沿路径运动;而当相机沿路径运动时,目标即可以绕点运动,也可以沿路径运动。

11.11.4 设置动画参数

在"运动路径动画"对话框的"动画设置"选项组中,可以对动画的帧率、帧数和持续时间,以及动画效果的流畅性进行设置。此外,还可以通过"视觉样式""文件格式"和"分辨率"等选项,对动画保存的格式、模型的视觉样式以及视频的分辨率进行设置,如图 11-60 所示。

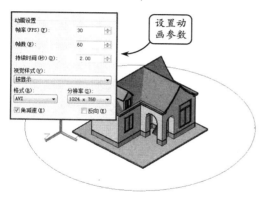

图 11-60　设置动画参数

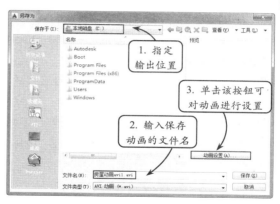

图 11-62　保存动画

11.11.5　动画的预览和输出

当设置完动画的参数后，单击"预览"按钮，即可在打开的"动画预览"窗口和绘图区中同步进行动画的预览，得到相机绕相机路径动态观察模型的效果，如图 11-61 所示。

完成以上设置后，单击"保存"按钮即可完成动画的创建，且在创建动画文件时，在打开的"动画预览"窗口中将显示动画的预览，如图 11-63 所示。

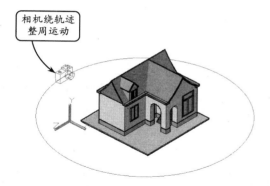

图 11-61　动画预览

预览效果满意后，单击"确定"按钮，将打开"另存为"对话框，可以为动画指定输出位置和文件名。此外在该对话框中还可以单击"动画设置"按钮，对动画的视觉样式、分辨率等进行设置，如图 11-62 所示。

图 11-63　输出动画

技巧

在创建运动路径动画时，当指定了运动路径后，系统默认的运动方向是逆时针。如果用户需要改变运动方向，可以在"运动路径动画"对话框中启用"反向"复选框，系统将执行反转运动。

11.12　快速渲染

渲染就是将虚拟的三维场景输出为类似照片的二维图像过程。通过渲染可以将物体的光照效果、材质效果以及环境设置等都完美地表现出来。

在渲染操作中，有快速渲染和高级渲染之分。

快速渲染主要是为了方便用户快速查看当前的材质、灯光设置效果而进行的渲染，它不设置任何渲染参数，可以快速地渲染出一个大致的场景效果。高级渲染是为了最后的输出进行渲染，用户需要设置各种渲染参数以期望获得完美的效果。高级渲染速度慢，用时长。下面首先介绍快速渲染。

1．全视图渲染

单击"渲染"选项板中的"渲染"按钮，

或者在命令行中输入"RENDER"命令，系统将快速渲染当前视图中所有场景并在打开的对话框中显示其渲染效果，如图 11-64 所示。

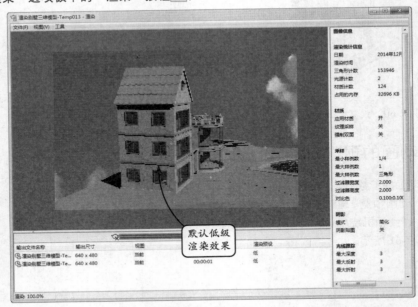

图 11-64　渲染对话框

此外，还可以在"渲染预设"下拉列表中选择不同级别的渲染效果，渲染预设的级别越高，渲染出的图像质量越高，渲染时速度越慢；渲染预设的级别越低，渲染出的图像质量越差，渲染时的速度越快，如图 11-65 所示。

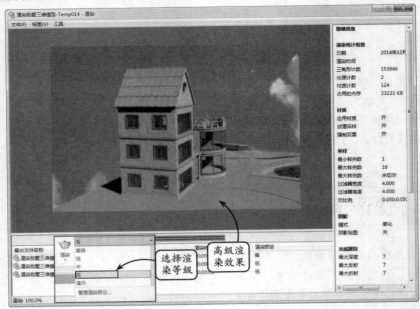

图 11-65　不同级别的渲染效果

在"渲染预设"下拉列表中包括草稿、低、中、高以及演示 5 种标准预设类型。其中"草稿"类型用于快速测试图像，而"演示"类型则提供照片级真实感的图像。

2．渲染面域

当渲染大型复杂的三维对象时，使用上述介绍的快速渲染工具需要通过大量时间才能获得渲染效果。此时便可以利用 AutoCAD 提供的另一种渲染工具，即"渲染面域"工具，只选取需要查看效果的区域进行渲染，渲染效果直接显示在视图中而不是渲染对话框中，因而极大地提高了渲染速度。

单击"渲染"选项板中的"渲染面域"按钮，

依次在视图中指定两个对角点确定渲染区域窗口，即可对所选区域执行渲染操作，效果如图 11-66 所示。

框选区域渲染效果

图 11-66　渲染面域

AutoCAD 11.13　渲染预设

渲染预设是渲染模型时使用的预定义渲染设置的命名集合，既可以使用标准渲染预设，也可以在渲染预设管理器中创建自定义渲染预设。

在"渲染"选项板的"渲染预设"下拉列表中选择"管理渲染预设"选项，即可在打开的"渲染预设管理器"对话框中创建自定义预设，如图 11-67 所示。

别介绍如下。

1．渲染预设列表

该列表位于对话框的左侧，列出了所有与当前图形一起存储的预设，包括"标准渲染预设"和"自定义渲染预设"两种类型。在渲染预设列表中，通过拖动可以重新排列标准预设树和自定义预设树的次序。且如果包括多个自定义预设，同样可以用相同的方式排列它们的次序，但是不能在标准渲染预设列表内重新排列标准预设的次序，如图 11-68 所示。

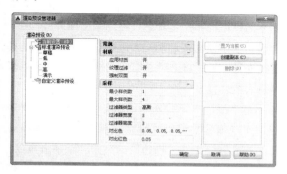

图 11-67　"渲染预设管理器"对话框

渲染预设管理器分为 4 部分，分别是渲染预设列表、特性区、按钮控制区和缩略图查看区，现分

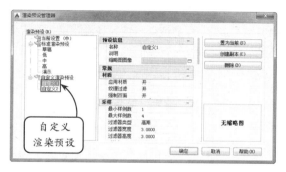

自定义渲染预设

图 11-68　调整渲染预设列表

2．特性区

在该特性区的"预设信息"选项组中，"名称"选项显示的为所选预设名称，可以重命名自定义预设，但不能重命名标准预设；"说明"选项显示所选预设的解释说明；"缩略图图像"选项用于指定与所选预设关联的静态图像。在该选项中单击右侧的按钮□，即可在打开的"指定图像"对话框中为创建的预设选择缩略图图像，如图 11-69 所示。

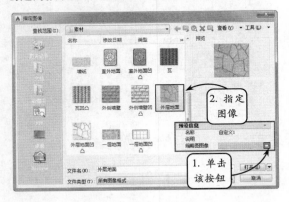

图 11-69　选择缩略图像

3．按钮控制区

在按钮控制区包括 3 个控制按钮：单击"置为当前"按钮，可以将选定的渲染预设设定为渲染器

要使用的预设；单击"创建副本"按钮，可在打开的"复制渲染预设"对话框中基于现有的渲染预设创建副本，并可对该副本重命名，如图 11-70 所示；单击"删除"按钮，即可删除选择的预设。

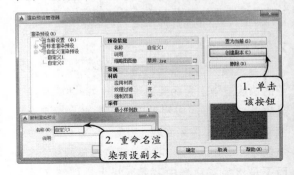

图 11-70　创建渲染预设副本

4．缩略图查看区

该区域用于显示与选定渲染预设关联的缩略图图像，如果未显示缩略图图像，可以从预设信息下的"缩略图图像"设置中选择一张图像。

> **提示**
>
> 在"复制渲染预设"对话框中，用户可以输入新的预设名称和说明，其中预设名称不能包括特殊字符。

11.14　高级渲染设置

渲染出更加细腻和具有照片级真实感的图像是由多种因素决定的，如三维模型的结构、材质、场景中的环境和图像的输出分辨率等。通过对这些决定渲染图像质量的因素进行调整，如设置模型边的渲染平滑度、添加渲染图像的场景背景以及雾化效果等陪衬因素，可以使图像的渲染效果显得更加真实。

11.14.1　渲染时模型边的处理

在对三维模型进行渲染时，对于模型上相邻两个面之间的边界，可以进行平滑处理和不平滑处理。所谓平滑处理，就是在渲染时计算表面的法线，

并合成两个或多个相邻平面的颜色，使得这些面之间平滑过渡而不产生棱边。在 AutoCAD 中，由于曲面对象是使用多边形网格近似获得的，而不是真正的曲面，因此渲染时必须使用平滑处理，才能获得真实的曲面。

渲染程序并不是对所有的边界都进行平滑处理，而是根据平滑角度来确定需要进行平滑的边界。如果模型中两个相邻面的夹角小于平滑角度，渲染程序将对这两个面进行平滑处理；如果两个相邻面的夹角大于平滑角度，渲染程序将默认这两个面之间的边界为棱边，不进行平滑处理。因此可以通过设置平滑角度来控制模型在渲染时的光滑程度。

在绘图区空白处单击鼠标右键,在打开的快捷菜单中选择"选项"命令,将打开"选项"对话框。在该对话框中切换至"显示"选项卡,然后在"显示精度"选项组的"渲染对象的平滑度"文本框中设置渲染对象的平滑度数值,即可获得不同的模型渲染平滑度,效果如图 11-71 所示。

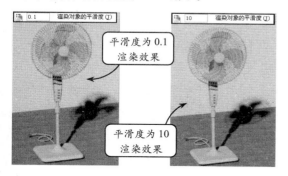

图 11-71　渲染模型时设置不同的平滑度

11.14.2　设置渲染时的场景背景

在制作场景的过程中,可以根据实际的需要,将场景的背景设置为单一纯色、渐变色,以及风景或天空类的图片,使场景显示效果更加真实。

要设置背景效果,在命令行输入 VIEW 命令,将打开"视图管理器"对话框,如图 11-72 所示。在该对话框中选择前面创建的场景视图"相机 1",然后打开右侧的"背景替代"下拉列表,系统提供了 4 种背景类型,现将其使用方法分别介绍如下。

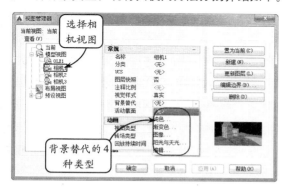

图 11-72　"视图管理器"对话框

1．无背景

选择该选项,场景视图的背景默认与当前

AutoCAD 绘图窗口的背景相同。渲染时的背景始终为黑色。

2．纯色背景

可以修改视图背景为单一的某种颜色。选择"纯色"选项,在打开的对话框中可指定任意一种颜色为背景颜色。然后返回到"视图管理器"对话框,单击"置为当前"按钮,并单击"应用"按钮。接着单击"确定"按钮,场景视图的背景即修改为指定的颜色,效果如图 11-73 所示。

图 11-73　修改场景背景为纯色

3．渐变背景

可以将视图背景设置为两色或三色的渐变色。选择"渐变色"选项,在打开的"背景"对话框中便可以设置渐变的顶部颜色和底部颜色,将场景视图的背景修改为渐变的颜色,效果如图 11-74 所示。

图 11-74　修改背景为渐变色

在"背景"对话框中如果启用"三色"复选框,

便可以将视图的背景修改为三种渐变颜色。此外在"旋转"文本框中还可以设置各个渐变色的旋转角度，效果如图 11-75 所示。

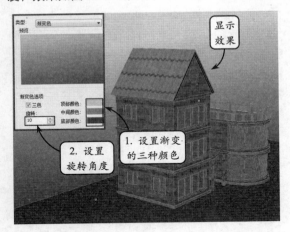

图 11-75　修改背景为旋转的三种渐变色

4．图像背景

可以使用 BMP、PNG、GIF、JPG、PCX、TGA 和 TIFF 等类型的位图图像作为背景，将场景背景修改为这些位图图像，以获得更加逼真的渲染效果。

选择"图像"选项，在打开的对话框中单击"浏览"按钮，指定一背景图片，即可将当前场景视图的背景修改为该图片，效果如图 11-76 所示。

图 11-76　修改背景为图像

此外，在"背景"对话框中单击"调整图像"按钮，可以在打开的对话框的"图像位置"下拉列表中设置图像在当前绘图窗口中的位置。如果选择"拉伸"选项，背景图片将布满整个绘图窗口；选择"平铺"选项，背景图片将平铺于整个绘图窗口；选择"中央"选项，背景图片将位于当前绘图窗口的中央，且可以拖动滑块控制图像的具体位置，如图 11-77 所示。

图 11-77　调整图像在绘图窗口中的位置

> **提示**
>
> 在"背景替代"下拉列表中选择"编辑"选项，便可对当前设置的背景样式进行相应地编辑。

11.14.3　设置渲染时的雾化/深度

一般来说，距离观察位置较近的物体比较清晰，而距离观察位置较远的物体比较模糊，因此在视觉上产生一个深度或距离的效果。在 AutoCAD 中，为了产生较好的视觉效果，增强渲染图像的真实性，可以通过雾化和深度设置来实现。

在"渲染"选项板中单击"环境"按钮，在打开的"渲染环境"对话框中即可启用雾化和背景功能，并设置雾化的颜色、范围和浓度等，效果如图 11-78 所示。该对话框中各选项的含义介绍如下。

❑ **启用雾化**　设置渲染时是否使用雾化。
❑ **颜色**　设置雾化的颜色。

图 11-78 设置雾化/深度

□ **雾化背景** 设置背景是否也使用雾化。选

择"开"时，可以在渲染背景时也使用雾化；选择"关"时，将只针对渲染对象进行雾化。

□ **近距离和远距离** 在这两个文本框中可以分别指定雾化起始和终止位置。它们的值是相机到后剪裁平面之间距离的百分比，取值范围为 0~100。

□ **近处雾化百分比和远处雾化百分比** 在这两个文本框中可以设置雾化在开始位置和结束位置处的浓度，取值范围为 0~100。值越高表示雾化设置越明显，即透明度越低。

11.15 渲染输出

渲染操作的最终目的是创建渲染图像。AutoCAD 可以将渲染图像输出到指定位置，并保存为图像文件。此外在 AutoCAD 中还可以设置渲染图像的质量，以及渲染图像的尺寸大小，以获得所需的各种渲染图像效果。

在"渲染"选项板中拖动"渲染质量"滑块，便可以调整渲染的质量；在"渲染输出大小"下拉列表中可以设置渲染图像的尺寸大小，还可以在该下拉列表中选择"指定图像大小"选项，在打开的"输出尺寸"对话框中任意设置图像的大小，如图 11-79 所示。

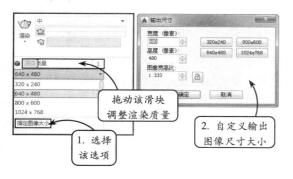

图 11-79 设置渲染图像的质量和大小

在"渲染"选项板的"渲染输出文件"选项

右侧单击"浏览文件"按钮，可以在打开的对话框中设置渲染图像的文件名称和保存位置，如图 11-80 所示。

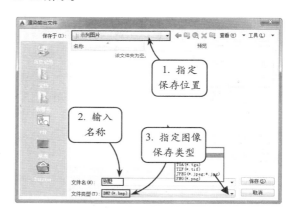

图 11-80 设置渲染输出图像的名称和位置

设置好渲染图像的保存名称和保存位置后，便可以利用"渲染"工具对模型进行渲染，所获得的渲染图像将自动保存于预先指定的位置。当然也可以在打开的渲染对话框中选择"文件"|"保存"命令，指定新的名称和保存位置，如图 11-81 所示。

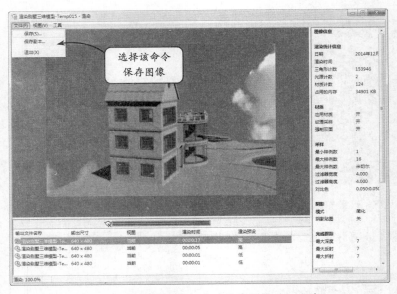

图 11-81 在渲染对话框中对渲染图像进行保存

AutoCAD 11.16 综合案例 1：渲染别墅剖立面图模型

本例渲染别墅剖立面三维模型,渲染效果如图 11-82 所示。该模型主要分为墙壁、地板、顶棚、门窗玻璃、立柱和屋顶瓦片等几大部分。其中外侧墙壁赋予的材质均为石材,内侧墙壁采用壁纸贴图,门框窗框均采用木材,而门和窗采用玻璃材质。模型顶部使用了一点光源进行照明。

操作步骤 ≫≫≫≫

STEP|01 打开随书光盘中的 "别墅模型原图.dwg" 文件,切换 "真实" 为当前视觉样式。然后只显示 "窗框" "底层" "顶层墙体" "楼板" "墙体" 和 "门框" 图层,将其他图层隐藏,效果如图 11-83 所示。

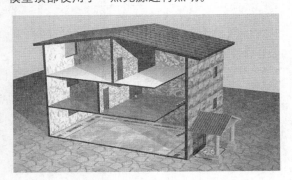

图 11-82 别墅剖立面三维模型渲染效果

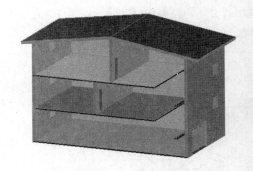

图 11-83 设置模型视觉样式

在渲染该模型时,首先新建多种材质,并将这些材质分别应用到建筑物的相应部件上。然后通过 "光源" 选项板中的 "点" 工具添加光源。最后通过 "渲染面域" 工具渲染该模型即可。

STEP|02 单击 "材质浏览器" 按钮,在打开的面板中单击 "在文档中创建新材质" 按钮,创建名称为 "墙壁" 的新材质,并在 "材质编辑器" 面

板中设置相应的材质参数，如图 11-84 所示。

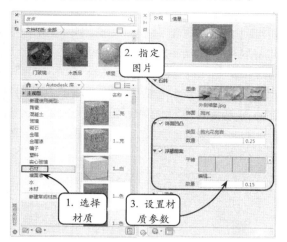

图 11-84 新建"墙壁"材质

STEP|03 单击"图像"选项预览图，在展开的"纹理编辑器"面板中设置相应旋转和平铺参数，并将设置好的材质应用到墙壁，效果如图 11-85 所示。

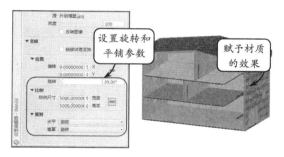

图 11-85 设置平铺参数并赋予墙壁材质

STEP|04 新建一名称为"屋顶"的陶瓷材质。然后在"图像"下拉列表中选择"图像"选项，并指定素材"瓦"图片。接着单击该图像，在展开的"纹理编辑器"面板中设置相应旋转和平铺的参数，如图 11-86 所示。

STEP|05 将"屋顶"图层显示，并将设置好的材质应用到屋顶，调整视图观察附着效果，如图 11-87 所示。

STEP|06 新建一名称为"门、窗框"的木材材质。然后在"图像"下拉列表中选择"图像"选项，并指定素材"木材"图片，如图 11-88 所示。将材质应用到门框和窗框上。

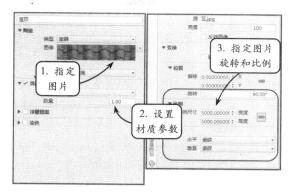

图 11-86 新建"屋顶"材质

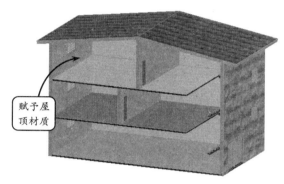

图 11-87 赋予屋顶材质

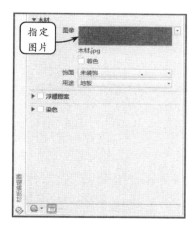

图 11-88 新建"门、窗框"材质

STEP|07 新建一名称为"玻璃"的新材质。然后在"颜色"下拉列表中选择"自定义"选项，并指定素材"玻璃"图片。接着单击该图像，在展开的"纹理编辑器"面板中设置平铺参数为5000。给对象赋予"玻璃"材质后的效果如图 11-89 所示。

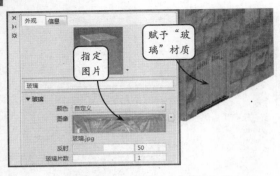

图 11-89 编辑"玻璃"材质

STEP|08 新建一名称为"一层楼板"的陶瓷材质。然后在"图像"下拉列表中选择"图像"选项，并指定素材"一层地面"图片，如图 11-90 所示。将编辑的材质指定给一层楼板。

STEP|09 新建一名称为"二层楼板"的木材材质。指定图像为"二层木地板"图片。单击图像，在打开的"纹理编辑器"面板中设置相应旋转和平铺参数，然后将设置好的材质应用到别墅的楼板，效果如图 11-91 所示。

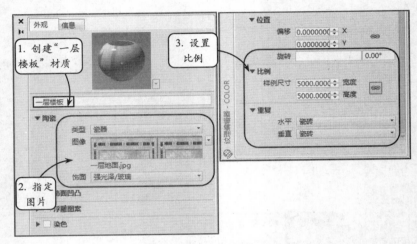

图 11-90 新建"一层地面"材质

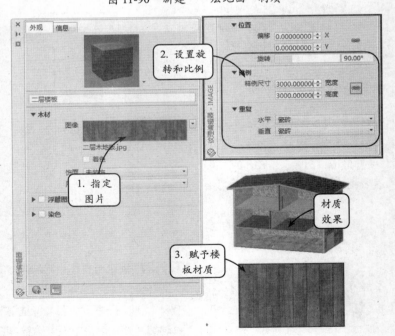

图 11-91 新建"二层楼板"材质

STEP|10 新建一名称为"三层楼板"的新材质，并指定素材"地毯"图片，接着启用"凹凸"选项组并指定素材"地毯凹凸"图片为凹凸图像，如图11-92 所示。将编辑好的材质应用到三层楼板。

STEP|11 新建名称为"柱子"的新材质。然后在

"图像"下拉列表中选择"图像"选项，并指定素材"大理石"图片。接着单击该图像，在展开的"纹理编辑器"面板中设置相应旋转和平铺的参数，如图 11-93 所示。将编辑好的材质应用到柱子上。

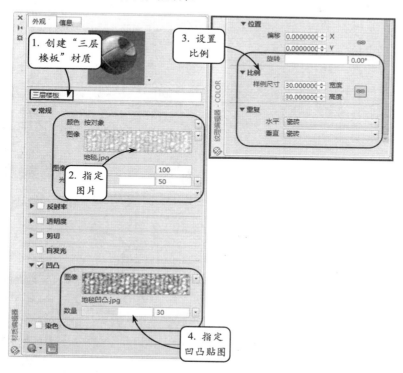

图 11-92 新建"三层楼板"材质

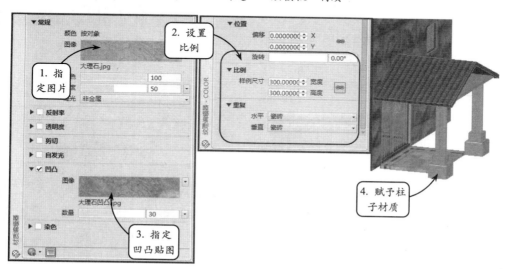

图 11-93 编辑"柱子"材质

STEP|12 新建一名称为"壁纸"的常规材质，并指定素材"壁纸"图片为相应的图像。然后单击该图像，在展开的"纹理编辑器"面板中设置平铺比例为 3000。接着将"壁纸"图层显示，并将设置好的材质应用到墙体上，如图 11-94 所示。

图 11-94 编辑"壁纸"材质

STEP|13 新建一名称为"地面"的常规材质，并指定素材"地面"图片为相应的图像。然后单击该图像，在展开的"纹理编辑器"面板中设置平铺比例为 5000。接着将"道路"图层显示，并将设置好的材质应用到道路上，效果如图 11-95 所示。

STEP|14 展开"可视化"选项卡，在"光源"选项板中单击"点"按钮，选取适宜的位置创建点光源并设置光度参数为 1，效果如图 11-96 所示。

STEP|15 在命令行中输入 VIEW 命令，将打开"视图管理器"对话框，在对话框中单击"相机 1"，

然后在"背景替代"下拉列表选取"渐变色"选项并设置背景颜色为暖黄色，效果如图 11-97 所示。

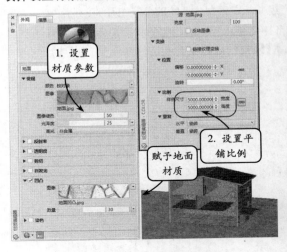

图 11-95 编辑"地面"材质

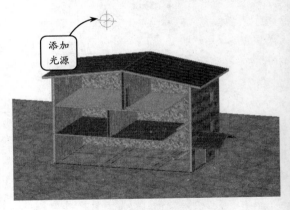

图 11-96 添加点光源

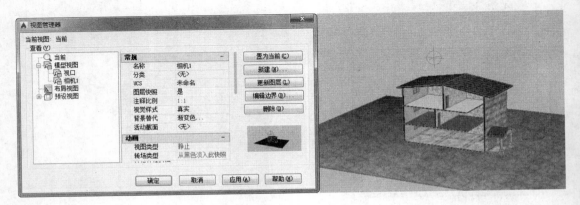

图 11-97 设置渲染背景颜色

STEP|16 在"渲染"选项板中单击"渲染面域"按钮，并在绘图区中指定两点确定渲染区域，对别墅模型进行渲染，效果如图 11-98 所示。

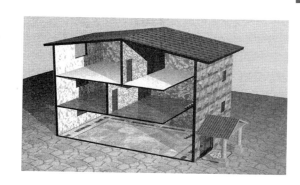

图 11-98 渲染效果

11.17 综合案例 2：录制二层小楼路径动画

本例为图 11-99 所示的二层小楼录制路径动画。该楼为两层的小户型别墅，一楼地基上安装有护栏，而二楼则有方形和圆弧形的阳台。此外，该别墅的房间较多，各个房间的相对面积较小，为集约型的户型。

图 11-99 二层小楼三维模型

在创建该模型的路径动画时，首先绘制一个圆轮廓作为相机运动路径，并指定该圆的圆心作为目标点。然后在"运动路径动画"对话框中设置动画帧率、持续时间、保存格式和分辨率等参数。最后单击"预览"按钮即可预览所录制的动画。

操作步骤 ▶▶▶▶

STEP|01 打开配套光盘中的"二层小楼.dwg"文件，切换"俯视"为当前视图。然后利用"圆"工具指定点 A 为基点，输入相对坐标（@617，562）确定圆心，绘制半径为 2000 的圆，效果如图 11-100

所示。

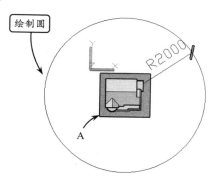

图 11-100 绘制圆

STEP|02 切换"西南等轴测"为当前视图。然后利用"移动"工具选取上步所绘圆的圆心为移动基点，并输入相对坐标（@0，0，333）确定目标点，将该圆沿竖直方向移动，效果如图 11-101 所示。

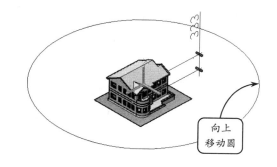

图 11-101 移动圆

STEP|03 在菜单栏中选择"视图"|"运动路径动画"命令，将打开"运动路径动画"对话框。然后指定绘制的圆为相机路径，并在"目标"选项组中选择"点"单选按钮，指定该圆的圆心为目标点，如图 11-102 所示。

格式为 AVI，分辨率为 320×240。

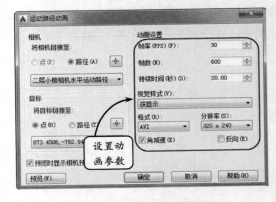

图 11-103　设置动画参数

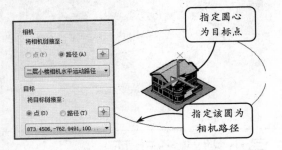

图 11-102　指定相机路径和目标点

STEP|04 在该对话框的"动画设置"选项组中按照图 11-103 所示进行参数设置，其中动画的保存

STEP|05 完成参数设置后，单击"预览"按钮，对所录制的动画进行预览。确认无误后，单击"确定"按钮保存该动画即可，动画效果如图 11-104 所示。

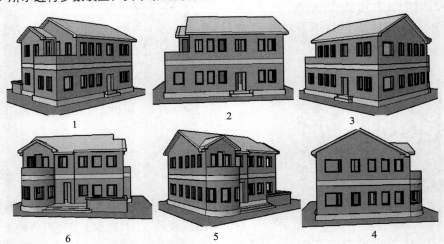

图 11-104　预览录制的动画效果

11.18 新手训练营

1．渲染别墅三维模型

　　本练习渲染别墅三维模型，渲染效果如图 11-105 所示。该模型主要分为别墅主体、道路、山峦和草坪等几大部分。其中别墅墙壁赋予的材质为磨光的石材，屋顶赋予了陶瓷材质，门框、窗框均采用木质材质，而门、窗主体则采用玻璃材质，楼板采用陶瓷

材质。

　　首先新建多种材质，并将这些材质分别应用到建筑物的相应结构上，然后通过"光源"选项板中的"点"工具添加一盏点光源，接着在"视图管理器"对话框中设置"渲染背景"。最后通过"渲染面域"工具渲染该模型的相应区域即可。

图 11-105　渲染别墅三维模型

活服务区则主要包括厕所、库房和卫生所等。

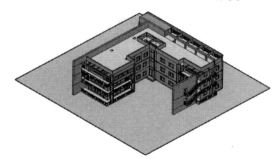

图 11-106　教学楼

2.录制教学楼路径动画

本练习录制图 11-106 所示教学楼的路径动画。教学楼是供教师授课、学生求学的公共场所，主要包括教学区、行政办公区和生活服务区三个功能区。其中，教学区是教学楼的主体功能区，是主要的活动主体；行政办公区，是学校处理各种行政事务的区域；而生

在创建该模型的路径动画时，首先绘制一个圆作为相机的运动路径，并指定该圆的圆心作为目标点。然后在"运动路径动画"对话框中设置动画帧率、持续时间、保存格式和分辨率等参数。最后单击"预览"按钮即可预览所录制的动画。

第 12 章

设计中心、图形打印与输出

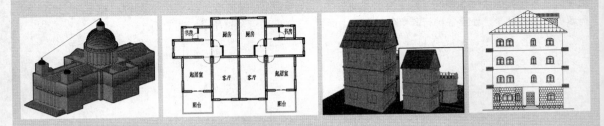

为了提高绘图效率，AutoCAD 内嵌了类似 Windows 资源管理器的"设计中心"。通过设计中心，用户可以快速地浏览计算机和网络上的图形文件，并可将其中的图块、外部参照、图层等资源拖到当前绘图中。绘制完毕的图纸需要打印输出或者用于网络共享，这就涉及到图纸的布局和视口安排。一个布局，代表了一张可以独立输出的图纸；同一个布局里，可以安排多个视口，每个视口可以放置不同的图形设置不同的视口比例，由此可以在一张图纸中排列多张相关的图，便于图纸的使用。完成布局后，即可通过打印机输出图纸或者通过网络发布图纸了。

本章主要讲解设计中心的使用、图纸布局的创建和管理、视口的编辑、图纸打印与发布。

12.1　使用设计中心

利用设计中心可以浏览、查找、预览、管理、利用和共享 AutoCAD 图形等不同资源，提高图形管理和图形设计的效率。归纳起来，设计中心主要具有以下 3 方面的作用：

- ❏ 浏览图形内容，包括经常使用的图形文件和网络上的图形文件等。
- ❏ 在本地硬盘和网络驱动器上搜索和加载图形文件，可将图形从设计中心拖到绘图区域并打开图形。
- ❏ 查看文件中图形和图块，并可将其直接插入，或复制粘贴到目前的操作文件中。

在"视图"选项卡的"选项板"选项板中单击"设计中心"按钮 ，将打开"设计中心"面板，如图 12-1 所示。

图 12-1　"设计中心"面板

"设计中心"面板的左边是树状图，右边是内容区域，上边是工具栏。并且该面板可以处于悬浮状态，也可以居于 AutoCAD 绘图区的左右两侧，还可以自动隐藏，成为单独的标题条。

下面介绍设计中心各选项卡和按钮的作用与用法。

12.1.1　选项卡介绍

在 AutoCAD 设计中心中，可以在"文件夹""打开的图形"和"历史记录"这 3 个选项卡之间进行任意地切换，各选项卡参数如下所述。

1．文件夹

该选项卡显示设计中心的资源，包括显示计算机或网络驱动器中文件和文件夹的层次结构。要使用该选项卡调出图形文件，用户可以在"文件夹列表"选项框中指定文件路径，右侧将显示图形预览信息，如图 12-2 所示。

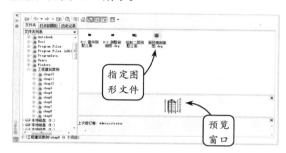

图 12-2　指定图形文件并预览

2．打开的图形

该选项卡用于显示当前已打开的所有图形，并在右方的列表框中列出了图形中包括的块、图层、线型、文字样式、标注样式和打印样式等。单击某个非当前编辑的图形文件，并在左侧的列表框中选择一个项目。然后在右侧的列表中双击所需的加载类型即可将其加载到当前图形中。如图 12-3 所示，选择其他图形文件的"图层"选项后，双击"墙"图标，即可将"墙"图层加载到当前图形中。

图 12-3　"打开的图形"选项卡

3．历史记录

在该选项卡中显示了最近在设计中心打开的

文件，双击某个图形文件，可以在"文件夹"选项卡的树状视图中定位该图形文件，并在右侧的列表框中显示该图形的各个项目，如图 12-4 所示。

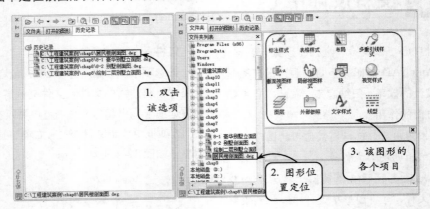

图 12-4 "历史记录"选项卡

12.1.2 按钮功能

在"设计中心"面板最上方一行排列有多个按钮图标，可以执行刷新、切换、搜索、浏览和说明等操作。这些按钮对应的功能可以参照表 12-1。

表 12-1 设计中心按钮的功能

按钮名称	功　　能
加载	单击该按钮，将打开"加载"对话框，用户可以浏览本地、网络驱动器或 Web 上的文件，选择相应的文件加载到指定的内容区域
上一页	单击该按钮，返回到历史记录列表中最近一次的位置
下一页	单击该按钮，返回到历史记录列表中下一次的位置
上一级	单击该按钮，显示上一级内容
搜索	单击该按钮，将显示"搜索"对话框。用户可以从中指定搜索条件，以便在图形中查找图形、块和非图形对象
收藏夹	单击该按钮，在内容区中将显示"收藏夹"文件夹中的内容
主页	单击该按钮，设计中心将返回到默认文件夹。安装时，默认文件夹被设置为...\Sample\Design Center，可以使用树状图中的快捷菜单更改默认文件
树状图切换	单击该按钮，可以显示和隐藏树状视图
预览	单击该按钮，可以显示和隐藏内容区窗格中选定项目的预览。如果选定项目没有保存的预览图像，"预览"区域将为空
说明	单击该按钮，可以显示和隐藏内容区窗格中选定项目的文字说明。如果选定项目没有保存的说明，"说明"区域将为空
视图	单击该按钮，可以为加载到内容区中的内容提供不同的显示格式

12.2 插入设计中心图形

使用 AutoCAD 设计中心，最终的目的是在当前图形中插入块特征、引用图像和外部参照等内容，并且在图形之间复制块、图层、线型、文字样式、标注样式以及用户定义的内容等。根据插入内容类型的不同,对应插入设计中心图形的方法也不相同。

12.1.1　插入块

在设计中心窗口中,可以将一个图形文件以块形式插入到当前已打开的图形中。常用的插入块方法有两种,分别介绍如下。

1.　常规插入块

选择该方法插入块时,选取要插入的图形文件并单击右键,在打开的快捷菜单中选择"插入块"命令,将打开"插入"对话框。然后在该对话框中可以设置块的插入点坐标、缩放比例和旋转角度等参数,如图 12-5 所示。

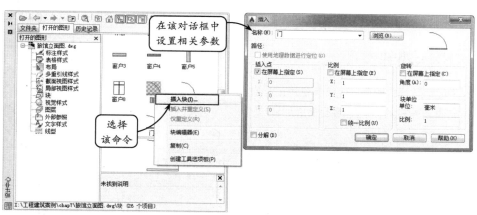

图 12-5　常规插入块

2.　自动换算比例插入块

选择该方法插入块时,可以从设计中心窗口中选择要插入的块,并拖动到绘图窗口,当移动到插入位置时释放鼠标,即可实现块的插入。系统将按照"选项"对话框的"用户系统配置"选项卡中确定的单位,自动转换插入比例。此外,如果插入属性块,系统将允许修改属性参数,如图 12-6 所示。

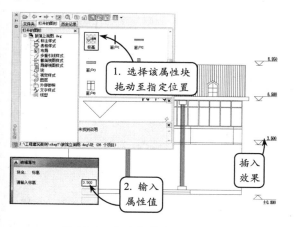

图 12-6　自动换算比例插入块

12.2.2　以动态块形式插入图形文件

要以动态块形式在当前图形中插入外部图形文件,只需要右击图形并从快捷菜单中选择"块编辑器"命令即可。此时系统将打开"块编辑器"对话框,用户可以在该图形并从中将选中的图形创建为动态图块,然后再插入至图形中指定的位置,如图 12-7 所示。

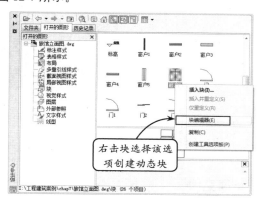

图 12-7　以动态块形式插入图形文件

12.2.3　复制对象

可以将选定的块、图层、标注样式等内容复制到当前图形,用户只需选中某个块、图层或标注样式,并将其拖动到当前图形,即可获得复制对象的效果。

如图 12-8 所示,在打开的另一图形文件中选择"图层"选项,并选定"轴线"图层,将其拖动到当前绘图区,释放鼠标即可将该图层复制到当前图形中。

12.2.4　引入外部参照

在设计中心"打开的图形"选项卡中用鼠标右键选择外部参照,并将其拖动到绘图窗口后释放。

然后在打开的快捷菜单中选择"附着为外部参照"命令,即可按照插入块的方法指定插入点、插入比例和旋转角度插入该参照。

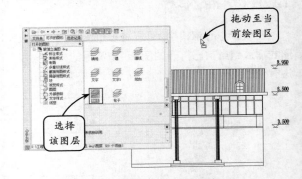

图 12-8　将选定的图层复制到当前图形中

12.3　模型空间、布局空间与打印

绘制好的设计图、施工图需要打印,需要网络发布。在这个过程中,AutoCAD 为用户提供了两个选择:通过模型空间直接打印和通过布局空间打印。那这两者有何不同呢? 模型空间与布局空间各用来做什么?

1. 模型空间

模型空间是绘图时最常用的工作空间。在该空间中,用户可以创建物体的视图模型包括二维和三维图形造型。此外还可以根据需求,添加尺寸标注和注释等来完成所需的全部绘图工作。

启动 AutoCAD 后,系统默认进入的空间就是模型空间。如果当前空间不是模型空间,单击屏幕底部左下角状态栏中的"模型"选项卡按钮,系统将进入模型工作空间,如图 12-9 所示。

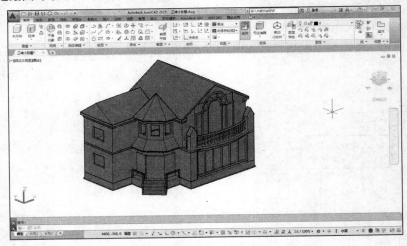

图 12-9　模型空间

2. 布局空间

布局空间又称为图纸空间,是用户用来设置图形打印的操作空间,与图纸输出密切相关。布局空间可以完全模拟图纸页面,用户可以通过在该空间

中移动或改变视口的尺寸来排列视图,安排图形的布局输出。

单击屏幕底部左下角状态栏中的"布局 1"或"布局 2"选项卡按钮,系统将进入布局工作空间,如图 12-10 所示。

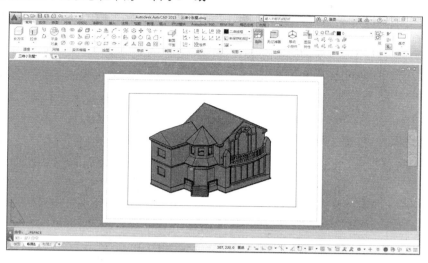

图 12-10　纸空间

提示

使用系统变量 TILEMODE 可以控制模型空间和图纸空间之间的切换。当系统变量 TILEMODE 设置为 1 时,将切换到"模型"选项卡,用户工作在模型空间中。当系统变量 TILEMODE 设置为 0 时,将打开"布局"选项卡,用户工作在布局空间中。

提示

用户也可以单击状态栏上的"模型或图纸空间"按钮来切换布局空间下的模型和图纸两种工作状态。还可以使用 MSPACE 命令从图纸状态切换到模型状态,使用 PSAPCE 命令从模型状态切换到图纸状态。

在布局空间中,有两种工作状态。一种就是纯粹的图纸工作状态,这时在布局空间绘制的图形,建立的文字和标注等都只存在于图纸上。如果切换为模型空间,这些在布局空间中创建的图形、文字、标注等不会出现在模型空间里。

另一种工作状态就是模型工作状态。在布局空间某视口内双击,视口线变成粗线,这时视口成为达到模型空间的一个通道,在视口中编辑等同在模型空间中编辑。如果在视口中创建了图形,或者修改了图形,那么当用户从布局空间切换为模型空间后,可以看到的确新建了图形或修改了图形。在视口中编辑完图形后,鼠标在视口外双击,即可关闭通道,返回到图纸工作状态。

3. 模型空间、布局空间与打印的关系

明白了模型空间和布局空间各自作用和特点后,现在来看看两者的关系,以及与打印的联系。

模型空间按照 1:1 的关系绘制图形和模型,因此,可以将模型空间理解为虚拟的建筑场地。布局空间则按照预设的视口比例将模型空间里的图形和模型缩放排列在指定大小的图纸中,因此,可以将布局空间理解为电子图纸。

模型空间主要用来绘图和创建三维模型。如果用户在模型空间绘制了分别是平面、立面、剖面的 3 个图形,都完成了尺寸标注等,再绘制一个巨大的图框(比如是 A2 图框的 500 倍)将图形框起来,则可以直接在模型空间中进行打印操作。在弹出的打印对话框中设置打印比例,比如 1:500,即可打印出一张 A2 图纸。

布局空间主要用来安排一张图纸上要放置哪些需要打印的图形或模型。图纸的大小就是用户需要的大小，如 A2；然后用户在图纸上指定几个视口（比如 3 个视口）用来安排图形或模型。在视口中指定视口比例 1:500，这样就可以将模型空间中的"庞然大物"缩放在图纸上了。最后，添加上一个 A2 大小的图框，即可按 1:1 的比例打印出需要的 A2 图纸了。

模型空间主要用来绘制图形和三维模型，也可用来打印图形；布局空间主要用来打印，也可以绘制二维图形（也可以绘制三维模型，但毫无意义，因为图纸空间就是平面的，无法显示出三维效果）。

模型空间打印图形的时候，受打印比例限制（不可能同时指定多个打印比例），只能在一张图纸中打印同一比例的多个图形；布局空间打印图形，因为可以为不同视口指定不同的视口比例，能按不同比例将需要打印的图形缩放排列到视口中，所以在一张图纸中能打印出不同比例的多个图形。

由于布局空间在打印方面具有优势，所以用户大多通过布局空间进行打印。

AutoCAD 12.4 创建布局

每个布局都代表一张单独的可打印输出的图纸，用户可以根据设计需要创建多个布局以打印不同的图纸。

布局空间在图形输出中占有极大的优势。当完成建筑图的绘制后，选择或创建一个图纸布局方式，可以将图形以合适的方式打印输出到图纸上。系统为用户提供了多种用于创建布局的方式，现分别介绍如下。

1．直接新建布局

利用该方式可以直接插入新建的布局。进入布局空间，切换至"布局"选项卡的"布局"选项板，然后单击"新建布局"按钮，并在命令行中输入新布局的名称，如"三维小屋"，即可创建新的布局。此时在状态栏中单击"三维小屋"选项卡标签，可以进入该布局空间，如图 12-11 所示。

2．使用样板创建布局

在建筑等工程领域中使用样板创建布局，对于遵循通用标准进行绘图和打印的用户来讲非常有意义。因为 AutoCAD 提供了多种不同国际标准体系的布局模板，具体包括 ANSI、GB 和 ISO 等。尤其是遵循中国国家工程制图标准（GB）的布局就有 12 种之多，支持的图纸幅面有 A0、A1、A2、A3 和 A4，可以帮助用户方便地选择相应的样板进行布局的创建。

在"布局"选项板中单击"从样板"按钮，系统将打开"从文件选择样板"对话框。在该对话框中选择需要的布局模板，并单击"打开"按钮，系统将弹出"插入布局"对话框。该对话框显示了当前所选布局模板包含的布局的名称，此时指定一布局名称，单击"确定"按钮，即可创建相应模板的布局空间，如图 12-12 所示。

图 12-11 新建布局空间

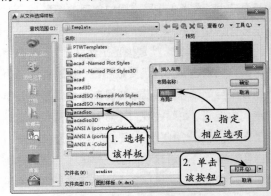

图 12-12 使用样板创建布局

3. 使用布局向导创建布局

布局向导用于引导用户创建一个新布局,且在创建过程中可以对新布局的名称、图纸尺寸、打印方向以及布局位置等主要选项进行详细地设置。因此使用该方式创建的布局一般不需要再进行调整和修改,即可执行打印输出操作,适合于初学者使用。

在命令行中输入 LAYOUTWIZARD 命令,将打开"创建布局-开始"对话框,在该对话框中输入布局名称,如图 12-13 所示。

该向导会一步步引导用户进行布局的创建操作,过程中会依次对新布局名称、打印机类型、图纸尺寸和方向、标题栏类型、视口类型,以及视口

的大小和位置等进行设置。利用向导创建布局的过程比较简单,且一目了然,其具体操作方法这里不再赘述。

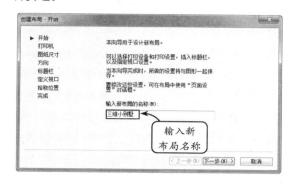

图 12-13　"创建布局-开始"对话框

12.5　隐藏布局和模型选项卡

一般情况下,绘图界面上提供了"模型"选项卡以及一个或多个"布局"选项卡。在 AutoCAD 中,如果要优化绘图区域,可以隐藏这些选项卡。

要隐藏这些选项卡,只需要在命令行中输入 LAYOUTTAB 命令,在命令行的提示下更改数值为 0,即可隐藏布局和模型选项卡,效果如图 12-14 所示。

隐藏前

隐藏后

图 12-14　隐藏布局和模型选项卡

另外,在绘图区空白处右击,并在打开的快捷菜单中选择"选项"命令,将打开"选项"对话框。用户可以在"显示"选项卡中禁用"显示布局和模型选项卡"复选框,实现隐藏布局和模型选项卡的效果,如图 12-15 所示。

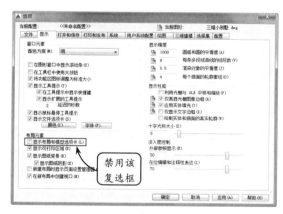

图 12-15　禁用"显示布局和模型选项卡"复选框

12.6　新建视口

如果手绘过建筑图纸,那就知道绘图前需要提

前安排一张图纸上需要绘几个图,分别放在哪里,

各占用幅面大致是多少。这里的幅面大小和位置就是即将绘制的图形的"容身之处"。在 AutoCAD 里，图形在布局空间里的"容身之处"就是视口。视口的创建和安排就是规划图纸中具体图形的放置位置和比例。

在 AutoCAD 中，视口可以分为平铺视口和浮动视口。其中，平铺视口在模型空间中建立和管理，而浮动视口在布局的图纸空间中建立和管理。要创建视口，首先需要确定创建的视口类型，然后新建并命名对应的视口。如有必要，还可以创建多边形或对象等特殊类型的浮动视口形式。

12.6.1　创建平铺视口

平铺视口是在模型空间中创建的视口，可以在屏幕中同时显示多个视图，主要用于三维建模，与图纸打印无关。该视口类型将原来的模型空间分隔成多个区域，且各个视口的边缘与相邻视口紧紧相连，不能移动。此外，该类型视口形状只能为标准的矩形，且无法调整视口边界。

在命令行中输入 VPORTS 指令，将打开"视口"对话框。在该对话框的"新建视口"选项卡中可以设置视口的个数、每个视口中的视图方向，以及各视图对应的视觉样式，图 12-16 所示就是创建四个相等视口的效果。"新建视口"选项卡中各选项的含义介绍如下。

❏ **应用于**　该下拉列表中包含"显示"和"当前视口"两个选项，用于指定设置是应用于整个显示还是当前视口。如果要创建多个三维平铺视口，可以选择"当前视口"选项，视图将以当前视口显示。

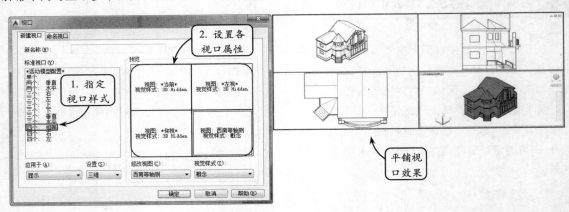

图 12-16　创建平铺视口

❏ **新名称**　输入新视口的名称。为视口添加明显的文字标记，方便调用。

❏ **设置**　该下拉列表中包括"二维"和"三维"两个选项：选择"三维"选项可以进一步设置主视图、俯视图和轴测图等；选择"二维"选项只能是当前位置。

❏ **修改视图**　在该下拉列表中设置所要修改视图的方向。该列表框的选项与"设置"下拉列表框选项相关。只有设置为"三维"选项，才能在此处修改视图类别。

❏ **视觉样式**　在"预览"中选定相应的视口，即可在该列表中设置该视口的视觉样式。

12.6.2　创建浮动视口

在布局空间创建的视口为浮动视口，浮动视口才是图形在图纸上的"容身之处"，用于图纸的打印安排。其形状可以是矩形、任意多边形或圆等，相互之间可以重叠并能同时打印，而且可以调整视口边界形状。在创建浮动视口时，只需指定创建浮动视口的区域即可创建相应的视口。

1．创建矩形浮动视口

该类浮动视口的区域为矩形。要创建该类浮动视口，首先需切换到布局空间，然后在"布局"选项卡的"布局视口"选项板中单击"矩形"按钮，并在命令行的提示下设置要创建视口的个数。接着依次指定两个对角点确定视口的区域，即可完成浮动视口的创建，如图 12-17 所示。

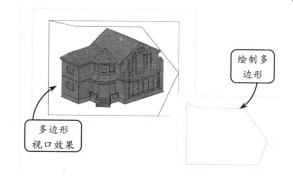

图 12-18　创建多边形浮动视口

3．创建对象浮动视口

在布局空间中也可以将图纸中绘制的封闭多段线、圆、面域、样条曲线或椭圆等对象设置为视口边界。

在"布局视口"选项板中单击"对象"按钮，然后在图纸中（不是模型空间中）选择封闭曲线对象，即可创建对象浮动视口，效果如图 12-19 所示。

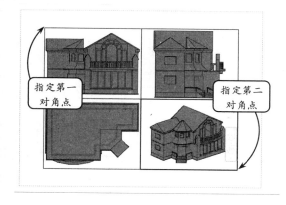

图 12-17　创建矩形浮动视口

2．创建任意多边形浮动视口

创建该类特殊形状的浮动视口，可以使用一般的绘图方法在布局空间中绘制任意形状的闭合线框作为浮动视口的边界。

在"布局视口"选项板中单击"多边形"按钮，然后依次指定多个点绘制一闭合的多边形并按下回车键，即可创建多边形浮动视口，效果如图 12-18 所示。

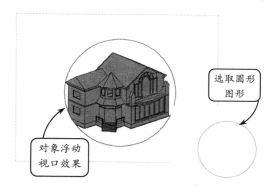

图 12-19　创建对象浮动视口

12.7　调整视口

在模型和布局空间中，视口和一般的图形对象相似，均可以使用一般图形的绘制和编辑方法，对各个视口进行相应的调整、合并和旋转等操作。

12.7.1　运用夹点调整浮动视口

在布局空间中，通过单击视口的边界线可以激活夹点工具。此时在视口的外框上出现 4 个夹点，

用户可以对夹点进行拉伸和拖动，以调整浮动视口的边界形状，如图 12-20 所示。

12.7.2　合并平铺视口

合并平铺视口只能在模型空间中进行。如果两个相邻的视图需要合并为一个视图，就用到"合并视口"工具。

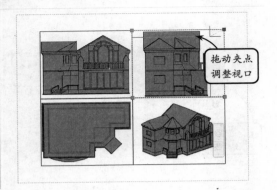

图 12-20　拖动夹点调整浮动视口边界

切换到模型空间，执行"视图"|"视口"|"新建视口"菜单命令，在弹出的对话框中选择"三个:右"选项，然后单击"确定"按钮生成 3 个视口，如图 12-21 所示。每个视口都可以设置视图类型，如俯视、左视等。

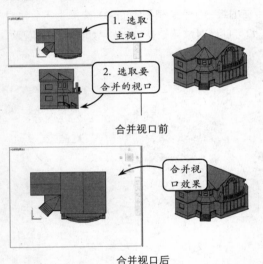

图 12-21　合并视口

然后执行"视图"|"视口"|"合并"菜单命令，根据命令行提示，分别选择主视口和要合并的视口，即可完成视口的合并。

12.7.3　浮动视口比例设置

浮动视口比例就是图形的缩放比例。按照图纸规范，缩放比例的分子分母必须是整数，因此在视口中设置缩放比例的时候，要特别注意别推拉鼠标中键，推拉鼠标中键就改变了缩放比例。

在布局空间中选取一浮动视口的边界并右击，选择快捷菜单中的"特性"命令。然后在打开的"特性"面板的"标准比例"下拉列表中选择所需的比例，即可缩放该视口中的视图，如图 12-22 所示。

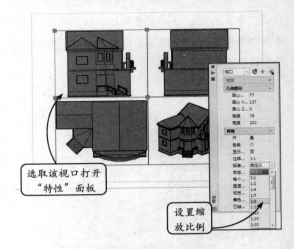

图 12-22　设置浮动视口缩放比例

12.7.4　旋转浮动视口中视图

在浮动视口中可以执行 MVSETUP 命令来旋转整个视图。该功能与"旋转"工具不同，"旋转"工具只能旋转所选的对象，而 MVSETUP 命令可以对所选浮动视口中的所有图形对象进行整体旋转。

进入布局空间，在命令行中输入该指令，并根据命令行提示指定对齐方式为"旋转视图"，然后依次指定旋转基点和旋转角度，即可完成浮动视口中图形对象的旋转操作，效果如图 12-23 所示。

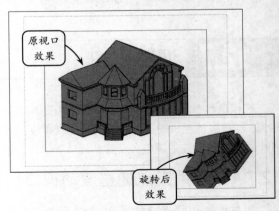

图 12-23　旋转视口中的视图

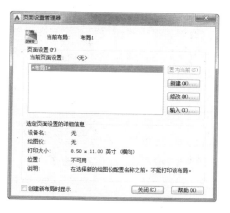

AutoCAD 12.8　打印页面设置

在 AutoCAD 中，不仅可以直接打印完整的图形文件，还可以将文件的一个视图以及用户自定义的某一部分单独打印出来；不仅可以在模型空间中直接打印图形，也可以在完成布局创建后打印布局图形。

无论从模型空间还是布局空间中打印图形，在进行图纸打印时，必须对打印页面的打印样式、打印设备、图纸的大小、图纸的打印方向以及打印比例等参数进行设置。

图 12-24　"页面设置管理器"对话框

12.8.1　页面设置选项

在"布局"选项板中单击"页面设置"按钮，将打开"页面设置管理器"对话框，如图 12-24 所示。在该对话框中可以对布局页面进行新建、修改和输入等操作。

1. 修改页面设置

通过该操作可以对现有页面进行详细地修改和设置，如修改打印机类型、图纸尺寸等，从而达到所需的出图要求。

在"页面设置管理器"对话框中单击"修改"按钮，即可在打开的页面设置对话框中对该页面进行重新设置，如图 12-25 所示。该对话框中各主要选项的功能可以参照表 12-2。

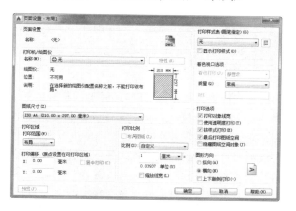

图 12-25　页面设置对话框

表 12-2　页面设置对话框各选项功能

选项组	功　　能
打印机/ 绘图仪	指定打印机的名称、位置和说明。在"名称"下拉列表框中选择打印机或绘图仪的类型。单击"特性"按钮，在弹出的对话框中可查看或修改打印机或绘图仪配置信息
图纸尺寸	可以在该下拉列表中选取所需的图纸，并可以通过对话框中的预览窗口进行预览
打印范围	可以对打印区域进行设置。可以在该下拉列表中的 4 个选项中选择打印区域的确定方式：选择"布局"选项，可以对指定图纸界线内的所有图形打印；选择"窗口"选项，可以指定布局中的某个矩形区域为打印区域；选择"范围"选项，将打印当前图纸中所有图形对象；选择"显示"选项，可以用来打印模型空间中的当前视图
打印偏移	用来指定相对于可打印区域左下角的偏移量。在布局中，可打印区域左下角点由左边距决定。启用"居中打印"复选框，系统可以自动计算偏移值以便居中打印
打印比例	选择标准比例，该值将显示在自定义中。如果需要按打印比例缩放线宽，可以启用"缩放线宽"复选框
图形方向	设置图形在图纸上的放置方向。如果启用"上下颠倒打印"复选框，表示将图形旋转 180° 打印

2．新建页面设置

在"页面设置管理器"对话框中单击"新建"按钮，在打开的对话框中输入新页面的名称，并指定基础样式。然后单击"确定"按钮，即可在打开的页面设置对话框中对新页面进行详细设置。设置完成后，新布局页面将显示在"页面设置管理器"对话框中，如图 12-26 所示。

12.8.2　输入页面设置

如有必要，还可将之前已经设置好的图形页面设置应用到其他图形中，具体方法是：在"页面设置管理器"对话框中单击"输入"按钮，然后在打开的"从文件选择页面设置"对话框中选择要输入页面设置方案的图形文件，并单击"打开"按钮。

此时，在打开的"输入页面设置"对话框中选择指定的页面设置方案，即可使该方案显示在"页面设置管理器"对话框中，以供用户选择。

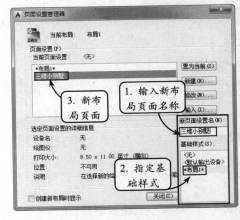

图 12-26　新建页面设置

12.9　打印样式设置

在打印输出图形时，所打印图形线条的宽度根据对象类型的不同而不同。对于所打印的线条属性，不但可以在绘图时直接通过图层进行设置，还可以利用打印样式表对线条的颜色、线型、线宽、抖动以及端点样式等特征进行设置。打印样式表可以分为颜色和命名打印样式表两种类型。

1．颜色打印样式表

颜色打印样式表是一种建立在图形实体颜色设置基础上的打印方案，用户可以根据颜色设置打印样式，再将这些打印样式赋予使用该颜色的图形实体，从而最终控制图形的输出。在创建图层时，系统将根据所选颜色的不同自动为其指定不同的打印样式，如图 12-27 所示。

2．命名打印样式表

在需要对相同颜色的对象进行不同的打印设置时，可以使用命名打印样式表。使用命名打印样式表时，可以根据需要创建统一颜色对象的多种命名打印样式，并将其指定给对象。

在命令行中输入 STYLESMANAGER 指令，并按下回车键，即可打开如图 12-28 所示的打印样式对话框。在该对话框中，与颜色相关的打印样式表都被保存在以 .ctb 为扩展名的文件中；命名打印样式表被保存在以 .stb 为扩展名的文件中。

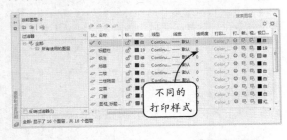

图 12-27　"图层特性管理器"面板

图 12-28　打印样式对话框

3．创建打印样式表

当打印样式对话框中没有合适的打印样式时，可以进行打印样式的设置，创建新的打印样式，使其符合设计者的要求。

在"打印样式"对话框中双击"添加打印样式表向导"文件 📄，并在打开的对话框中单击"下一步"按钮，将打开"添加打印样式表－开始"对话框，如图 12-29 所示。然后在该对话框中选择第一个单选按钮，即创建新打印样式表。

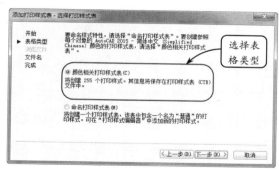

图 12-30　选择表格类型

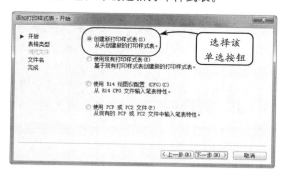

图 12-29　添加打印样式表对话框

单击"下一步"按钮，将打开如图 12-30 所示的对话框。该对话框提示选择表格类型，即选择是创建颜色相关打印样式表，还是创建命名打印样式表。

继续单击"下一步"按钮，并在打开的对话框中输入新文件名。然后单击"下一步"按钮，在打开的对话框中单击"打印样式表编辑器"按钮，即可在图 12-31 所示的对话框中设置新打印样式表的特性。

图 12-31　打印样式表编辑器对话框

设置完成后，如果希望将打印样式表另存为其他文件，可以单击"另存为"按钮；如果需要修改后将结果直接保存在当前打印样式表文件中，可以单击"保存并关闭"按钮返回到添加打印样式表对话框，然后单击"完成"按钮即可。

AutoCAD 12.10　三维打印

3D 打印功能让设计者通过一个互联网连接来直接输出设计者的 3D AutoCAD 图形到支持 STL 的打印机。借助三维打印机或通过相关服务提供商，设计者可以立即将设计创意变为现实。

在"三维建模"工作空间中展开"输出"选项卡，并在"三维打印"选项板中单击"发送到三维打印服务"按钮 🖨，将打开如图 12-32 所示的提示窗口。

选择"继续"选项，将进入到绘图区窗口。此时光标位置将显示"选择实体或无间隙网络"的提示信息，用户可以框选需要三维打印的模型对象，如图 12-33 所示。

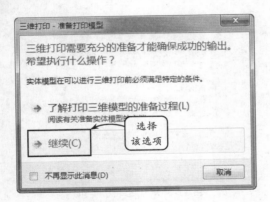

图 12-32　三维打印窗口

图 12-33　选择实体

选取实体后按下回车键,将打开"发送到三维打印服务"对话框。在该对话框的"对象"选项组中将显示已选择对象,并在"输出预览"选项组中显示三维打印预览效果,可以放大、缩小、移动和

旋转该三维实体,如图 12-34 所示。此外,用户可以在"输出标注"选项组中进行更详细地三维打印设置。

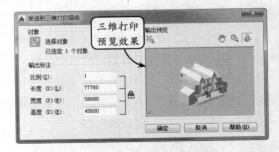

图 12-34　"发送到三维打印服务"对话框

确认参数设置后,单击"确定"按钮将打开"创建 STL 文件"对话框,如图 12-35 所示。此时输入文件名称,将创建一个支持 3D 打印的文件。

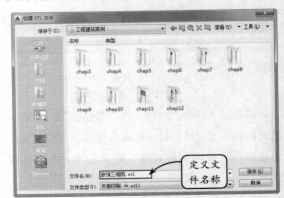

图 12-35　"创建 STL 文件"对话框

AutoCAD **12.11** 输出图形

　　在 AutoCAD 中,用户不仅可以打印模型空间中的图形,也可以打印布局空间中显示的图形。根据不同需要,可以打印一个或多个视口,还可以通过设置选项来决定打印的内容和比例。打印输出就是将最终设置完成后的图形,通过打印的方式输出为图纸。

　　在"输出"选项卡的"打印"选项板中单击"打印"按钮🖨,将打开打印对话框,如图 12-36 所示。

该对话框中的内容与页面设置对话框中的内容基本相同,其主要选项的功能可以参照表 12-3 所示。

　　各部分都设置完成以后,在"打印"对话框中单击"预览"按钮,系统将切换至打印预览界面,进行图纸的打印预览,如图 12-37 所示。在该界面中,用户可以利用左上角的相应按钮,或右键快捷菜单进行预览图纸的打印、移动、缩放和退出预览界面等操作。

图 12-36　打印对话框

表 12-3　打印对话框各选项功能

选项	功　　能
页面设置	在该选项组中，可以选择页面设置和添加页面设置。在"页面设置"选项组"名称"下拉列表框中，可以选择打印设置，并能够随时保存、命名和恢复打印和页面设置对话框中所有的设置。单击"添加"按钮，将打开"添加页面设置"对话框，可以从中添加新的页面设置
打印到文件	启用"打印机/绘图仪"选项组中的"打印到文件"复选框，可以将选定的布局发送到打印文件，而不是发送到打印机
打印份数	可以在"打印份数"文本框中设置每次打印图纸的份数

续表

选项	功　　能
打印选项	启用"打印选项"选项组中"后台打印"复选框，可以在后台打印图形；启用"将修改保存到布局"复选框，可以将该对话框改变的设置保存到布局中；启用"打开打印戳记"复选框，可以在每个输出图形的某个角落显示绘图标记，以及生成日志文件

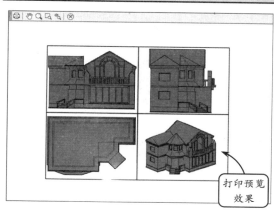

打印预览效果

图 12-37　打印预览效果

如果符合设计的要求，可以按 Esc 键退出预览返回到"打印"对话框。此时单击"确定"按钮，系统将开始输出图形。如果图形输出时出现错误或要中断打印，可以按 Esc 键，系统将结束图形的输出。

AutoCAD 12.12 图形发布

AutoCAD 拥有与 Internet 进行连接的多种方式，并且能够在其中运行 Web 浏览器，使用户能够快速有效地共享设计信息。用户可以创建 Web 格式的文件（DWF），以及发布 AutoCAD 图形文件到 Web 页，还可以将建筑图形文件发布为 PDF 格式文件，为分享和重复使用图形文件提供便利。

12.12.1　创建 DWF 文件

DWF 文件是一种安全的、适用于在 Internet 上发布的文件格式，并且可以在任何装有网络浏览器和专用插件的计算机中执行打开、查看、输出和发布操作。

在输出 DWF 文件之前，首先需要创建 DWF 文件。在 AutoCAD 中，用户可以使用 ePlot.pc3 配置文件创建带有白色背景和纸张边界的 DWF 文件。在使用 ePlot 功能时，系统将会先创建一个虚拟电子出图。然后利用 ePlot 指定多种设置，如指定图纸尺寸等，并且这些设置都会影响 DWF 文件的最终打印效果。下面以创建三维小屋的 DWF 文件为例，介绍 DWF 文件的具体创建方法。

单击"打印"按钮🖨，在打开的打印对话框中选择打印机名称为"DWF6 ePlot.pc3"类型，如图 12-38 所示。

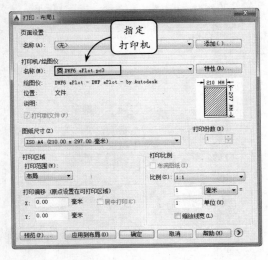

图 12-38　指定打印机

设置完其他打印参数后，在该对话框中单击"确定"按钮。然后在打开的"浏览打印文件"对话框中设置 ePlot 文件的名称和路径，如图 12-39 所示。

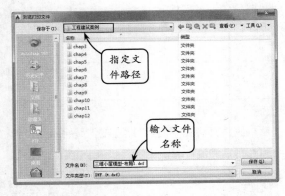

图 12-39　设置 ePlot 文件的名称和路径

设置完成后，单击"保存"按钮，系统的右下角显示完成打印和发布的提示信息，单击此处将弹出如图 12-40 所示的"打印和发布详细信息"对话框，可以从中查看打印和发布的情况。

图 12-40　"打印和发布详细信息"对话框

12.12.2　发布 DWF 文件

发布 DWF 文件时，可以使用绘图仪配置文件，也可以使用安装时选择的默认 DWF6 ePlot.pc3 绘图仪驱动程序，还可以修改配置设置，例如颜色深度、显示精度、文件压缩以及字体处理等其他选项。修改 DWF6 ePlot.pc3 文件后，所有 DWF 文件的打印和发布都将直接进行相应的变更。

继续以"三维小屋"为例，介绍电子图形集的创建方法。打开该图形，单击"打印"选项板中"批处理打印"按钮🖨将打开"发布"对话框，如图 12-41 所示。

在该对话框中，可以单击"添加图纸"按钮🖳，选择相应的图形添加到该发布列表框中；可以在发布列表框中选择一张或多张要删除的图纸，然后单击"删除图纸"按钮🖳删除图纸；还可以选择相应的图纸，然后单击"上移图纸"按钮🖳或"下移图纸"按钮🖳，完成图纸的重新排序。

此外，在该对话框的"发布为"列表框中可以选择发布文件的格式，包括 DWF、DWFx 等文件格式。现以发布 DWF 格式文件为例，介绍 DWF 文件的发布方法。如果要设置发布选项，可以单击该对话框中的"发布选项"按钮，将打开如图 12-42 所示的对话框。

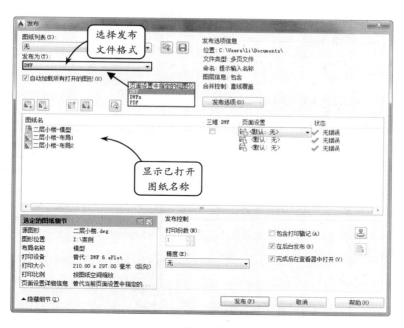

图 12-41　"发布"对话框

图 12-42　"发布选项"对话框

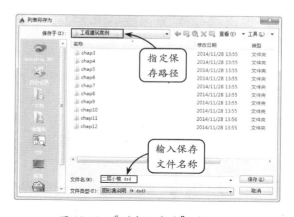

图 12-43　"列表另存为"对话框

在该对话框中,用户可以根据需要进行相关地设置。其中包括设置输出文件的位置、DWF 文件的类型、密码保护状态和密码等参数。

按照上述方法对图纸列表参数进行设置后,单击"保存图纸列表"按钮 ,将打开如图 12-43 所示的对话框。在该对话框的"文件名"列表框中,输入文件名称,然后单击"保存"按钮,图形集列表将保存为 DSD 文件。

最后单击"发布"按钮,在弹出的"指定 DWF 文件"对话框设置文件名和保存路径后,单击"选择"按钮即可完成发布。完成图形发布后,状态栏将显示"完成打印和发布作用,未发现错误或警告"的提示信息,确认已经发布成功。

12.12.3　发布 PDF 文件

在 AutoCAD 中输出 PDF 格式文件,可以获得灵活、高质量的输出文件效果。在进行该类文件的输出操作之前,首先需要进行页面的相关设置。然后展开"输出"选项卡,并在"输出为 DWF/PDF"选项板中单击"输出 PDF"按钮🖼,将打开"另存为 PDF"对话框,如图 12-44 所示。在该对话框中,用户可以指定路径和文件名称。

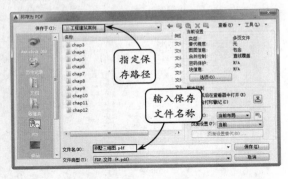

图 12-44　指定文件名和保存路径

完成上述设置后,可以在该对话框中指定相应的输出方式,例如,选择输出方式为"窗口"方式,即可在绘图区中指定矩形角点来定义输出的文件区域,如图 12-45 所示。指定完输出区域后,系统将返回至"另存为 PDF"对话框。

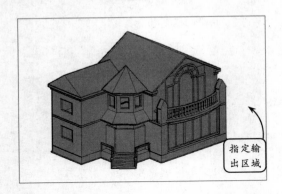

图 12-45　定义输出文件区域

如有必要,还可以在该对话框中单击"选项"按钮,将打开如图 12-46 所示的"输出 DWF/PDF 选项"对话框。在该对话框中可以进行更详细地设置,具体设置选项与 DWF 发布选项基本相同,这里不再赘述。

完成上述参数设置后,单击"另存为 PDF"对话框中的"保存"按钮即可完成 PDF 文件的输出。此时即可利用专业软件打开该 PDF 文件,效果如图 12-47 所示。

图 12-46　"输出 DWF/PDF 选项"对话框

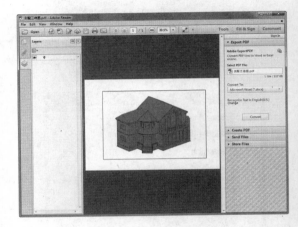

图 12-47　打开 PDF 文件

12.12.4　发布 Web 文件

在 AutoCAD 中,用户可以利用 Web 页将图形发布到 Internet 上。利用网上发布工具,即使不熟悉 HTML 代码,也可以快捷地创建格式化 Web 页,且所创建的 Web 页可以包含 DWF、PNG 或 JPEG 等格式图像。下面以将一建筑三维模型发布到 Web 为例,介绍 Web 页的具体发布操作。

打开需要发布到 Web 页的图形文件,并在命令行中输入 PUBLISHTOWEB 指令。然后在打开的网上发布对话框中选择"创建新 Web 页"单选按钮,如图 12-48 所示。

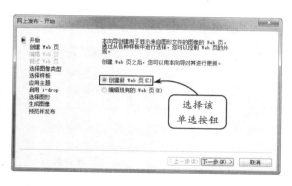

图 12-48 网上发布对话框

单击"下一步"按钮，在打开的"网上发布-创建 Web 页"对话框中指定 Web 文件的名称、存放位置以及相关说明，如图 12-49 所示。

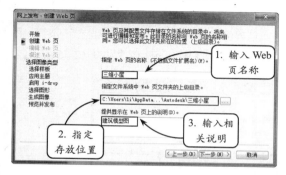

图 12-49 指定文件名称和存放位置

继续单击"下一步"按钮，在打开的"网上发布-选择图像类型"对话框中设置 Web 页上显示图像的类型以及图像的大小，如图 12-50 所示。

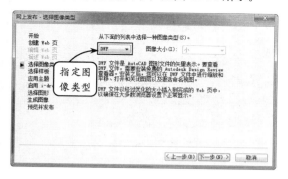

图 12-50 设置发布图像的类型和大小

单击"下一步"按钮，在打开的"网上发布-选择样板"对话框中指定 Web 页的样板。此时在该对话框右侧的预览框中将显示出所选样板示例

的效果，如图 12-51 所示。

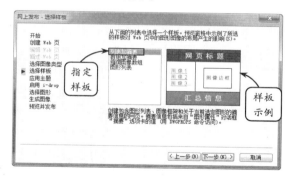

图 12-51 设置 Web 页样板

单击"下一步"按钮，在打开的"网上发布-应用主题"对话框中可以指定 Web 页面上各元素的外观样式，且该对话框的下部可以预览所选主题效果，如图 12-52 所示。

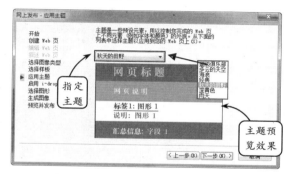

图 12-52 设置 Web 页主题

单击"下一步"按钮，在打开的"网上发布-启用 i-drop"对话框中启用"启用 i-drop"复选框，即可创建 i-drop 有效的 Web 页，如图 12-53 所示

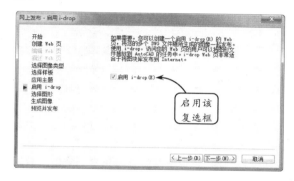

图 12-53 启用 i-drop

继续单击"下一步"按钮，在打开的"网上发布-选择图形"对话框中可以进行图形文件、布局以及标签等内容的添加，如图 12-54 所示。

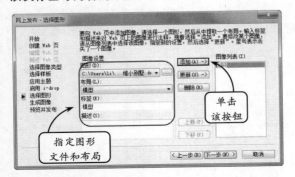

图 12-54 添加 Web 页图形文件

单击"下一步"按钮，在打开的"网上发布-生成图像"对话框中通过两个单选按钮的选择，来指定是重新生成已修改图形的图像还是重新生成

所有图像，如图 12-55 所示。

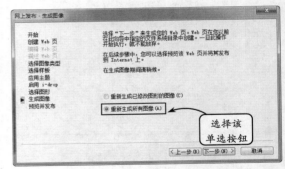

图 12-55 选择 Web 页生成图像的类型

单击"下一步"按钮，在打开的"网上发布-预览并发布"对话框中单击"预览"按钮，可以预览所创建的 Web 页；单击"立即发布"按钮，即可发布所创建的 Web 页，效果如图 12-56 所示。

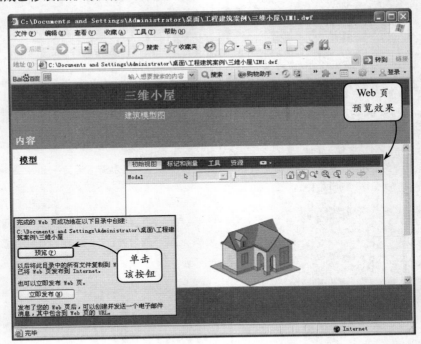

图 12-56 预览和发布 Web 页

在发布 Web 页后，还可以在"网上发布-预览并发布"对话框中单击"发送电子邮件"按钮，创建和发送包括 URL 及其位置等信息的邮件。最后

单击"完成"按钮，即可完成发布 Web 页的所有操作。

AutoCAD **12.13** 综合案例 1：打印三维别墅建筑图

本案例打印别墅建筑图，效果如图 12-57 所示。该别墅是普通的农家小屋，由一横排主房加一个陪房组成。其中，主房与陪房间通过弧形的塔楼相连，并且塔楼底部装有楼梯供人们出入房间。另外一楼墙体上采用落地排窗，二楼采用弧形窗，并配有观景阳台，很好地满足了整个房间的采光与通风要求。

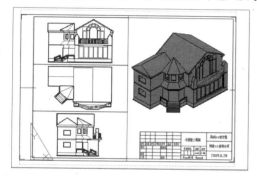

图 12-57　别墅三视图

在打印该图纸时，可先插入标题栏样板，然后调整样板布局视口中的图形样式，并修改图纸标题栏中的文字。接着新建用以表达模型具体形状的三个视口。其最终效果是图纸上既有建筑的三维效果图，又有前视图、俯视图和左视图。

操作步骤 ▶▶▶▶

STEP|01 打开本书配套光盘文件"小别墅建筑图形.dwg"，然后单击"布局"标签，进入布局空间，效果如图 12-58 所示。

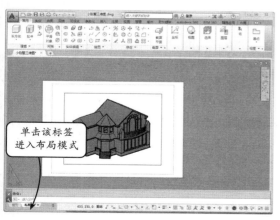

图 12-58　进入布局模式

STEP|02 在"布局"标签上单击右键，并在打开的快捷菜单中选择"从样板"命令。然后在打开的"从文件选择样板"对话框中选择本书配套光盘文件"Styles.dwt"，并单击"打开"按钮，将打开"插入布局"对话框，如图 12-59 所示。

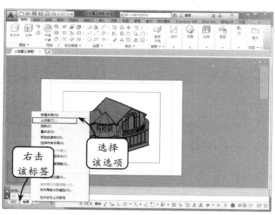

图 12-59　选择样板文件

STEP|03 在"插入布局"对话框中单击"确定"按钮，此时将新增"Gb A3 标题栏"布局标签。单击该标签，进入新建的布局环境，如图 12-60 所示。

图 12-60　插入样板布局

STEP|04 双击布局中的标题栏，将打开"增强属性编辑器"对话框。在该对话框中修改各列表项的标记值，如图 12-61 所示。

STEP|05 在当前视口的任意位置双击，此时图纸的内边线将变为黑色的粗实线，即该视口被激活。然后利用"实时平移"和"缩放"工具，将模型调

整至如图 12-62 所示位置。

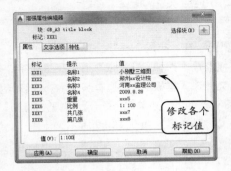

图 12-61　修改标题栏参数

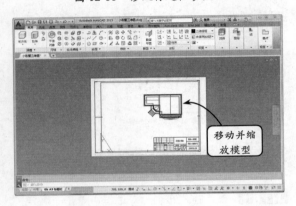

图 12-62　移动并缩放模型

STEP|06 切换"西南等轴测"为当前视图，并切换"概念"为当前样式。然后利用"实时平移"和"缩放"工具，将模型调整至图 12-63 所示位置。

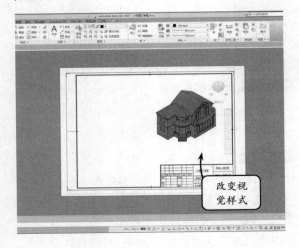

图 12-63　改变视觉样式

STEP|07 选择"视图"|"视口"|"新建视口"命令，将打开"视口"对话框。然后在该对话框的"标准视口"列表框中选择"三个：水平"选项，并按照如图 12-64 所示分别设置这三个视口的视图类型和视觉样式。

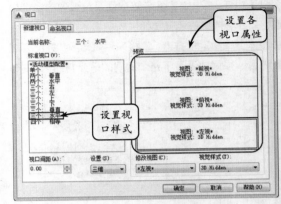

图 12-64　定义多个视口

STEP|08 设置完各视口的属性后，单击"确定"按钮，并依次指定角点 A 和 B 定义视口区域，效果如图 12-65 所示。

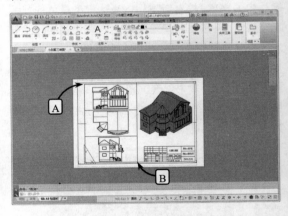

图 12-65　指定视口区域

STEP|09 在"自定义快速访问"工具栏中单击"打印"按钮，将打开"打印-Gb A3 标题栏"对话框。然后按照图 12-66 所示进行打印设置。

STEP|10 设置完打印参数后，单击"预览"按钮，即可进行打印布局的预览，效果如图 12-67 所示。

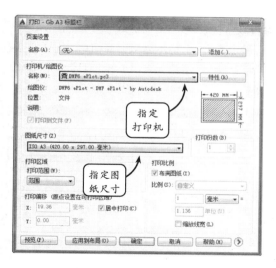

图 12-66　设置打印参数

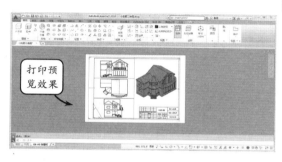

图 12-67　打印预览

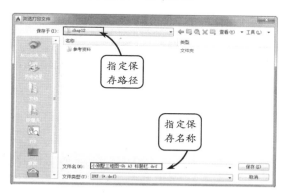

图 12-68　保存文件

STEP|11 查看预览效果并满足要求后，单击右键，在打开的快捷菜单中选择"退出"命令，将返回到"打印-Gb A3 标题栏"对话框。然后单击"确定"按钮，在打开的"浏览打印文件"对话框中指定保存路径和文件名进行保存，如图 12-68 所示。

12.14 综合案例 2：输出某酒店立面图 PDF 文件

AutoCAD

本例输出某酒店立面图的 PDF 文件，效果如图 12-69 所示。酒店是给宾客提供歇宿和饮食的场所。该建筑图纸主要包括了酒店的正立面图，能够使人对该酒店的外部装饰一目了然。

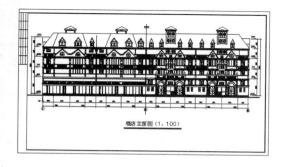

图 12-69　酒店立面图

输出该酒店立面图的 PDF 格式文件，可以首

先进行页面设置，然后利用"输出 PDF"工具设置输出方式和显示方式，并通过框选窗口指定输出文件区域。接着指定保存路径和名称进行保存。最后利用专业软件打开所保存的 PDF 文件查看效果。

操作步骤 >>>>

STEP|01 打开配套光盘文件"酒店立面图.dwg"，并选择"文件"|"页面设置管理器"命令，将打开"页面设置管理器"对话框。在该对话框中单击"修改"按钮，即可在打开的"页面设置-模型"对话框中按照图 12-70 所示设置页面。

STEP|02 展开"输出"选项卡，在"输出为 DWF/PDF"选项板中单击"输出 PDF"按钮，将打开"另存为 PDF"对话框。在该对话框中指定保存路径和名称，如图 12-71 所示。

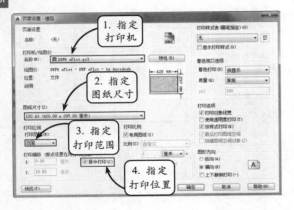

图 12-70 页面设置

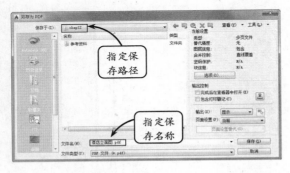

图 12-71 指定保存路径和名称

STEP|03 在该对话框的"输出"下拉列表中选择"窗口"选项，并指定图 12-72 所示的点 A 和点 B 为窗口的两个对角点。

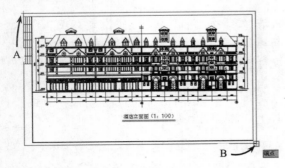

图 12-72 指定输出窗口

STEP|04 在该对话框中单击"选项"按钮，将打开"输出为 DWF/PDF 选项"对话框。在该对话框的"合并控制"下拉列表中选择"直线合并"选项，并单击"确定"按钮，如图 12-73 所示。

图 12-73 "输出为 DWF/PDF 选项"对话框

STEP|05 完成上述参数设置后，单击"保存"按钮，系统将输出 PDF 格式文件，并在状态栏中显示"完成打印和发布作业，未发现错误或警告"的提示信息，如图 12-74 所示。最后利用专业软件即可打开上面指定路径所保存的 PDF 文件。

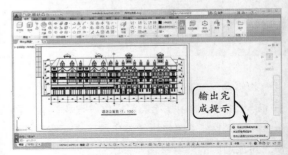

图 12-74 完成输出

AutoCAD 12.15 新手训练营

练习 1：打印旅馆建筑图形

本练习打印旅馆建筑图形，效果如图 12-75 所示。旅馆是供人们休息与就餐的场所，以安全、经济和卫生为特点。该旅馆为三层的普通小旅馆，其中一楼为就餐和办公的活动大厅，二楼和三楼均为标准化的小包间。

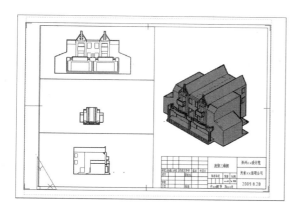

图 12-75　打印旅馆建筑图形

在打印该旅馆建筑图形时，可首先插入标题栏样
板，然后调整样板布局视口中的图形样式，并修改图
纸标题栏中的文字。接着新建 3 个视口分别用来安排
前视图、俯视图和左视图。

练习 2：输出某小区建筑图纸的 PDF 文件

本练习输出某小区建筑图纸的 PDF 文件，效果
如图 12-76 所示。该建筑图纸共包括了该小区住宿楼

的正立面图、南立面图，以及其室内户型的平面图。
另外还有该小区建筑物中所使用的门和窗的明细表，
该表可以使用户清晰地了解该建筑门窗的总体情况。

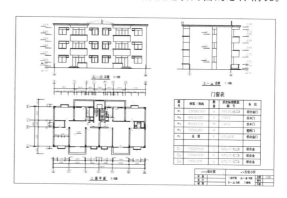

图 12-76　输出某小区建筑图纸 PDF 文件

输出该建筑图纸的 PDF 格式文件，首先进行页
面设置。然后利用"输出 PDF"工具设置输出方式和
显示方式，并通过框选窗口指定输出文件区域。接着
指定保存路径和名称进行保存即可。

第 **13** 章

建筑图绘制规范与流程

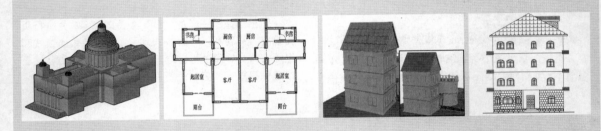

　　通过前面章节的学习，用户已经掌握了所有与建筑绘图相关的 AutoCAD 操作技能，可以完整地绘制成套图纸。一套建筑图，主要包括平面图、立面图、剖面图三大类，其他还有大样图、节点图等。在这些图中，平面图最重要，它划定区域功能，标定平面材料，它是施工放线、墙体砌筑、门窗安放的依据。立面图展示外墙面的结构和材料，剖面图展示建筑或构件的内部结构。在 AutoCAD 中绘制以上图纸的时候，不但要遵循国家相关的建筑图纸绘制规范，还需要遵循 AutoCAD 绘图操作流程。

　　本章主要讲解绘制建筑图的常用规范，绘制三大图的操作流程和技巧。

AutoCAD 13.1　建筑图绘制规范

国家标准《房屋建筑制图统一标准》《建筑制图标准》《总图制图标准》详细规定了我国建筑图的绘制要求和图示方法。所有用户在绘制建筑图的时候，都必须严格遵循这些规范。下面将简述国家标准中最常用的建筑绘图规范。

13.1.1　图线

在建筑施工图中，为反映不同的内容，图线采用不同的线型和线宽，具体规定可以参照表 13-1。一般来讲，在同一张图纸中可以采用三种线宽的组合，线宽比为 b:0.5、b:0.25、b；而较简单的图样可以采用两种线宽组合，线宽比为 b:0.35、b。

表 13-1　建筑施工图中图线的选用

名　称	线宽	用　途
粗实线	b	1．平、剖面图中被剖切的主要建筑构造（包括构配件）的轮廓线 2．建筑立面图的外轮廓线 3．建筑构造详图中被剖切的主要部分的轮廓线 4．建筑构配件详图中构配件的外轮廓线
中实线	0.5b	1．平、剖面图中被剖切的次要建筑构造（包括构配件）的轮廓线 2．建筑平、立剖面图中建筑构配件的轮廓线 3．建筑构造详图中被剖切的主要部分的轮廓线 4．建筑构造详图及建筑构配件详图中一般轮廓线
细实线	0.25b	小于0.5b的图形线、尺寸线、尺寸界线、索引符号、标高符号
中虚线	0.5b	1．建筑构造详图及建筑构配件不可见的轮廓线 2．平面图中的起重机（吊车）轮廓线 3．拟扩建的建筑物的轮廓线

续表

名　称	线宽	用　途
细虚线	0.25b	图例线、小于 0.5b 的不可见的轮廓线
粗点画线	b	起重机（吊车）轨道线
细点画线	0.25b	中心线、对称线、定位轴线
折断线	0.25b	不需画全的断开界线
波浪线	0.25b	不需画全的断开界线、构造层次的断开界线

此外，在绘制建筑施工图时，为保证制图质量、便于识图和表达统一，应注意以下几个问题。

❑ 在同一张图纸中，相同比例的图样应选择相同的线宽。

❑ 相互平行的图线，其间隙不宜小于其中的粗线宽度，且不宜小于0.7mm。

❑ 虚线、单点长画线或双点长画线的线段长度和间隔，宜各自相等。其中，虚线的线段长度为 3～6mm，单点长画线的线段长度为 15～20mm。

❑ 当在较小图形中绘制单点长画线或双点长画线有困难时，可用实线代替。

❑ 单点长画线或双点长画线的两端不应是点，点画线与点画线交接或点画线与其他图线交接时，应是线段交接。

❑ 虚线与虚线交接或虚线与其他图线交接时，应是线段交接。且当虚线为实线的延长线时，不得与实线连接。

❑ 图线不得与文字、数字或符号重叠、混淆。不可避免时，应首先保证文字等的清晰。

13.1.2　比例

房屋建筑体形庞大，通常需要缩小后才能画在图纸上。针对不同类型的建筑，施工图所对应的绘图比例也各不相同，各种图样常用的比例可以参照

表 13-2。

表 13-2　建筑施工图的比例

图　名	常用比例
总体规划图	1:2000　，　1:5000　，1:10000, 1:25000
总平面图	1:500, 1:1000, 1:2000
建筑平、立、剖面图	1:50, 1:100, 1:200
建筑局部放大图	1:10, 1:20, 1:50
建筑构造详图	1:1　，1:2　，1:5　，1:10，1:20, 1:50

在建筑施工图中标注比例参数时，比例宜注写在图名的右侧，且比例的字高应比图名字高小一号或两号，效果如图 13-1 所示。

平面图 1：100

1-1剖面 1：100

图 13-1　比例的注写

13.1.3　定位轴线及编号结构特点

在建筑制图中，规定定位轴线的布置以及结构构件与定位轴线联系的原则，是为了统一与简化结构或构件尺寸和节点构造，减少规格类型，提高互换性和通用性，满足建筑工业化生产要求。

定位轴线应用细点画线绘制，且轴线编号应注写在轴线端部的圆圈内。圆圈应用细实线绘制，直径为 8mm，详图上可增为 10mm。此外，定位轴线圆圈的圆心应位于定位轴线的延长线上或延长线的折线上，如图 13-2 所示。

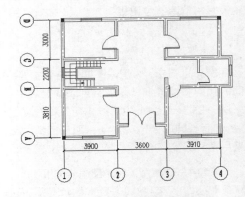

图 13-2　添加定位轴线

快速添加定位轴线的方法是创建带有属性的图块，具体创建方法可参照以上章节介绍的属性图块。在实际标注定位轴线时，还可根据建筑图形的需要进行非横纵向标注，图 13-3 所示分别为圆形平面定位轴线的编号和折线形平面定位轴线的编号效果。

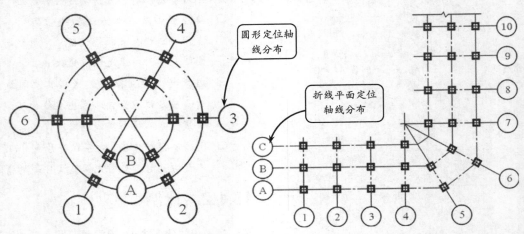

图 13-3　圆形和折线平面定位轴线编号

13.1.4　定位轴线及编号标注方式

在建筑平面图上，平面定位轴线一般按纵、横两个方向分别编号。横向定位轴线应用阿拉伯数字，从左至右顺序编号；纵向定位轴线应用大写拉丁字母，从下至上顺序编号。此外，当建筑规模较大时，定位轴线也可采取分区编号，编号的注写形式应为"分区号——该区轴线号"，效果如图 13-4 所示。

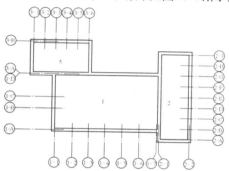

图 13-4　分区编号添加定位线

此外，对于一些与主要承重构件相联系的次要构件，它的定位轴线一般作为附加轴线，编号可用分数表示。其中，分母表示前一轴线的编号，分子表示附加轴线的编号，用阿拉伯数字顺序编写，效果如图 13-5 所示。

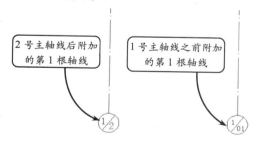

图 13-5　附加轴线的编号

> **注意**
>
> 拉丁字母中的 I、O 及 Z 三个字母不得作为轴线编号，以免与数字 1、0 及 2 混淆。此外，在较简单或对称的房屋中，平面图的轴线编号一般标注在图的下方及左侧；而在复杂或不对称的房屋中，图形上方和右侧也可以标注。

13.1.5　标高符号

标高是标注建筑物高度方向的一种尺寸形式，是竖向定位的依据。在总平面图、平、立、剖面图上，常用标高符号表示某一部位的高度。

标高按基准面的不同可以分为相对标高和绝对标高，其中相对标高是以建筑物室内主要地面作为零点测出的高度尺寸；而绝对标高是以国家或地区统一规定的基准面作为零点测出的高度尺寸，我国规定黄海平均海水面作为绝对标高的零点。

在建筑制图中，标高符号用细实线绘制的三角形表示。其中三角形的尖端应该指至被标注高度的位置，尖端可以向上也可以向下；标高数值以小数表示在标高符号顶面上，标注到小数点后 3 位，如图 13-6 所示。

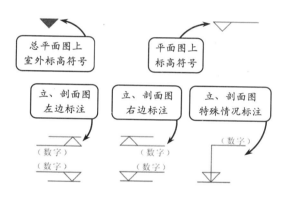

图 13-6　标高符号标注方法

标高符号的高度一般为 3mm，尾部长度一般为 9mm。在 1:100 的比例图中，高度一般被绘制为300，尾部长度为 900。由于在建筑制图中各层标高的数值不尽相同，所以需要把标高定义为带属性的动态图块，以便在进行标高标注时，非常方便地输入相应数值，如图 13-7 所示。

13.1.6　索引符号

为方便施工时查阅图样，在图样中的某一局部或构件如需另见详图时，常常用索引符号注明绘制详图的位置和详图的编号。当索引符号用于索引剖面详图时，应在被剖切的部位绘制剖切位置线。用引出线引出索引符号，且引出线一侧为投射方向。

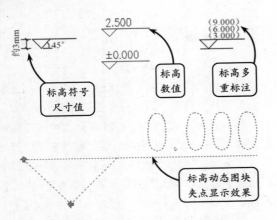

图 13-7　标高尺寸、数值和动态图块

索引符号的圆和引出线均应以细实线绘制，圆直径为 10mm，引出线应对准圆心，圆内过圆心画一水平线。其中上半圆中的阿拉伯数字表示该详图的编号；而下半圆中的阿拉伯数字表示详图所在的图纸编号，短画线表示详图与被索引的图样在同一张图纸内。此外，如果详图为标准图，应在索引符号内水平线的延长线上加注该标准图册的编号。此时，上半圆的数字表示该详图的编号，下半圆的数字表示标准图册的页码，如图 13-8 所示。

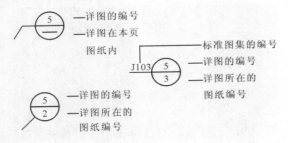

图 13-8　详图的索引符号

如果要绘制剖面索引符号，圆圈画法同上，粗短线代表剖切位置，且引出线所在的一侧为剖视方向，如图 13-9 所示。

13.1.7　详图符号

在施工图中，用一粗实线绘制的直径为 14mm 的圆来表示详图符号，用以说明详图的位置和编号。当详图与被索引的图样在同一张图纸内时，应在符号内用阿拉伯数字注明详图编号；如果不在同

一张图纸内，可用细实线在符号内画一水平直径，在上半圆中注明详图编号，在下半圆中注明被索引图纸号，如图 13-10 所示。

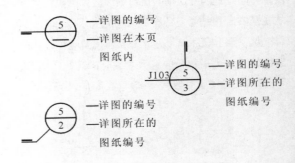

图 13-9　剖面索引符号

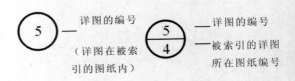

图 13-10　详图符号

13.1.8　引出线与多层构造说明

当图样中某些部位的具体内容无法标注时，常采用引出线注出文字说明。引出线应以细实线绘制，宜采用水平方向的直线，与水平方向成 30°、45°、60° 或 90° 的直线，或经过上述角度再折为水平线的图形样式来表示。文字说明可以注写在水平线的上方，也可注写在水平线的端部，如图 13-11 所示。

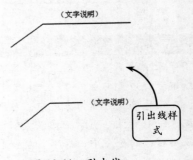

图 13-11　引出线

若同时引出几个相同部分的引出线，可以采用相互平行的样式，也可画成集中于一点的放射线，如图 13-12 所示。此外，索引符号的引出线应与水平直径线相连接。

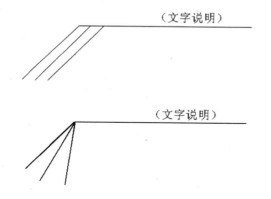

图 13-12　公共引出线

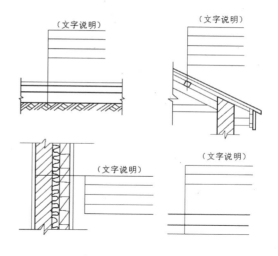

图 13-13　多层构造引出线

在施工图中，多层构造或多层管道共用的引出线应通过被引出的各层。且文字说明可以注写在水平线的上方，或注写在水平线的端部，说明的顺序应由上至下，并应与被说明的层次相互一致。例如层次为横向排序，则由上至下的说明顺序应与从左至右的层次相一致，如图 13-13 所示。

13.1.9　常用建筑材料图例

在建筑制图过程中为简化作图，通常采用常用建筑材料图例，具体可以参照表 13-3 所示。在房屋建筑中，对于比例小于或等于 1:50 的平面图和剖面图，砖墙的图例不画斜线；对于比例小于或等于 1:100 的平面图和剖面图，钢筋混凝土构件（如柱、梁、板等）的建筑材料图例可以简化为涂黑。

表 13-3　常用建筑材料图例

砖		玻璃及其他透明材料			混凝土	
自然土壤		木材	纵剖面		钢筋混凝土	
夯实土壤			横剖面		多孔材料	
沙、灰土		木质胶合板（不分层数）			金属材料	

13.1.10　指北针

在建筑制图中，指北针应按"国标"规定绘制，其具体图样效果如图 13-14 所示。其中，指针方向为北向，圆以细实线绘制，且直径为 24mm，指针尾部宽度为 3mm。此外，如需用较大直径绘制指北针时，指针尾部宽度宜为直径的 1/8。

13.1.11　风向频率玫瑰图

风向频率玫瑰图在 8 个或 16 个方位线上用端点与中心的距离，代表当地这一风向在一年中发生的频率。其中，粗实线表示全年风向，细虚线范围表示夏季风向，如图 13-15 所示。此外在设置风向频率玫瑰图时，风向由各方位吹向中心，且风向线最长者为主导风向。

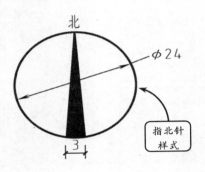

图 13-14　指北针

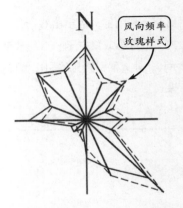

图 13-15　风向频率玫瑰图

13.2 建筑楼层平面图基础知识

　　假想用一水平的剖切面沿门窗洞的位置将房屋剖切后，对剖切面以下部分所作出的水平剖面图，即为建筑平面图，简称为平面图，如图 13-16 所示。它反映出房屋的平面形状、大小和房间的布置，柱（或墙柱）的位置、尺寸、厚度和材料，门窗的类型和位置等情况。

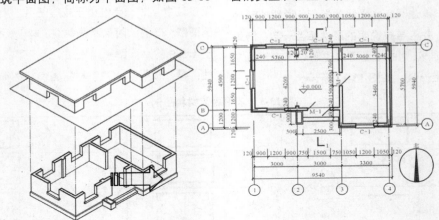

图 13-16　建筑平面图形成

　　建筑平面图实质上是房屋各层的水平剖面图。对于多层建筑，原则上每层均应绘制一单独的平面图，并在图的下方标注相应的图名。但一般建筑常常是中间几层平面布置完全相同，此时就可以用一个平面图表示，这种平面图称为标准层平面图。一般情况下，建筑平面图分为底层平面图、标准层平面图、顶层平面图和屋顶平面图，现将主要的平面图类型介绍如下。

1．底层平面图

　　多层房屋底层平面图应绘制房屋本层相应的水平投影，以及与本栋房屋有关的台阶、花池和散水等投影，如图 13-17 所示。

2．标准层平面图

　　在绘制标准层平面图时，三层以上的平面图只需绘制本层的投影内容及下一层的窗眉、雨蓬等这些下一层无法表达的内容。

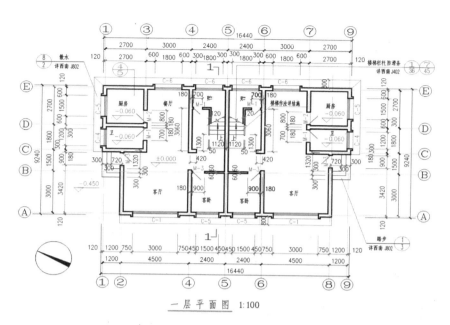

一 层 平 面 图　1:100

图 13-17　底层平面图

图 13-18 所示的中间层，除绘制房屋二层范围的投影内容之外，还应绘制底层平面图无法表达的雨篷、阳台和窗眉等内容，而对于底层平面图上已表达清楚的台阶、花池和散水等内容将不再重复绘制。

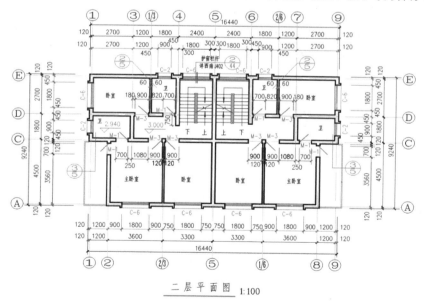

二 层 平 面 图　1:100

图 13-18　标准层平面图

3. 屋顶平面图

屋顶平面图是直接从房屋上方向下投影绘制所得，其主要表明屋顶的形状、屋面排水方向及坡度等内容。此外，在该类平面图上还可显示檐沟、女儿墙、屋脊线、落水口、上人孔、水箱及其他构筑物的位置和索引符号等。屋顶平面图比较简单，可以采用较小的比例绘制，如图 13-19 所示。

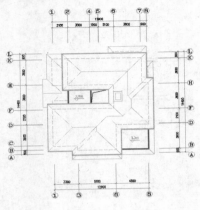

图 13-19　屋顶平面图

13.3　平面图设计思路和表达内容

在了解建筑平面图的基础知识后，要获得准确、完整、有效的平面图效果需要首先确定其设计思路，从而确定图中各部件的大体尺寸和形状。此外，还需要定义这些部件在平面图中具体表达的内容，其中包括各个类型平面图对应的部件图示效果。

13.3.1　建筑平面设计思路

建筑平面设计需首先分析建筑的周围环境、文化因素、气候因素和交通组织等内容，进行大的功能分区，然后再进行平面功能的具体划分，以及开启门窗洞口、布置家具、设计楼梯等内容的设计。

在绘图过程中，可首先利用 AutoCAD 绘制出建筑的分块图形，并进行拼装组合、调整尺寸、协调相互之间的关系，使之形成一个有机的整体图形效果。这样可以在充分分析和比较的基础上，根据建筑的初步轮廓确定平面布局及总体的大致尺寸。然后即可利用 AutoCAD 初步确定柱网、墙体、门窗、阳台和楼梯等建筑部件的大体尺寸和形状，进行细致的平面图绘制。

13.3.2　建筑平面图表达内容

建筑平面图作为施工时放线、砌筑墙体、门窗安装、室内装修、编制预算及施工备料等的重要依据，应能够反映出建筑的平面形状和尺寸、房屋的大小和布局、门窗的开启方向等内容。

当建筑物各层的房间布置不尽相同时，应分别绘制各层的平面图，且对应的平面图表达内容也将各不相同，现分别介绍如下。

1．底层平面图的图示内容

多层房屋的底层平面图除显示房屋本层室内布局相应的水平投影以外，还将包括本栋房屋外部有关的台阶、花池、散水等的投影效果，具体包括以下内容。

- ❑ 表示建筑物的墙、柱位置及其轴线编号。
- ❑ 表示建筑物的门、窗位置及其编号。
- ❑ 注明各房间名称及室内外楼地面标高。
- ❑ 表示楼梯的位置及楼梯上、下行方向及踏步级数、楼梯平台标高。
- ❑ 表示台阶、雨水管、散水、明沟、花池等的位置及尺寸。

- 表示室内设备（如卫生器具、水池等）的形状、位置。
- 绘制剖面图的剖切符号及其编号。
- 标注墙厚、墙段、门、窗、房屋开间、进深等各项尺寸。
- 标注详图索引符号。图样中的某一局部或构件，如需另见详图，应以索引符号索引。
- 表示建筑物朝向的指北针。

2．标准层平面图的图示内容

在绘制标准层平面图时，三层以上的平面图只需绘制本层的投影内容及下一层的窗眉、雨蓬等这些下一层无法表达的内容，具体包括以下内容。

- 表示建筑物的门、窗位置及其编号。
- 注明各房间名称及楼地面标高。
- 表示建筑物的墙、柱位置及其轴线编号。

- 表示楼梯的位置及楼梯上、下行方向、踏步级数及平台标高。
- 表示阳台、雨蓬、雨水管的位置及尺寸。
- 表示室内设备（如卫生器具、水池等）的形状、位置。
- 标注详图索引符号。

3．屋顶平面图的图示内容

屋顶平面图主要反映屋面上天窗、水箱、铁爬梯、通风道、女儿墙和变形缝等的位置以及采用的标准图集代号。此外，还可显示屋面排水分区、排水方向、坡度和雨水口的位置、尺寸等内容。

在屋顶平面图上，只需用图例绘制各种构件，注明其在屋顶上的尺寸位置，并用索引符号表示出详图的位置即可。

AutoCAD 13.4　平面图的图示方法

在确定建筑平面图的表达内容后，为获得准确、有效的平面图效果，必须依据房屋建筑标准确定更为具体的设计方案，其中包括图名、比例、数量、线型、图例、尺寸和标高等参数，现分别介绍如下。

1．图名与比例

通过图名可以了解这个建筑平面图是表示房屋的哪一层平面，而比例则根据房屋的大小和复杂程度而定。建筑平面图的比例宜采用 1:50、1:100 或 1:200，实际工程中常用 1:100 的比例绘制。

2．图样数量

一般情况，每一楼层对应一个平面图（图中注明楼层层数），再加上屋面（屋顶）层平面图。如果其中几个楼层结构完全相同，则可共用同一平面图（标准层平面图）。

3．线型

由于建筑平面图是水平剖面图，故在绘制时，应按剖面图的方法绘制。凡是被剖切到的墙、柱轮

廓用粗实线（b）表示；门的开启方向线可用中粗实线（0.5 b）或细实线（0.25 b）绘制；窗的轮廓线以及其他可见轮廓和尺寸线等用细实线（0.25 b）表示；轴线用细单点长画线绘制，如图 13-20 所示。

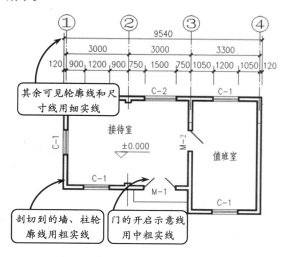

图 13-20　平面图线型

4．图例

由于绘制建筑平面图的比例较小，所以在平面图中的某些建筑构造、配件和卫生器具等都不能按照真实的投影绘制，而是要用国家标准规定的图例来绘制。绘制房屋施工图常用的图例可参见表13-4所示，而其他构造及配件的图例可以查阅相关建筑规范。

表 13-4　房屋施工图常用的图例

名　称	图　例	说　明
墙体		应加注文字或填充图例表示墙体材料，在项目设计图纸说明中列表给予说明
隔断		1．包括板条抹灰、木制、石膏板、金属材料等隔断 2．适用于到顶与不到顶隔断
栏杆		用细实线表示
楼梯		1．上图为顶层楼梯平面，中图为中间层楼梯平面，下图为底层楼梯平面 2．楼梯及栏杆扶手的形式和梯段踏步数应按实际情况绘制

5．定位轴线

定位轴线确定了房屋各承重构件的定位和布置，同时也是其他建筑构配件的尺寸基准线，其具体画法和编号方式已在前面详细介绍。一般情况下，在建筑平面图中，承重墙、柱必须标注定位轴线并按顺序编号，且其他各种图样中的轴线编号应与之相符。

6．投影要求

一般来讲，在各层平面图中按投影方向能看到的部分均应绘制，但通常将重复之处省略，如散水、明沟、台阶等只在底层平面图中表示，而其他层次平面图则不绘制，雨蓬也只在二层平面图中表示。

7．尺寸与标高

在标注建筑平面图时，平面图轮廓外的尺寸称为外部尺寸，而平面图轮廓内的尺寸称为内部尺寸，这两种尺寸方式对应的设置方法如下所述。

❑ 外部尺寸

为了便于看图与施工，需要在外墙外侧标注尺寸。外部尺寸通常为三道尺寸，一般注写在图形下方和左方，如图 13-21 所示。

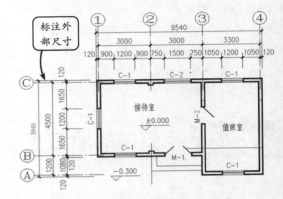

图 13-21　外部尺寸

第一道尺寸为房屋外廓的总尺寸，即从一端的外墙边到另一端的外墙边的总长和总宽；第二道尺寸为定位轴线间的尺寸，其中横墙轴线间的尺寸称为开间尺寸，纵墙轴线间的尺寸称为进深尺寸；第三道尺寸为分段尺寸，用来表达门窗洞口宽度和位置、墙垛分段以及细部构造等，且标注这道尺寸应以轴线为基准。

三道尺寸线之间距离一般为 7～10mm，并且第三道尺寸线与平面图中最近的图形轮廓线之间距离宜小于 10mm。

当平面图的上下或左右的外部尺寸相同时，只需要标注左（右）侧尺寸与下（上）方尺寸即可。此外，外墙以外的台阶、平台和散水等细部尺寸应另行标注。

❑ 内部尺寸

内部尺寸指外墙以内的全部尺寸，主要用于注明内墙门窗洞的位置及其宽度、墙体厚度、房间大小、卫生器具、灶台和洗涤盆等固定设备的位置及其大小。

□ **标高**

平面图中应标注不同楼层、地面、房间及室外地坪等标高，且以米作单位，并标注到小数点后三位。

8．门窗布置及编号

门与窗均按图例绘制，其中在门线的 90º 或 45º 方向使用中实线绘制开启方向，而窗线用两条平行的细实线图例（高窗用细虚线）表示窗框与窗扇。门窗的代号分别为"M"和"C"，当设计选用的门、窗是标准设计时，也可选用门窗标准图集中的门窗型号或代号来标注，如图 13-22 所示。

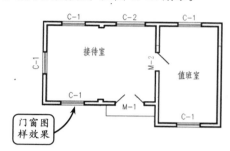

图 13-22　门窗图样

门窗代号的后面都注有阿拉伯数字编号，且同一类型和大小的门窗为同一代号和编号。此外，为了方便工程预算、订货与加工，通常还需有门窗明细表，列出该房屋所选用的门窗编号、洞口尺寸、数量、采用标准图集及编号等。

9．其他标注

房间应根据其功能注上名称或编号。其中，楼梯间是用图例按实际梯段的水平投影绘制的，同时还要标明"上"与"下"的关系；首层平面图应在图形的左下角画上指北针，同时建筑剖面图的剖切符号，如 1-1、2-2 等，也应在首层平面图上标注。

10．详图索引符号

一般在底层平面图中，应使用详图索引符号标注剖面图的剖切位置线和投影方向，并注明编号；且凡是套用标准图集或另有详图表示的构配件和节点，均需绘制相应的详图索引符号，以便对照阅读。

AutoCAD
13.5　建筑平面图识读方法

对于一个优秀的建筑工程师而言，读图和绘制建筑图形是同等重要的一项基本技能，下面以图 13-23 所示的标准层平面图为例，介绍建筑平面图的识读要点。

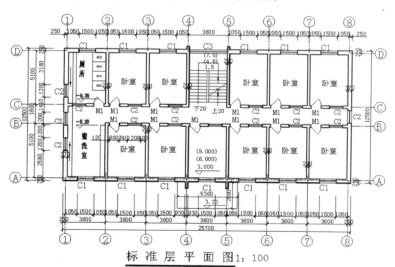

图 13-23　标准层平面图

□ 看清图名和绘图比例，了解该平面图属于哪一层。从上图可以看出该平面图为 1：100 的标准层平面图。

□ 了解纵横定位轴线及编号，注意定位轴线与墙、柱的关系。从上图可以看出该平面图横向定位轴线编号为 1～8，纵向定位轴线编号为 A～D。

□ 了解房屋的平面形状和总尺寸，并核实各道尺寸及标高，其中包括房屋的开间、进深、细部尺寸和室内外标高，从而弄清楚各部分的高低情况。从上图可以清晰地查看平面图总尺寸、各部尺寸和标高。

□ 了解房间的布置、用途及交通联系，以及房屋细部构造和设备配置等情况。从上图可以看出各房间的作用和进出方式，以及卫生间布局。

□ 了解门窗的布置、数量及型号，核实图中门窗与门窗表中的门窗的尺寸、数量，并注意所选的标准图案。从上图可以清晰地查看各门窗的编号和放置方式。

□ 熟悉其他构件（台阶、雨篷、阳台等）的位置、尺寸及厨房、卫生间等设施的布置，其中包括楼梯的形状、走向和级数。从上图可以看出，该标准层平面图显示了卫生间、盥洗室的简单布局效果，并详细注明了楼梯的形状、走向和级数。

AutoCAD 13.6　建筑平面图绘制流程与要点

建筑平面图主要表示建筑物的平面形状、大小和各部分水平方向的组合关系，其基本部分即是结构构件，包括墙体、柱子和门窗等，且这些构件的不同布局形成了建筑物的平面功能分区。绘制建筑平面图时，首先需明确绘制的实例目标，并对所绘制的实例进行分析，然后即可按照相应的步骤逐步完成平面图的绘制。

13.6.1　绘制定位轴线

定位轴线是建筑平面图中各组成部分的定位依据，所以要绘制建筑平面图，首先需绘制由横竖轴线构成的定位轴网。轴线是平面图的框架，墙体、柱子、门窗等主要构件均由轴线来确定其位置。

1. 设置图层

在绘制具体的图形之前，需要对绘图环境进行相应地设置，做好绘图前的准备，如创建不同的图层以便对各种图形进行分类和编辑操作。

2. 绘制建筑定位轴线

轴线和辅助线是平面图绘制中的定位基础，通

常使用直线或构造线来绘制，图 13-24 就是采用创建和偏移构造线的方法获得定位轴线效果的。值得注意的是：凡是承重的墙、柱，都必须标注定位轴线，并按顺序予以编号。

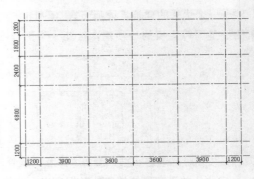

图 13-24　定位轴线

13.6.2　绘制墙体

由于墙线能够标识出建筑平面的分隔方式，所以墙体构造在建筑平面设计中占据非常重要的地位。在平面图中，墙体一般以轴线为中心，以墙厚为尺度呈双线图样，具有很强的对称关系。通常情

况下，可以采用以下两种方法绘制墙线。

1．绘制直线并编辑

首先沿轴线的位置并结合"捕捉"工具绘制单线墙体，然后使用"偏移"工具以半墙厚为距离进行偏移操作，并利用"延伸"和"修剪"等编辑工具修整相应的各种墙角即可。该方法操作简单，这里不再赘述。

2．绘制多线并编辑

该方法需根据墙体结构特征首先设置多线样式，然后利用"多线"工具绘制相应的墙体特征，并可在多线相交处通过"多线编辑"工具整理墙体的交线，绘制相应的墙角，如图 13-25 所示。

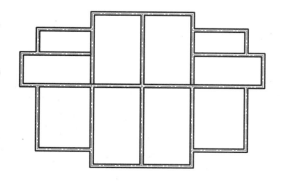

图 13-25　绘制墙体

此外，对于绘制关于轴线不对称的墙体，例如墙厚为 370，且轴线两侧分别是 120 和 250 的墙体，则需要自定义多线样式，对图元偏移进行相应地设置。

13.6.3　绘制柱网

立柱位于各墙线的交点处，是建筑框架结构的受力点，其本身只是为设计、施工定位方便按有关标准设定的，并没有具体的实体数据意义。此外，在建筑平面图中绘制多个柱子将形成柱网。柱网与轴线一样，也是建筑平面中各组成部分的定位依据。

柱子的绘制方法比较简单，主要利用"矩形"和"图案填充"工具进行绘制。此外，为了便于插入柱子，可以将绘制的柱子定义为图块，在平面图中利用"插入"工具即可在指定的位置逐个插入；

还可以利用"复制"工具，选取轴线的交点为定位的基准，绘制柱网，效果如图 13-26 所示。

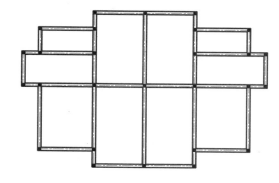

图 13-26　绘制柱网

柱子的形状可以根据设计需要进行相应地定义。通常使用矩形填充图案表示，也可采用圆心填充、多边形填充图案等类型，如图 13-27 所示。

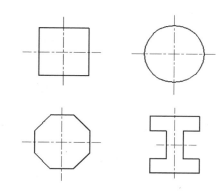

图 13-27　柱子结构

13.6.4　绘制门窗

要绘制门窗，首先需创建门窗洞，然后在门窗洞位置分别绘制相应的门窗投影线即可。此外，为提高绘图效率，常采用创建常规图块和动态图块的方法快速绘制各类门窗。

1．创建门窗洞

绘制门窗洞可以通过偏移轴线形成辅助线，然后利用"修剪"工具对墙线进行相应的修剪即可。该操作没有技术难度，主要在于定位的准确性，效果如图 13-28 所示。

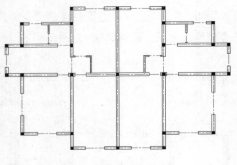

图 13-28　创建门窗洞

2．绘制窗户

在平面图中，由于窗户的尺寸类型比较多，所以需要定义窗户动态块，以便在创建窗户时可以根据模数任意改变窗户的尺寸。窗户的绘制方法比较简单，绘制相应的矩形，然后利用"偏移"工具编辑矩形形状即可，效果如图 13-29 所示。

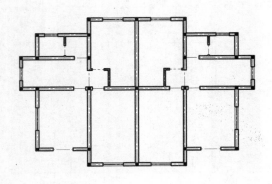

图 13-29　绘制窗户

3．绘制门

在创建门时，由于门的打开和关闭的方向和角度不同，通常绘制一个门，然后将该图形定义为动态图块，便于在放置门图块时及时通过调整夹点来改变方位和形状。

如果门的数量较少，可以直接利用"多段线"工具绘制。在平面图中绘制门时，最常采用的方法就是使用多段线，当然也可以采用直线和圆弧来进行绘制，效果如图 13-30 所示。

13.6.5　绘制楼梯

楼梯是建筑中主要的垂直交通工具，其主要设计因素是楼梯的坡度、踏步尺寸，以及楼梯的形式

等。其中，楼梯的坡度和踏步尺寸主要是根据层高和建筑性质确定的，而楼梯主要的形式有单跑、双跑、三跑、双分、剪刀和圆弧等，如图 13-31 所示。

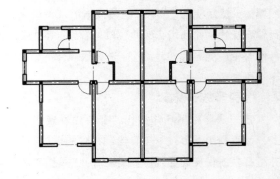

图 13-30　绘制门

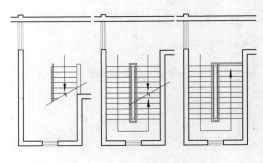

图 13-31　楼梯平面图

由于楼梯需要准确定位，所以可以使用相对点法进行点的定位，同时需要使用阵列方法来绘制其他的踏步线。此外，扶手等部分可以利用"直线"工具绘制，也可以利用"多段线"或"多线"工具来进行绘制。

13.6.6　绘制室外工程构件

建筑物的室外构件繁多，如雨棚、阳台、台阶、坡道、散水、花坛等，而同种类型构件的样式也差别较大，如阳台的平面形式就有矩形阳台、三角阳台、转角阳台和弧形阳台等多种形式。因此很难用标准图块的方式绘制，只要用户按照制图标准，合理运用相应的工具，准确地绘制出室外工程构件的平面图示即可。

阳台的绘制比较简单，可以利用"直线"或"多线"工具进行相应的绘制。此外，对于双拼别墅，

可以使用"镜像"工具获得另一侧图形的绘制效果,如图 13-32 所示。

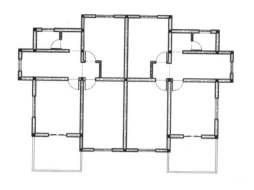

图 13-32　绘制阳台

13.6.7　绘制室内设施和家具

室内设施与家具构建主要是指完成卫生间、盥洗室的卫生洁具,以及室内家具等布置。此类作图也是室内设计的重要组成部分,因此构件尺度的准确性非常重要。

这些对象平面图示的主要特点是:尺寸符合一定模数,图形线条复杂,重复使用率高等。因此,为提高工作效率和图纸质量,可以采用调用标准图块、图形库的方法。图 13-33 就是添加室内设施与家具后的效果。

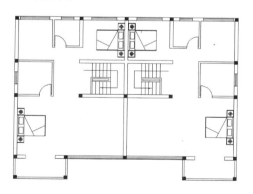

图 13-33　添加室内设施与家具

13.6.8　添加文字与尺寸标注

在平面图上标注有关的尺寸和必要的文字,也是建筑平面图的重要组成部分。其中,尺寸标注不仅表明了平面图总体尺寸,也表明了平面图中墙体间距离、门窗的长度等各种建筑部件之间的尺寸关系;而文字则用来表明图线无法说明的信息,例如房间的面积和功能等。

1. 文字标注

文字标注主要对平面图形进行补充说明。在文字标注前,首先应对字体的样式进行相应的设置。而在输入文字时,如是简单的单行文字,最好使用单行输入方法;如需输入一段文字说明,则可以使用多行输入方法。图 13-34 就是添加房间功能说明文字后的效果。

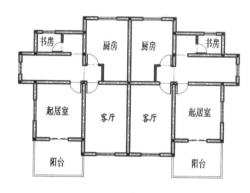

图 13-34　文字标注

2. 尺寸标注

建筑平面图的尺寸标注主要分为定位和定量两种尺寸。其中,定位尺寸主要用来说明某建筑构件与定位轴线的距离,而定量尺寸则用来说明这个建筑构件的尺寸大小。

一般情况下,在建筑平面图中主要标注墙体外围的三道尺寸,即门窗详细尺寸、轴线尺寸和总尺寸。此外,墙体内部也往往需要标注纵横向的墙体厚度、房屋净宽和其他必要的尺寸,效果如图 13-35 所示。

> **提示**
>
> 在实际标注尺寸时,关键不是如何标注尺寸,而是如何设置尺寸标注的样式,以及如何协调尺寸标注与其他图形的关系(尤其是轴线编号)。

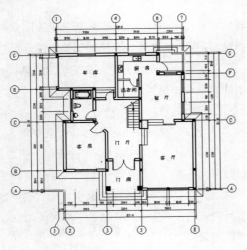

图 13-35 尺寸标注

3．其他标注

除了标注尺寸和房间名称外，在建筑平面图中

还应标注的内容主要有：门窗编号，室内地坪或楼面标高，室外地面标高，相应的索引符号和剖视符号等，如图 13-36 所示。

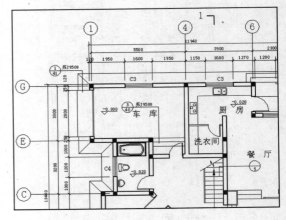

图 13-36 其他标注

13.7 建筑立面图基础知识

建筑立面图是房屋的正投影图，反映了房屋的长度、高度、层数等外貌和外墙装修构造，其主要作用是确定门窗、檐口、雨篷、阳台等的形状和位置，以及指导房屋外部装修施工和计算有关预算工程量。

1．建筑立面图的形成

建筑立面图是在与房屋立面相平行的投影面上所作的正投影图，简称为立面图。该类图形展示了建筑物的外貌特征和外墙面的装饰材料。

一般情况下，一个建筑物的每一侧均应绘制出相应的立面图，但是当各侧面较简单或有相同的立面时，则可以只绘制主要的立面图。其中，反映主要出入口或比较显著地反映出房屋外貌特征的那一面的立面图，称为正立面图，其余的立面图相应地被称为背立面图和侧立面图。

2．立面图的图名

常见的立面图命名方式有两种，按定位轴线命名和按朝向命名。其中，对于有定位轴线的建筑物，可以按建筑两端定位轴线的编号进行命名，例

如 1～9 立面图和 D～A 立面图等。

而对于无定位轴线的建筑物，可以按平面图各面的朝向确定名称，例如东立面图、西立面图、南立面图和北立面图等，效果如图 13-37 所示。

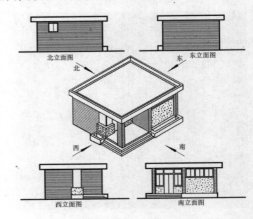

图 13-37 建筑立面图

3．立面图的用途

建筑立面图主要反映房屋的体型和外貌、门窗的形式和位置、墙面的材料和装修样式等，是设计

工程师表达其立面设计效果的重要图纸。一座建筑物是否美观，很大程度上取决于它在主要立面上的艺术处理。建筑立面图作为室外装修的主要图纸，是外墙面造型与装修、工程概预算以及备料等的重要依据。

AutoCAD 13.8　立面图设计思路和表达内容

在了解建筑立面图的基础知识后，要获得准确、完整、有效的立面图效果需要首先确定其设计思路，从而确定图中建筑外部轮廓的大体尺寸和形状。然后需要设置图中各结构部件在立面图中具体表达的内容，其中包括各个立面方向对应的部件图示效果。

13.8.1　建筑立面图设计思路

建筑的形体和立面设计，通常总是以房屋内部使用空间的组合要求，以及外部环境因素为依据，同时也必须符合建筑形体和立面构图方面的规律，如均衡、韵律、对比和统一等，也就是说建筑的形体和立面设计要将适用、经济、技术和美观有机地结合起来。在进行立面设计时，设计者需要从以下方面进行考虑。

❑ 尺度与比例

尺度准确和比例协调，是使立面完整统一的重要方面。

❑ 节奏和虚实对比

节奏韵律和虚实对比是使建筑立面富有表现力的重要设计手法。

❑ 材质与色彩配置

因为建筑的形体和立面设计效果，最终将以形状、材料质感和色彩等多方面的有机结合呈现给用户，所以材质与色彩配置是立面图设计的一个重要方面。

在绘图过程中，可以首先绘制立面图的定位轴线和室外地坪线，并依据楼层标高和墙厚，绘制房屋的外轮廓线。然后可以绘制墙体的转角线、门窗、阳台和台阶等建筑构配件的轮廓线，并可以进行墙体的装饰绘制。最后进行尺寸标注，并添加相应的文字注释，即可完成建筑立面图的绘制。

13.8.2　立面图表达内容

建筑立面图是建筑不同方向的立面正投影视图，主要表现建筑物的形体和外观，其要表达的基本内容包括以下方面。

❑ 表明建筑物各个方向的外墙的面层材料、色彩、门窗形式与布置方式，各种细部构件的尺度与位置等。
❑ 表明建筑立面的可见轮廓线。
❑ 表明建筑物两端的定位轴线及其编号。
❑ 用标高标注出各主要部位的相对高度，如室外地坪、窗台、阳台、雨篷、女儿墙顶、屋顶水箱间及楼梯间屋顶等的标高；同时用尺寸标注的方法注明立面图上的细部尺寸，层高及总高。
❑ 除了标高以外，还应运用文字和指引线注明建筑外墙等处的装饰装修材料、做法和颜色；同时为了反映建筑物的细部构造及具体做法，常配以较大比例的详图，因此需要在立面图中绘制详图索引符号，其要求与平面图相同。

13.8.3　建筑立面图画法要求

当建筑物有曲线侧面时，可以将曲线侧面展开，绘制其展开立面图，从而反映建筑物的实际情况；对于平面形状曲折的建筑物，可以绘制其展开立面图和展开室内立面图；对于圆形或多边形平面的建筑物，可以分段展开，绘制其立面图、室内立面图，但均应在图名后加注"展开"二字。

对于较简单的对称式建筑物或对称的构配件等，在不影响构造处理和施工的情况下，其立面图形均可绘制一半，并在对称轴线处画对称符号。此外，在建筑物立面图上，相同的门窗、阳台、外檐装修和构造做法可在局部绘出其完整图形，而其余部分则只画轮廓线。

13.9 建筑立面图的图示方法

在确定建筑立面图的表达内容后，为获得准确、有效的立面图效果，必须依据房屋建筑标准确定更为具体的设计方案，其中包括图名、比例、数量、线型、图例、尺寸和标高等参数，现分别介绍如下。

1. 图名与比例

建筑的每个立面对应一个立面图，分正、侧、背向立面图，或东、南、西、北向立面图，或以轴线编号命名。此外，建筑立面图的绘制比例还应与平面图相一致，常用 1:50、1:100 或 1:200 的比例进行绘制。

2. 定位轴线

在建筑立面图中，一般只绘制两端的轴线并注出其编号，且编号应与建筑平面图中该立面两端的轴线编号一致，以便与平面图对照确定立面图的观看方向。

3. 图线

在建筑立面图中，为使其绘制效果清晰、美观，一般建筑物的外形轮廓线用粗实线表示（b）；室外地坪线用特粗实线表示（1.4b）；门窗、阳台、雨篷等主要部分的轮廓线用中粗实线表示（0.5b）；门窗扇、勒脚、雨水管、栏杆、墙面分隔线，及有关说明的引出线、尺寸线、尺寸界线和标高均用细实线表示（0.35b）。

4. 尺寸标注及文字说明

在建筑立面图中，应标注建筑物的室内外地坪、门窗洞上下口、台阶顶面、雨蓬、房檐下口、屋面和墙顶等处的标高，并应在竖直方向标注三道尺寸，如图 13-38 所示。

❑ 细部尺寸

最里面一道是细部尺寸，表示室内外地面高差、防潮层位置、窗下墙高度、门窗洞口高度、洞口顶面到上一层楼面的高度、女儿墙或挑檐板高度。

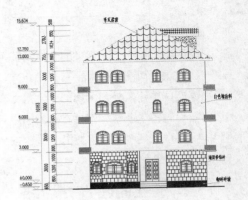

图 13-38　标注尺寸及添加文字说明

❑ 层高

中间一道表示层高尺寸，即上下相邻两层楼地面之间的距离。

❑ 总高度

最外面一道表示建筑物总高，即从建筑物室外地坪至女儿墙（或至檐口）的距离。

此外，在立面图的水平方向一般不标注尺寸，但可以在适当的位置用文字注明相应部位的装饰。

5. 图例

由于立面图的比例小，所以立面图上的门窗应用国家标准规定的图例来表示，并绘制开启方向，具体介绍如下。

❑ 门图例

立面图上的门对应的开启线以人站在门外侧看，细实线表示外开，细虚线表示内开，线条相关一侧为合页安装边。且相同类型的门只需绘制一两个完整图形，其余的绘制单线图即可，效果如图13-39 所示。

❑ 窗图例

窗户的开启线同样以人站在窗外侧看，细实线表示外开，细虚线表示内开，线条相关一侧为合页安装边。且相同类型的窗户只需绘制一两个完整图形，其余的绘制单线图即可，效果如图 13-40 所示。

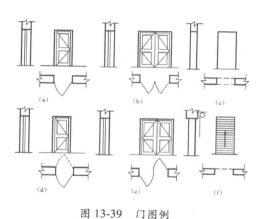

图 13-39　门图例

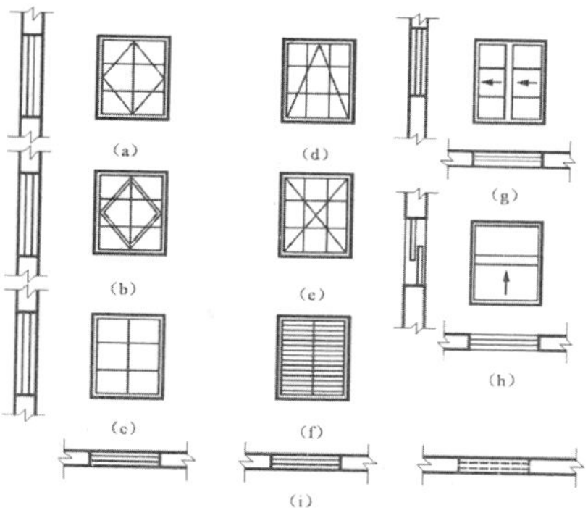

图 13-40　窗图例

AutoCAD 13.10 建筑立面图的识读方法

对于一个优秀的建筑工程师而言,读图和绘制建筑图形是同等重要的一项基本技能。下面以图 13-41 所示的别墅立面图为例,介绍建筑立面图的识读要点。

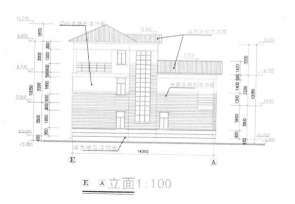

图 13-41　别墅北向立面图

❑ 了解图名及比例

从图名或轴线的编号可知该图是别墅的北向立面图,其绘制比例与平面图一样(1:100),以便对照阅读。

❑ 了解别墅的外貌特征

从图上可以看到该别墅的整个外貌形状,也可了解该别墅的屋顶、门窗、雨篷、阳台、台阶、花池及勒脚等细部的形式和位置。

❑ 了解别墅的竖向标高

从图中所标注的标高也可知,此别墅室外地面比室内±0.000 低 450mm,女儿墙顶面处为 9.900m,因此房屋外墙总高度为 10.350m。一般情况下,标高应标注在图形外部,并做到符号排列整齐、大小一致。且若房屋立面左右对称,则一般标注在左侧;不对称时,则左右两侧均应标注。此外,为了使图示效果更加清楚,必要时可标注在图形内部(如楼梯间的窗台标高)。

❑ 了解别墅外墙面的装修做法

从图上的文字说明,可以了解到该别墅外墙面的装修做法,如房顶采用蓝色波纹瓦饰面,台阶采用褐色喷石漆饰面,而中间部分分别采用奶白色喷石漆饰面和米黄色喷石漆饰面。

AutoCAD 13.11 建筑立面图绘制流程与要点

建筑立面图的绘制主要包括外轮廓的绘制以及内部构件的绘制,其难度在于立面图的装饰程度及立面窗和门的复杂程度。在绘制过程中，应恰当地确定立面中墙体、门窗和阳台等构件的比例和尺度，以达到体型的完整，满足建筑结构和美观的要求。

13.11.1 绘制定位轴线、地坪线和轮廓线

在建筑立面图中，绘制地坪线和轮廓线主要用来加强建筑效果，而绘制的定位轴线将作为参照线辅助进行建筑立面图形的绘制。在立面图中，同样需要创建相应的图层，且绘制定位轴线的方法与平面图中的绘制方法类似。

1. 设置图层

在绘制具体的图形之前，需要对绘图环境进行相应的设置。用户可以在"图层特性管理器"对话框中分别创建窗、门、阳台、索引和轮廓线等图层，便于以后切换图层绘制相应的图形对象。

2. 绘制定位轴线和地坪线

定位轴线和地坪线是立面图绘制中的定位基础，可以使用直线或构造线来绘制。图 13-42 就是采用创建和偏移直线的方法获得定位轴线和地坪线的效果。

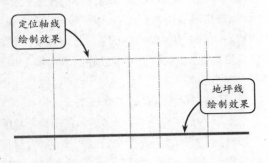

图 13-42　绘制定位轴线和地坪线

3. 绘制轮廓线

定位轴线和地坪线绘制完成后，可以偏移地坪线以获得建筑的相应层高及各构件的横向位置线，并可以结合 AutoCAD 的对象捕捉功能，利用"直线"工具勾画立面的主体轮廓，效果如图 13-43 所示。

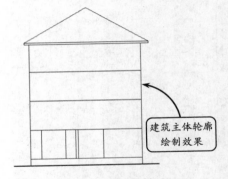

图 13-43　绘制轮廓线

13.11.2 绘制可见轮廓线和细部构件

在完成基本轮廓线的绘制后，接下来就可以绘制各种建筑构配件的可见轮廓，如门窗洞、楼梯间、墙身和外墙外的柱子等。此外，还应绘制门窗、雨水管和外墙装饰装修分割线等建筑物的细部构件，从而获得立面图完整的轮廓线和细部构件绘制效果。

1. 绘制窗户

窗户反映了建筑物的采光状况，是立面图中比较重要的组成部分。在绘制窗户之前，应首先观察该立面图有多少种类型的窗户，从而决定创建窗户图块的类型（常规图块或动态图块）及数目。图 13-44 中有 3 种类型的窗户，可以创建相应的窗户图块，然后复制粘贴到指定位置即可。

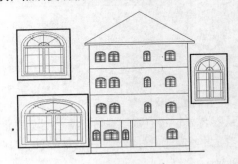

图 13-44　绘制窗户

2. 绘制门

门同样是立面图中比较重要的组成部分。与绘制窗户类似，在绘制门轮廓时，应观察门的种类，以便使用图块辅助获得各类门对象。图 13-45 中只有一个门对象，可使用基本的绘图和编辑工具获得

轮廓效果。

图 13-45　绘制门对象

在绘制标准门窗时应尽量地准确细致,如有必要,还可以绘制门框和窗户框等图形对象,效果如图 13-46 所示,这样有利于提高图面质量和体现计算机制图的优势。

图 13-46　绘制门窗细部

3．绘制台阶和柱子

台阶和柱子同样是建筑立面图主要图形对象之一,可以利用"矩形"工具依次获得主体特征,并通过对图形的编辑修改获得台阶和柱子的最终形状,如图 13-47 所示。

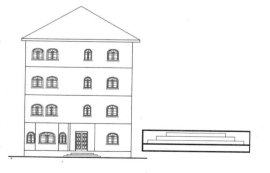

图 13-47　绘制台阶

4．绘制其他轮廓线

完成上述图形轮廓的绘制后,针对各类建筑外部结构布局的不同,还可以分别绘制相应的细部构件。其中,房屋阳台的绘制与门窗的绘制思路完全相同,应首先观察阳台的结构是否相同,以决定是否将绘制的阳台图形创建为图块。图 13-48 是分别进行房顶细部构件绘制和阳台绘制的效果。

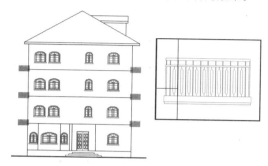

图 13-48　绘制其他轮廓线

提示

此外,建筑立面图中常见的雨水管,其上部一般绘制为梯形漏斗,漏斗下则绘制为细长的管道;对于连排别墅,为保证业主的私人空间,通常在两户之间绘制隔墙。

13.11.3　墙体装饰

在 AutoCAD 中,为强调建筑的立面效果,通常进行图案填充或立面的阴影设置。该软件提供了几十种较形象的材料表面质感阴影线,如砖、瓦、面砖和毛石等。用户可以按照之前章节中介绍的图案填充方法,对指定区域填充相应的图案,效果如图 13-49 所示。

墙体装饰是立面图绘制中一个比较重要的方面,且立面图墙面的装饰越精致,用户花费的时间也越多。通常情况下,如果非常精细的装饰,可以通过引出详图来进行绘制,而在立面图中只绘制其大概轮廓即可;如果可以将装饰效果表达出来,则应注意绘制尺寸和位置,且如有特殊作法,还要添加相应的文字说明。

图 13-49 墙体装饰

13.11.4 添加文字与尺寸标注

在建筑立面图中,对于已绘制的图形必须添加相应的尺寸标注和文字注释,以使整幅图形的内容和大小能够一目了然。

1. 文字注释

在建筑立面图中,对于特殊的墙面装饰还应标注出其材质作法、详图索引等其他必要的文字注释,效果如图 13-50 所示。

图 13-50 文字注释

2. 尺寸标注

建筑立面图的尺寸标注主要是标注建筑物的竖向标高,显示出各主要构件的位置和标高,例如室外地坪标高、门窗洞标高和一些局部尺寸等。此外,在需要绘制详图的位置处,还应添加相应的详图符号。

在立面图中,用户可以运用属性定义创建标高图块,并通过相应的编辑操作将其创建为动态图块,而后在插入时直接输入相应的标高值即可,具体方法可以参照之前章节介绍的动态标高图块的创建,标注效果如图 13-51 所示。

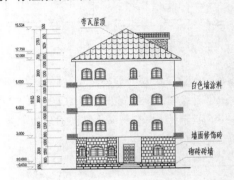

图 13-51 立面图尺寸标注

3. 完善图形

检查无误后,按照建筑立面图的要求将指定的图线加深、加粗,并添加相应的图名和比例,即可完成立面图的绘制,效果如图 13-52 所示。

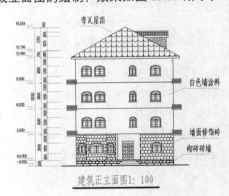

图 13-52 完善图形

AutoCAD 13.12 建筑剖面图基础知识

建筑剖面图是假想用正立或侧立的投影面将房屋垂直剖开,从而表达房屋内部垂直方向的高度、楼层分层情况及简要的结构形式和构造方式。了解剖面图的形成和用途是识读和绘制建筑剖面图的首要工作。

1．剖面图的形成

假想用一个或多个垂直于外墙轴线的铅垂剖切平面将房屋剖开，移去靠近观察者的部分，对留下部分所作的正投影图称为建筑剖面图，其可以是单一剖面图或阶梯剖面图，如图 13-53 所示。

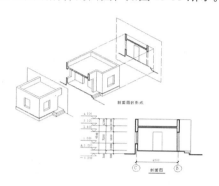

图 13-53　建筑剖面图形成示意图

2．命名剖面图

一般来讲，用侧立投影面的平行面进行剖切，得到的剖面图称为横剖面图；用正立投影面的平行面进行剖切，得到的剖面图称为纵剖面图。且通常情况下，将剖切符号标注在底层平面图中。

剖面图的数量是根据房屋的具体情况和施工实际需要而决定的，且剖面图的图名应与平面图上所标注剖切符号的编号一致，如 1-1 剖面图、2-2 剖面图等，如图 13-54 所示。

3．剖面图的用途

建筑剖面图主要用来表达房屋内部垂直方向的高度、楼层分层情况及简要的结构形式和构造方式。它与建筑平面图、立面图相配合，指导各层楼板、屋面施工、门窗安装和内部装修等，是建筑施工中不可缺少的重要图样之一。

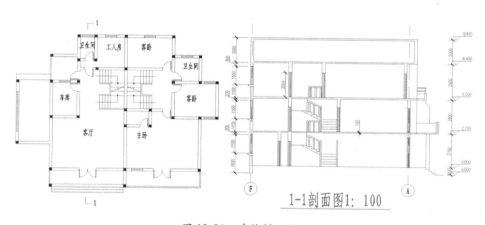

1-1剖面图1：100

图 13-54　建筑剖面图

AutoCAD 13.13　建筑剖面图设计思路和剖切原则

在了解建筑剖面图的基础知识后，要获得准确、完整、有效的剖面图效果，需要首先确定其设计思路，对建筑剖面图中的结构关系有清晰的了解和明确的认识，并且应按照剖切原则，进行剖切平面位置的选择和剖面图数量的确定。

13.13.1　建筑剖面图设计思路

建筑剖面图主要表达建筑物在垂直方向上房屋各部分的组合关系，因此建筑剖面设计应主要分析建筑物各部分应有的高度、建筑层、建筑空间的组合和利用，以及建筑剖面中的结构与构造关系等，其和房屋的使用、造价及用地等有密切关系。

13.13.2 建筑剖面图剖切原则

建筑物剖切原则主要是指剖切平面位置的选择和剖面图数量的确定，现分别介绍如下。

1. 剖切面的位置

为表现房屋的室内建筑布局，剖切位置通常选择在能反映出房屋内部构造比较复杂和典型的部位，并应通过墙体上的门、窗洞。若为多层房屋，则应选择在楼梯间、层高不同、层数不同的部位。此外，在某些特定的情况下，还可以选择合理的转折平面作为剖切平面，既可以减少剖面数量，还能够获得更多的建筑空间信息。

2. 剖面图的数量

剖面图的数量应视建筑物的复杂程度和实际情况而定。对于一栋建筑物而言，一个剖面图是不够的，往往需要在几个有代表性的位置都绘制相应的剖面图，才可以完整地反映楼层剖面的全貌。

AutoCAD 13.14 剖面图表达内容和图示方法

在明确建筑剖面图的设计思路和剖切原则后，为获得准确、有效的剖面图效果，就必须确定剖切面具体垂直剖切的位置，而该操作主要由剖面图表达的内容所决定。其次是依据房屋建筑标准确定更为具体的设计方案，其中包括图名、比例、数量、线型、图例、尺寸和标高等参数。

1. 剖面图表达内容

建筑剖面图作为房屋内部构造的主要图形表现方式，在绘制和识读剖面图时，需要将以下内容作为学习和设计的重点。

❑ 表明房屋被剖切到的建筑构配件在竖直方向上的布置情况，如各层梁板的具体位置以及与墙柱的关系，屋顶的结构形式等。

❑ 表明房屋内未剖切到而可见的建筑构配件位置和形式，如可见的墙体、梁柱、阳台、雨篷、门窗、楼梯段以及各种装饰物和装饰线等。

❑ 表明在垂直方向上室内外各部位构造尺寸：室外要标注三道尺寸；水平方向标注定位轴线尺寸；标高尺寸应标注室外地坪、楼面、地面、阳台、台阶等处的建筑标高。

❑ 表明室内地面、楼面、顶棚、踢脚板、墙裙、屋面等内装修用料及做法，且需用详图表示处添加详图索引符号。

❑ 标注定位轴线及编号，书写图名和比例。

2. 剖面图图示方法

虽然建筑剖面图的表达内容与建筑立面图有所不同：立面图侧重于建筑外部的立面投影显示，而剖面图侧重于建筑内部某剖面的立面投影显示，但两者的绘制要求有很多相似之处，具体如下所述。

❑ **比例和图例**

建筑剖面图的比例应与建筑平面图、立面图相一致，通常为 1:50、1:100、1:200 等，且 1:100 使用居多。

由于建筑剖面图的绘制比例较小，按投影很难将所有细部表达清楚，所以剖面的建筑构造与配件也应用相应的图例表示。一般而言，剖面图的构件（例如门窗等）都应当采用国家有关标准规定的图例来绘制，而相应的具体构造可以在建筑详图中采用较大的比例绘制。

❑ **定位轴线**

在剖面图中，凡是被剖切到的承重墙、柱等均要绘制定位轴线，并注写上与平面图相同的编号。一般情况下，定位轴线只绘制两端的轴线及编号，以便与平面图对照。

❑ **图线**

在绘制剖面图时，室内外地坪线用特粗线表

示；剖切到的墙身、楼板、屋面板、楼梯段、楼梯平台等轮廓线用粗实线表示；未剖切到的可见轮廓线用中粗线表示；门、窗扇等较小的建筑构配件轮廓线及装修面层线用细实线表示，效果如图 13-55 所示。

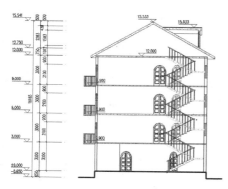

图 13-55　剖面图图线

❑ **尺寸和标高**

在建筑剖面图中，外部尺寸包括竖直方向和水平方向上的尺寸标注、标高以及其他尺寸标注，且注写标高及尺寸时，应注意与立面图和平面图相一致。

➤ **竖直方向尺寸标注**　在竖直方向上标注的尺寸包括图形外部标注的三道尺寸，以及建筑物的室内外地坪、各层楼面、门窗的上下口及墙顶等部位的

➤ 标高。其中，外部的三道尺寸，最外

一道从室外地坪面起标到墙顶止，标注建筑物的总高度；中间一道尺寸为层高尺寸，标注各层层高（两层之间楼地面的垂直距离称为层高）；最里边一道尺寸称为细部尺寸，标注墙段及洞口尺寸。

➤ **水平方向尺寸标注**　常标注剖切到的墙、柱及剖面图两端的轴线编号及轴线间距，并在图的下方注写图名和比例。

➤ **标高**需要用标高符号标出室内外地坪、各层楼面、楼梯休息平台、屋面和女儿墙压顶面等处的标高。

➤ **其他尺寸标注**　由于剖面图比例较小，某些部位如墙脚、窗台、过梁、墙顶等节点，不能详细表达，可在剖面图上的该部位处绘制详图索引标志，另用详图来表示其细部构造尺寸。此外楼层、地面及墙体的内外装修，可用文字分层标注。

❑ **楼地面构造**

剖面图中一般用引出线指向所说明的部分，按其构造层次顺序，逐层加以文字说明，以表示各层的构造做法。

13.15 建筑剖面图的识读方法

下面以图 13-56 所示的某教学楼剖面图为例，介绍建筑剖面图的识读要点。

❑ **了解图名、比例**

从图名或轴线的编号可知该图是 1-1 剖面图，其比例与平面图一样（1:100），以便对照阅读。

❑ **结合平面图明确剖切位置及投影方向**

将图名和轴线编号与平面图上的剖切位置和轴线编号相对照，可知 1-1 剖面图是一个剖切平面

通过楼梯间，剖切后向左进行投射所得的横剖面图。

❑ **查看剖切部分结构构件信息**

注意被剖切各部分结构构件的位置、尺寸、形状及图例。分析该图中的房屋地面至屋顶的结构形式和构造内容，可知此房屋垂直方向的承重构件（柱），水平方向承重构件（梁和板）是用钢筋混凝土构成的，属于框架结构的形式；从地面的材料图

例可知为普通的混凝土地面；还可根据屋面构造的说明索引符号，查阅它们各自的详细构造情况。

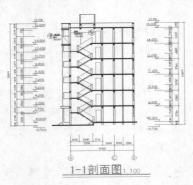

图 13-56　某教学楼剖面图

❑ **核对竖直方向的尺寸和标高**

弄清楚房屋外部和内部的主要尺寸及主要部位的标高。窗台、窗顶、屋面为结构标高——即毛面标高；楼面、平台面等为建筑标高——完成面标高。图中的标高尺寸都表示与±0.000 的相对尺寸，如三层楼面标高是从地面算起为 7.000m，而它与二层楼面间隔（层高）为 2.800m。此外图中只标注了门窗洞的高度尺寸。

除以上介绍的识读要点以外，还应当注意未剖切到的可见部分构件的位置、形状，并了解相应的详图索引符号和某些装修做法及用料注释。

13.16　建筑剖面图绘制流程与要点

建筑立面图和剖面图的绘制都是以建筑平面为基础的，在完成建筑平面图的绘制后，利用"长对齐、高平齐、宽相等"的原则绘制立面图和剖面图，可以显著减少尺寸输入的次数，极大地提高绘图效率。

13.16.1　绘制定位线

在建筑剖面图中，绘制的定位线将作为参照线，辅助进行建筑剖面图形的绘制。其主要包括房屋的定位轴线、室内外地坪线和楼层分格线等。在剖面图中，同样需要创建相应的图层，且绘制定位轴线的方法与平面图中的绘制方法类似。

1．设置图层

在绘制具体的图形之前，需要对绘图环境进行相应的设置。用户可以在"图层特性管理器"对话框中分别创建窗、门、阳台、索引和轮廓线等图层，便于以后切换图层绘制相应的图形对象。

2．绘制定位线

定位线是绘制剖面图的定位基础，可以使用直线或构造线来绘制，图 13-57 是采用创建和偏移直线的方法获得定位线的效果。

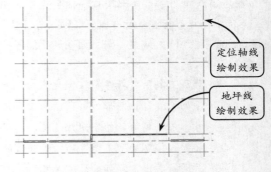

图 13-57　绘制定位线

13.16.2　绘制主要建筑构件

完成剖面图的定位线绘制后，可以结合 AutoCAD 软件提供的对象捕捉功能，绘制主要建筑构件的轮廓，如剖切到的墙身、楼板、屋面板、楼梯及其休息平台板。其中，楼板和楼梯是确定剖面图方案时最主要的剖切对象，楼板可以绘制成实心矩形框，而楼梯则可以根据剖切位置的关系，绘制成单侧或多侧楼梯剖面。

1．绘制墙身、楼板及屋面板

墙身是房屋的主要支撑，可以利用"多线"或"矩形"等绘图工具进行绘制；楼板是组成房屋的主要骨架结构部件之一，可以使用"多段线"工具获得，也可以使用"矩形"工具配合相应的编辑工具获得，效果如图 13-58 所示。

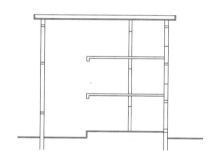

图 13-58　绘制墙身等主要构件

2．绘制楼梯及其休息平台板

楼梯剖切在剖面图中是最常见的，也是最为复杂的一部分。由于剖切位置的关系，楼梯间的一部分被剖切到，但另一部分没有被剖切到。因此绘制时需要注意：对于剖切楼梯的绘制，通常可以利用"多段线"工具完成，也可以利用"直线"工具并辅助以"栅格"功能进行绘制，效果如图 13-59所示。

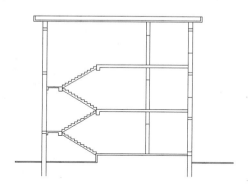

图 13-59　绘制楼梯剖面图

13.16.3　绘制建筑构配件

在完成主要建筑构件的轮廓绘制后，接下来的工作就是绘制细小的建筑构配件轮廓，其主要包括门窗图例、阳台、楼梯栏杆和扶手，以及台阶等。

1．绘制门窗

在建筑剖面图中，门窗的绘制主要分成两类：

一类是被剖切到的门窗，其绘制方法与建筑平面图中的绘制方法相同；另一类是没有剖切到的门窗，其绘制方法与立面图中的绘制方法类似，这里不再赘述，绘制效果如图 13-60 所示。

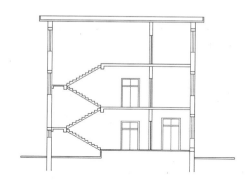

图 13-60　绘制门窗

2．绘制阳台及楼梯细部构件

阳台是建筑物的室外获得空间，一般由楼板、墙体和护栏组成。阳台剖面图是剖面图中所特有的，且一般来讲，由于不同的建筑图设计不一样，没有阳台的统一画法。通常情况下，阳台板利用"多线"工具完成，而其他譬如栏板等内容，可以根据具体情况，结合相应的二维绘图命令完成绘制，效果如图 13-61 所示。

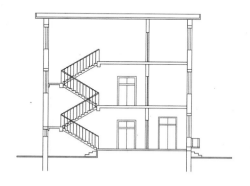

图 13-61　绘制阳台及其他细部构件

13.16.4　图案填充和线条加粗

绘制剖面图最突出的特点就是：将被剖切的各个部位进行线条加粗以及剖切区域图案填充。因此，在完成所有轮廓线和细部构件的绘制后，接下来的工作就是图案填充和线条加粗，效果如图13-62 所示。

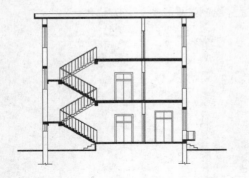

图 13-62　图案填充和线条加粗

13.16.5　添加文字和尺寸标注

在剖面图中，同样需要添加轴线编号、标高以及尺寸标注，其具体方法与平面图和立面图中的方法类似。

在剖面图中，应该标出被剖切到的外墙竖向尺寸，包括细部尺寸、层高尺寸和总高度；同时还需要结合该尺寸标注标出主要构件的标高。用户可以将标高创建为图块，以方便插入，标注效果如图13-63 所示。

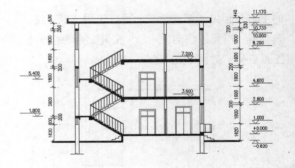

图 13-63　标注尺寸和标高

检查无误后，按照建筑剖面图的要求添加首尾轴线号、图名和比例，即可完成剖面图的绘制，效果如图 13-64 所示。

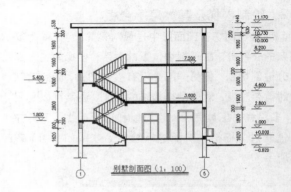

图 13-64　剖面图绘制效果

AutoCAD **13.17** 综合案例 1：绘制豪华别墅立面图

本例绘制豪华别墅立面图，效果如图 13-65 所示。该别墅共有两层，门窗、房顶等设计采用了欧式风格。窗户结构尺寸较大，具有采光率高，通风好的优点。

在绘制该立面图时，首先利用"矩形"工具绘制墙体的大致轮廓，并利用"分解""偏移"和"修剪"等工具完成墙体细节的绘制。然后利用相应的工具绘制各种门窗图形，并创建为图块，将其插入到图形中的指定位置。接着利用"图案填充"工具对相应区域进行填充，并为图形添加相应的标注、轴线编号和标高，即可完成该立面图的绘制。

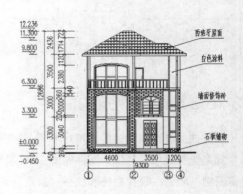

图 13-65　绘制豪华别墅立面图

操作步骤 ▶▶▶▶

STEP|01 切换"墙线"图层为当前层，利用"矩形"工具按照图 13-66 所示的尺寸，依次绘制尺寸分别为 9390×6750 和 9400×3314 的矩形。然后选取上方矩形的左上角点为基点，输入相对坐标（@-500，0）确定起点，绘制尺寸为 10500×200 的矩形。

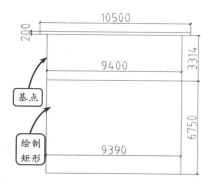

图 13-66　绘制矩形

STEP|02 利用"分解"工具将所有矩形分解。然后利用"偏移"工具按照图 13-67 所示尺寸偏移相应的直线，并利用"修剪"工具对图形进行整理。接着切换"地坪线"图层为当前层，并利用"直线"工具绘制地坪线。

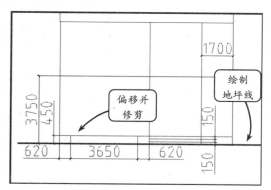

图 13-67　偏移线段和绘制地坪线

STEP|03 切换"墙线"图层为当前图层，利用"矩形"工具选取点 A 为基点，输入相对坐标（@-19，-3433）确定起点，并输入相对坐标（@8337，-50），绘制矩形。然后分解该矩形，并将右侧边向左偏移 3390，效果如图 13-68 所示。

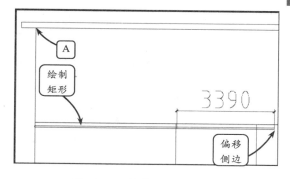

图 13-68　绘制矩形和偏移

STEP|04 利用"偏移"工具按照图 13-69 所示尺寸偏移相应的线段，并利用"修剪"工具对图形进行整理。

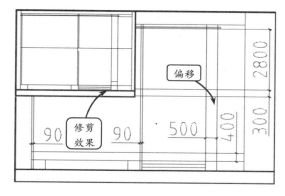

图 13-69　偏移线段并整理

STEP|05 利用"矩形"工具指定点 B 为起点，绘制尺寸为 120×9614 的矩形。然后利用"复制"工具将该矩形向右移动 820 并复制。接着按照图 13-70 所示尺寸偏移相应的水平线段，并利用"修剪"工具以矩形为边界进行修剪。

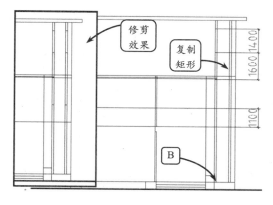

图 13-70　绘制、复制矩形并修剪

STEP|06 利用"多段线"工具指定点 C 为基点，依次输入相对坐标(@-50，0)、(@-39，-61)、(@-61，-39)和（-468，0）绘制多段线，然后以多段线为边界对图形进行修剪，效果如图 13-71 所示。

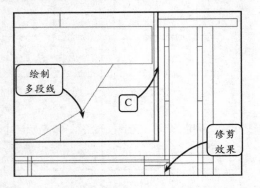

图 13-71　绘制多段线并修剪图形

STEP|07 利用"复制"工具将上步所绘多段线向左复制移动 3390。然后利用"修剪"工具以多段线为边界修剪竖直直线，效果如图 13-72 所示。

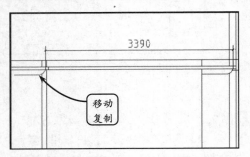

13-72　复制多段线并修剪

STEP|08 利用"偏移"工具按照图 13-73 所示尺寸偏移线段，并利用"延伸"和"修剪"工具整理图形轮廓。

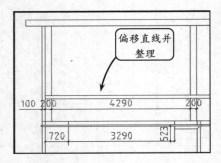

图 13-73　偏移直线并整理

STEP|09 利用"直线"工具沿竖直方向绘制一条长 2145 的线段并向右偏移 3153。然后利用"起点，端点，角度"工具指定相应的点绘制包含角为 36°圆弧。接着利用"偏移""延伸"和"直线"工具按照图 13-74 所示尺寸完成窗框轮廓的绘制。

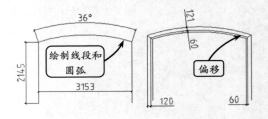

图 13-74　绘制窗框轮廓

STEP|10 利用"矩形"工具以端点 D 为基点，依次输入相对坐标(@9，60)和(@985，1114)，绘制矩形。然后利用"矩形阵列"工具，并设置行数为 2、列数为 2、行间距为 1144、列间距为 2150，将绘制的矩形进行阵列，效果如图 13-75 所示。

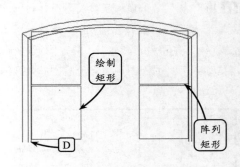

图 13-75　绘制矩形并阵列

STEP|11 分解矩形阵列并利用"修剪"工具按照图 13-76 所示将分解后的矩形进行修剪。然后利用"矩形"工具，并继续以点 D 为基点，依次输入相对坐标（@1113，61）和（@927，1097），绘制矩形。接着利用"复制"工具将所绘矩形向上复制平移 1160。

STEP|12 利用"矩形"工具以顶端圆弧的左端点为基点，依次输入相对坐标(@110，32)和(@3290，75)绘制矩形。然后以圆弧为边界对所绘矩形进行修剪，效果如图 13-77 所示。

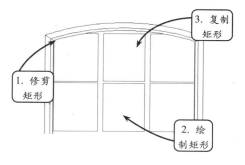

图 13-76　绘制矩形并复制

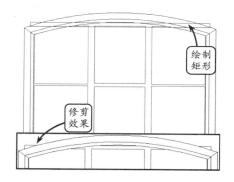

图 13-77　绘制矩形并修剪

STEP|13 利用"移动"工具选取窗户和窗框图形为移动对象，并指定点 E 为移动基点。然后输入 FROM 指令，并指定交点 F 为基点，输入相对坐标（@399，-1038），完成图形的移动。接着利用"复制"工具将窗框图形向下复制移动 3000，效果如图 13-78 所示。

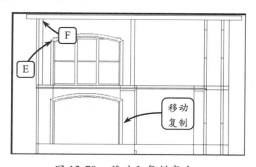

图 13-78　移动和复制窗户

STEP|14 利用"矩形"工具以点 G 为基点，依次输入相对坐标（@798，-493）和（@985，2593）绘制矩形。然后利用"矩形阵列"工具，并设置行数为 2、列数为 2、行间距为-2644、列间距为 2130，将所绘矩形进行阵列，效果如图 13-79 所示。

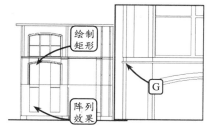

图 13-79　绘制矩形并阵列

STEP|15 利用"分解"和"修剪"工具将上步的阵列矩形进行修剪。然后利用"矩形"工具以矩形的角点 H 为基点，依次输入相对坐标（@110，1）和（@925，2534）绘制矩形。接着利用"移动"工具将所绘矩形向上复制移动 2680，效果如图 13-80 所示。

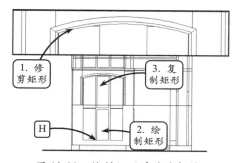

图 13-80　绘制矩形并移动复制

STEP|16 利用"偏移"工具按照图 13-81 所示尺寸偏移线段。然后利用"修剪"和"延伸"工具整理图形。

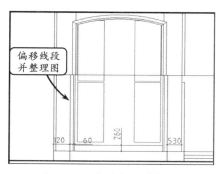

图 13-81　偏移线段并整理

STEP|17 切换"房顶"图层为当前图层，利用"多段线"工具以图形最顶部矩形的左上角点为起点依次输入相对坐标（@2945，1700）、（@2945，-1700）和（@0，-200）绘制多段线。继续利用"多段线"

工具以屋顶顶点 I 为起点，按照图 13-82 所示尺寸绘制多段线。

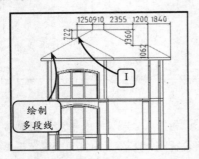

图 13-82　绘制多段线

STEP|18 利用"矩形"工具以点 F 为基点，输入相对坐标（@-200，2414）确定第一角点，并输入相对坐标（@8100，-120）确定第二角点，绘制矩形，效果如图 13-83 所示。

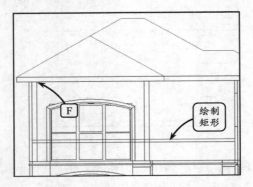

图 13-83　绘制矩形

STEP|19 利用"矩形""偏移"和"修剪"等工具按照图 13-84 所示尺寸绘制门图形，并将其创建为"门"图块，且指定门的左下角点为基点。然后利用"插入"工具指定二层墙线端点 J 为插入点，将"门"图块插入到图形中。

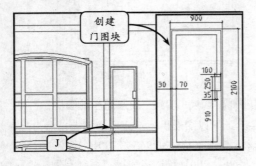

图 13-84　创建"门"图块并插入

STEP|20 利用"矩形"工具以交点 K 为基点，依次输入相对坐标（@45，0）和（@60，780）绘制矩形。然后利用"复制"工具将矩形向右复制平移 176。接着利用"矩形阵列"工具，并设置行数为 1、列数为 23、列间距为 351，将偏移后的矩形阵列，效果如图 13-85 所示。

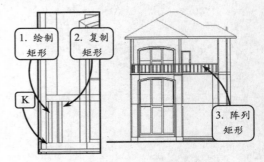

图 13-85　绘制矩形并阵列

STEP|21 利用"分解"工具将阵列的矩形分解。然后利用"复制"工具将门左侧的矩形向右复制移动 115。接着利用"修剪"工具，并按照图 13-86 所示效果将分解后的门图块进行修剪。

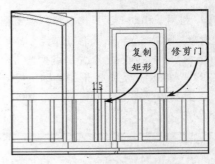

图 13-86　复制矩形并修剪门

STEP|22 利用"修剪"工具选取二层横栏图形为边界，对窗户轮廓进行修剪，效果如图 13-87 所示。

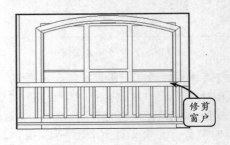

图 13-87　修剪窗户

STEP|23 切换"门窗"图层为当前层，利用"矩形""分解"和"偏移"工具按照图 13-88 所示尺寸绘制窗户。然后将其创建为图块，并指定窗户的左上角点为基点。接着利用"插入"工具将其插入到图形中的指定位置即可。

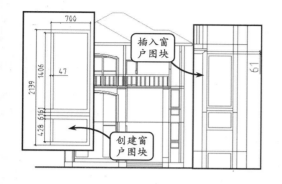

图 13-88　绘制窗户并插入

STEP|24 利用"椭圆"工具由外向内依次绘制五个同心椭圆，其长半轴分别为 1000、883、858、118 和 82，对应的短半轴依次为 632、558、542、74 和 52。然后利用"矩形"工具按照图 13-89 所示尺寸绘制 5 个矩形。接着利用"修剪"工具选取相应的边为修剪边界，对图形进行整理。

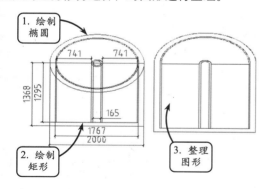

图 13-89　绘制窗户

STEP|25 利用"矩形"工具以角点 M 为基点，依次输入相对坐标（@58，37）和（@624，272）绘制矩形。然后利用"矩形阵列"工具设置行数为 4、列数为 2、行间距为 297、列间距为 976，将矩形阵列。继续利用"矩形"和"阵列"工具按照图 13-90 所示尺寸绘制矩形并阵列。

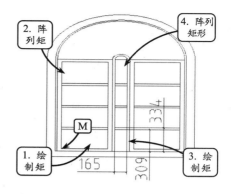

图 13-90　绘制矩形并阵列

STEP|26 利用"直线""偏移"和"修剪"工具按照图 13-91 所示尺寸完成窗户的绘制。然后利用"移动"工具选择窗户图形为移动对象，并指定其右下角点为移动基点。接着输入 FROM 指令，以交点 N 为基点，输入相对坐标（@-250，200）确定目标点，进行移动。

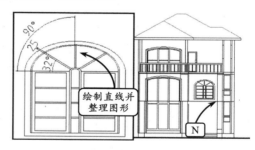

图 13-91　绘制窗户并移动

STEP|27 利用"椭圆"工具绘制图 13-92 所示尺寸的两个同心椭圆。然后利用"复制"工具将大椭圆向左、右两侧各复制平移 242。接着利用"矩形阵列"工具并设置行数为 4、列数为 1、行间距为 595，将所绘椭圆进行阵列。

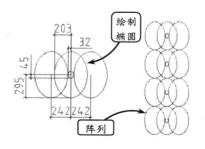

图 13-92　绘制椭圆并阵列

STEP|28 利用"矩形"工具选取椭圆的端点为角点绘制矩形。然后利用"分解"和"修剪"工具对椭圆轮廓进行整理。继续利用"矩形"工具以所绘矩形的左上角点为基点，按照图 13-93 所示尺寸绘制另外两个矩形。最后利用"修剪"工具对大矩形右上角部分进行相应的修剪。

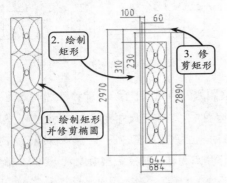

图 13-93　绘制矩形并整理图形

STEP|29 利用"镜像"工具，选取上步绘制的图形为源对象，并指定相应的镜像中心线，进行镜像操作。然后利用"椭圆"工具以点 O 为基点，输入相对坐标（@-534，1135）确定椭圆圆心，绘制长半轴为 39、短半轴为 20 的椭圆，效果如图 13-94 所示。

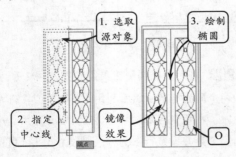

图 13-94　绘制门

STEP|30 利用"移动"工具选择门图形为移动对象，并指定其右上角点为移动基点。然后输入 FROM 指令，以交点 N 为基点，输入相对坐标（@-668，-330）确定目标点，将门移动到图形中的指定位置，效果如图 13-95 所示。

STEP|31 利用"图案填充"工具并设置填充图案为 BRSTONE，填充比例为 180，选择相应的区域

进行填充。然后继续利用该工具并分别设置填充图案为"西班牙屋面"和"石板铺砌"，填充比例分别为 150 和 80，对图形进行填充，效果如图 13-96 所示。

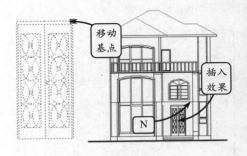

图 13-95　移动门

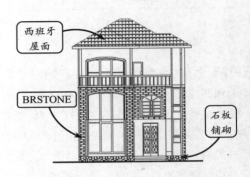

图 13-96　图案填充

STEP|32 切换"标注"图层为当前层，利用"线性标注"和"连续标注"等标注工具，为图形添加尺寸标注。然后利用"插入"工具分别插入轴线编号和标高图块，并为图形添加相应的文字说明，即可完成该立面图的绘制，效果如图 13-97 所示。

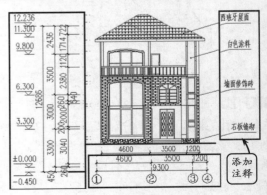

图 13-97　添加尺寸标注与文字

13.18 综合案例 2：绘制别墅剖面图

本例绘制别墅剖面图，效果如图 13-98 所示。该别墅共有三层，在每层的楼梯间都设有较为宽敞的窗户用来采光，而进入楼层即为居住或者生活用的房间。整个建筑结构设计简约大方，空间容量较大，给人以很明朗的感受。

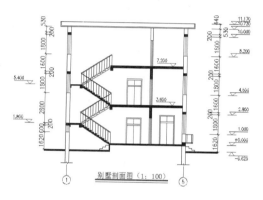

图 13-98　别墅剖面图

在绘制该别墅剖面图时，首先绘制轴线，并在轴线的基础上利用"多线"和"直线"工具绘制墙体和各层楼板。然后利用"矩形"工具绘制门窗图形，并将其创建为块，插入到图形中的相应位置。接着利用"栅格""直线"和"阵列"工具完成楼梯的绘制，并利用"镜像"工具得到二三层楼梯。最后对图形进行图案填充，并添加相应的标高和线性尺寸标注，即可完成剖面图的绘制。

操作步骤

STEP|01 切换"轴线"图层为当前层。然后利用"构造线"工具分别绘制一条水平和竖直的构造线，并利用"偏移"工具按照图 13-99 所示尺寸进行偏移。

STEP|02 切换"实线"图层为当前图层，利用"多线"工具并设置对正样式均为"无"，按照如图 13-100 所示的尺寸绘制多线。然后选择"修改" | "对象" | "多线"命令，利用"十字闭合"工具对多线进行整理，并利用"直线"工具进行封口。

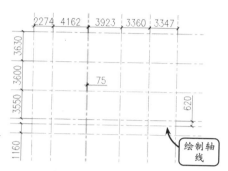

图 13-99　绘制轴线并偏移

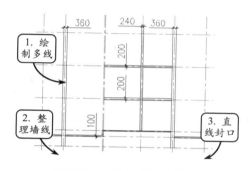

图 13-100　绘制多线并整理

STEP|03 将"轴线"图层隐藏，利用"矩形"工具以端点 A 为基点，输入相对坐标（@-700，0）确定起点，绘制尺寸为 13280×440 的矩形。继续利用"矩形"工具以点 A 为基点，输入相对坐标（@-600，440）确定起点，绘制尺寸为 13080×340 的矩形，如图 13-101 所示。

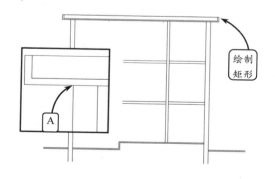

图 13-101　绘制房顶

STEP|04 利用"多段线"工具以多线端点 B 为基点，输入相对坐标（@-418，0）确定起点，并依次输入相对坐标（@512，0）、（@73，77）、（@56，-153）、（@65，77）和（@462，0）绘制折断线。然后利用"复制"工具将折断线向右复制移动11520，效果如图 13-102 所示。

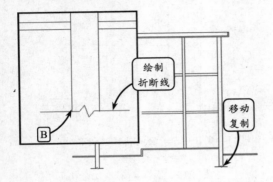

图 13-102　绘制折断线并复制

STEP|05 切换"总门窗"为当前图层，利用"矩形"和"直线"工具绘制两种不同尺寸的门。然后将其创建为图块，并分别指定门 1 的左下角点和门 2 的右下角点为基点，利用"插入"工具按照图 13-103 所示基点偏移尺寸，将门图块插入到图形中的指定位置。

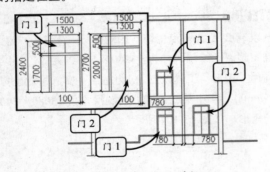

图 13-103　创建门图块并插入

STEP|06 利用"分解"工具将房顶矩形分解。然后利用"偏移"工具按照图 13-104 所示尺寸偏移直线，并利用"修剪"和"直线"工具完成各窗洞的绘制。

STEP|07 利用"矩形"工具绘制三种不同尺寸的窗户图形，并将其创建为图块，且指定各窗户图形

的右下角点为基点。然后利用"插入"工具将图块插入到指定的窗洞中，效果如图 13-105 所示。

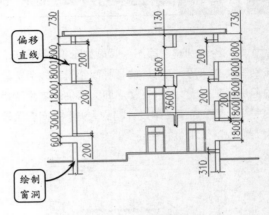

图 13-104　绘制窗洞

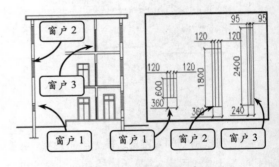

图 13-105　创建窗户图块并插入

STEP|08 利用"矩形"工具以角点 C 为基点，并输入相对坐标（@0，500）确定起点，绘制尺寸为100×300 的矩形。继续利用"矩形"工具以所绘矩形的右上角点为起点按照图 13-106 所示尺寸绘制两个矩形。最后利用"修剪"工具修剪矩形。

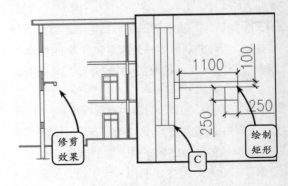

图 13-106　绘制楼台

STEP|09 利用"复制"工具捕捉楼台左侧的角点为基点,将上步绘制的楼台特征向下移动复制。然后利用"矩形"工具以点 D 为基点依次输入偏移坐标(@2732,1350)、(@250,450),绘制矩形,并利用"复制"工具向上复制移动 3600。最后修剪矩形和多线,效果如图 13-107 所示。

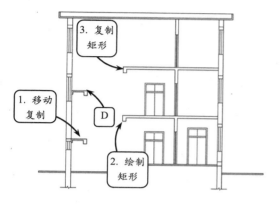

图 13-107　绘制矩形并移动复制

STEP|10 利用"矩形"工具选取点 E 为起点绘制尺寸为 680×740 的矩形。然后将该矩形分解,并利用"偏移"和"延伸"工具按照图 13-108 所示尺寸完成阳台的绘制。

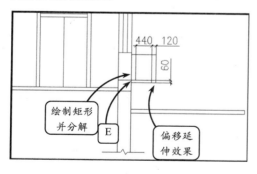

图 13-108　绘制阳台

STEP|11 利用"多段线"工具按照图 13-109 所示尺寸以点 F 为起点绘制台阶线。继续利用"多段线"工具按照相同尺寸绘制左侧台阶线。

STEP|12 利用"多段线"工具以空白区域内任意点为起点,按照图 13-110 所示尺寸绘制楼梯。

STEP|13 利用"移动"工具选取绘制的楼梯为移动对象,并指定第一节台阶的端点为移动基点。然

后在命令行输入 FROM 指令,并指定点 G 为基点,输入相对坐标(@17.5,150)确定目标点即可。接着利用"修剪"工具对楼梯进行修剪,效果如图 13-111 所示。

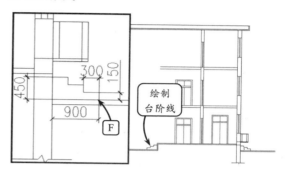

图 13-109　绘制台阶线

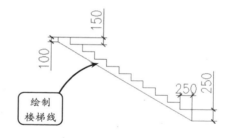

图 13-110　绘制楼梯

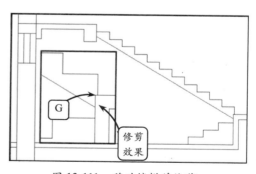

图 13-111　移动楼梯并修剪

STEP|14 利用"直线"工具继续以点 G 为基点,输入相对坐标(@142,0)确定起点,绘制长度为 1000 的竖线。然后在命令行输入 ARRAYCLASSIC 命令并选择该直线为阵列对象,设置阵列角度为 -31°、行数为 1、列数为 13、列间距为-292,进行阵列操作,效果如图 13-112 所示。

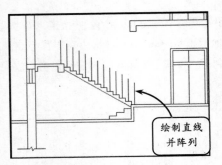

图 13-112 绘制直线并阵列

STEP|15 利用"矩形"和"旋转"工具，按照图 13-113 所示尺寸绘制矩形。

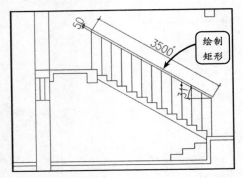

图 13-113 绘制矩形

STEP|16 利用"复制"工具选择绘制的楼梯整体图形为复制对象，指定点 M 为移动基点，并指定楼梯最左侧栏杆线的下端点为目标点，移动复制图形。然后利用"镜像"工具选择复制后的楼梯为源对象，并指定相应的栏杆线为中心线，进行删除源对象的镜像操作，效果如图 13-114 所示。

STEP|17 利用"复制"工具选取一、二层的楼梯图形为复制对象，并以一层的点 M 为基点，向上移动到目标点 N。然后利用"修剪"和"延伸"工具对图形进行相应的整理，效果如图 13-115 所示。

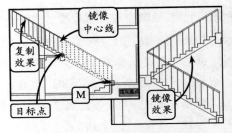

图 13-114 移动复制并镜像楼梯

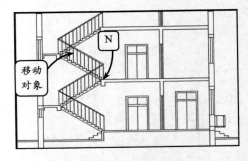

图 13-115 移动复制并整理

STEP|18 利用"图案填充"工具并选择填充图案为 SOLID，对楼板进行填充。然后切换"标注"图层为当前层，利用"线性"和"连续"等标注工具为图形添加相应的尺寸标注，并利用"插入"工具分别插入轴线编号和标高图块，效果如图 13-116 所示。

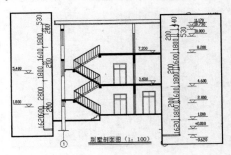

图 13-116 完善图形

AutoCAD 13.19 新手训练营

练习 1：绘制二层别墅立面图

本练习绘制二层别墅立面图，效果如图 13-117 所示。别墅一般都是带有花园草坪和车库的独院式平房或二、三层小楼，建筑密度很低，内部居住功能完备，并富有变化，住宅水、电、暖供给一应俱全，户外道路、通信、购物和绿化均齐全。该别墅为两层的小户型别墅。一层与二层结构相似。每层均有方形阳台，并且屋顶采用传统坡屋顶。

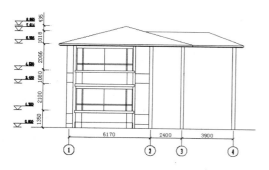

图 13-117　二层别墅立面图

在绘制该立面图时，首先将整个房间的轴线绘制出来。此时就可在轴线的基础上绘制墙线和楼层的楼面线。接着绘制建筑的细节部分如阳台等。最后为图形添加标注、轴线编号和标高，即可完成该立面图的绘制。

练习2：绘制居民楼剖面图

本练习绘制居民楼剖面图，效果如图 13-118

所示。该建筑为六层的住宅楼，对住户来说，视野开阔，景观系数高，尘土、噪音、光线污染也少，且建筑结构强度高，整体性强。

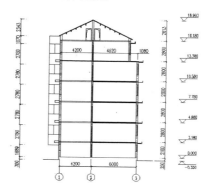

图 13-118　居民楼剖面图

在绘制该居民楼剖面图时，首先需要将剖面图的轴线和墙体绘制出来。然后利用"直线""多线"和阵列等绘图工具绘制各层楼板和阳台。接着利用"矩形"和"多段线"工具绘制屋顶和排风口。最后为图形标注尺寸即可完成绘制。

第 14 章

综 合 案 例

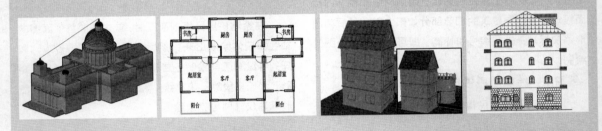

通过前面的学习了解与掌握了 AutoCAD 建筑绘图的所有命令之后，用户可以遵循建筑绘图规范，根据设计和施工的需要完整地绘制各类建筑图纸了。常见的建筑图包括平面图、立面图、剖面图等。任何一个完整的建筑图，都需要经过图层设置、图形绘制与编辑、添加注释文字、标注尺寸比例等过程。能否灵活地、巧妙地运用绘图命令，以及是否具有良好的绘图习惯，是用户能否高效绘图的关键。

本章将通过 5 个综合案例，介绍使用 AutoCAD 绘制各种图纸的方法和技巧，以帮助用户巩固前面所学的知识，提高实际绘图的能力。

AutoCAD

14.1 绘制别墅一层平面图

本例绘制别墅一层平面图，效果如图 14-1 所示。该平面图为某别墅的一层平面图，整体布局主要包括主卧室、次卧室、起居室、卫生间、餐厅等。

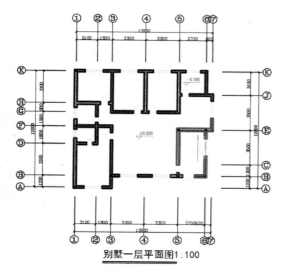

图 14-1 别墅一层平面图

在绘制该平面图时首先绘制整个房间的轴线。然后绘制墙线并修剪门洞和窗洞，将门窗图块插入指定的位置。接着利用"直线"和阵列工具绘制楼梯线，并利用"多段线"工具绘制楼梯起跑方向线。最后为图形添加相应的标注和轴线编号，即可完成该平面的绘制。

操作步骤 ▶▶▶▶

STEP|01 新建图形文件，创建"轴线""标注""墙线""门""楼梯""窗户"和"柱子"等图层，并切换"轴线"图层为当前层，如图 14-2 所示。

STEP|02 单击"矩形"按钮□，绘制尺寸为 12960×12000 的矩形，并利用"分解"工具⬚将该矩形分解。接着单击"偏移"按钮⬚，将轴线按照图 14-3 所示尺寸进行偏移.

STEP|03 切换"墙线"图层为当前层。然后利用"多线"工具，设置比例为 240，绘制墙线，效果如图 14-4 所示。

图 14-2 新建图层

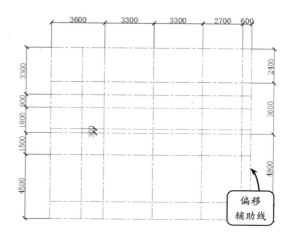

图 14-3 绘制矩形并偏移轴线

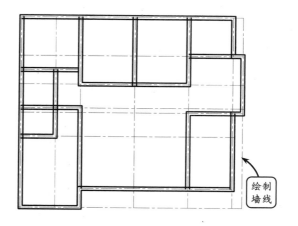

图 14-4 绘制墙体

STEP|04 在命令行输入 MLEDIT 指令，在打开的"多线编辑工具"对话框中依次利用"T 形合并"工具 ⊤ 和"十字合并"工具 ╋ 对墙体进行修整，效果如图 14-5 所示。

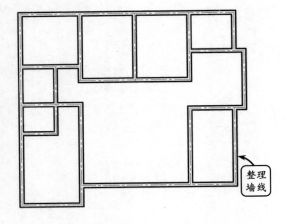

图 14-5　整理墙线

STEP|05 切换"柱子"图层为当前层，利用"矩形"工具绘制尺寸为 240×240 的矩形，并将其填充为 SOLID 图案。接着单击"复制"按钮 ♋，指定基点为柱子的中心点，插入点均为轴线的交点，将柱子移动复制至图形中，效果如图 14-6 所示

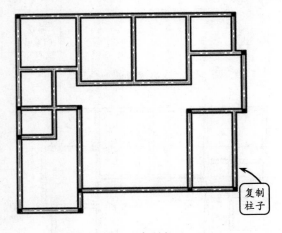

图 14-6　复制柱子

STEP|06 按照图 14-7 所示尺寸偏移轴线，并利用"修剪"工具以偏移的轴线为修剪边界对墙线进行修剪。然后删除偏移的轴线，并利用"直线"工具对所有墙体进行封口。

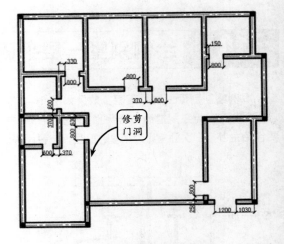

图 14-7　修剪门洞并封口墙体

STEP|07 切换"门"图层为当前层，并利用"直线"和"圆弧"工具绘制门 1、门 2、门 3。然后利用"创建"工具将门特征创建为块，且基点为直线的端点。接着利用"插入"工具将图块插入到图形中的相应位置，插入点均为门洞线与轴线的交点，效果如图 14-8 所示。

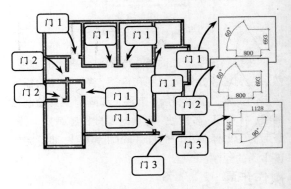

图 14-8　绘制门并插入

STEP|08 按照图 14-9 所示尺寸偏移轴线，并利用"修剪"工具以偏移的轴线为修剪边界对墙线进行修剪。然后删除偏移的轴线，并利用"直线"工具对所有墙体进行封口。

STEP|09 切换"窗户"图层为当前层。利用"矩形"工具绘制 4 种不同类型的窗户，并分别创建为图块，且基点均为窗户边线中点。接着将相应的窗户图块插入到图形中的指定位置，效果如图 14-10 所示。

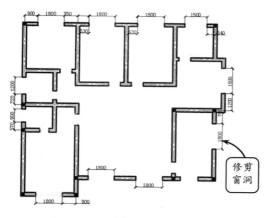

图 14-9 修剪窗洞并封口墙体

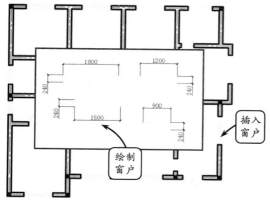

图 14-10 绘制窗户并插入

STEP|10 利用"直线"和"偏移"工具以 250 的偏移距离绘制楼梯,效果如图 14-11 所示。

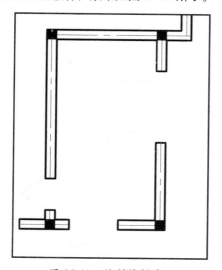

图 14-11 绘制楼梯线

STEP|11 利用"多段线"工具以楼梯线中点为基点,输入(@0,−324)确定起点。然后输入相对坐标(@0,2330),并输入命令 W 设置起点宽度为 80,端点宽度为 0。接着输入相对坐标(@0,250),完成上楼梯起跑线的绘制。绘制效果如图 14-12 所示。

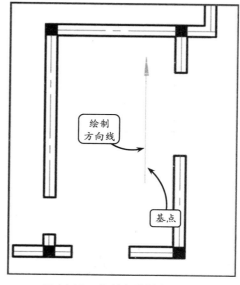

图 14-12 绘制上楼梯起跑线

STEP|12 切换"标注"图层为当前层,利用"线性"和"连续"等标注工具,为图形添加尺寸标注。然后利用"插入"工具分别插入轴线编号和标高图块,利用文字工具输入图名和比例,即可完成该平面图的绘制,效果如图 14-13 所示。

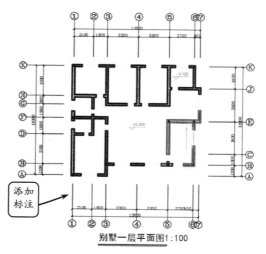

图 14-13 添加尺寸标注

AutoCAD **14.2** 绘制某小区住宅平面图

本例为某小区住宅平面图,效果如图 14-14 所示。从该平面图可看出户型为两室两厅,包括两个卧室,一个客厅和一个餐厅,以及独立的卫生间,还有一个阳台。

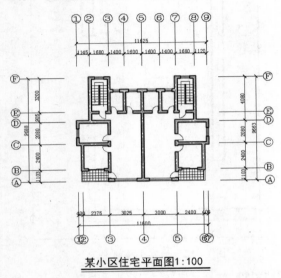

某小区住宅平面图1:100

图 14-14 某小区住宅平面图

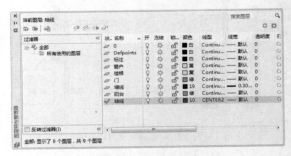

图 14-15 新建图层

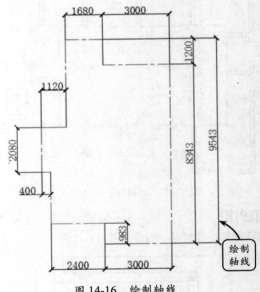

图 14-16 绘制轴线

在绘制该平面图时,可以先绘制一半,然后进行镜像复制即可得到完整的平面图形。最后为图形添加相应的标注和轴线编号,即可完成该平面的绘制。

操作步骤 ▶▶▶▶

STEP|01 新建图形文件,创建"轴线""标注""墙线""门""楼梯""窗户"和"阳台"等图层,并切换"轴线"图层为当前层。效果如图 14-15 所示。

STEP|02 单击"多段线"按钮 ⤵,指定任意点为起点,按照图 14-16 所示尺寸绘制轴线,然后将轴线分解。

STEP|03 切换"墙线"图层为当前层。输入多线命令 MLINE,设置比例为 240,以 A 点为起点绘制外墙。单击"分解"按钮 ⤵,将轴线分解。单击"偏移"按钮 ⤵,按照图 14-17 所示尺寸偏移相应的轴线,并利用"多线"工具绘制内墙线。

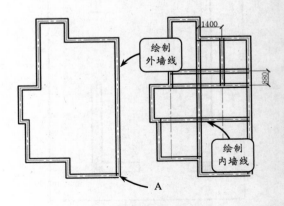

图 14-17 绘制墙线

STEP|04 选择〝修改〞|〝对象〞|〝多线〞命令，在打开的〝多线编辑工具〞对话框中分别单击〝T形合并〞按钮和〝十字合并〞按钮，对墙线进行整理。然后利用〝修剪〞工具修剪多余的轴线，效果如图 14-18 所示。

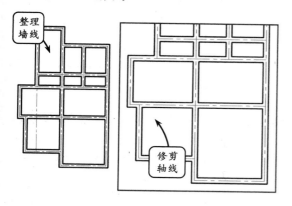

图 14-18　整理墙线

STEP|05 按照图 14-19 所示尺寸偏移轴线，并利用〝修剪〞工具以偏移的轴线为修剪边界对墙线进行修剪。然后单击〝直线〞按钮，对相应的墙体进行封口。

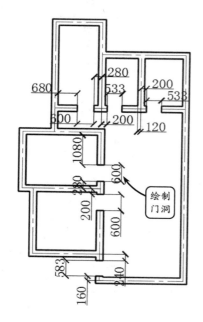

图 14-19　绘制门洞

STEP|06 利用〝矩形〞和〝圆弧〞工具绘制门 1

和门 2 轮廓，并分别创建为图块，且基点均为矩形的右下角点。然后利用〝插入〞工具将这两个图块插入到图形相应位置，插入点均为门洞线与轴线的交点，效果如图 14-20 所示。

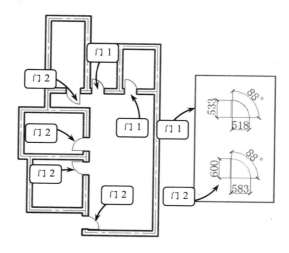

图 14-20　绘制门并插入

STEP|07 利用〝偏移〞〝修剪〞和〝直线〞工具，按照上面创建门洞的方法创建窗洞。然后利用〝矩形〞工具绘制 3 种不同类型的窗户，并分别创建为图块，且基点均为窗户边线中点。接着将相应的窗户图块插入到图形中的指定位置，效果如图 14-21 所示。

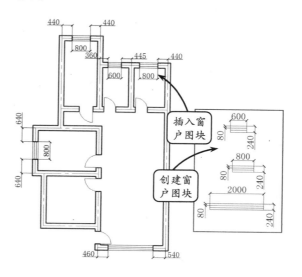

图 14-21　绘制窗户并插入窗户

STEP|08 将图 14-22 所示的两条轴线分别偏移 460、540，并利用相应的工具修剪出栅门洞。然后利用"矩形"工具绘制两个角点依次相连的矩形，并创建为"栅门"图块。接着将"栅门"图块插入到图形中的指定位置即可。

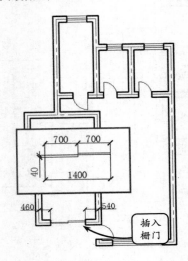

图 14-22 绘制栅门并插入

STEP|09 切换"阳台"图层为当前层。然后利用"多段线"工具以点 C 为起点，依次输入相对坐标（@0，993）、（@2400，0）和（@0，-903），绘制阳台的外轮廓线。接着利用"偏移"工具将该轮廓线向内偏移 80 即可，效果如图 14-23 所示。

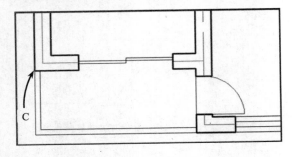

图 14-23 绘制阳台

STEP|10 利用"直线"工具选取角点 F 为基点，依次输入相对坐标（@0，620）和（@1440，0），绘制直线。然后单击"矩形阵列"按钮，设置行数为 8，列数为 1，行偏移为 250，将该直线矩形阵列，效果如图 14-24 所示。

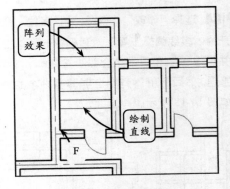

图 14-24 绘制楼梯线

STEP|11 利用"矩形"工具指定直线中点 C 为基点，依次输入相对坐标（@-60，-40）和（@120，1830），绘制矩形。然后利用"偏移"工具将绘制的矩形向内偏移 40，并利用"修剪"工具修剪楼梯线。最后利用"直线"工具选取最外侧矩形左下端点为起点，向左绘制一条水平楼体线，效果如图 14-25 所示。

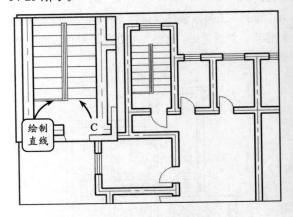

图 14-25 绘制扶手

STEP|12 利用"多段线"工具指定图 14-26 所示楼梯线中点 G 为基点，输入相对坐标（@0，-156）确定起点，并依次输入相对坐标（@0，2209）、（@768，0）和（@0，-1643）。然后输入 W 指令，设置起点宽度为 53，端点宽度为 0，并输入相对坐标（@0，-267），即可完成楼梯起跑线的绘制。

STEP|13 单击"镜像"按钮，选取图 14-27 所示的轮廓线为原对象，并指定相应的轴线为镜像中心线，进行镜像操作。

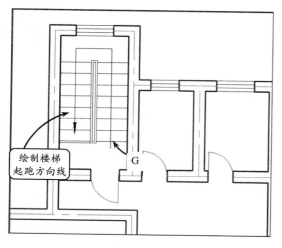

图 14-26　绘制楼梯起跑方向线

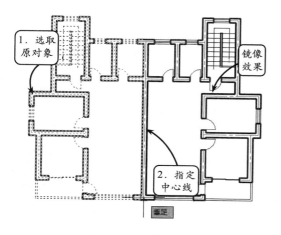

图 14-27　镜像图形

STEP|14 切换"阳台"图层为当前图层。然后单击"图案填充"按钮，设置填充图案为 NET，填充比例为 80，指定相应的区域对阳台进行填充，效果如图 14-28 所示。

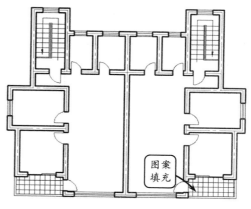

图 14-28　图案填充

STEP|15 切换"标注"图层为当前层，利用"线性"和"连续"等标注工具，为图形添加尺寸标注。然后利用"插入"工具分别插入轴线编号和标高图块，利用文字工具输入图名和比例，即可完成该平面图的绘制，效果如图 14-29 所示。

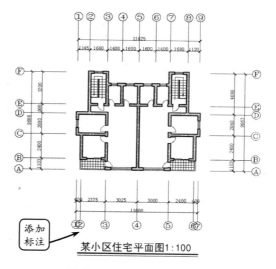

图 14-29　添加尺寸标注

14.3　绘制别墅平面图

本例绘制别墅平面图，效果如图 14-30 所示。该别墅是独栋别墅，它的空间大致可以分为主要空间和次要空间。其中，主要空间包括起居室、主卧、次卧，以及卫生间、阳台等。从该别墅平面图可以看出其占地面积较大。

在绘制该平面图时，首先将整个房间的轴线绘制出来，并在轴线的基础上绘制墙线和门窗。然后利用"直线"和阵列工具绘制楼梯线，并利用"多段线"工具绘制楼梯起跑方向线。接着利用相应的工具绘制阳台，并利用"图案填充"工具对阳台进行填充，即可完成该别墅平面图的绘制。

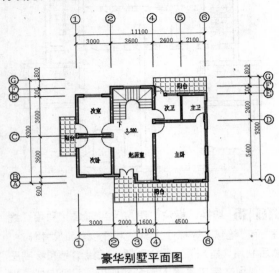

图 14-30　豪华别墅平面图

操作步骤 ▷▷▷▷

STEP|01 新建图形文件，创建"轴线""标注""墙线""门""楼梯""窗户"等图层。然后切换"轴线"图层为当前层。单击"矩形"按钮□，绘制尺寸为 11100×8500 的矩形。然后单击"分解"按钮，将该矩形分解。接着单击"偏移"按钮，将轴线按照图 14-31 所示尺寸进行偏移，偏移后修剪轴线去掉多余部分。

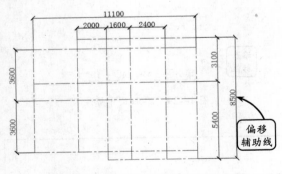

图 14-31　绘制矩形并偏移轴线

STEP|02 切换"墙线"图层为当前层，利用"多线"工具并分别设置比例为 200 和 100，绘制图 14-32 所示的墙线。

STEP|03 输入 MLEDIT 命令，在打开的"多线编辑工具"对话框中分别单击"角点结合"按钮 ∟ 和

"T 形合并"按钮 对墙线进行整理。然后将墙线全部分解，利用"修剪"工具，修剪多余的轴线，效果如图 14-33 所示。

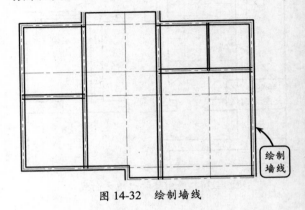

图 14-32　绘制墙线

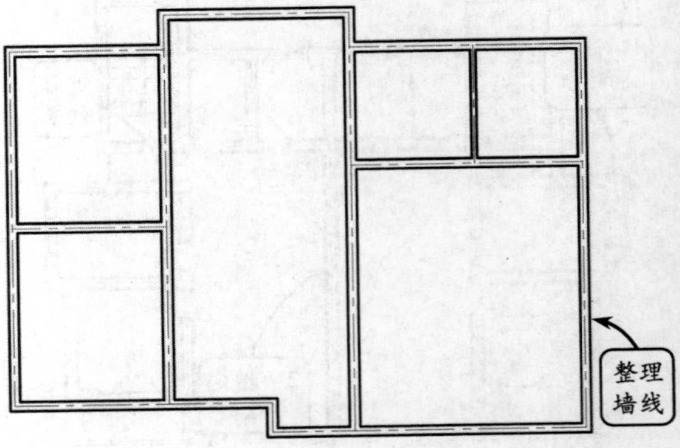

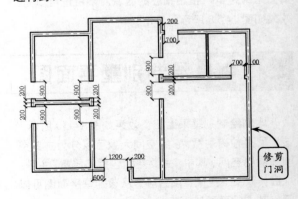

图 14-33　整理墙线

STEP|04 按照图 14-34 所示尺寸偏移轴线，并利用"修剪"工具以偏移的轴线为修剪边界对墙线进行修剪。然后单击"直线"按钮，对相应的墙体进行封口

图 14-34　修剪门洞并封口墙体

STEP|05 切换"门"图层为当前层。然后利用"直线"工具和"圆弧"工具 🖊 分别绘制门 1、门 2 和门 3，并创建为图块，且基点均为直线的端点。

接着利用"插入"工具将这三个图块依次插入到图形中的指定位置，且插入点均为门洞线与轴线的交点，效果如图 14-35 所示。

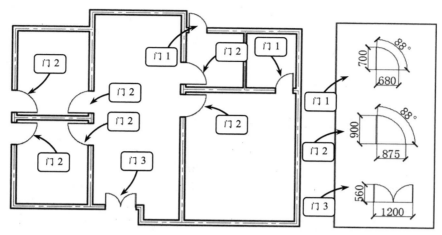

图 14-35　绘制门并插入

STEP|06 按照图 14-36 所示尺寸偏移轴线。然后切换"墙线"图层为当前层，利用"直线"工具以偏移的轴线为辅助线绘制窗户边界线。接着删除偏移的轴线，利用"修剪"工具以窗户边界线为界线对墙线进行修剪。

STEP|07 切换"窗户"图层为当前层。然后利用"矩形"和"复制"工具绘制图 14-37 所示尺寸的窗户 1、窗户 2 和窗户 3，并分别创建为块，且基点均为窗户的左上角点。接着利用"插入"工具将窗户图块分别插入到图形的相应位置即可。

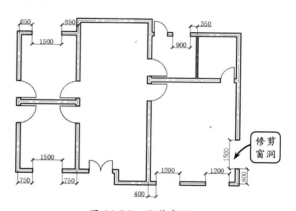

图 14-36　修剪窗洞

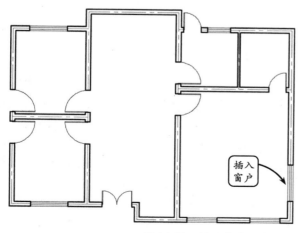

图 14-37　插入窗户图块

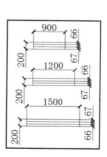

STEP|08 切换"阳台"图层为当前层。然后利用"多段线"工具，以点 C 为起点，依次输入相对坐标（@0，1450）、（@4600，0）和（@0，-700），绘制阳台的外轮廓线。接着利用"偏移"工具将该轮廓线向内偏移 50 即可，效果如图 14-38 所示。

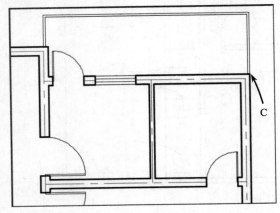

图 14-38　绘制阳台

STEP|09 利用"多段线"工具，以点 E 为起点，依次输入相对坐标（@0，1900）、（@-1400，0）、（@0，3550）和（@1400，0）绘制阳台的外轮廓线。接着利用"偏移"工具将该轮廓线向内偏移 50 即可，效果如图 14-39 所示。

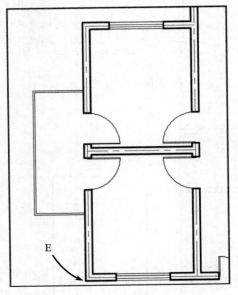

图 14-39　绘制阳台

STEP|10 利用"多段线"工具以点 F 为起点，依次输入相对坐标（@0，-1700）、（@-8100，0）和

（@0，2250）绘制阳台外轮廓线。然后利用"偏移"工具将该轮廓线向内偏移 50，效果如图 14-40 所示。

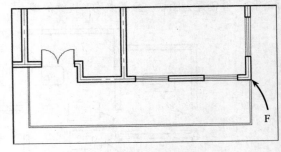

图 14-40　绘制阳台

STEP|11 利用"直线"工具选取角点 D 为基点，依次输入相对坐标（@0，350）、（@1075，0），绘制直线。然后单击"矩形阵列"按钮，设置行数为 8，列数为 1，行偏移为 250，将该直线矩形阵列，效果如图 14-41 所示。

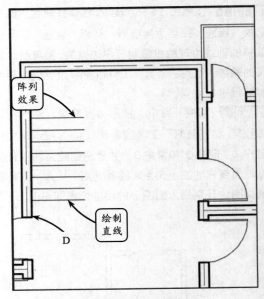

图 14-41　绘制楼梯线 1

STEP|12 利用"直线"工具选取角点 G 为基点，依次输入相对坐标（@0，1100）、（@1000，0）绘制直线。然后单击"矩形阵列"按钮，设置行数为 1，列数为 6，列偏移为 250，将该直线矩形阵列，效果如图 14-42 所示。

STEP|13 利用"直线"工具选取角点 H 为基点，依次输入相对坐标（@0，1100）、（@-1000，0）绘制直线。然后单击"矩形阵列"按钮，设置行

数为 3，列数为 1，行偏移为 250，将该直线矩形阵列，效果如图 14-43 所示。

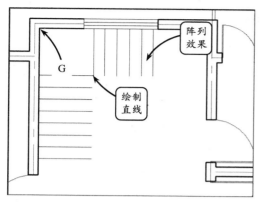

图 14-42　绘制楼梯线 2

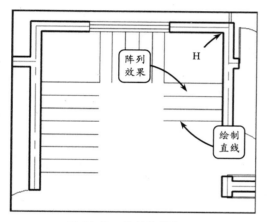

图 14-43　绘制楼梯线 3

STEP|14 利用"椭圆"工具按照图 14-44 所示尺寸绘制两个椭圆。接着利用直线绘制栏杆，并利用"修剪"工具选取相应的边为修剪边界，对图形进行整理。

STEP|15 利用"多段线"工具指定图 14-45 所示楼梯线中点为基点，输入相对坐标（@0，-204）确定起点。然后输入相对坐标（@0，1304），并输入命令 W，设置起点宽度为 80，端点宽度为 0，接着输入相对坐标（@0，400），完成楼梯起跑线的绘制。

STEP|16 切换"阳台"图层为当前图层，单击"图案填充"工具，选择填充图案为 ANGLE，对阳台进行填充。然后切换"标注"图层为当前层，利用"线性"和"连续"等标注工具为图形添加相应的

尺寸标注，并利用"插入"工具分别插入轴线编号和标高图块，效果如图 14-46 所示。

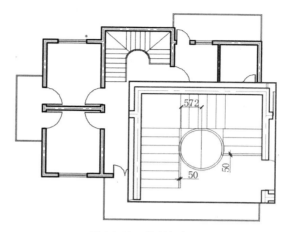

图 14-44　绘制栏杆

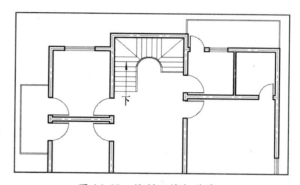

图 14-45　绘制下楼起跑线

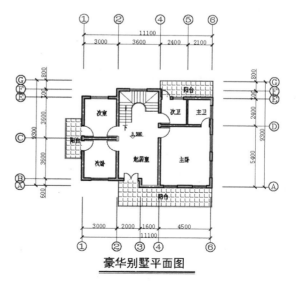

图 14-46　完善图形

AutoCAD **14.4** 绘制私人住宅立面图

本例绘制私人住宅立面图，效果如图 14-47 所示。该住宅为 6 层，图中清楚地反映出每层的结构，窗户数量和阳台样式等。

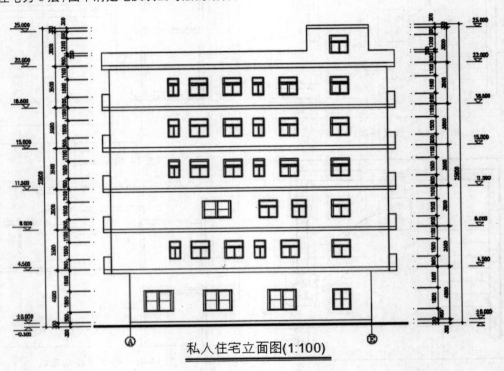

私人住宅立面图(1:100)

图 14-47　私人住宅立面图

绘制该私人住宅立面图，可以首先绘制楼层的楼面线，并利用"矩形"工具绘制窗户。最后创建相应的标高动态图块，并将其插入到图形中的指定位置即可。

操作步骤 ▶▶▶▶

STEP|01 新建图形文件，并创建"轴线""墙线""门"和"窗"等图层。然后切换"墙线"图层为当前层，利用"直线"工具绘制一条长为 2300 的直线。接着单击"矩形阵列"按钮▦，设置行数为6、列数为 1、行偏移为 3500，将直线进行阵列，效果如图 14-48 所示。

STEP|02 利用"分解"工具将阵列直线分解，并利用"直线"工具分别连接首尾两条直线的端点。

然后利用"偏移""延伸"工具按照图 14-49 所示尺寸进行编辑。

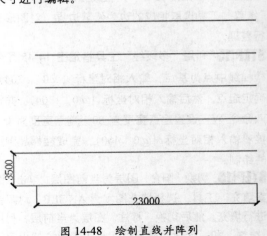

图 14-48　绘制直线并阵列

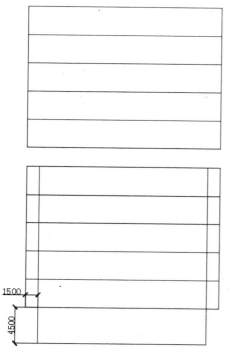

图 14-49 绘制直线并偏移

STEP|03 利用"偏移"工具按照图 14-50 所示尺寸进行偏移，绘制楼面线。

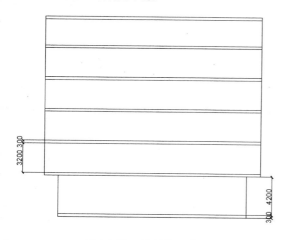

图 14-50 绘制楼面线

STEP|04 利用"直线"和"偏移"工具，绘制辅助线，确定窗户的位置，如图 14-51 所示。

STEP|05 利用"矩形"工具绘制 4 个不同尺寸的矩形作为 4 个窗户的外框。然后将 4 个矩形分解，按照图 14-52 所示的尺寸偏移，并利用"修剪"工

具修剪图形，完成窗户的绘制。

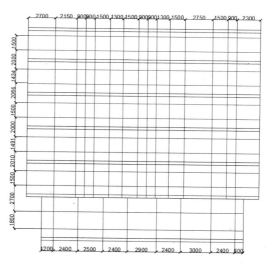

图 14-51 绘制辅助线

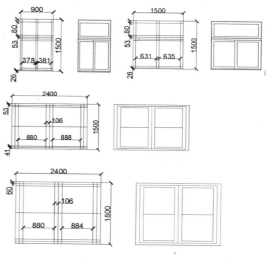

图 14-52 绘制窗户

STEP|06 通过"复制"工具将各窗户复制到各个楼层中，效果如图 14-53 所示。

STEP|07 删除辅助线，并利用"矩形"工具以点 A 为基点，输入相对坐标（@-600，0）确定起点，绘制尺寸为 24200×1326 的矩形。效果如图 14-54 所示。

STEP|08 利用"矩形"工具绘制尺寸为 5100×2200 的矩形，并利用"分解"工具将该矩形分解。然后利用"偏移"工具按照图 14-55 所示尺寸完成

天台绘制。

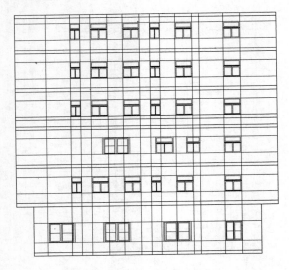

图 14-53 移动并复制窗户

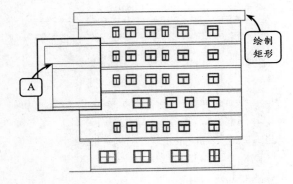

图 14-54 绘制楼顶

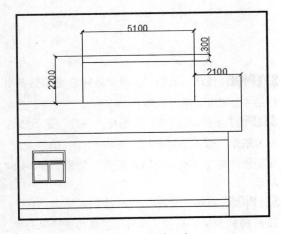

图 14-55 绘制天台

STEP|09 按照图 14-56 所示的尺寸绘制新的窗户，然后利用"移动"工具把绘制好的窗户移动到相应的位置。

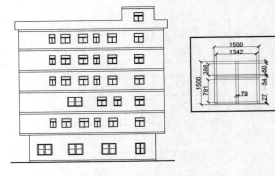

图 14-56 绘制天台窗户

STEP|10 切换"阳台"图层为当前层，利用"矩形"工具绘制尺寸为 1400×600 的矩形。将该矩形分解，并利用"偏移"工具按照图 14-56 所示的尺寸绘制。最后利用"移动"工具选取阳台为要移动的对象，确定目标进行移动复制操作。效果如图 14-57 所示。

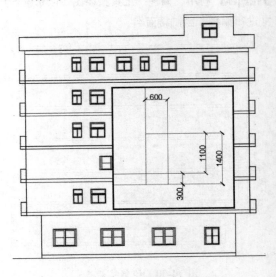

图 14-57 绘制阳台

STEP|11 切换"轴线"图层为当前层，利用"线性"和"连续"等标注工具，为图形添加尺寸标注。然后利用"插入"工具添加轴线编号和标高动态块。效果如图 14-58 所示。

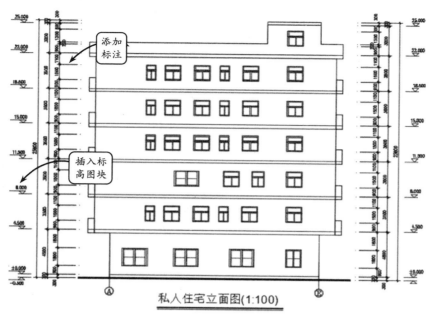

图 14-58　添加标注尺寸

14.5　绘制居民楼立面图

AutoCAD

本例绘制居民楼立面图，效果如图 14-59 所示。该居民楼共有六层，门窗、房顶等设计采用了欧式风格。窗户结构尺寸较大，具有采光率高，通风好的优点。

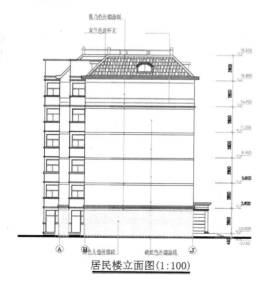

图 14-59　居民楼立面图

在绘制该立面图时，首先利用"矩形"工具绘制墙体的大致轮廓，并利用"分解""偏移"和"修剪"等工具完成墙体细节的绘制。然后利用相应的工具绘制门窗图形，并创建为图块插入到图形中的指定位置。接着利用"图案填充"工具对相应区域进行填充，并为图形添加相应的尺寸标注、轴线编号和标高，即可完成该立面图的绘制。

操作步骤 ►►►►

STEP|01 新建图形文件，创建"轴线""墙线""地坪线""门"和"窗"等图层。然后切换"墙线"图层为当前层，利用"直线"工具绘制一条长为15930 的直线。接着单击"矩形阵列"按钮，并设置行数为 7、列数为 1、行偏移为 2800，将直线进行阵列，效果如图 14-60 所示。

STEP|02 利用"分解"工具将阵列对象分解。然后利用"偏移"工具按照图 14-61 所示尺寸偏移相应的直线，并利用"修剪"工具对图形进行整理。接着切换"地坪线"图层为当前层，并利用"直线"工具绘制地坪线。

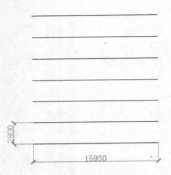

图 14-60　绘制直线并阵列

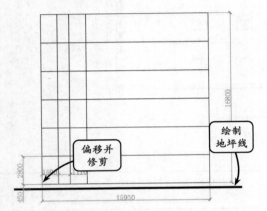

图 14-61　绘制地坪线

STEP|03 切换"窗户"图层为当前层。利用"矩形"工具绘制尺寸为 1350×1401 和 1350×2451 的两个矩形，并利用"分解"工具将矩形分解。然后按照图 14-62 所示的尺寸偏移、修剪线段，完成窗户的绘制。

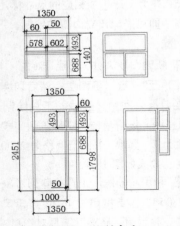

图 14-62　绘制窗户

STEP|04 将窗户定义为块，然后分别插入到相应

位置，效果如图 14-63 所示。

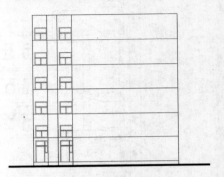

图 14-63　插入窗户

STEP|05 按图 14-64 所示尺寸，利用"矩形"和"修剪"工具绘制相应的楼面线，完成楼面线的绘制。

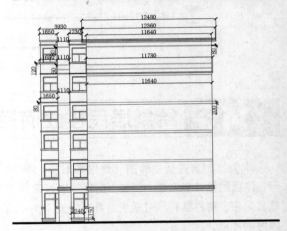

图 14-64　绘制楼面线

STEP|06 切换"台阶"图层为当前层，利用"多段线"工具以点 C 为起点绘制台阶线，如图 14-65 所示。

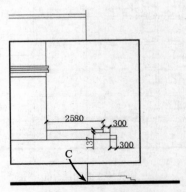

图 14-65　绘制台阶

STEP|07 利用"直线""偏移""圆弧""修剪"工具按照图 14-66 所示尺寸完成雨篷和柱子的绘制。

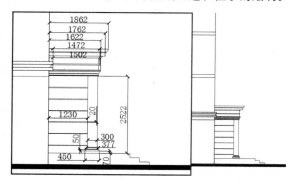

图 14-66 绘制雨篷和柱子

STEP|08 切换"房顶"图层为当前图层,利用"多段线"工具按照图 14-67 所示尺寸绘制多段线。

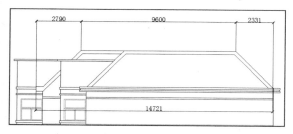

图 14-67 绘制多段线

STEP|09 按照图 14-68 所示尺寸利用"椭圆"工具由外向内依次绘制 4 个同心椭圆,然后利用"矩形"工具绘制 5 个矩形。接着利用"修剪"工具选取相应的边为修剪边界,对图形进行整理。

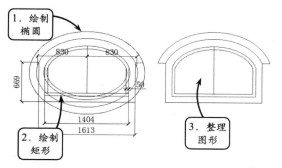

图 14-68 绘制天窗

STEP|10 按照图 14-69 所示尺寸绘制屋顶围栏。

STEP|11 单击"图案填充"工具,分别设置填充图案为 AR-RSHE 和 AR-B816,填充比例为 30 和 20,对屋顶和外墙进行填充,效果如图 14-70 所示。

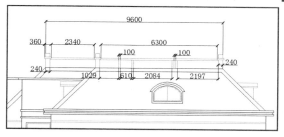

图 14-69 绘制围栏

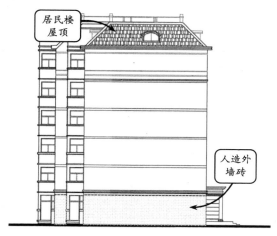

图 14-70 图案填充

STEP|12 切换"标注"图层为当前层,添加标注和说明文字,效果如图 14-71 所示。

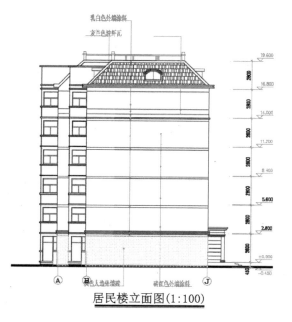

居民楼立面图(1:100)

图 14-71 添加尺寸与文字

14.6 绘制别墅剖面图

本例绘制别墅剖面图，效果如图 14-72 所示。该别墅共有 3 层，其剖视图清晰地反映出每层的结构、门窗数量、楼层间连接楼梯的样式等。

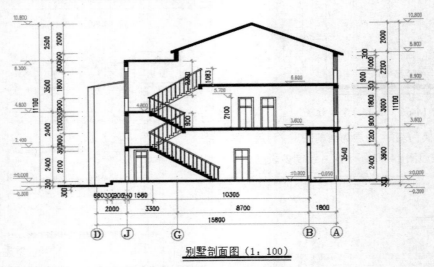

别墅剖面图（1：100）

图 14-72 别墅剖面图

在绘制该别墅剖面图时，首先绘制轴线，并在轴线的基础上利用"多线"和"直线"工具绘制墙体和各层楼板。然后利用"矩形"和"偏移"工具绘制门窗图形，并将其创建为块插入到图形中的相应位置。接着利用"直线"和阵列工具绘制一层楼梯，并利用"镜像"工具得到二三层楼梯。

操作步骤 》》》》

STEP|01 切换"轴线"图层为当前层。然后利用"构造线"工具分别绘制一条水平和竖直的构造线，并利用"偏移"工具按照图 14-73 所示尺寸进行偏移。

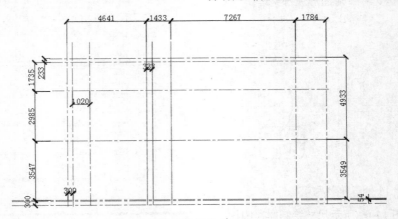

图 14-73 绘制轴线并偏移

STEP|02 切换"实线"图层为当前图层，单击"多线"工具，分别设置比例为 240 和 132，然后按照图 14-74 所示绘制多线。在命令行输入 MLEDIT，弹出"多线编辑"工具对话框，利用"十字闭合"

工具对多线进行整理，并利用直线进行封口。

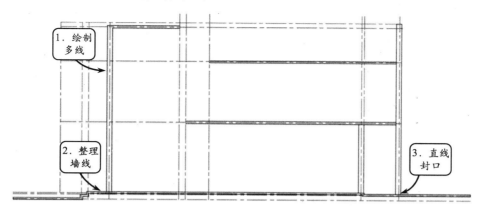

图 14-74 绘制多线并整理

STEP|03 利用"多段线"工具绘制坡面屋顶的轮廓，隐藏"轴线"图层，效果如图 14-75 所示。

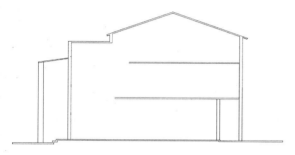

图 14-75 绘制房顶

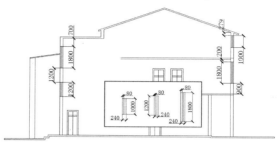

图 14-77 绘制窗户

STEP|04 按照图 14-76 所示尺寸绘制门并复制到相应的位置。

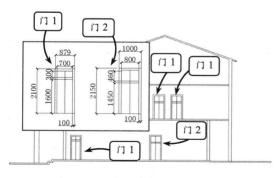

图 14-76 创建门并复制到相应位置

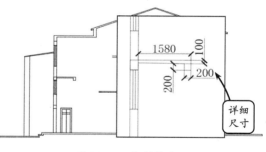

图 14-78 绘制楼台

STEP|05 按照图 14-77 所示尺寸创建窗户。

STEP|06 按图 14-78 所示绘制楼台。

STEP|07 复制楼台，并绘制右侧楼层的楼台，效果如图 14-79 所示。

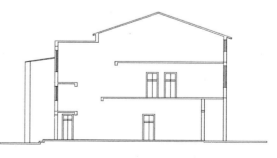

图 14-79 复制楼台

STEP|08 按照图 14-80 所示尺寸绘制墙角线。

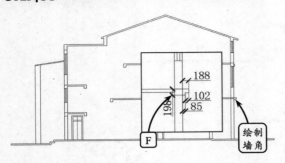

图 14-80　绘制墙角线

STEP|09 利用"多段线"工具在空白区域内按照图 14-81 所示尺寸绘制楼梯。

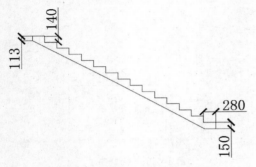

图 14-81　绘制楼梯

STEP|10 绘制长度为 850 的竖线，并进行阵列操作，效果如图 14-82 所示。

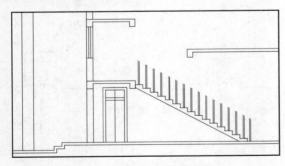

图 14-82　绘制直线并阵列

STEP|11 按照图 14-83 所示尺寸绘制楼梯扶手。

STEP|12 利用"复制"工具、"镜像"工具等完成整个楼梯的绘制，效果如图 14-84 所示。

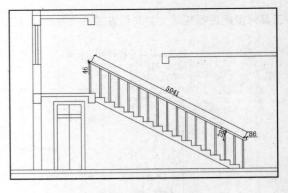

图 14-83　绘制扶手

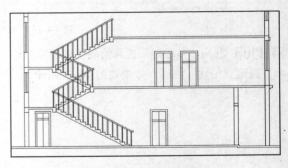

图 14-84　完成楼梯绘制

STEP|13 单击"图案填充"工具，选择填充图案为 SOLID，对楼板进行填充。然后切换"标注"图层为当前层，利用"线性"和"连续"等标注工具为图形添加相应的尺寸标注，并利用"插入"工具分别插入轴线编号和标高图块，效果如图 14-85 所示。

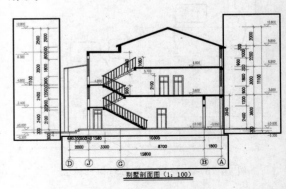

图 14-85　完善图形